H3C 网络学院系列教程

路由交换技术详解与实践 第1卷（下册）

新华三大学 / 编著

清华大学出版社
北京

内 容 简 介

H3C 网络学院系列教程《路由交换技术详解与实践　第 1 卷》对建设中小型企业网络所需的网络技术进行详细介绍，包括网络模型、TCP/IP、局域网和广域网接入技术、以太网交换、IP 路由、网络安全基础、网络优化和管理基础等。本书的最大特点是理论与实践紧密结合，依托 H3C 路由器和交换机等网络设备精心设计的大量实验，有助于读者迅速、全面地掌握相关的知识和技能。

本书是 H3C 网络学院系列教程《路由交换技术详解与实践　第 1 卷》的下册，主要内容包括 FTP/DNS 等应用层协议、VLAN 和生成树等以太网交换技术、RIP/OSPF 等 IP 路由技术、ACL/NAT/AAA 等网络安全技术，以及基本的网络管理优化技术。

本书是为网络技术领域的入门者编写的。对于大中专院校在校学生，本书是进入计算机网络技术领域的好教材；对于专业技术人员，本书是掌握计算机网络工程技术的好向导；对于普通网络技术爱好者，本书也不失为学习和了解网络技术的优秀参考书籍。

图书在版编目（CIP）数据

路由交换技术详解与实践. 第 1 卷. 下册/新华三大学编著. —北京：清华大学出版社，2017（2023.8重印）
（H3C 网络学院系列教程）
ISBN 978-7-302-48214-7

Ⅰ. ①路… Ⅱ. ①新… Ⅲ. ①计算机网络－路由选择－高等学校－教材 ②计算机网络－信息交换机－高等学校－教材 Ⅳ. ①TN915.05

中国版本图书馆 CIP 数据核字（2017）第 209677 号

责任编辑：田在儒
封面设计：王跃宇
责任校对：袁　芳
责任印制：宋　林

出版发行：清华大学出版社
网　　址：http://www.tup.com.cn，http://www.wqbook.com
地　　址：北京清华大学学研大厦 A 座　　**邮　　编**：100084
社 总 机：010-83470000　　**邮　　购**：010-62786544
投稿与读者服务：010-62776969，c-service@tup.tsinghua.edu.cn
质量反馈：010-62772015，zhiliang@tup.tsinghua.edu.cn
印 装 者：三河市少明印务有限公司
经　　销：全国新华书店
开　　本：185mm×260mm　　**印　　张**：27　　**字　　数**：653 千字
版　　次：2017 年 8 月第 1 版　　**印　　次**：2023 年 8 月第 17 次印刷
定　　价：69.00 元

产品编号：076243-01

版 权 声 明

H3C 网络学院系列教程

路由交换技术详解与实践　第 1 卷(下册)

新华三大学　编著

2017 年 8 月印刷

出版说明

伴随着时代的快速发展，IT 技术已经与人们的日常生活密不可分，在越来越多的人依托网络进行沟通的同时，IT 技术本身也演变成了服务、需求的创造和消费平台，这种新的平台逐渐创造了一种新的生产力和一股新的力量。

新华三技术有限公司(简称新华三)是全球领先的新 IT 解决方案领导者，致力于新 IT 解决方案和产品的研发、生产、咨询、销售及服务，拥有 H3C® 品牌的全系列服务器、存储、网络、安全、超融合系统和 IT 管理系统等产品，能够提供大互联、大安全、云计算、大数据和 IT 咨询服务在内的一站式、全方位 IT 解决方案。同时，新华三也是 HPE® 品牌的服务器、存储和技术服务的中国独家提供商。

以技术创新为核心引擎，新华三 50% 的员工为研发人员，专利申请总量超过 7200 件，其中 90% 以上是发明专利。2016 年新华三申请专利超过 800 件，平均每个工作日超过 3 件。

2004 年 10 月，新华三的前身——杭州华三通信技术有限公司(简称华三)出版了自己的第一本网络学院教材，开创了业界相关培训教材正式出版的先河，极大地推动了 IT 技术在业界的普及；在后续的几年间，华三陆续出版了《路由交换技术 第 1 卷》《路由交换技术 第 2 卷》《路由交换技术 第 3 卷》《路由交换技术 第 4 卷》等网络学院教材系列书籍，以及《H3C 以太网交换机典型配置指导》《H3C 路由器典型配置指导》《根叔的云图——网络故障大排查》等网络学院参考书系列书籍。

作为 H3C 网络学院技术和认证的继承者，新华三会适时推出新的 H3C 网络学院系列教程，以继续回馈广大 IT 技术爱好者。《路由交换技术详解与实践 第 1 卷》是新华三所推出 H3C 网络学院系列教程的第一本，也是最重要的一本。

相较于以前的 H3C 网络学院系列教程，本次新华三推出的教材进行了内容更新，以更加贴近业界潮流和技术趋势；另外，本教材中的所有实验、案例都可以在新华三所开发的功能强大的图形化全真网络设备模拟软件(HCL)上配置和实践。

新华三希望通过这种形式，探索出一条理论和实践相结合的教育方法，顺应国家提倡的“学以致用、工学结合”教育方向，培养更多实用型的 IT 技术人员。

希望在 IT 技术领域，这一系列教材能成为一股新的力量，回馈广大 IT 技术爱好者，为推进中国 IT 技术发展尽绵薄之力，同时也希望读者对我们提出宝贵的意见。

新华三大学

培训开发委员会认证培训编委会

2017 年 7 月

H3C认证简介

H3C 认证培训体系是中国第一家建立国际规范的完整的网络技术认证体系，H3C 认证是中国第一个走向国际市场的 IT 厂商认证。新华三致力于行业的长期增长，通过培训实现知识转移，着力培养高业绩的缔造者。目前在全球拥有 21 家授权培训中心和 450 余家网络学院。截至 2016 年年底，已有 40 多个国家和地区的 25 万人接受过培训，13 万人获得各类认证证书。H3C 认证将秉承“专业务实，学以致用”的理念，快速响应客户需求的变化，提供丰富的标准化培训认证方案及定制化培训解决方案，帮助你实现梦想、制胜未来。

按照技术应用场合的不同，同时充分考虑客户不同层次的需求，新华三为客户提供了从网络助理工程师到网络专家的四级网络认证体系和应运而生的云计算认证体系。

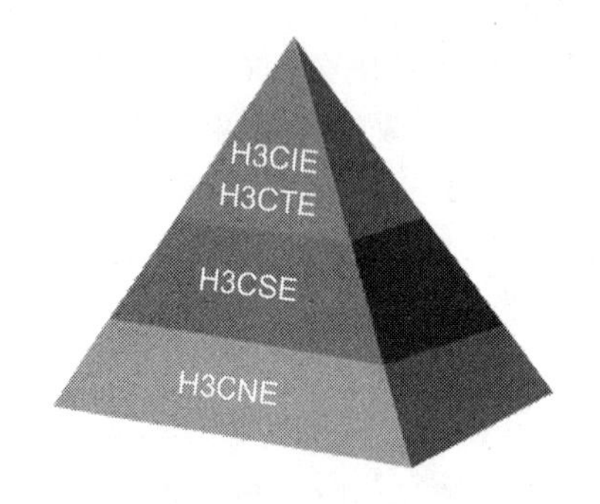

网络认证体系

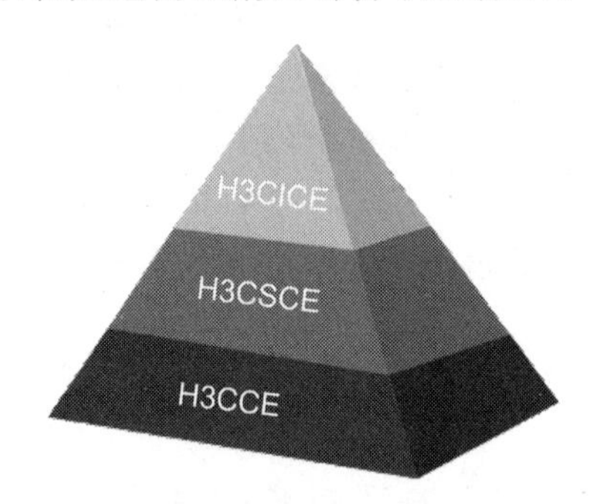

云计算认证体系

H3C 认证将秉承“专业务实，学以致用”的理念，与各行各业建立更紧密的合作关系，认真研究各类客户不同层次的需求，不断完善认证体系，提升认证的含金量，使 H3C 认证能有效证明你所具备的网络技术知识和实践技能，帮助你在竞争激烈的职业生涯中保持强有力的竞争实力！

前言

随着互联网技术的广泛普及和应用，通信及电子信息产业在全球迅猛发展起来，从而也带来了网络技术人才需求量的不断增加，网络技术教育和人才培养成为高等院校一项重要的战略任务。

H3C 网络学院(HNC)主要面向高校在校学生开展网络技术培训，培训使用 H3C 网络学院培训教程。H3C 网络学院培训教程根据技术方向和课时分为多卷，高度强调实用性和提高学生动手操作的能力。

《路由交换技术详解与实践　第 1 卷》教材与 H3CNE 认证课程内容相对应，内容覆盖面广，由浅入深，包括大量与实践相关的内容，学员学习后可具备 H3CNE 的备考能力。

本书读者群大致分为以下几类。

- 大专院校在校生：本教材可作为 H3C 网络学院的教科书，也可作为计算机通信相关专业学生的参考书。
- 公司职员：本教材能够用于公司进行网络技术的培训，帮助员工理解和熟悉各类网络应用，提升工作效率。
- IT 技术爱好者：本教材可以作为所有对 IT 技术感兴趣的爱好者学习 IT 技术的自学参考书籍。

《路由交换技术详解与实践　第 1 卷》教材内容涵盖当前构建中小型网络的主流技术。从最基本的线缆制作到复杂的网络配置都精心设计了相关实验，充分凸显了 H3C 网络学院教程的特点——专业务实、学以致用。通过对本教材的学习，学员不仅能进行路由器、交换机等网络设备的配置，还可以全面理解网络与实际生活的联系及应用，掌握如何利用基本的网络技术设计和构建中小型企业网络。课程经过精心设计，结构合理，重点突出，学员可以在较短的学时内完成全部内容的学习，便于知识的连贯和理解，可以很快进入更高一级课程的学习中。依托新华三集团强大的研发和生产能力，教材涉及的技术都有其对应的产品支撑，能够帮助学员更好地理解和掌握知识和技能。教材技术内容都遵循国际标准，从而保证良好的开放性和兼容性。

《路由交换技术详解与实践　第 1 卷》教材分为 10 篇，共 45 章，并含 27 个实验。每章后面都附有练习题，帮助学员进行自测。

第 1 篇　计算机网络基础

第 1 章　计算机网络概述：本章主要讲述了计算机网络的基本定义、基本功能和演进过程以及计算机网络中的一些基本概念，同时还介绍了计算机网络的类型和衡量计算机网络的性能指标，最后介绍了计算机网络的协议标准及标准化组织。

第 2 章 OSI 参考模型与 TCP/IP 模型：本章首先讲述了 OSI 参考模型的分层结构、7 层功能及其关系、两个系统如何通过 OSI 模型进行通信和数据封装的过程。然后讲述了 TCP/IP 参考模型的分层结构和各层的功能。

第 3 章 网络设备及其操作系统介绍：本章主要介绍了解路由器、交换机的组成、主要作用和特点以及 H3C 网络设备操作系统 Comware 的作用和特点。

第 4 章 网络设备操作基础：本章主要讲述了配置网络设备的基本方法、命令行的使用和网络设备的常用配置命令。

第 5 章 网络设备文件管理：本章主要讲述了 H3C 网络设备文件系统的作用与操作方法，包括配置文件的保存、擦除、备份与恢复、网络设备软件的升级和用 FTP 和 TFTP 传输系统文件的操作等。

第 6 章 网络设备基本调试：本章主要讲述了使用 ping 命令检查网络连通性，使用 tracert 命令探查网络路径以及使用 debug 等命令进行网络系统基本调试的操作方法。

第 2 篇 局域网技术基础

第 7 章 局域网技术概述：本章介绍了局域网的主要相关标准、局域网与 OSI 模型的对应关系和主要的局域网类型及其典型拓扑。

第 8 章 以太网技术：本章讲述了以太网的发展历程和相关技术标准、各种以太网技术的基本原理、以太网帧格式以及以太网线缆的规范和连接方式。

第 9 章 WLAN 基础：本章讲述了 WLAN 的发展历程、WLAN 的频率范围和信道划分、WLAN 的相关组织和标准、WLAN 拓扑基本元素、设备和组网知识。

第 3 篇 广域网技术基础

第 10 章 广域网技术概述：本章介绍了常见广域网连接方式、常用广域网协议的分类和特点以及常见广域网接口类型。

第 11 章 广域网接口和线缆：本章介绍了在中小型网络环境中常用的广域网接口和线缆。

第 12 章 HDLC 协议：本章讲述了 HDLC 协议的基本原理以及基础配置。

第 13 章 PPP：本章讲述了 PPP 协议的基本原理以及基础配置。

第 14 章 ADSL：本章讲述了 DSL 的一些基本概念以及技术分类情况，以及目前应用最广的主流 DSL 技术——ADSL。

第 15 章 EPCN：本章简单介绍了有线电视(Cable Television，CATV)的基本概念，对比常见的有线电视网络双向传输技术和方案，最后介绍了 H3C 公司基于 EoC(Ethernet over Coax)技术的 EPCN(Ethernet Passive Coax Network)解决方案。

第 4 篇 网络层协议原理

第 16 章 IP：本章讲述了 IP 地址的格式和分类，子网划分的方法，IP 报文转发基本原理和 VLSM 与 CIDR 的基本概念。

第 17 章 ARP 和 RARP：本章讲述了 ARP 和 RARP 的基本原理，以及基本的 IP 包转发过程。

第 18 章 ICMP：本章首先讲述了 ICMP 的基本原理，然后讲述了 ping 和 tracert 应用工作原理。

第19章　DHCP：本章主要讲述了DHCP的特点及其原理，并介绍了DHCP中继，最后介绍如何在H3C路由器上配置DHCP服务。

第20章　IPv6基础：本章介绍了IPv6的特点，IPv6地址的表示方式、构成和分类，以及IEEE EUI-64格式转换原理；同时讲述了邻居发现协议的作用及地址解析、地址自动配置的工作原理和IPv6地址的配置。

第5篇　传输层协议原理

第21章　TCP：本章介绍了TCP的特点，TCP封装，TCP/UDP端口号的作用，TCP的连接建立和断开过程以及TCP的可靠传输和流量控制机制。

第22章　UDP：本章介绍了UDP的特点、封装，以及UDP与TCP机制的主要区别。

第6篇　应用层协议原理

第23章　文件传输协议：本章讲述了FTP和TFTP的基本原理，包括其协议文件传输模式和数据传输模式，以及FTP和TFTP的相关配置方法。

第24章　DNS：本章介绍了DNS协议的基础原理及工作方式，及其在路由器上的配置。

第25章　其他应用层协议介绍：本章主要概述了三种较常用的应用（远程登录、电子邮件、互联网浏览）所使用的应用层协议，它们的基本定义及工作原理。

第7篇　以太网交换技术

第26章　以太网交换基础：本章介绍了共享式以太网和交换式以太网的区别，最后重点讲述了交换机进行MAC地址学习以构建MAC地址表的过程，对数据帧的转发原理。

第27章　VLAN：本章介绍了VLAN技术产生的背景，VLAN的类型及其相关配置，IEEE 802.1Q的帧格式，交换机端口的链路类型及其相关配置。

第28章　生成树协议：本章首先介绍了有关STP协议的一些基本概念，以及STP协议是如何通过实现冗余链路的闭塞和开启从而实现一棵动态的生成树的，最后介绍了RSTP（快速生成树协议）和MSTP（多生成树协议），以及如何在交换机上对生成树进行配置。

第29章　链路聚合：本章介绍了链路聚合的作用，链路聚合中负载分担的原理，以及如何在交换机上配置及维护链路聚合。

第8篇　IP路由技术

第30章　IP路由原理：本章介绍了路由的作用，路由的转发原理，路由表的构成及含义，以及在设备上查看路由表的方法。

第31章　直连路由和静态路由：本章介绍了直连路由和静态路由的基本概念，配置VLAN间路由的方法，静态默认路由和静态黑洞路由的配置与应用，以及如何用静态路由实现路由备份及负载分担的方法。

第32章　路由协议基础：本章讲述了可路由协议与路由协议的区别，路由协议的种类和特点，距离矢量路由协议工作原理，距离矢量路由协议环路产生原因和解链路状态路由协议工作原理。

第33章　RIP：本章介绍了RIP路由协议的特点，RIP路由信息的生成和维护，路由环路避免的方法和RIP协议的基本配置。

第 34 章 OSPF：本章主要讲述了 OSPF 路由协议原理，配置方法和 OSPF 常见问题定位手段。

第 9 篇 网络安全技术基础

第 35 章 网络安全技术概述：本章介绍了网络安全技术概念和网络安全技术的范围。

第 36 章 用访问控制列表实现包过滤：本章介绍了 ACL 分类及应用，ACL 包过滤工作原理，ACL 包过滤的配置方法以及 ASPF 的功能和基本原理。

第 37 章 网络地址转换：本章讲述了 NAT 技术出现的历史背景，NAT 的分类及其原理，如何配置常见 NAT 应用，以及如何在实际网络中灵活选择适当的 NAT 技术。

第 38 章 AAA 和 RADIUS：本章介绍了 AAA 的架构，RADIUS 协议的认证流程和主要属性，以及如何在设备上配置 AAA 和 RADIUS。

第 39 章 交换机端口安全技术：本章首先讲述了 IEEE 802.1x 协议基本原理及其配置，随后介绍了端口隔离技术及其配置，最后介绍了端口绑定技术及其配置。

第 40 章 IPSec：本章讲述了 IPSec 的功能和特点，IPSec 的体系构成，IPSec/IKE 的基本特点，以及如何进行 IPSec + IKE 预共享密钥隧道的基本配置。

第 41 章 EAD：本章介绍了 EAD 的实现原理，EAD 方案中各元素的功能，iMC EAD 产品的功能和 iNode 智能客户端的功能。

第 10 篇 网络优化和管理基础

第 42 章 提高网络可靠性：本章对网络可靠性设计做了初步的探讨，并介绍了几种典型的提高网络可靠性的方法。

第 43 章 网络管理：本章从网络管理技术概述出发，首先介绍了网络管理的基本概念和功能；然后介绍网络管理系统的组成和实现，重点介绍 SNMP；为了使读者掌握网络管理的实际运用，在此基础上介绍了 H3C 的网络管理产品和应用；最后对网络管理的发展趋势进行了介绍。

第 44 章 堆叠技术：本章介绍了堆叠技术的产生背景和应用，堆叠技术的工作原理，基本配置和排错方法。

第 45 章 网络故障排除基础：本章对网络故障进行了分类，介绍网络故障排除的步骤，常见的故障排除工具，并给出了一些故障排除的方法和建议。

各型设备、各版本软件的命令、操作、信息输出等均可能有所差别。若读者采用的设备型号、软件版本等与本书不同，可参考所用设备和版本的相关手册。

新华三大学

培训开发委员会认证培训编委会

目录

第6篇 应用层协议原理

第 8 篇 IP 路由技术

第 9 篇 网络安全技术基础

第 10 篇　网络优化和管理基础

附录 课程实验

第6篇

应用层协议原理

第23章

文件传输协议

在互联网中我们经常需要在远端主机和本地服务器之间传输文件，文件传输协议提供的应用服务满足了我们的这种需求。FTP(File Transfer Protocol，文件传输协议)是互联网上文件传输的标准协议，FTP 使用 TCP 作为传输协议，支持用户的登录认证及访问权限的设置。互联网上另一种常用的文件传输协议是 TFTP(Trivial File Transfer Protocol)协议，TFTP 是一种简单的文件传输协议，不支持用户的登录认证，也不具备复杂的命令。TFTP 使用 UDP 作为传输协议，并具有重传机制。接下来我们将对这两种传输协议进行介绍。

23.1 本章目标

学习完本章，应该能够达到以下目标。

(1) 掌握 FTP 协议基础知识。

(2) 熟悉 FTP 协议文件传输模式。

(3) 熟悉 FTP 数据传输方式。

(4) 掌握 TFTP 协议基础知识。

(5) 掌握 FTP 与 TFTP 相关配置方法。

23.2 FTP 协议

23.2.1 FTP 协议介绍

FTP 用于在远端服务器和本地主机之间传输文件，是 IP 网络上传输文件的通用协议。在万维网(World Wide Web，WWW)出现以前，用户使用命令行方式传输文件，最通用的应用程序就是 FTP。虽然目前大多数用户在通常情况下选择使用 E-mail 和 Web 传输文件，但是 FTP 仍然有着比较广泛的应用。

FTP 采用客户端/服务器的设计模式，承载在 TCP 协议之上。FTP 功能强大，拥有丰富的命令集。FTP 支持对登录服务器的用户名和口令进行验证，可以提供交互式的文件访问，允许客户指定文件的传输类型，并且可以设定文件的存取权限。

通过 FTP 进行文件传输时，需要在服务器和客户端之间建立两个 TCP 连接：FTP 控制连接和 FTP 数据连接。FTP 控制连接负责 FTP 客户端和 FTP 服务器之间交互 FTP 控制命令和命令执行的应答信息,在整个 FTP 会话过程中一直保持打开;而 FTP 数据连接负责在 FTP 客户端和 FTP 服务器之间进行文件和文件列表的传输,仅在需要传输数据的时候建立数据连接,数据传输完毕后终止。

FTP 服务器把文件列表通过数据连接发送到客户端,而不是在控制连接上使用多行应答。这样的好处是避免了行的有限性对文件列表大小的限制,并且用户可以把文件列表以文件的方式保存,而不仅仅只在终端上显示出来。

如图 23-1 所示,FTP 服务器启动后,FTP 服务打开 TCP 端口号 21 作为侦听端口,等待客户端的连接。客户端随机选择一个 TCP 端口号作为控制连接的源端口,主动发起对 FTP 服务器端口号 21 的 TCP 连接。控制连接建立后,FTP 客户端和 FTP 服务器之间通过该连接交互 FTP 控制命令和命令执行的应答信息。

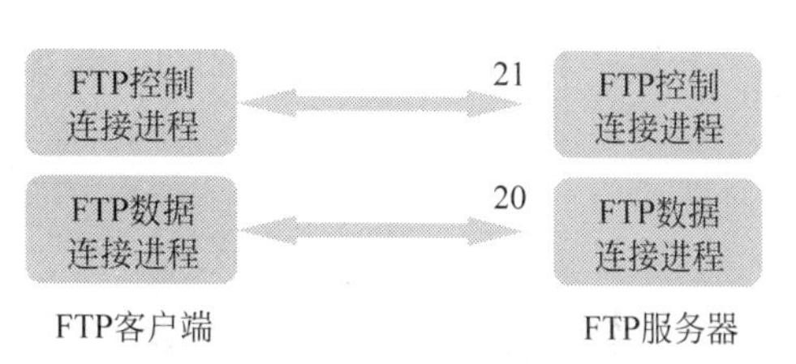

图 23-1 FTP 双连接方式

对于相同的一个文件,不同的操作系统可能会有不同的存储表达方式。为了在不同操作系统之间进行文件传输,确保文件能够准确无误地传送到对方,而不会引起格式上的误解,所以 FTP 协议定义了不同的文件传输模式,适应于传输不同类型的文件。FTP 协议共定义了 4 种文件传输模式,分别介绍如下。

1. ASCII 模式

ASCII 模式是默认的文件传输模式。发送方把本地文件转换成标准的 ASCII 码,然后在网络中传输;接收方收到文件后,根据自己的文件存储表达方式而把它转换成本地文件。ASCII 文件传输模式通常适用于传输文本文件。

2. 二进制模式

二进制模式也称为图像文件传输模式。发送方不做任何转换,把文件按照比特流的方式进行传输。二进制文件类型通常适用于传送程序文件。

3. EBCDIC 模式

EBCDIC 模式要求文件传输的两端都是 EBCDIC 系统。

4. 本地文件模式

本地文件模式是在具有不同字节大小的主机间传输二进制文件。每一字节的比特数由发送方规定。对使用 8 位字节的系统来说,本地文件以 8 位字节传输就等同于二进制文件传输。

在 4 种文件传输模式中,ASCII 模式和二进制模式是使用最广泛的两种传输模式,几乎所有 FTP 服务器都支持这两种文件类型,而 EBCDIC 和本地文件模式已经基本不再使用,因此大部分服务器都不提供这两种模式的支持。

23.2.2 FTP 数据传输方式

在 FTP 数据连接过程中,有两种数据传输方式:主动方式和被动方式。

FTP 主动传输方式也称为 PORT 方式,是 FTP 协议最初定义的数据传输方式。采用主动方式建立数据连接时,FTP 客户端会通过 FTP 控制连接向 FTP 服务器发送 PORT 命令,PORT 命令携带如下格式的参数(A1,A2,A3,A4,P1,P2)。其中 A1,A2,A3,A4 表示需要建立数据连接的主机 IP 地址；而 P1 和 P2 表示客户端用于传输数据的临时端口号，临时端口号的数值为 256×P1＋P2。当需要传送数据时，服务器通过 TCP 端口号 20 与客户端提供的临时端口建立数据传输通道，完成数据传输。在整个过程中，由于服务器在建立数据连接时主动发起连接，因此被称为主动模式。

1. FTP 主动方式建立连接过程

FTP 主动方式建立连接的过程如下。

阶段一：建立控制通道 TCP 连接，如图 23-2 所示。

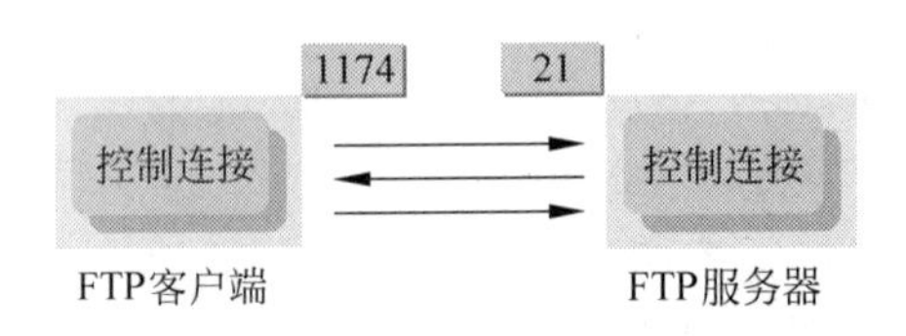

图 23-2 FTP 主动方式阶段一

(1) FTP 客户端以随机端口(图 23-2 中是 1174)作为源端口，向 FTP 服务器的 TCP 端口 21 发送一个 TCP SYN 报文，开始建立 TCP 连接。

(2) FTP 服务器收到 SYN 报文后发送 SYN ACK 报文给客户端，源端口为 TCP 端口 21，目的端口为 FTP 客户端使用的随机端口 1174。

(3) FTP 客户端收到 FTP 服务器发送的 SYN ACK 报文后，向 FTP 服务器回送一个 ACK 报文，完成 TCP 三次握手，建立 FTP 控制连接。

阶段二：主动方式参数传递，如图 23-3 所示。

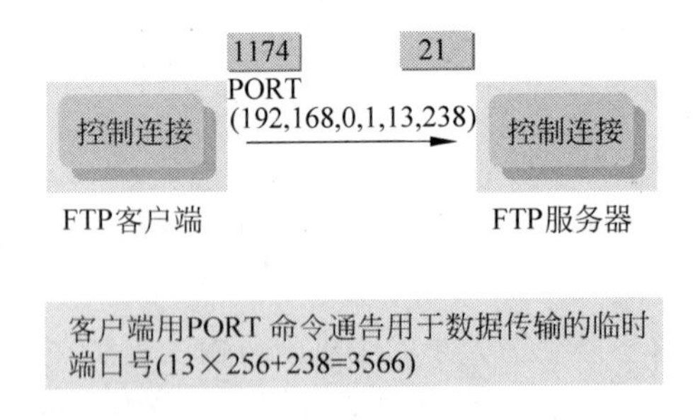

图 23-3 FTP 主动方式阶段二

当 FTP 客户端希望请求文件列表或者需要同服务器进行文件传输时，FTP 客户端会通过已经建立好的控制通道向服务器发送 PORT 命令，命令中包含了自己的 IP 地址和端口号。在图 23-3 中，IP 地址是 192.168.0.1，端口号是 13×256＋238＝3566。

阶段三：建立数据通道 TCP 连接，如图 23-4 所示。

(1) FTP 服务器向 FTP 客户端发送一个 SYN 报文，主动建立 TCP 连接。通信的源端口为 FTP 服务器的 TCP 端口号 20，目的端口为客户端在 PORT 命令中发送给服务器的端口号 3566。

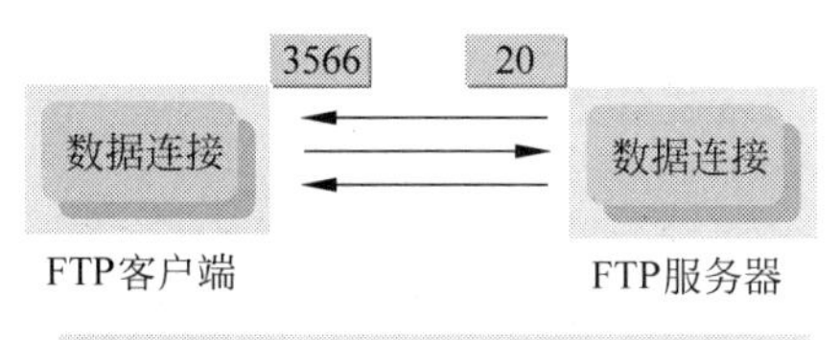

图 23-4　FTP 主动方式阶段三

(2) FTP 客户端以端口号 3566 为源端口,20 为目的端口向 FTP 服务器发送一个 SYN ACK 报文。

(3) FTP 服务器端向 FTP 客户端发送一个 ACK 报文,完成 TCP 三次握手,建立数据通道的 TCP 连接。

阶段四:数据传输,如图 23-5 所示。

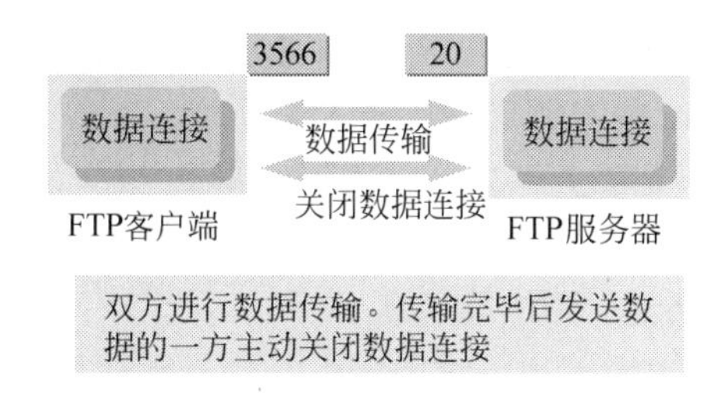

图 23-5　FTP 主动方式阶段四

(1) 数据通道连接建立后,FTP 客户端与 FTP 服务器利用该通道进行数据的传输。

(2) 数据传输完毕后,由发送数据的一方发送 FIN 报文,关闭这条数据连接。如果 FTP 客户端需要打开新的数据连接,则可以通过控制通道发送相关命令再次建立新的数据传输通道。

如果客户端处于防火墙内部,主动方式可能会遇到问题。因为客户端提供的端口号是随机的,防火墙并不知道。而为了安全起见,通常防火墙只会允许外部主机访问部分内部已知端口,阻断对内部随机端口的访问,从而造成无法建立 FTP 数据连接。此时,需要使用 FTP 被动方式来进行文件传输。

被动方式也称为 PASV 方式。FTP 控制通道建立后,希望通过被动方式建立数据传输通道的 FTP 客户端会利用控制通道向 FTP 服务器发送 PASV 命令,告诉服务器进入被动方式传输。服务器选择临时端口号并告知客户端,一般采用如下形式命令:Entering Passive Mode(A1,A2,A3,A4,P1,P2)。其中 A1,A2,A3,A4 表示服务器的 IP 地址;P1,P2 表示服务器的临时端口号,数值为 $256\times P1+P2$。当需要传送数据时,客户端主动与服务器的临时端口建立数据传输通道,并完成数据传输。在整个过程中,由于服务器总是被动接收客户端的数据连接,因此被称为被动方式。

采用被动方式时,两个连接都由客户端发起。一般防火墙不会限制从内部的客户端发出的连接,所以这样就解决了在主动方式下防火墙阻断外部发起的连接而造成无法进行数据传输的问题。

2. FTP 被动方式建立连接过程

FTP 被动方式建立连接的过程如下。

阶段一：建立控制通道 TCP 连接，如图 23-6 所示。

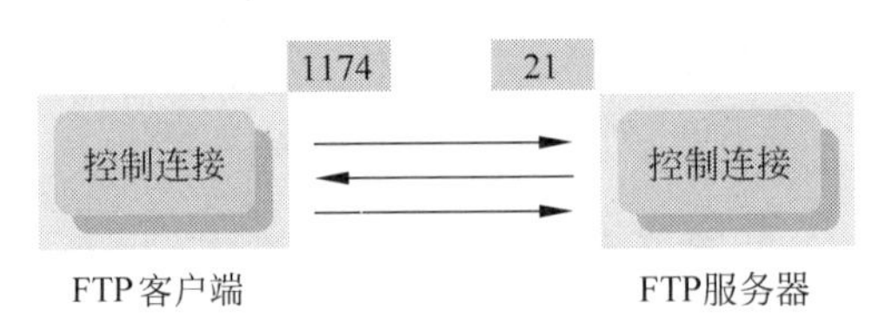

图 23-6 FTP 被动方式阶段一

(1) FTP 客户端以随机选择的临时端口号(图 23-6 中是 1174)作为源端口向 FTP 服务器 TCP 21 端口发送一个 TCP SYN 报文，开始建立 TCP 连接。

(2) FTP 服务器收到 SYN 报文后发送 SYN ACK 报文给客户端，源端口为 TCP 21 端口，目的端口为 FTP 客户端使用的随机端口号 1174。

(3) FTP 客户端收到 FTP 服务器发送的 SYN ACK 报文后，向 FTP 服务器回送一个 ACK 报文，完成 TCP 三次握手建立 FTP 控制连接。

阶段二：被动方式参数传递，如图 23-7 所示。

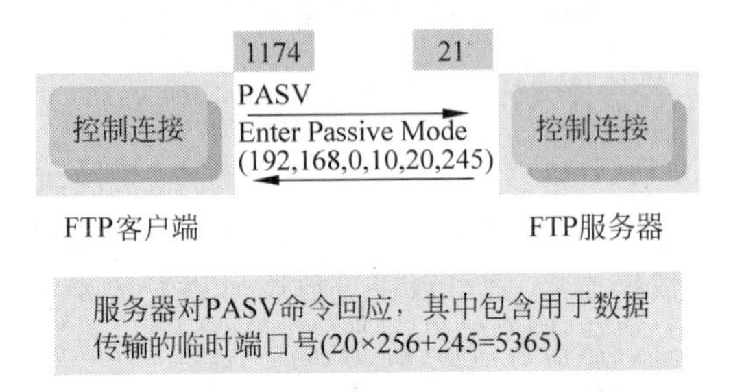

图 23-7 FTP 被动方式阶段二

当 FTP 客户端希望请求文件列表或者需要同服务器进行文件传输时，FTP 客户端会通过已经建立好的控制通道向服务器发送 PASV 命令，告诉服务器进入被动模式。服务器对客户端的 PASV 命令应答，应答中包含了服务器的 IP 地址和一个临时端口信息。在图 23-7 中，IP 地址是 192.168.0.10，端口号是 20×256＋245＝5365。

阶段三：建立数据通道 TCP 连接，如图 23-8 所示。

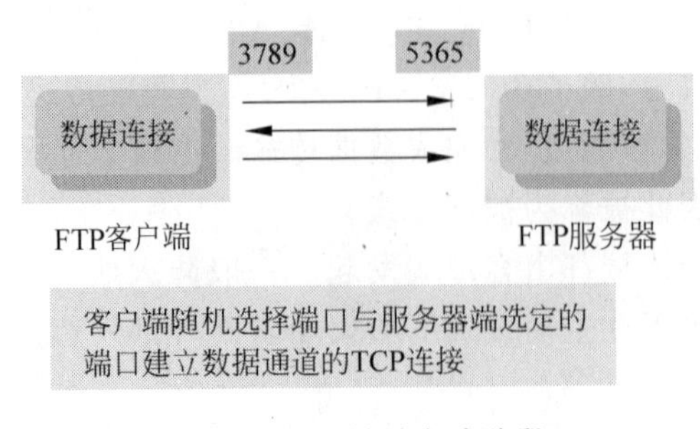

图 23-8 FTP 被动方式阶段三

(1) 此时,FTP客户端已经得知FTP服务器使用的临时端口号是5365。FTP客户端以随机选择的临时端口号(图23-8中是3789)作为源端口,向FTP服务器的端口5365发送一个SYN报文,主动建立TCP连接。

(2) FTP服务器端发送SYN ACK给FTP客户端,目的端口为客户端自己选择的端口3789,源端口为5365。

(3) FTP客户端向FTP服务器端发送ACK消息,完成TCP三次握手,建立数据通道的TCP连接。

阶段四:数据传输,如图23-9所示。

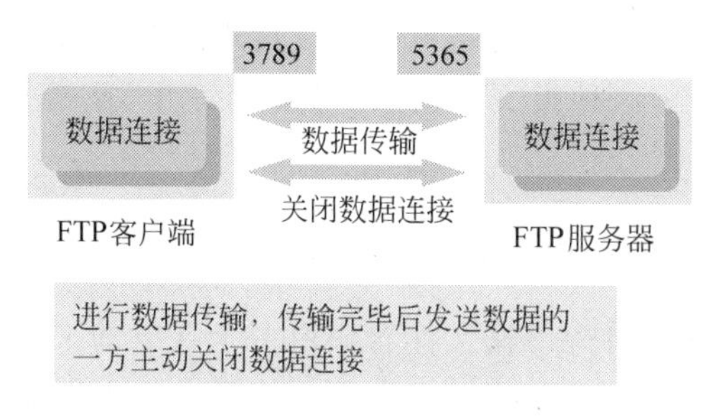

图23-9 FTP被动方式阶段四

(1) 数据通道连接建立后,FTP客户端与FTP服务器利用该通道进行数据的传输。

(2) 数据传输完毕后,由发送数据的一方发送FIN报文,关闭这条数据连接。如果FTP客户端需要打开新的数据连接,则可以通过控制通道发送相关命令再次建立新的数据传输通道。

23.3 TFTP协议

23.3.1 TFTP协议介绍

TFTP也是用于在远端服务器和本地主机之间传输文件的,相对于FTP,TFTP没有复杂的交互存取接口和认证控制,适用于客户端和服务器之间不需要复杂交互的环境。

TFTP采用客户端/服务器设计方式,承载在UDP协议上,TFTP服务器使用众所周知的端口号69侦听TFTP连接。由于UDP本身不能提供可靠的数据传输,因此TFTP使用自己设计的超时重传机制确保数据正确传送。TFTP只能提供简单的文件传输能力,包括文件的上传和下载。TFTP也不像FTP那样拥有一个庞大的命令集,不支持文件目录列表功能,也不能对用户的身份进行验证和授权。

TFTP协议传输是由客户端发起的。当需要下载文件时,由客户端向TFTP服务器发送读请求包,然后从服务器接收数据,并向服务器发送确认;当需要上传文件时,由客户端向TFTP服务器发送写请求包,然后向服务器发送数据,并接收服务器的确认。

与FTP类似,TFTP传输文件有两种模式:netascii模式和octet模式。octet传输模式对应于FTP中的二进制模式,用于传输程序文件;netascii模式对应于FTP中的ASCII模式,用于传输文本文件。

23.3.2 TFTP 协议报文

TFTP 共有 5 种协议数据报文，分别为读请求报文、写请求报文、数据报文、确认报文和错误报文。每种报文的头两个字节是操作码字段。对于读请求(RRQ)和写请求(WRQ)，操作码字段分别为 1 和 2，文件名字段说明客户要读或写的位于服务器上的文件，文件名字段以 0 字节作为结束。方式字段填写的是一个 ASCII 码字符串 netascii 或 octet(可大小写任意组合)，同样以 0 字节结束。操作码为 3 的报文是数据报文，数据报文中包含两个字节的块编号，块编号需要在确认报文中使用。操作码为 4 的报文是数据的确认报文。操作码为 5 的报文是差错报文，它用于服务器不能处理读请求或写请求的情况。在文件传输过程中读和写差错也会导致传送这种报文，数据传输随即停止，差错报文不会被确认，也不会重传。

23.3.3 TFTP 文件传输过程

TFTP 进行文件传输时，将待传输文件看成由多个连续的文件块组成。每一个 TFTP 数据报文中包含一个文件块，同时对应一个文件块编号。每次发完一个文件块后就等待对方的确认，确认时应指明所确认的块编号。发送方发完数据后如果在规定的时间内收不到对端的确认那么发送方就要重新发送数据。发送确认的一方如果在规定时间内没有收到下一个文件块数据，则重发确认报文。这种方式可以确保文件的传送不会因某一数据的丢失而失败。

每次 TFTP 发送的数据报文中包含的文件块大小固定为 512 字节，如果文件长度恰好是 512 字节的整数倍，那么在文件传送完毕后，发送方还必须在最后发送一个不包含数据的数据报文，用来表明文件传输完毕。如果文件长度不是 512 字节的整数倍，那么最后传送的数据报文所包含的文件块肯定小于 512 字节，这正好作为文件结束的标志。

TFTP 的文件传输过程以 TFTP 客户端向 TFTP 服务器发送一个读请求或写请求开始。读请求表示 TFTP 客户端需要从 TFTP 服务器下载文件，写请求表示客户端需要向服务器上传文件。

如图 23-10 所示，TFTP 客户端需要从 TFTP 服务器下载文件时，会向 TFTP 服务器发送一个读请求报文，包含需要下载的文件名信息和文件传输的模式(netascii 或 octet)。如果这个文件可以被客户端下载，那么服务器回应一个数据报文，报文中包括文件的第一个文件块，块编号为 1。客户端收到块编号为 1 的数据报文后，返回一个确认报文，报文中的块编号为 1。服务器收到确认后继续发送块编号为 2 的数据报文，客户端回应块编号为 2 的

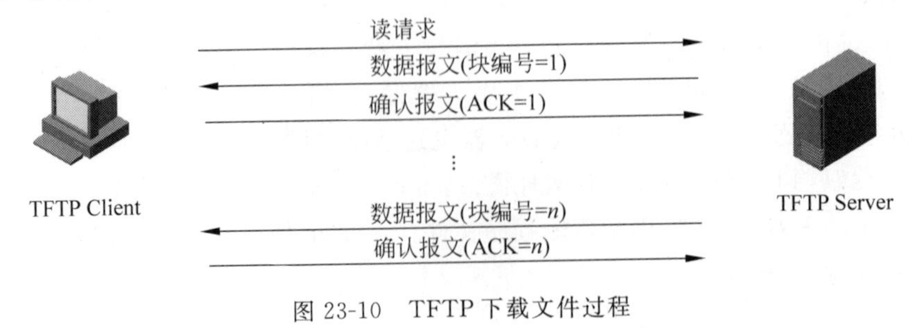

图 23-10 TFTP 下载文件过程

确认报文。这个过程周而复始，直至文件全部传输完毕。除了最后一个数据报文可含有不足 512 字节的数据，其他每个数据报文均含有 512 字节的数据。当客户端收到一个不足 512 字节的数据报文后，就知道它收到了最后一个数据分组。

如图 23-11 所示，TFTP 客户端需要向 TFTP 服务器上传文件时，会向 TFTP 服务器发送一个写请求报文，包含需要在服务器上保存的文件名信息和文件传输模式（netascii 或 octet）。如果这个文件可以被客户端上传，那么服务器回应一个块编号为 0 的确认报文。客户端继续发送块编号为 1 的数据报文，服务器返回块编号为 1 的确认报文。然后客户端继续发送块编号为 2 的数据报文，服务器返回块编号为 2 的确认报文。以此类推，直至文件全部传输完毕。

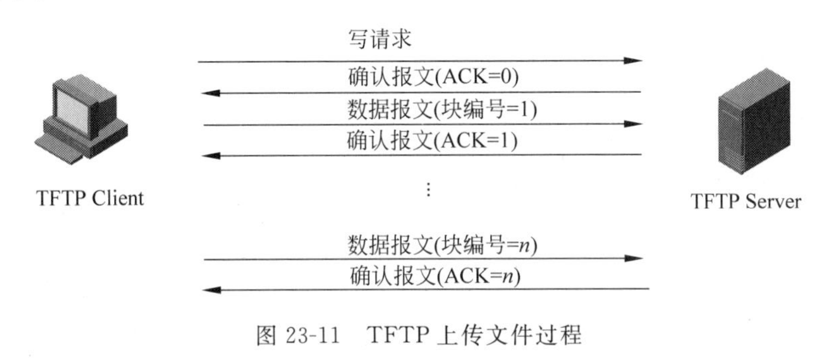

图 23-11　TFTP 上传文件过程

23.4　配置 FTP 与 TFTP

23.4.1　FTP 客户端配置

路由器可以作为 FTP 客户端，建立设备与远程 FTP 服务器的连接，访问远程 FTP 服务器上的文件。

在用户视图下用以下命令来登录远程 FTP 服务器。

ftp *ftp-server* [*service-port*] [**vpn-instance** *vpn-instance-name*] [**dscp** *dscp-value* | **source** { **interface** { *interface-name* | *interface-type interface-number* } | **ip** *source-ip-address* }]

命令中常见参数含义如下所述。

（1）*ftp-server*：FTP 服务器的主机名或 IP 地址。

（2）*service-port*：远端设备提供 FTP 服务的 TCP 端口号，取值范围为 0～65535，默认值为 21。

（3）**vpn-instance** *vpn-instance-name*：指定 FTP 服务器所属的 VPN。

（4）**source**{ **interface** {*interface-name*|*interface-type interface-number*} | **ip** *source-ip-address* }：指定建立 FTP 连接时使用的源地址。

在上述命令中，如果不指定任何参数，则只进入 FTP 客户端视图，不登录 FTP 服务器。

如果指定参数，系统会提示用户输入登录 FTP 服务器的用户名和密码。如果用户名和密码正确，则登录成功，并进入 FTP 客户端视图；否则，登录失败。

在登录到 FTP 服务器后，通常会查看服务器上的目录和文件，以确定需要下载的文件名。在 FTP 视图下查看 FTP 服务器上目录和文件，其命令如下：

ls remotefile [*localfile*]

然后可以指定所需要下载的文件和下载到本地后的文件名，其命令如下：

get remotefile [*localfile*]

也可以上传本地文件到远程 FTP 服务器上，命令如下：

put *localfile* [*remotefile*]

在下载完成后，在 FTP 视图下用命令断开与 FTP 服务器之间的连接。

bye

其他会经常使用的命令如表 23-1 所示。

表 23-1　其他常用命令表

命　　令	操　　作
binary	设置 FTP 文件传输的模式为二进制模式
pwd	显示远程 FTP 服务器上的工作目录
cd pathname	切换远程 FTP 服务器上的工作路径
put localfile [remotefile]	上传本地文件到远程 FTP 服务器

23.4.2　FTP 服务器端配置

当路由器作为 FTP 服务器时，可进行如下配置。

第 1 步：在系统视图下启动 FTP 服务器功能。

ftp server enable

因为默认情况下，FTP 服务器功能处于关闭状态，所以必须使能 FTP 服务。

第 2 步：创建本地用户并设置相应的密码、服务类型、权限级别等参数。

创建本地用户并进入本地用户视图。

local-user *user-name* [**class** { **manage** | **network** }]

在本地用户视图下设置当前本地用户的密码。

password { **hash** | **simple** } *password*

在本地用户视图下设置服务类型。

service-type { **ftp** | { **ssh** | **telnet** | **terminal** } }

23.4.3　FTP 配置示例

图 23-12 为配置路由器作为服务器端和客户端的示例。图中作为 FTP 服务器的路由器接口 IP 地址是 10.0.0.1。

配置路由器作为 FTP 服务器端。

```
[Router] ftp server enable
[Router] local-user ftp_manager class manage
[Router-luser-ftp_manager] password simple 123456
[Router-luser-ftp_manager] service-type ftp
```

图 23-12 FTP 配置示例

所配置的用户名为 ftp_manager，密码为 123456，格式为未加密的明文，FTP 服务的目录为默认目录。

在客户端登录 FTP 服务器端，命令如下：

```
<Router> ftp 10.0.0.1
User(10.0.0.1:(none)):ftp_manager
331 Password required for ftp_manager.
Password:
230 User logged in.
```

然后上传本地文件 aaa. app 至服务器端，并在服务器端修改其文件名为 bbb. app。

```
ftp> put aaa.app bbb.app
```

23.4.4 TFTP 客户端配置

当路由器作为 TFTP 客户端时，可以把本地文件上传到 TFTP 服务器，还可以从 TFTP 服务器下载文件到本地，下载又分为如下两种。

(1) 普通下载。在这种方式下，设备将获取的远端文件直接写到存储设备中。这样如果是覆盖性下载系统文件，而且下载失败(如网络断开等原因)，则原系统文件已被删除，设备将无法正常启动。

(2) 安全下载。在这种方式下，设备将获取的远端文件先保存到内存中，等用户文件全部接收完毕，才将它写到存储设备中。这样如果系统文件下载失败(如网络断开等原因)，因为原有的系统文件没有被覆盖，设备仍能够启动。这种方法安全系数较高，但需要较大的内存空间。

当操作启动文件或配置文件等重要文件时，建议采用安全下载。

配置路由器作为 TFTP 客户端的命令为：

tftp *tftp-server* { **get** | **put** | **sget** } *source-filename* [*destination-filename*] [**vpn-instance** *vpn-instance-name*] [**dscp** *dscp-value* | **source** { **interface** *interface-type interface-number* | **ip** *source-ip-address* }]

其中，参数含义如下。

(1) *tftp-server*：TFTP 服务器的 IP 地址或主机名。

(2) *source-filename*：源文件名。

(3) *destination-filename*：目标文件名。

(4) **vpn-instance** *vpn-instance-name*：指定 TFTP 服务器所属的 VPN。

(5) **dscp** *dscp-value*：指定设备发送的 TFTP 报文中携带的 DSCP 优先级的取值，取值范围为 0～63，默认值为 0。

(6) **get**：表示普通下载文件操作。

(7) **put**：表示上传文件操作。

(8) **sget**：表示安全下载文件操作。

(9) **ip** *source-ip-address*：当前 TFTP 客户端发送报文所使用的源 IP 地址。此地址必须是设备上已配置的 IP 地址。

(10) **interface** *interface-type interface-number*：当前 TFTP 客户端传输使用的源接口,包括接口类型和接口编号。此接口下配置的主 IP 地址即为发送报文的源地址。

23.5 本章总结

(1) FTP 与 TFTP 基础知识。

(2) FTP 文件传输的两种模式。

(3) FTP 数据传输方式。

(4) TFTP 文件传输过程。

(5) FTP 与 TFTP 相关配置方法。

23.6 习题和解答

23.6.1 习题

1. 互联网上文件传输的标准协议是(　　)。

A. TFTP　　B. SFTP　　C. FTP　　D. STFTP

2. FTP 和 TFTP 采用的传输层协议是(　　)。

A. UDP 和 TCP　　B. TCP 和 UDP

C. 两者都采用 TCP　　D. 两者都采用 UDP

3. 在尽力而为的 IP 网络上传输文件,需要文件传输协议具备重传机制。采用自己设计重传机制的文件传输协议是(　　)。

A. FTP　　B. TFTP　　C. 两者都是　　D. 两者都不是

4. 在网络上进行文件传输时,如果需要提供用户的登录认证,则可以使用(　　)文件传输协议。

A. FTP　　B. TFTP　　C. 两者都可以　　D. 两者都不可以

5. FTP 所使用的数据连接和控制连接端口号分别是(　　)。

A. 23,24　　B. 21,22　　C. 20,21　　D. 21,20

23.6.2 习题答案

1. C　　2. B　　3. B　　4. A　　5. C

第24章

DNS

在TCP/IP网络中，IP地址是网络节点的标识。但是，IP地址是点分十进制数，比较难记忆。联想到在现实生活中，名字比身份证号码更容易被人记住，所以我们是否可以拿名字来标记某个网络节点呢？答案是肯定的。

DNS(Domain Name System，域名系统)是一种用于TCP/IP应用程序的分布式数据库，提供域名与IP地址之间的转换。

本章将针对DNS展开学习和讨论，目标是使大家能够熟悉和掌握该协议的基础知识及工作方式。

24.1 本章目标

学习完本章，应该能够达到以下目标。

(1) 掌握DNS的作用。

(2) 掌握DNS域名结构。

(3) 掌握DNS域名的解析过程。

(4) 掌握DNS两种查询方式。

(5) 了解DNS反向查询相关知识。

(6) 掌握如何在路由器上配置DNS。

24.2 DNS域名

在TCP/IP网络发展初期，人们直接使用IP地址来访问网络上的资源。随着网络规模的扩大和网络中所能提供服务的增加，需要记住越来越多的IP地址。但点分十进制的IP地址是很难记忆的，所以需要一种能够把IP地址与便于记忆的名字关联起来的方法，使人们只要能记住这些名字，就可以访问网络资源。

在Internet早期，网络中仅有几百台主机，那时的计算机使用一个叫作Hosts的文件来实现主机名与IP地址之间的映射。Hosts文件中包括主机名和IP地址的对应信息。当一台主机需要通过主机名的方式访问网络上的另外一台主机时，它就会查看本地的Hosts文件，从文件中找到相对应的IP地址然后进行报文发送。如果在Hosts文件中没有关于那台主机名的相关信息，则主机访问将失败。

Hosts 文件是主机的本地文件,它的优点是查找响应速度快。它主要用来存储一些本地网络上的主机名与 IP 地址对应的信息。这样,主机在以主机名访问本地网络主机时,通过本地 Hosts 文件可以迅速获得相应 IP 地址。

每台主机的 Hosts 文件都需要手工单独更新,而且几乎没有自动配置。随着 Internet 规模快速增长,维护包含一个大量映射条目的文件的难度越来越大,而且在每台主机间进行经常同步更新几乎是一件不可能完成的任务。

为了解决 Hosts 文件维护困难的问题,20 世纪 80 年代 IETF 发布了域名系统。

DNS 域名系统主要解决了因特网上主机名与 IP 地址之间的相互转换,为用户实现多种网络资源的访问提供了必要条件。

DNS 系统采用客户端/服务器模式,DNS 客户端提出查询请求,DNS 服务器负责相应请求。DNS 客户端通过查询 DNS 服务器获得所需访问主机的 IP 地址信息,进而完成后续的 TCP/IP 通信过程。

DNS 系统是一个具有树状层次结构的联机分布式数据库系统。1983 年因特网开始使用层次机构的命名树作为主机的名字,树状层次机构的主机名在管理、维护、扩展等方面具有更大的优势。DNS 系统也采用树状层次结构与之对应。

从理论上讲 DNS 可以采用集中式设计,整个因特网只使用一台 DNS 服务器,这台 DNS 服务器包含 Internet 所有主机名与 IP 地址的映射关系。客户端简单地把所有咨询消息发送给这个唯一的名称服务器,该名称服务器则把响应消息返回给查询的主机。这种设计尽管具有诱人的简单性,但面对 Internet 大量的而且仍在不断增长的主机数量,这种做法并不可取。集中式 DNS 系统存在的主要问题如下。

(1) 存在单点故障:要是唯一的 DNS 服务器崩溃了,整个 DNS 服务也失效了。

(2) 服务处理的访问量巨大,性能不足:单台 DNS 服务器将不得不处理所有 DNS 查询消息。

(3) 远距离访问,效率低下:单台 DNS 服务器主机不可能在所有请求查询的客户主机附近。例如,假设 DNS 服务器在纽约,而所有的查询都来自地球另一边的澳大利亚,可能要经过缓慢且拥塞的链路。这样造成的远距离访问将导致相当大的延迟。

(4) 系统维护工作量巨大:单台 DNS 服务器将保存所有因特网主机的记录。这个集中式数据库不仅会相当巨大,而且不得不为每台新增的主机频繁更新。允许任何用户在集中式数据库中注册主机还存在身份认证与授权问题。

因此,因特网的 DNS 域名系统被设计成为一个联机分布式数据库系统,名字到 IP 地址的解析可以由若干个域名服务器共同完成。大部分的名字解析工作可以在本地的域名服务器上完成,效率很高。并且由于 DNS 使用分布式系统,即使单个服务器出现故障,也不会导致整个系统失效,消除了单点故障。

24.3 DNS 域名结构

因特网早期使用的主机名是无等级概念的,其优点是短小精悍,记忆简单。但当因特网的联机主机数量急剧增加时,使用这种不划分等级的命名方法来管理一个规模巨大且不断变化的主机名集合是非常困难的。

DNS 域的本质是因特网中一种管理范围的划分，最大的域是根域，向下可以划分为顶级域、二级域、三级域、四级域等。相对应的域名是根域名、顶级域名、二级域名、三级域名等。不同等级的域名之间使用点号分隔，级别最低的域名写在最左边，而级别最高的域名则写在最右边。如域名 www.abc.com 中，com 为顶级域名，abc 为二级域名，而 www 则表示二级域中的主机。

每一级的域名都由英文字母和数字组成，域名不区分大小写，但是长度不能超过 63 字节，一个完整的域名不能超过 255 字节。根域名用“.”(点)表示。如果一个域名以点结尾，那么这种域名我们称为完全合格域名(Full Qualified Domain Name，FQDN)。接入因特网的主机、服务器或其他网络设备都可以拥有一个唯一的完全合格域名。

如图 24-1 所示，因特网的域名空间结构像是一棵倒过来的树。根域名就是树根，用点号表示。

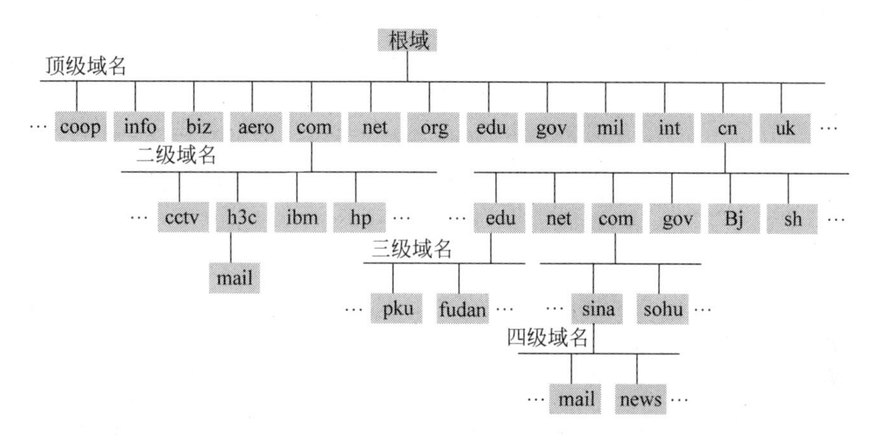

图 24-1 因特网域名结构树

根域名下属的顶级域名包括三大类。

1. 国家顶级域名

国家顶级域名采用 ISO 3166 的规定。如：.cn 表示中国，.us 表示美国，.uk 表示英国等。现在使用的国家顶级域名大约有 200。

2. 国际顶级域名

国际顶级域名采用.int。国际性的组织可以在.int 下注册。

3. 通用顶级域名

最早的顶级域名共有 6 个。分别为.com 表示公司企业，.net 表示网络服务机构，.org 表示非营利组织，.edu 表示教育机构(仅限美国)，.gov 表示政府部门(仅限美国)，.mil 表示军事部门(仅限美国)。随着因特网用户不断增加，从 2000 年 11 月起，因特网的域名管理机构 ICANN 又增加了 7 个通用顶级域名，分别为.aero 用于航空运输业，.biz 用于公司和企业，.coop 用于合作团体，.info 用于各种情况，.museum 用于博物馆，.name 用于个人，.pro 用于自由职业者。

在顶级域下面注册的是二级域名，如图 24-1 所示的在顶级域.com 下的有二级域名 cctv、h3c 等。国家顶级域名下注册的二级域名均由该国家自行确定。我国将二级域名划分为类别域名和行政域名两大类，类别域名如.com、.edu、.gov 等分别代表不同的机构；行政域名代表我国的各省、自治区及直辖市等,如.bj 表示北京,.sh 表示上海。二级域名下面是三级域、四级域等。命名树上任何一个节点的域名就是将从该节点到最高层的域名串起来,中间以“.”分隔。

在域名结构中,节点在所属域中的标识可以相同,但域名必须唯一。例如图 24-1 中 H3C 公司和新浪公司下都有一台主机的标识是 mail,但是两者的域名却是不同的,前者为 mail. h3c. com,而后者为 mail. sina. com. cn。

24.4 DNS 域名解析

24.4.1 DNS 域名解析概述

将域名转换为对应的 IP 地址的过程称为域名解析。如图 24-2 所示,在域名解析过程中,DNS 客户端上的用户程序调用解析器软件向 DNS 服务器发出请求,DNS 服务器调用安装在其上的解析器软件完成域名解析。DNS 采用客户端/服务器体系架构,使用 TCP 或 UDP 作为传输层协议,域名服务器使用 53 端口号侦听客户端发出的 DNS 查询请求。

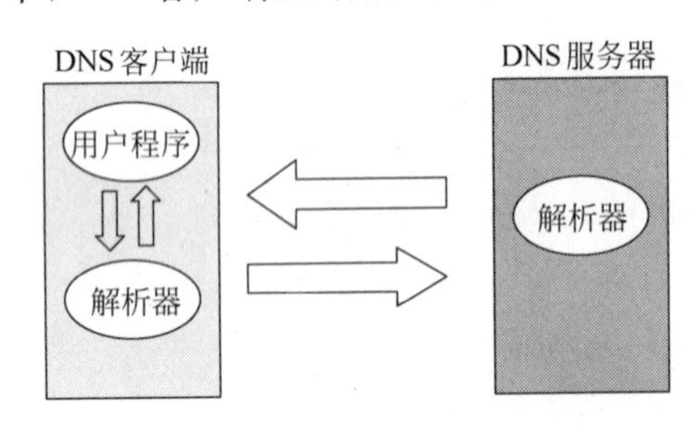

图 24-2 DNS 域名解析架构

DNS 域名解析是按照 DNS 分层结构的特点自顶向下进行的。然而,如果每一个域名解析都从根服务器开始,那么根服务器有可能无法承载因特网中大量的信息交互流量。在实际应用中,大多数域名解析都是由本地域名服务器在本地解析完成的。通过合理设定本地域名服务器,由本地域名服务器负责大部分的域名解析请求,可以很大程度上提高域名解析的效率。

24.4.2 DNS 域名解析过程

1. DNS 域名服务器类型

(1) 本地域名服务器

每个因特网服务提供商或者一个大的网络机构,例如公司、大学等都可以拥有一台或多台可以自行管理的域名服务器,这类域名服务器称为本地域名服务器,有时也称为默认域名服务器。本地域名服务器一般离客户端较近。当一个 DNS 客户端发送 DNS 查询时,该查询首先被送往本地域名服务器,如果本地域名服务器数据库中存在对应的主机域名,本地域名服务器会立即将所查询的域名转换为 IP 地址返回客户端。在 Windows 操作系统的“Internet 协议(TCP/IP)属性”中设置的 DNS 服务器就是最常见的本地域名服务器。

(2) 根域名服务器

通常根域名服务器用来管理顶级域,本身并不对域名进行解析,但它知道相关域名服务器的地址。在 DNS 解析过程中,当本地域名服务器的数据库中没有 DNS 客户端所查询的主机域名时,它会以 DNS 客户端的身份向某一个根域名服务器进行查询。根域名服务器收到本地域名服务器的查询后,会回应相关域名服务器的 IP 地址,本地域名服务器再向相关域名服务器发送查询请求。

(3) 授权域名服务器

因特网上的每一个主机都必须在某个域名服务器上进行注册,这个域名服务器称为该主机的授权域名服务器。通常,一个主机的授权域名服务器就是该主机的本地域名服务器,实际上为了更加可靠地工作,每个主机最好有两个授权域名服务器,以防止单点故障。授权域名服务器上总是存在着注册主机域名与IP地址的映射信息,对于这样的DNS查询,授权域名服务器的回答是具备权威性的。当一个授权域名服务器被另外的域名服务器查询时,授权域名服务器就会向请求者应答相应主机的DNS映射。

(4) 主域名服务器

主域名服务器是完成一个或多个区域域名解析工作的主用域名服务器,通常主域名服务器就是一个或多个区域的授权域名服务器,主域名服务器具有区域内主机地址信息的源数据文件,并且是区域传送中区域数据的唯一来源。

(5) 辅助域名服务器

辅助域名服务器可以协助主域名服务器共同提供客户端请求的域名查询服务,在网络中主机很多的情况下,可以有效分担主域名服务器所承载的压力。辅助域名服务器同时也提供了冗余保护能力,在主域名服务器失效时,辅助域名服务器能够在其数据信息有效期内继续对网络中的主机提供域名解析服务。

一台主域名服务器可以具有多台辅助域名服务器,同时一台某区域的辅助域名服务器还可以担当其他区域主域名服务器的角色。辅助域名服务器中也包含区域内主机地址数据的授权信息,通过区域配置文件副本的方式存储在辅助DNS服务器中。辅助域名服务器也是区域的授权域名服务器,可以完成本区域内域名查询的授权回答。

辅助域名服务器本身并不建立区域地址信息的数据文件,它获得区域数据的唯一途径就是通过区域传送的方式从主域名服务器上获得区域数据的最新副本。辅助域名服务器获得最新区域数据副本的方式有两种,第一种是辅助域名服务器启动或配置的刷新时间到期,辅助域名服务器会主动查询主域名服务器获得副本或更新副本中区域数据信息;第二种是主域名服务器启动通知功能,在其区域数据发生变化的时候及时,通知辅助域名服务器更新副本中区域数据信息。

2. DNS域名完整解析过程

图24-3中是一个完整的DNS域名解析示例。DNS客户端进行域名www.h3c.com.cn的解析过程如下。

第1步:DNS客户端向本地域名服务器发送请求,查询www.h3c.com.cn主机的IP地址。

第2步:本地域名服务器检查其数据库,发现数据库中没有域名为www.h3c.com.cn的主机,于是将此请求发送给根域名服务器。

第3步:根域名服务器查询其数据库,发现没有该主机记录,但是根域名服务器知道能够解析该域名的cn域名服务器的地址,于是将cn域名服务器的地址返回给本地域名服务器。

第4步:本地域名服务器向cn域名服务器查询www.h3c.com.cn主机的IP地址。

第5步:cn域名服务器查询其数据库,发现没有该主机记录,但是cn域名服务器知道

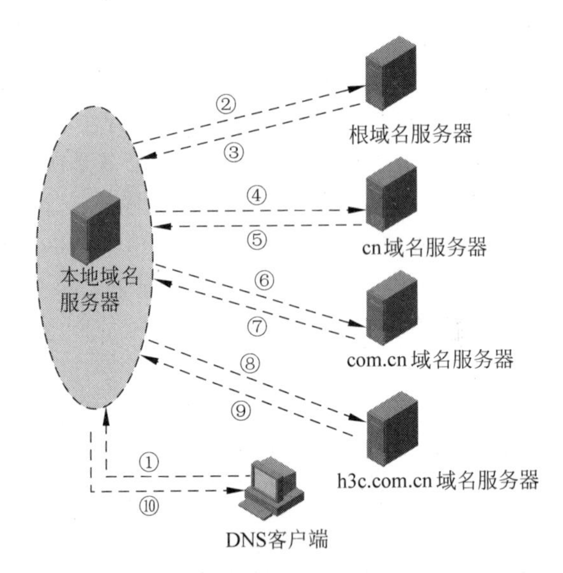

图 24-3 DNS域名完整解析过程

能够解析该域名的 com. cn 域名服务器的地址，于是将 com. cn 域名服务器的地址返回给本地域名服务器。

第 6 步：本地域名服务器再向 com. cn 域名服务器查询 www. h3c. com. cn 主机 IP 地址。

第 7 步：com. cn 域名服务器查询其数据库，发现没有该主机记录，但是 com. cn 域名服务器知道能够解析该域名的 h3c. com. cn 域名服务器的 IP 地址，于是将 h3c. com. cn 域名服务器的 IP 地址返回给本地域名服务器。

第 8 步：本地域名服务器向 h3c. com. cn 域名服务器发送查询 www. h3c. com. cn 主机的 IP 地址请求。

第 9 步：h3c. com. cn 域名服务器查询其数据库，发现有该主机记录，于是给本地域名服务器返回 www. h3c. com. cn 所对应的 IP 地址。

第 10 步：最后本地域名服务器将 www. h3c. com. cn 的 IP 地址返回给客户端。至此，整个解析过程完成。

24.5 DNS 传输层协议选择

DNS 域名服务器使用的端口号无论对 UDP 还是 TCP 都是 53。那么这意味着 DNS 均支持 UDP 和 TCP 访问。但是大多数情况下 DNS 客户端与 DNS 服务器交互采用的都是 UDP 协议，也可以说 DNS 是基于 UDP 的。这是怎么回事呢？

原来，DNS 响应数据报文中有一个特殊的标志位，称为删减标志位，用 TC 来表示。当响应报文采用 UDP 封装且长度大于 512 字节时(不包括 IP 和 UDP 头部)，那么服务器将仅仅返回前 512 字节，同时 TC 标志位置位，表示报文进行了删减。当客户端收到 TC 置位的响应报文后，客户端将采用 TCP 封装重发原来的查询请求。DNS 服务器返回采用 TCP 封装的 DNS 响应报文，报文长度大于 512 字节。

当一个辅助域名服务器在启动时，将从该域的主域名服务器执行区域传送。正常运行过程中，辅助服务器也会定时向主服务器进行查询以便了解主服务器数据是否发生变动。如果有变动，将执行一次区域传送。区域传送的数据是使用 TCP 封装的。因为这里传送的数据远比一个查询或响应多得多。

所以，DNS 是基于 UDP 的说法是仅针对客户端来说的。既然访问 DNS 主要使用的是 UDP，而且查询和响应主要经过广域网，分组丢失率和往返时间的不确定性在广域网上又比局域网更大，所以对于 DNS 客户程序，一个好的重传和超时程序往往显得十分重要。

24.6 DNS 查询方式

DNS 域名解析包括两种查询方式：一种为递归查询；另一种为迭代查询。

递归查询通常发生在主机发送查询请求到本地域名服务器时，而迭代查询通常发生在主机发送查询请求到根域名服务器。

24.6.1 递归查询

对于一个递归查询，DNS 服务器如果不能直接回应解析请求，它将以 DNS 客户端的方式继续请求其他 DNS 服务器，直到查询到该主机的域名解析结果。回复结果可以是该主机的 IP 地址或者是该域名无法解析。无论是哪种结果，DNS 服务器都将把结果返回给客户端。一个递归查询很好的例子是，当本地域名服务器接受了客户端的查询请求时，本地域名服务器将力图代表客户端来找到答案，而在本地域名服务器执行所有工作的时候，客户端只是等待，直到本地域名服务器将最终查询结果返回该客户端，如图 24-4 所示。

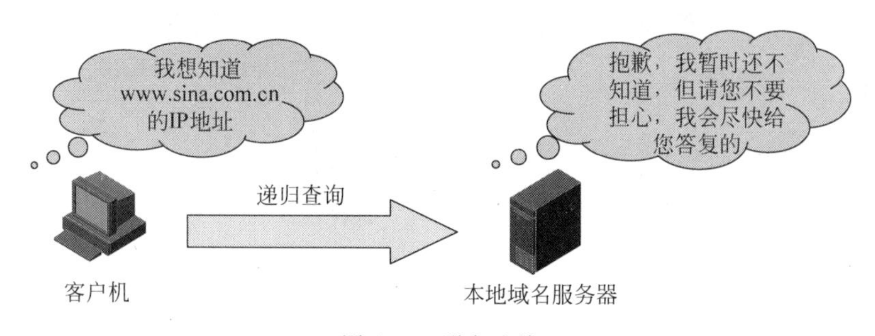

图 24-4 递归查询

24.6.2 迭代查询

如图 24-5 所示，在迭代查询方式中，如果服务器查不到相应的记录，会向客户端返回一个可能知道结果的域名服务器地址，由客户端继续向新的服务器发送查询请求。迭代查询很好的例子是，一台本地域名服务器发送请求到根服务器。当某个企业的本地域名服务器向根域名服务器提出查询，根域名服务器并不一定代表本地域名服务器来担当起回答查询的责任，它会指引本地域名服务器到另一台域名服务器进行查询。例如，当根服务器被要求查询 www.h3c.com.cn 的地址时，根域名服务器不会到 h3c.com.cn 域名服务器查询 www 主机的地址，它只是给本地域名服务器返回一个提示，告诉本地域名服务器到 cn 域名服务器去继续查询和得到结果。所以，对域名服务器的迭代查询只能得到一个提示，再继续查询。

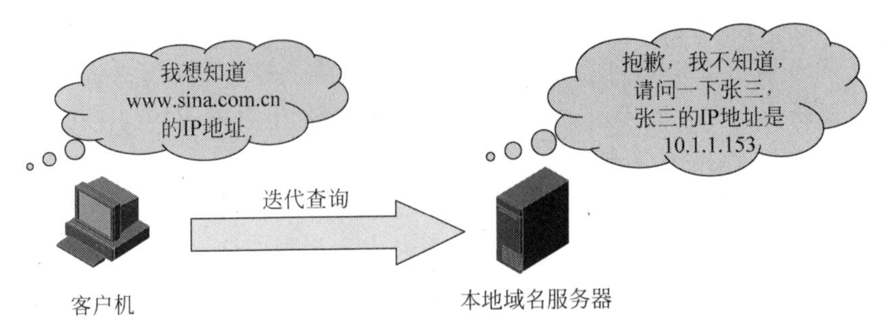

图 24-5 迭代查询

一般地，下一次访问的最佳服务器将在域名树中上移，并更靠近根域名服务器，或者就是根域名服务器。当查到根域名服务器后，一般只需再在域名树向下查询若干次，就能得出最终的结果。既可能是到达所需的服务器，以返回查询的地址；也可能是出错并终止查询。

24.7 DNS 反向查询

在 DNS 查询中，客户端希望知道域名所对应的 IP 地址，这种查询称为正向查询。大部分 DNS 查询都是正向查询。

与正向查询相对应，有一种查询是反向查询。它允许 DNS 客户端根据已知的 IP 地址查找主机所对应的域名。反向查询采取问答形式进行，如“我想知道 IP 地址 192.168.1.20 所对应的域名”，如图 24-6 所示。

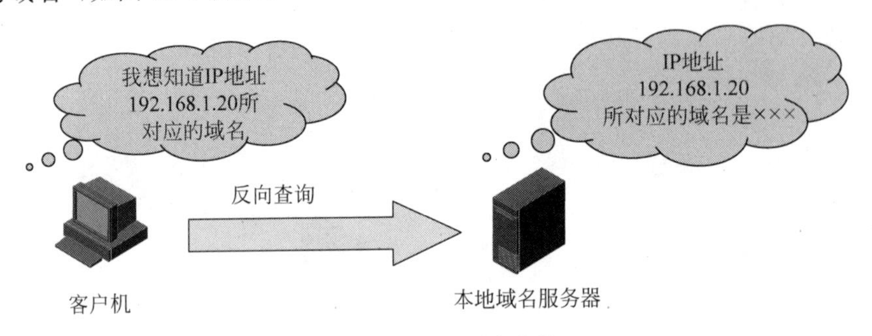

图 24-6 DNS 反向查询

为了实现反向查询，在 DNS 标准中定义了特殊域 in-addr. arpa 域，并保留在 Internet 域名空间中，以便提供切实可靠的方式执行反向查询。为了创建反向域名空间，in-addr. arpa 域中的子域是按照点分十进制表示法编号的 IP 地址的相反顺序构造的。

为什么不能使用正向的 IP 地址顺序构造 in-addr. arpa 域呢？这主要与 DNS 域名构成的层级关系有关。在 DNS 域名空间树结构中，根域是域名树的树根，最接近树根的是顶级域，依次向下是二级域、三级域、四级域……。可以看出，越靠近树根域的范围越大，越远离树根域的范围越小，也就是越具体。因此对于域名 www. abc. com. cn，从左往右看时呈现了一种范围从小到大，逐层包容的关系。

对于 IP 地址的构成方式，从左向右看，首先是网络地址部分，然后才是具体的主机部分，包容关系与域名的构成方式恰恰相反。在反向查找中，其实也是把 IP 地址作为特殊的域名对待，因此需要把 IP 地址的 4 个 8 位字节倒置排列形成特殊的 in-addr. arpa 域。

在 DNS 中建立的 in-addr. arpa 域中使用一种称为指针类型的资源记录。这种资源记录用于反向查找区域中创建映射，它一般对应于其正向查找区域中某一主机的 DNS 主机名。与正向查找一样，如果所查询的反向名称不能从 DNS 服务器应答，则同样的 DNS 查询（递归或迭代）过程可用来查找对反向查找区域具有绝对权威且包含查询名称的 DNS 服务器。

24.8 H3C 设备 DNS 特性及配置

24.8.1 H3C 设备 DNS 特性

目前在 H3C 系列产品上，能够实现如下与 DNS 相关的功能。

1. 静态域名解析

静态域名解析就是在设备上手工建立域名和 IP 地址之间的对应关系。当用户使用域名进行某些应用（如 Telnet）时，系统查找静态域名解析表，从中获取指定域名对应的 IP 地址。

2. 动态域名解析

动态域名解析就是由设备查询 DNS 域名服务器，由 DNS 域名服务器完成解析。动态域名解析支持域名后缀列表功能。用户可以预先设置一些域名后缀，在域名解析的时候，用户只需要输入域名的部分字段，系统会自动把输入的域名加上不同的后缀进行解析。举例说明，用户想查询域名 h3c. com，那么可以先在后缀列表中配置 com，然后输入 h3c 进行查询，系统会自动将输入的域名与后缀连接成 h3c. com 进行查询。

3. DNS 代理

DNS 代理（DNS Proxy）用来在 DNS 客户端和 DNS 服务器之间转发 DNS 请求和应答报文，代替 DNS 服务器端进行域名解析。局域网内的 DNS 客户端把 DNS 代理当作 DNS 服务器，将 DNS 请求报文发送给 DNS 代理。DNS 代理将该请求报文转发到正确的 DNS 服务器，并将 DNS 服务器的应答报文返回给 DNS 客户端，从而实现域名解析。使用 DNS 代理功能后，当 DNS 服务器的地址发生变化时，只需改变 DNS 代理上的配置，无须改变局域网内每个 DNS 客户端的配置，从而简化了网络管理。

24.8.2 配置静态和动态域名解析

在路由器上可以配置 DNS 静态域名解析，能够加快解析速度。配置的要点是建立域名和 IP 地址之间的映射表。

在系统视图下，配置静态解析表中主机名和对应的 IP 地址。

ip host *hostname ip-address* [**vpn-instance** *vpn-instance-name*]

参数 **vpn-instance** *vpn-instance-name* 是指配置命令对指定的 VPN 有效。

如果网络中有域名服务器，可以在路由器上配置 DNS 动态域名解析。

在系统视图下，指定域名服务器的 IPv4 地址。

dns server *ip-address* [**vpn-instance** *vpn-instance-name*]

配置完成后,如果用户使用域名进行某些应用,如 Ping 一个主机名时,路由器将向所指定的域名服务器发出 DNS 解析请求,请求域名所对应的 IPv4 地址。

为了使用方便,可以在系统视图下配置域名后缀列表。

dns domain *domain-name* [**vpn-instance** *vpn-instance-name*]

配置完成后,路由器发送 DNS 解析请求时会自动把域名加上所配置的后缀。

24.8.3 配置 DNS 代理

如果 DNS 服务器和客户端不在同一个子网内,可以在路由器上使能 DNS 代理。配置步骤如下。

第 1 步: 在系统视图下使能 DNS 代理功能。

dns proxy enable

只有使能 DNS 代理功能后,路由器才能中继客户端与 DNS 服务器之间的交互报文。

第 2 步: 在系统视图下指定域名服务器。

dns server *ip-address* [**vpn-instance** *vpn-instance-name*]

配置完成后,路由器作为 DNS 代理,将客户端发出的请求报文转发到所配置的 DNS 服务器,并将 DNS 服务器的应答报文返回给 DNS 客户端,完成跨越子网的域名解析。

在完成上述配置后,在任意视图下执行 display 命令可以显示域名解析配置后的运行情况,通过查看显示信息验证配置的效果,具体的 display 命令如表 24-1 所示。

表 24-1 显示域名解析配置的命令表

操 作	命 令
显示静态域名解析表	**display ip host host** [**ip** | **ipv6**] [**vpn-instance** *vpn-instance-name*]
显示域名服务器的 IPv4 地址信息	**display dns server** [**dynamic**] [**vpn-instance** *vpn-instance-name*]
显示域名后缀信息	**display dns domain** [**dynamic**] [**vpn-instance** *vpn-instance-name*]

24.9 本章总结

(1) DNS 域名及域名树的基础知识。

(2) 域名解析过程。

(3) 域名解析两种查询方式。

(4) H3C 设备 DNS 特性及相关配置。

24.10 习题和解答

24.10.1 习题

1. DNS 系统的目的是实现(   )。

A. 主机物理地址与域名的映射解析

B. 主机 IP 地址与域名的映射解析

C. 主机物理地址与 IP 地址的映射解析

D. 主机主用域名与辅助域名的映射解析

2. 如果没有 DNS,通常可以通过以下( )方式实现通过主机名对主机进行访问。

A. 自定义 ARP 文件　　B. 自定义 Hosts 文件

C. 配置主机名　　D. 自定义启动文件

3. DNS 系统的工作模式是( )。

A. 客户端/服务器模式　　B. 客户端/浏览器模式

C. 点对点模式　　D. 服务器/服务器模式

4. DNS 域的本质是因特网中一种管理范围的划分。DNS 中最大的域是( )。

A. 顶级域　　B. 超级域　　C. 根域　　D. 一级域

5. 下列( )DNS 域名表示了根域名。

A. .　　B. .com　　C. .cn　　D. .com.cn

24.10.2 习题答案

1. B　　2. B　　3. A　　4. C　　5. A

第25章

其他应用层协议介绍

为了解决网络应用问题，人们开发了各种各样的应用层协议，如DNS、FTP、DHCP、HTTP、SMTP等。

本章主要概述了3种较常用的应用(远程登录、电子邮件、互联网浏览)所使用的应用层协议的基本定义及工作原理。

25.1 本章目标

学习完本章，应该能够达到以下目标。

(1) 理解Telnet协议的工作原理和应用场景。

(2) 理解SMTP/POP3协议的基本工作原理。

(3) 理解HTTP协议的基本工作原理。

25.2 Telnet

25.2.1 Telnet概述

Telnet(Telecommunication Network Protocol，远程通信网络协议)起源于ARPANET，是最古老的Internet应用之一。Telnet给用户提供了一种通过网络上的终端远程登录服务器的方式。

传统的计算机操作方式是使用直接连接到计算机上的专用硬件终端进行命令行操作。而使用Telnet时，用户可以使用自己的计算机，通过网络而远程登录到另一台计算机进行操作，从而克服了距离和设备的限制。同样地，用户可以使用Telnet远程登录到支持Telnet服务的任意网络设备，从而实现远程配置、维护等工作，可以节省网络管理维护成本，所以得到了广泛的应用。

Telnet使用TCP为传输层协议，使用端口号23。Telnet协议采用客户端/服务器模式，如图25-1所示。

在服务器端所需的组件如下。

(1) 内核命令行接口：操作系统内核与虚拟终端间的适配层。

(2) 虚拟终端：这个部分存在于大部分系统的实现中，其功能类似于实体终端的驱动

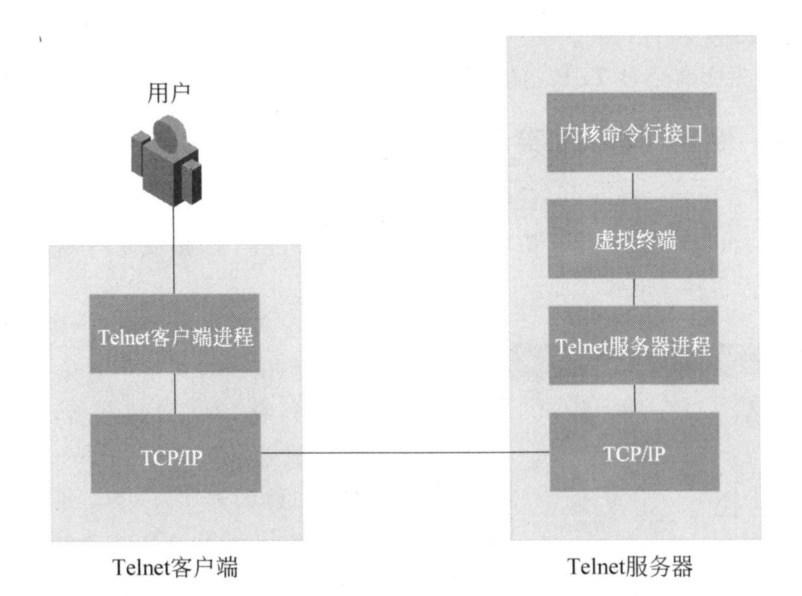

图 25-1 Telnet 的客户端/服务器模式

程序。系统的内核命令行接口像与实体终端通信一样与虚拟终端进行通信；Telnet 服务器则通过虚拟终端与操作系统交换信息。

(3) Telnet 服务器进程：此服务器程序通常驻留在主机上。

(4) TCP/IP 协议栈：Telnet 服务器在众所周知的 TCP 端口 23 侦听客户端发起的连接请求，并与客户端建立连接，传递信息。

客户端所需的组件如下。

(1) Telnet 客户端进程：用户在自己的计算机上通过运行 Telnet 客户端程序，可以远程登录到 Telnet 服务器来实现信息的传递。用户通过 Telnet 程序输入并获得信息，客户端程序通过 TCP/IP 协议栈与服务器进程通信。

(2) TCP/IP 协议栈：客户端可通过任意端口向服务器的 TCP 端口 23 发起连接，并传递信息。

25.2.2 Telnet 工作过程

当用户通过 Telnet 登录远程计算机时，实际上启动了两个程序，一个是“Telnet 客户端程序”，它运行在用户的本地计算机上；另一个叫“Telnet 服务器端程序”，它运行在要登录的远程计算机上。因此，在远程登录过程中，用户的本地计算机是一个客户端，而提供服务的远程计算机则是一个服务器。

客户端与服务器间的 Telnet 远程登录包含有以下交互过程。

(1) Telnet 客户端通过 IP 地址或域名与远程 Telnet 服务器端程序建立连接。该过程实际上是在客户端与服务器之间建立一个 TCP 连接，服务器端程序所侦听的端口号是 23。

(2) 系统将客户端上输入的命令或字符以 NVT(Net Virtual Terminal)格式传送到服务端，包括登录用户名、口令及以后输入的任何命令或字符，都以 IP 数据报文的形式进行传送。

(3) 服务器端将输出的 NVT 格式的数据转化为客户端所接受的格式送回客户端，包括输入命令回显和命令执行结果。

(4) 客户端发送命令对 TCP 连接进行断开,远程登录结束。

25.2.3 使用 Telnet 实现远程登录

大部分操作系统都支持 Telnet 客户端功能。以 Windows XP/2000 操作系统为例,其具有内嵌的 Telnet 客户端应用。假如用户单击一个 Telnet 链接或从终端输入 Telnet 命令,系统就会运行它并弹出其界面。

图 25-2 在 Windows 系统中输入 Telnet 命令

在 Windows 系统的桌面单击"开始"按钮,选择"运行"命令,在弹出的对话框中直接输入 Telnet 命令,后面跟服务器端 IP 地址或域名,系统即可对所指定的 Telnet 服务器发起连接,如图 25-2 所示。

若连接成功就会弹出 Telnet 客户端的命令行窗口。此外,也可以在 Windows 系统的命令行方式下直接输入 Telnet 命令,或使用 Windows 系统自带的"超级终端"程序发起 Telnet 连接。

H3C 的网络设备都支持 Telnet 客户端与服务器功能。以 MSR 为例,可以在用户视图下使用如下命令来进行 Telnet 远程登录至设备并进行配置:

telnet *remote-host*

注意: 因为安全原因,默认情况下,MSR 路由器的 Telnet 服务处于关闭状态。如需启动 Telnet 服务,需要在系统视图下使用 **telnet server enable** 命令。

25.3 SMTP/POP3

25.3.1 电子邮件概述

电子邮件(Electronic Mail,E-mail)又称电子信箱,是一种用电子手段提供信息交换的通信方式,是 Internet 应用中最广泛的服务。通过电子邮件,用户可以用非常低廉的价格,以非常快速的方式,与世界上任何一个角落的一个或多个网络用户联系。电子邮件可支持各种格式,包括文字、图像、声音等。自从 1971 年第一封电子邮件发送成功以来,由于使用简易、投递迅速、收费低廉、易于保存、全球畅通无阻等特点,使得电子邮件在全球范围内被广泛地应用,从而使人们的交流方式得到了极大的改变。

电子邮件地址的格式是"user@server.com",由 3 部分组成。第一部分"user"代表用户的邮箱账号,对于同一个邮件接收服务器来说,这个账号必须是唯一的;第二部分"@"是分隔符;第三部分"server.com"是用户邮箱的邮件接收服务器域名,用以标志其所在的位置。

电子邮件的工作过程基于客户端/服务器模式。用户在电子邮件客户端程序上进行创建、编辑等工作,并将编辑好的电子邮件通过 SMTP 协议向本方邮件服务器发送。本方邮件服务器识别接收方的地址,并通过 SMTP 协议向接收方邮件服务器发送。接收方通过邮件客户端程序连接到邮件服务器后,使用 POP3 或 IMAP 协议来将邮件下载到本地或在线查看、编辑等。

常见的电子邮件客户端程序包括有 Microsoft 的 Outlook Express、Foxmail 等。

常见的电子邮件协议有以下几种。

(1) SMTP(Simple Mail Transfer Protocol,简单邮件传输协议)。主要负责将邮件在网络上的主机之间传输。

(2) POP(Post Office Protocol,邮局协议)。负责把邮件从邮件服务器上的电子邮箱中传输到本地邮件客户端程序的协议,目前的版本为 POP3。

(3) IMAP(Internet Message Access Protocol,Internet 邮件访问协议)。目前的版本为 IMAP4,是 POP3 的一种替代协议。

以上几种协议都由 TCP/IP 协议簇所定义。

25.3.2 SMTP 协议原理

SMTP 是一种用于在邮件服务器之间交换邮件的协议。SMTP 是应用层的服务,可以适应于各种网络系统。Windows 9x/NT/2000/XP、Mac OS、UNIX、Linux 等操作系统都具有 SMTP 服务器功能。

SMTP 协议是基于 TCP 连接的,端口号是 25。

在电子邮件的发送过程中,用户在电子邮件客户程序上通过 SMTP 协议将邮件传送到本地邮件服务器。如果发送方与接收方使用同一个邮件服务器,则邮件直接转到接收方的电子邮箱中;如果发送方与接收方的邮件服务器不同,则由发送方邮件服务器通过 SMTP 协议向接收方邮件服务器进行电子邮件的中转。

SMTP 协议经过以下 3 个阶段来完成邮件传输功能。

(1) 建立连接阶段。发送方提出申请,要求与接收方的 SMTP 服务建立双向的通信渠道。接收方服务器确认可以建立连接后,双方就可以开始通信。

(2) 传送邮件阶段。发送方通过 MAIL 命令告知发送方的身份,接收方通过 OK 命令来表示同意;发送方再通过 RCPT 命令来告诉接收方的具体地址信息,接收方经检查确认同意后,再回答 OK;接下来就可以进行邮件数据传输了。在此过程中,发送方与接收件方采用交互方式,发送方提出请求,接收方进行确认,确认后才进行下一步的动作。

(3) 释放连接阶段。邮件发送完成后,发送方断开 TCP 连接,SMTP 连接结束。

SMTP 服务器基于 DNS 中的邮件交换(MX)记录来路由电子邮件。电子邮件系统发送邮件时,根据接收方的地址后缀来定位邮件服务器。SMTP 通过用户代理程序(UA)完成邮件的编辑、收取和阅读等功能;通过邮件传输代理程序(MTA)将邮件传送到目的地。

25.3.3 POP3 协议原理

电子邮件是存储在网络上的邮件服务器上的。在早期,用户只能远程连接到邮件服务器上进行邮件的在线查看和编辑,网络连接费用高且不方便。

POP3(Post Office Protocol 3)即 POP(Post Office Protocol,邮局协议)的第 3 个版本。通过 POP3 协议,用户能够从本地主机连接到邮件服务器上,通过命令来将邮件从邮件服务器的邮箱中下载到本地主机上进行查看和编辑。另外,用户也可以通过 POP3 协议将保存在邮件服务器上的邮件删除,以释放邮件服务器所在主机的存储空间。

在电子邮件的传送过程中,接收方的邮件客户端程序首先使用 TCP 连接到 POP3 服务器的 TCP 端口 110;再通过交互式命令进行用户认证、邮件列表查询、邮件下载、邮件删除等操作,操作完成后,客户端与服务器之间再断开 TCP 连接。

注意:POP3 仅负责邮件的下载,邮件从客户端到邮件服务器的上传工作由 SMTP 协议完成。

25.4 HTTP

25.4.1 WWW 概述

WWW(World Wide Web)中文称为万维网,是一个基于 Internet 的、全球连接的、分布的、动态的、多平台的交互式图形平台,综合了信息发布技术和超文本技术的信息系统。WWW 为用户提供了一个基于浏览器/服务器模型和多媒体技术的图形化信息查询界面。

在 WWW 工作过程中,用户使用本地计算机的浏览器,通过 Internet 访问分布在世界各地的 WWW 服务器,进而从服务器获得文本、图片、视频、音频等各种各样的服务资源。

WWW 服务器上的 Web 页面一般采用 HTML 语言编写。HTML 由本地浏览器解释,并将 Web 页面在浏览器中显示出来。

超文本标记语言(HyperText Markup Language,HTML)是一种专门用于描述、建立存储在 WWW 服务器上的超文本文件的编程语言。HTML 文本是由 HTML 命令组成的描述型文本,HTML 命令可以说明文字、图形、动画、声音、表格、链接等对象。HTML 必须使用特定的程序即 Web 浏览器翻译和执行。

Web 服务器和浏览器的软件都比较多,目前大量使用的浏览器有 Windows 系统自带的 IE(Internet Explorer)、Netscape、FireFox 等;Web 服务器软件有 Windows 平台下的 IIS Web 服务器、UNIX 平台下的 Apache 等。

25.4.2 HTTP 协议

HTTP 是 HyperText Transfer Protocol(超文本传输协议)的简称。它用来在 Internet 上传递 Web 页面信息。HTTP 位于 TCP/IP 协议栈的应用层。传输层采用面向连接的 TCP。

HTTP 可以使浏览器更加高效,使网络传输减少。它不仅可以保证计算机正确快速地传输超文本文档,还可以确定传输文档中的哪一部分,以及哪部分内容首先显示(如文本先于图形)等各种功能。

在浏览器的地址栏里输入的网站地址叫作 URL(Uniform Resource Locator,统一资源定位符)。就像每家每户都有一个门牌地址一样,每个 Web 页面也都有一个 Internet 地址。当用户在浏览器的地址框中输入一个 URL 或是在网页上单击一个超级链接时,URL 就确定了要浏览的 Web 页面地址。

URL 的一般格式为:

HTTP://<主机名>[:端口]/<路径>/<文件名>

例如,http://www.h3c.com/Newdoc/mydoc.htm。它表示浏览器请求查看 WWW

服务器根目录下的 Newdoc 目录下的页面文件 mydoc. htm(该目录可以是在本机上,也可以是在局域网的其他主机上)。

WWW 服务的默认端口号为 80。如果 WWW 服务器在配置时,修改了默认端口号,则需要在 URL 中指明端口号。例如,WWW 服务器将端口号重新设定为 8080,则相应在客户端浏览器上输入的 URL 应该为 Http://www. h3c. com:8080/Newdoc/mydoc. htm。

HTTP 采用客户端/服务器通信模式。客户端和服务器之间的信息交互过程如下。

(1) 在客户端与服务器之间建立 TCP 连接,通常情况下端口号为 80。

(2) 客户端向服务器发送请求消息。

(3) 服务器处理客户请求后,回复响应消息给客户端。

(4) 关闭客户端与服务器之间的 TCP 连接。

HTTP 协议最初的版本为 0. 9,已基本被淘汰。目前使用最广泛的为 HTTP 1. 0 和 HTTP 1. 1。

25.5 本章总结

(1) Telnet 协议的工作原理。

(2) SMTP/POP3 协议的基本工作原理。

(3) HTTP 协议的概述与 URL。

25.6 习题和解答

25.6.1 习题

1. Telnet 协议服务器所侦听的端口号是(　　)。

A. 23　　B. 25　　C. 80　　D. 一个随机值

2. SMTP 协议客户端所使用的端口号是(　　)。

A. 23　　B. 25　　C. 80　　D. 一个随机值

3. POP 协议的作用是(　　)。

A. 从邮件客户程序向邮件服务器传输邮件

B. 从本方邮件服务器向对方邮件服务器传输邮件

C. 从邮件服务器向本地下载邮件

D. 在本地对邮件服务器上的邮件进行编辑

4. 在 http://www. h3c. com. cn/Training/H3C_Certification/123. html 这个 URL 中,(　　)表明了页面文件名。

A. www. h3c. com. cn　　B. Training

C. H3C_Certification　　D. 123. html

5. 以下不是 Telnet、SMTP、HTTP、POP 等协议所共有的特点的是(　　)。

A. 都是应用层协议

B. 都是基于客户端/服务器架构

C. 都是由 TCP 协议所承载的

D. 都可以实现文件在网络中的传输

25.6.2 习题答案

1. A　　2. D　　3. C　　4. D　　5. D

第7篇

以太网交换技术

第26章　以太网交换基础

第27章　VLAN

第28章　生成树协议

第29章　链路聚合

第26章

以太网交换基础

在局域网中，交换机是非常重要的网络设备，负责在主机之间快速转发数据帧。交换机与集线器的不同之处在于，交换机工作在数据链路层，能够根据数据帧中的 MAC 地址进行转发。本章介绍了共享式以太网和交换式以太网的区别，最后重点讲述了交换机进行 MAC 地址学习以构建 MAC 地址表的过程和对数据帧的转发原理。

26.1 本章目标

学习完本章，应该能够达到以下目标。

(1) 了解共享式以太网和交换式以太网的区别。

(2) 掌握交换机中 MAC 地址表的学习过程。

(3) 掌握交换机的过滤、转发原理。

(4) 掌握广播域的概念。

26.2 共享式与交换式以太网

26.2.1 共享式以太网

同轴电缆是以太网发展初期所使用的连接线缆，是物理层设备。通过同轴电缆连接起来的设备处于同一个冲突域中，即在每一个时刻，只能有一台终端主机在发送数据，其他终端处于侦听状态，不能够发送数据。这种情况称为域中所有设备共享同轴电缆的总线带宽。

集线器(HUB)也是一个物理层设备，它提供网络设备之间的直接连接或多重连接，集线器功能简单、价格低廉，在早期的网络中随处可见。在集线器连接的网络中，每个时刻只能有一个端口在发送数据。它的功能是把从一个端口接收到的比特流从其他所有端口转发出去。因此，用集线器连接的所有站点也处于一个冲突域之中。当网络中有两个或多个站点同时进行数据传输时，将会产生冲突。

综上所述，HUB 与同轴电缆都是典型的共享式以太网所使用的设备，工作在 OSI 模型的物理层。HUB 和同轴电缆所连接的设备位于一个冲突域中，域中的设备共享带宽，设备间利用 CSMA/CD 机制来检测及避免冲突。

在这种共享式的以太网中，每个终端所使用的带宽大致相当于总线带宽/设备数量，所以接入的终端数量越多，每个终端获得的网络带宽越少。在如图 26-1 所示的网络中，如果 HUB 的带宽是 10Mbps，则每个终端所能使用的带宽约为 3.3Mbps；而且由于不可避免的会发生冲突导致重传，所以实际上每个终端所能使用的带宽还要更小一些。

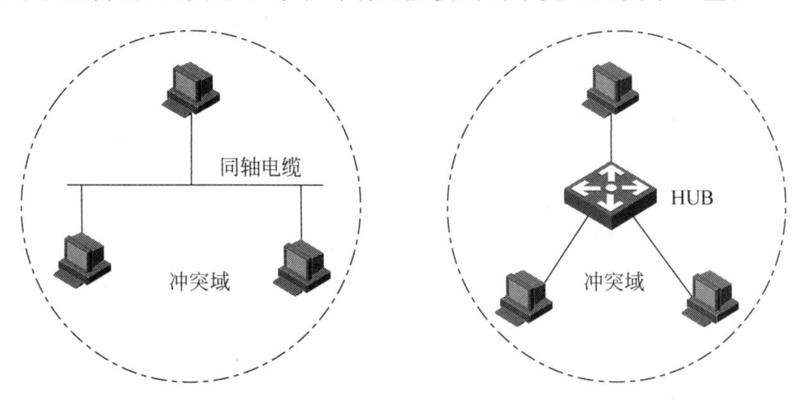

图 26-1 共享式以太网

另外，共享式以太网中，当所连接的设备数量较少时，冲突较少发生，通信质量可以得到较好地保证；但是当设备数量增加到一定程度时，将导致冲突不断，网络的吞吐量受到严重影响，数据可能频繁地由于冲突而被拒绝发送。

由于 HUB 与同轴电缆工作在物理层，一个终端发出的报文（无论是单播、组播、广播），其余终端都可以收到。这会导致如下两个问题。

(1) 终端主机会收到大量的不属于自己的报文，它需要对这些报文进行过滤，从而影响主机处理性能。

(2) 两个主机之间的通信数据会毫无保留地被第三方收到，造成一定的网络安全隐患。

26.2.2 交换式以太网

交换式以太网的出现有效地解决了共享式以太网的缺陷，它大大减小了冲突域的范围，增加了终端主机之间的带宽，过滤了一部分不需要转发的报文。

交换式以太网所使用的设备是网桥（Bridge）和二层交换机，如图 26-2 所示。

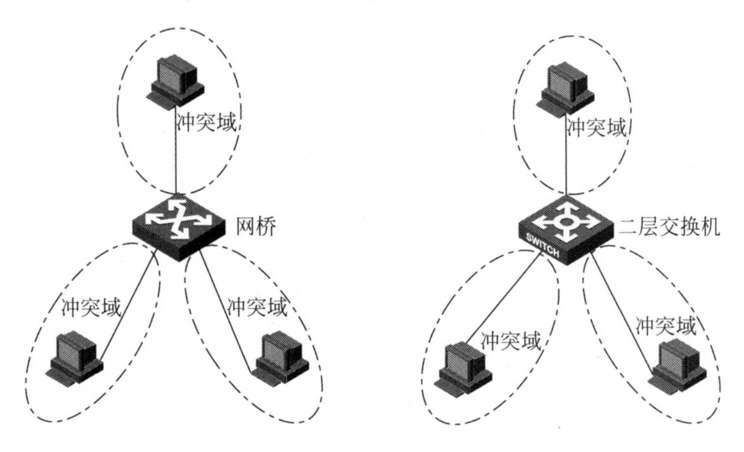

图 26-2 交换式以太网

网桥是一种工作在数据链路层的设备，早期被用在网络中连接各个终端主机。对于终端主机来说，网桥好像是透明的，不需要由于网桥的存在而增加或改变配置，所以又称为透明网桥。网桥遵循的协议是 IEEE 802.1D，又称为透明桥接协议。

目前在交换式以太网中经常使用的网络设备是二层交换机。二层交换机和网桥的工作原理相同，都是按照 IEEE 802.1D 标准设计的局域网连接设备。其区别在于交换机比网桥的端口更多、转发能力更强、特性更加丰富。

二层交换机也采用 CSMA/CD 机制来检测及避免冲突，但与 HUB 不同的是，二层交换机各个端口会独立地进行冲突检测，发送和接收数据，互不干扰。所以，二层交换机中各个端口属于不同的冲突域，端口之间不会有竞争带宽的冲突发生。

由于二层交换机的端口处于不同的冲突域中，终端主机可以独占端口的带宽，所以交换式以太网的交换效率大大高于共享式以太网。

二层交换机也是具有多个端口的转发设备，在各个终端主机之间进行数据转发。但与 HUB 不同的是，二层交换机的端口在检测到网络中的比特流后，它会首先把比特流还原成数据链路层的数据帧，再对数据帧进行相应的操作。同样，二层交换机端口在发送数据时，会把数据帧转成比特流，再从端口发送出去。

以太网数据帧遵循 IEEE 802.3 格式，其中包含了目的 MAC 地址（Destination MAC Address）和源 MAC 地址（Source MAC Address）。交换机根据源 MAC 地址进行地址学习、MAC 转发表的构建；再根据目的 MAC 地址进行数据帧的转发与过滤。

26.3 MAC 地址学习

为了转发报文，以太网交换机需要维护 MAC 地址表。MAC 地址表的表项中包含了与本交换机相连的终端主机的 MAC 地址、本交换机连接主机的端口等信息。

在交换机刚启动时，它的 MAC 地址表中没有表项，如图 26-3 所示。此时如果交换机的某个端口收到数据帧，它会把数据帧从所有其他端口转发出去。这样，交换机就能确保网络中其他所有的终端主机都能收到此数据帧。但是，这种广播式转发的效率低下，占用了太多的网络带宽，并不是理想的转发模式。

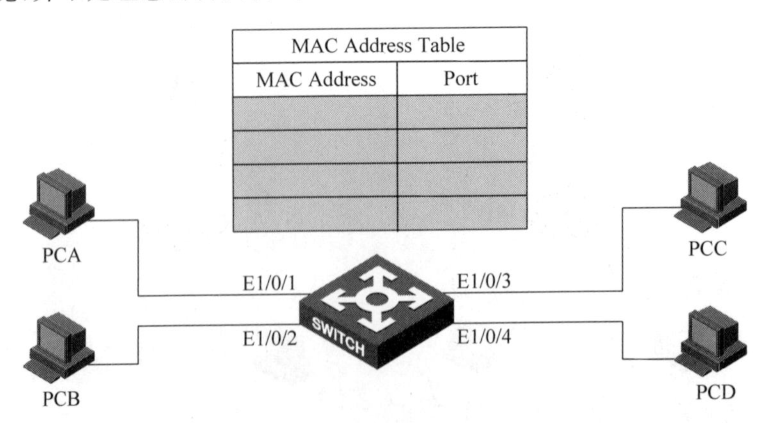

图 26-3 MAC 地址表初始状态

为了能够仅转发目标主机所需要的数据，交换机就需要知道终端主机的位置，也就是主机连接在交换机的哪个端口上。这就需要交换机进行 MAC 地址表的正确学习。

交换机通过记录端口接收数据帧中的源 MAC 地址和端口的对应关系来进行 MAC 地址表学习。

如图 26-4 所示，PCA 发出数据帧，其源地址是自己的地址 MAC_A，目的地址是 PCD 的地址 MAC_D。交换机在端口 E1/0/1 收到数据帧后，查看其中的源 MAC 地址，并添加到 MAC 地址表中，形成一条 MAC 地址表项。因为 MAC 地址表中没有 MAC_D 的相关记录，所以交换机把此数据帧从所有其他端口都发送出去。

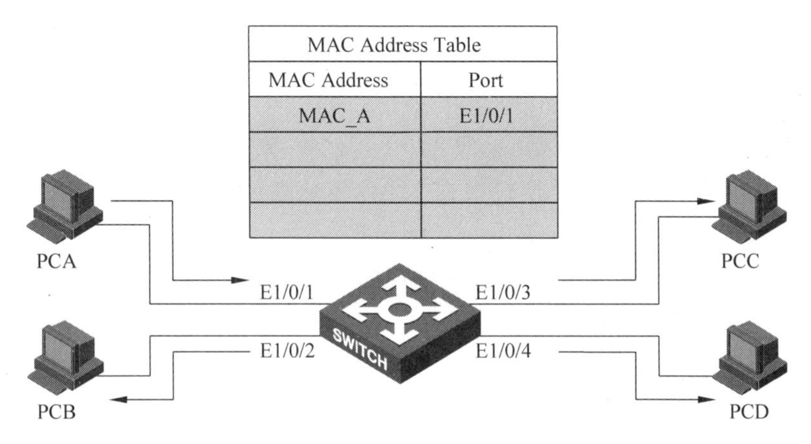

图 26-4　PCA 的 MAC 地址学习

交换机在学习 MAC 地址时，同时给每条表项设定一个老化时间，如果在老化时间到期之前一直没有刷新，则表项会清空。交换机的 MAC 地址表空间是有限的，设定表项老化时间有助于回收长久不用的 MAC 表项空间。

同样地，当网络中其他 PC 发出数据帧时，交换机记录其中的源 MAC 地址，与接收到数据帧端口相关联起来，形成 MAC 地址表项，如图 26-5 所示。

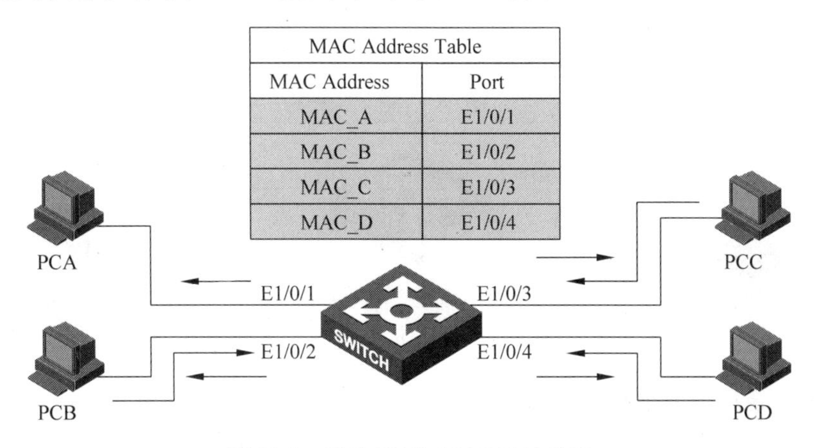

图 26-5　其他 PC 的 MAC 地址学习

当网络中所有的主机的 MAC 地址在交换机中都有记录后，意味着 MAC 地址学习完成，也可以说交换机知道了所有主机的位置。

交换机在 MAC 地址学习时,需要遵循以下原则。

(1) 一个 MAC 地址只能被一个端口学习。

(2) 一个端口可学习多个 MAC 地址。

交换机进行 MAC 地址学习的目的是知道主机所处的位置,所以只要有一个端口能到达主机就可以,多个端口到达主机反而造成带宽浪费,所以系统设定 MAC 地址只与一个端口关联。如果一个主机从一个端口转移到另一个端口,交换机在新的端口学习到了此主机的 MAC 地址,则会删除原有表项。

一个端口上可关联多个 MAC 地址。比如端口连接到一个 HUB,HUB 连接多个主机,则此端口会关联多个 MAC 地址。

26.4 数据帧的转发

MAC 地址表学习完成后,交换机根据 MAC 地址表项进行数据帧转发。在进行转发时,遵循以下规则。

(1) 对于已知单播数据帧(即帧目的 MAC 地址在交换机 MAC 地址表中有相应表项),则从帧目的 MAC 地址相对应的端口转发出去。

(2) 对于未知单播帧(即帧目的 MAC 地址在交换机 MAC 地址表中无相应表项)、组播帧、广播帧,则从除源端口外的其他端口转发出去。

在图 26-6 中,PCA 发出数据帧,其目的地址是 PCD 的地址 MAC_D。交换机在端口 E1/0/1 收到数据帧后,检索 MAC 地址表项,发现目的 MAC 地址 MAC_D 所对应的端口是 E1/0/4,就把此数据帧从 E1/0/4 转发,不在端口 E1/0/2 和 E1/0/3 转发,PCB 和 PCC 也不会收到目的到 PCD 的数据帧。

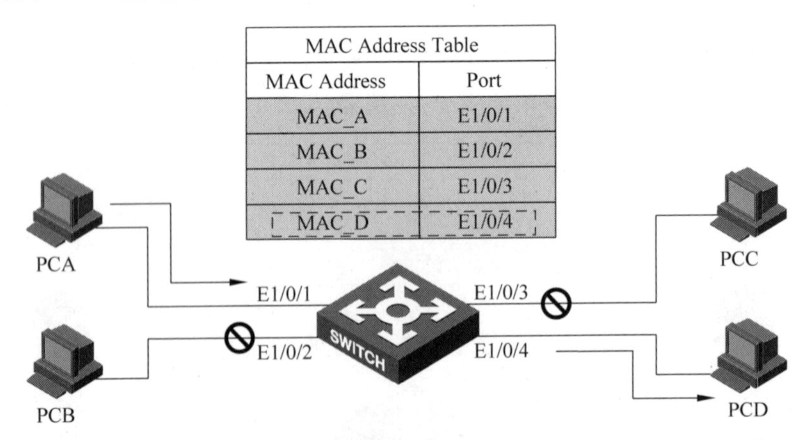

图 26-6 已知单播数据帧转发

与已知单播帧转发不同,交换机会从除源端口外的其他端口转发广播帧和组播帧,因为广播和组播的目的就是要让网络中其他的成员收到这些数据帧。

而由于 MAC 地址表中无相关表项,所以交换机也要把未知单播帧从其他端口转发出去,以使网络中其他主机能收到。

在图 26-7 中,PCA 发出数据帧,其目的地址 MAC_E。交换机在端口 E1/0/1 收到数据帧后，检索 MAC 地址表项，发现没有 MAC_E 的表项，所以就把此帧从除端口 E1/0/1 外的其他端口转发出去。

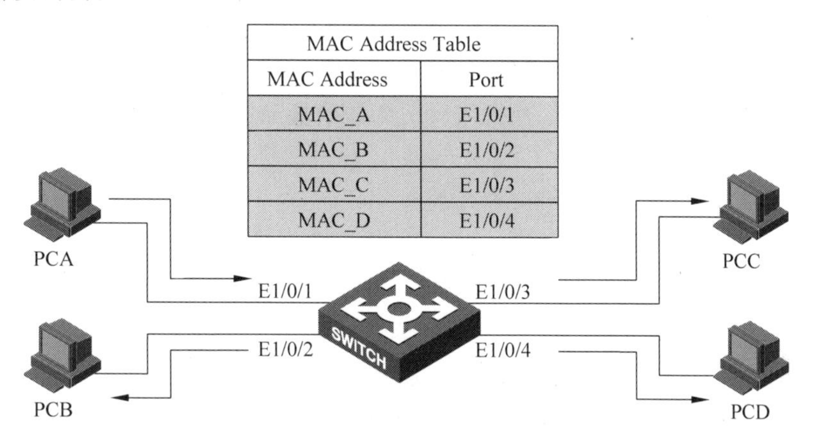

图 26-7 广播、组播和未知单播帧的转发

同理，如果 PCA 发出的是广播帧(目的 MAC 地址为 FF-FF-FF-FF-FF-FF)或组播帧，则交换机把此帧从除端口 E1/0/1 外的其他端口转发出去。

26.5 数据帧的过滤

为了杜绝不必要的帧转发，交换机对符合特定条件的帧进行过滤。无论是单播帧、组播帧、广播帧，如果帧目的 MAC 地址在 MAC 地址表中有表项存在，且表项所关联的端口与接收到帧的端口相同时，则交换机对此帧进行过滤，即不转发此帧。

如图 26-8 所示，PCA 发出数据帧，其目的地址 MAC_B。交换机在端口 E1/0/1 收到数据帧后，检索 MAC 地址表项，发现 MAC_B 所关联的端口也是 E1/0/1，则交换机将此帧过滤。

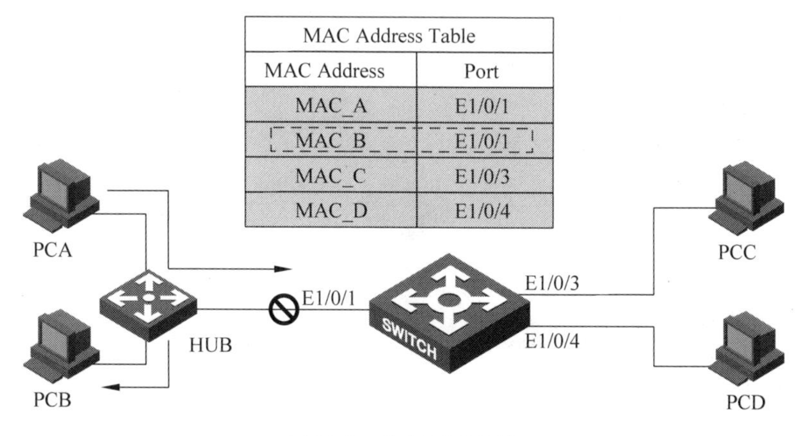

图 26-8 数据帧的过滤

通常，帧过滤发生在一个端口学习到多个 MAC 地址的情况下。如图 26-8 所示，交换机端口 E1/0/1 连接有一个 HUB，所以端口 E1/0/1 上会同时学习到 PCA 和 PCB 的 MAC 地址。此时，PCA 和 PCB 之间进行数据通信时，尽管这些帧能够到达交换机的 E1/0/1 端口，交换机也不会转发这些帧到其他端口，而是将其丢弃了。

26.6 广播域

广播帧是指目的 MAC 地址是 FF-FF-FF-FF-FF-FF 的数据帧,它的目的是要让本地网络中的所有设备都能收到。二层交换机需要把广播帧从除源端口之外的端口转发出去,所以二层交换机不能够隔离广播。

广播域是指广播帧能够到达的范围。如图 26-9 所示,PCA 发出的广播帧,所有的设备与终端主机都能够收到,则所有的终端主机处于同一个广播域中。

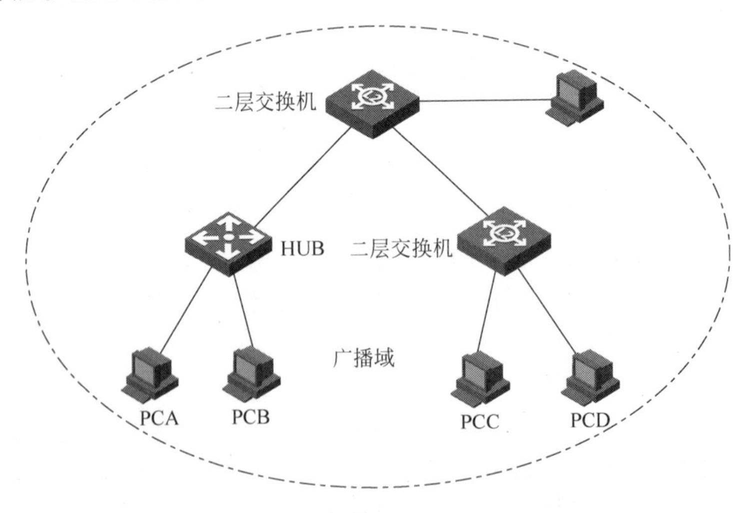

图 26-9 二层交换机与广播域

路由器或三层交换机是工作在网络层的设备,对网络层信息进行操作。路由器或三层交换机收到广播帧后,对帧进行解封装,取出其中的 IP 数据包,然后根据 IP 数据包中的 IP 地址进行路由。所以,路由器或三层交换机不会转发广播帧,广播在三层端口上被隔离。

如图 26-10 所示,PCA 发出的广播帧,PCB 能够收到,但 PCC 和 PCD 收不到,PCA 和 PCB 就属于同一个广播域。

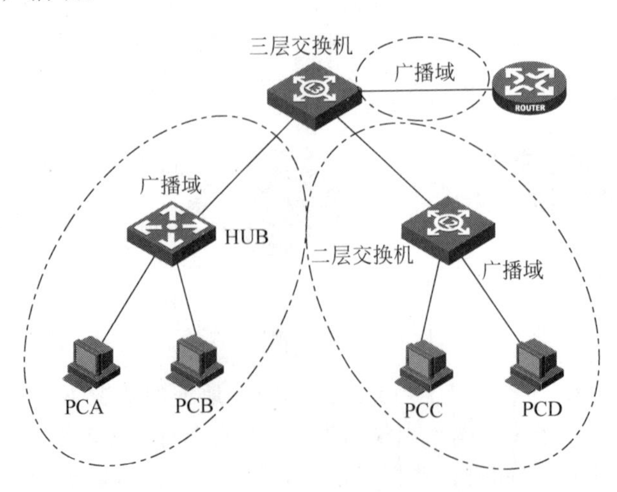

图 26-10 三层设备与广播域

广播域中的设备与终端主机数量越少，广播帧流量就越少，网络带宽的无谓消耗也越少。所以如果在一个网络中，因广播域太大，广播流量太多，而导致网络性能下降，则可以考虑在网络中使用三层交换机或路由器，可以减小广播域，减少网络带宽浪费，增加网络性能。

26.7 本章总结

(1) 共享式以太网中所有终端共享总线带宽，交换式以太网中每个终端处于独立的冲突域。

(2) 交换机根据接收到的数据帧的源地址进行 MAC 地址表的学习。

(3) 交换机根据 MAC 地址表对数据帧进行转发和过滤。

(4) 路由器或三层交换机的三层接口属于独立的广播域。

26.8 习题和解答

26.8.1 习题

1. 以下关于冲突域、广播域的描述正确的是(　　)。

A. 通过中继器连接的所有段都属于同一个冲突域

B. 通过桥连接的段分别属于不同的冲突域

C. 通过中继器连接的所有段都属于同一个广播域

D. 通过桥连接的段分别属于不同的广播域

2. 下列(　　)设备的不同物理端口属于不同的冲突域。

A. 集线器　　B. 中继器　　C. 交换机　　D. 路由器

3. 交换机通过记录端口接收数据帧中的(　　)和端口的对应关系来进行 MAC 地址表学习。

A. 目的 MAC 地址　　B. 源 MAC 地址

C. 目的 IP 地址　　D. 源 IP 地址

4. 交换机从端口接收到一个数据帧后，根据帧中的(　　)查找 MAC 地址表来进行转发。

A. 目的 MAC 地址　　B. 源 MAC 地址

C. 目的 IP 地址　　D. 源 IP 地址

5. 为了杜绝不必要的帧转发，交换机可以对符合特定条件的(　　)进行过滤。

A. 单播帧　　B. 广播帧　　C. 组播帧　　D. 任播帧

26.8.2 习题答案

1. ABC　　2. CD　　3. B　　4. A　　5. ABC

第27章

VLAN

VLAN(Virtual Local Area Network,虚拟局域网)技术的出现,主要为了解决交换机在进行局域网互联时无法限制广播的问题。这种技术可以把一个物理局域网划分成多个虚拟局域网——VLAN,每个 VLAN 就是一个广播域,VLAN 内的主机间通信就和在一个 LAN 内一样,而 VLAN 间的主机则不能直接互通,这样,广播数据帧被限制在一个 VLAN 内。

27.1 本章目标

学习完本章,应该能够达到以下目标。

(1) 了解 VLAN 技术产生的背景。

(2) 掌握 VLAN 的类型及其相关配置。

(3) 掌握 IEEE 802.1Q 的帧格式。

(4) 掌握交换机端口的链路类型及其相关配置。

27.2 VLAN 技术简介

在交换式以太网出现后,同一个交换机下不同的端口处于不同的冲突域中,交换式以太网的效率大大增加。但是,在交换式以太网中,由于交换机所有的端口都处于一个广播域内,导致一台计算机发出的广播帧,局域网中所有的计算机都能够接收到,使局域网中的有限网络资源被无用的广播信息所占用。

在图 27-1 中,4 台终端主机发出的广播帧在整个局域网中广播,假如每台主机的广播帧流量是 100Kbps,则 4 台主机达到 400Kbps;如果链路是 100Mbps 带宽,则广播帧占用带宽达到 0.4%。如果网络内主机达到 400 台,则广播流量将达到 40Mbps,占用带宽达到 40%,网络上到处充斥着广播流,网络带宽资源被极大的浪费。另外,过多的广播流量会造成网络设备及主机的 CPU 负担过重,系统反应变慢甚至死机。

如何降低广播域的范围,提升局域网的性能,是急需解决的问题。

以太网处于 TCP/IP 协议栈的第二层,二层上的本地广播帧是不能被路由器转发的,终端主机发出的广播帧在接口被终止,如图 27-2 所示。为了降低广播报文的影响,可以使用路由器来减小以太网上广播域的范围,从而降低广播报文在网络中的比例,提高带宽利用率。

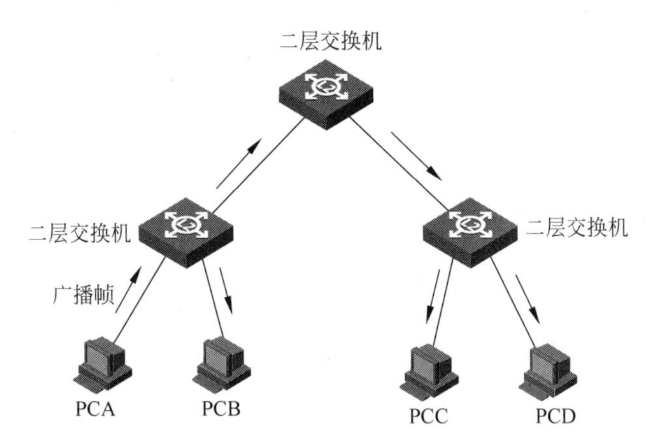

图 27-1 二层交换机无法隔离广播

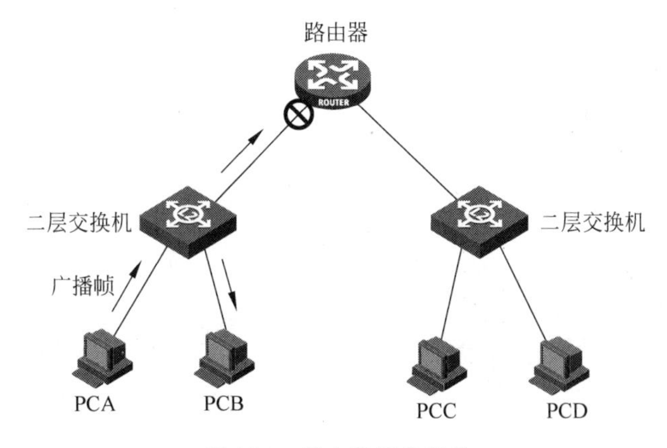

图 27-2 路由器隔离广播

使用路由器不能解决同一交换机下的用户隔离，而且路由器的价格比交换机要高，使用路由器提高了局域网的部署成本。另外，大部分中低端路由器使用软件转发，转发性能不高，容易在网络中造成性能瓶颈。所以，在局域网中使用路由器来隔离广播是一个高成本、低性能的方案。

IEEE 协会专门设计规定了一种 802.1Q 的协议标准，这就是 VLAN 技术。它实现在二层交换机进行广播域的划分，完美地解决了路由器划分广播域存在的困难。

VLAN 技术可以把一个 LAN 划分为多个逻辑的 LAN——VLAN，每个 VLAN 是一个广播域，不同 VLAN 间的设备不能直接互通，只能通过路由器等三层设备而互通。这样，广播数据帧被限制在一个 VLAN 内，如图 27-3 所示。

VLAN 的划分不受物理位置的限制。不在同一物理位置范围的主机可以属于同一个 VLAN；一个 VLAN 包含的用户可以连接在同一个交换机上，也可以跨越交换机，甚至可以跨越路由器。

如图 27-4 所示的大楼内有两台交换机，连接有两个工作组，工作组 1 和工作组 2。使用 VLAN 技术后，一台交换机相连的 PCA 与另一台交换机相连的 PCC 属于工作组 1，处于同一个广播域内，可以进行本地通信；PCB 与 PCD 属于工作组 2，处于另一个广播域内，可以本地通信。这样就实现了跨交换机的广播域扩展。

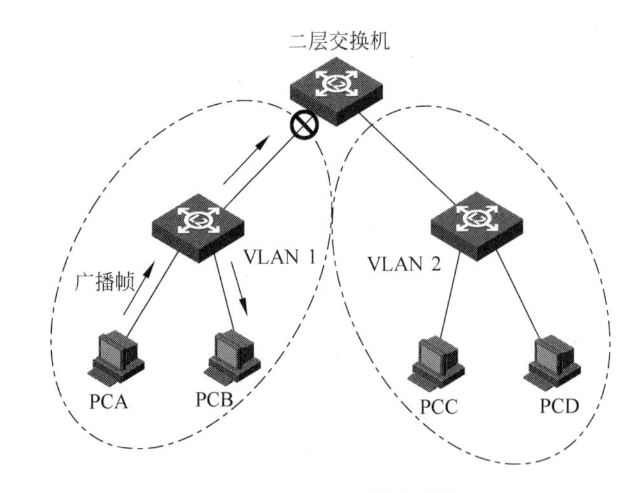

图 27-3 VLAN 隔离广播

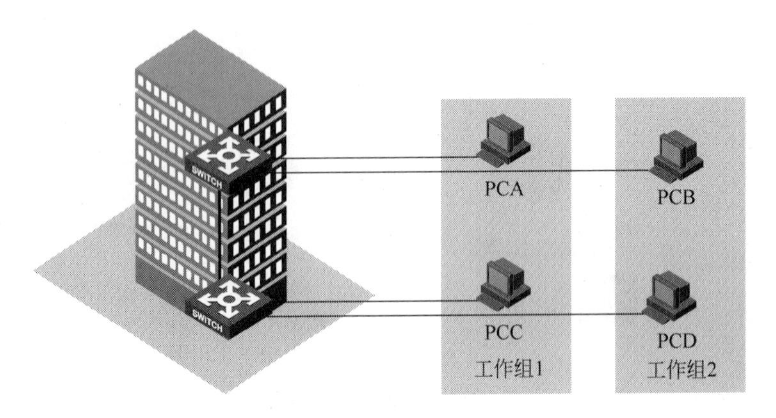

图 27-4 VLAN 构建虚拟工作组

VLAN 技术的优点如下。

(1) 有效控制广播域范围：广播域被限制在一个 VLAN 内，广播流量仅在 VLAN 中传播，节省了带宽，提高了网络处理能力。如果一台终端主机发出广播帧，交换机只会将此广播帧发送到所有属于该 VLAN 的其他端口，而不是所有的交换机的端口，从而控制了广播范围，节省了带宽。

(2) 增强局域网的安全性：不同 VLAN 内的报文在传输时是相互隔离的，即一个 VLAN 内的用户不能和其他 VLAN 内的用户直接通信，如果不同 VLAN 要进行通信，则需要通过路由器或三层交换机等设备。

(3) 灵活构建虚拟工作组：用 VLAN 可以划分不同的用户到不同的工作组，同一工作组的用户也不必局限于某一固定的物理范围，网络构建和维护更方便灵活。例如，在企业网中使用虚拟工作组后，同一个部门的就好像在同一个 LAN 上一样，很容易互相访问，交流信息。同时，所有的广播也都限制在该虚拟 LAN 上，而不影响其他 VLAN 的人。一个人如果从一个办公地点换到另外一个地点，而他仍然在该部门，那么，该用户的配置无须改变；同时，如果一个人虽然办公地点没有变，但他更换了部门，那么，只需网络管理员更改一下该用户的配置即可。

(4) 增强网络的健壮性：当网络规模增大时，部分网络出现问题往往会影响整个网络，引入 VLAN 之后，可以将一些网络故障限制在一个 VLAN 之内。

目前，绝大多数以太网交换机都能够支持 VLAN。使用 VLAN 来构建局域网，组网方案灵活，配置管理简单，降低了管理维护的成本。同时，VLAN 可以减小广播域的范围，减少 LAN 内的广播流量，是高效率、低成本的方案。

27.3 VLAN 类型

VLAN 的主要目的就是划分广播域，那么在建设网络时，如何确定这些广播域呢？是根据物理端口、MAC 地址、协议还是子网呢？其实到目前为止，上述参数都可以用来作为划分广播域的依据。下面逐一介绍几种 VLAN 的划分方法。

27.3.1 基于端口的 VLAN 划分

基于端口的 VLAN 是最简单、最有效的 VLAN 划分方法，它按照设备端口来定义 VLAN 成员。将指定端口加入指定 VLAN 中之后，该端口就可以转发指定 VLAN 的数据帧。

在图 27-5 中，交换机端口 GE1/0/1 和 GE1/0/2 被划分到 VLAN 10 中，端口 GE1/0/3 和 GE1/0/4 被划分到 VLAN 20 中，则 PCA 和 PCB 处于 VLAN 10 中，可以互通；PCC 和 PCD 处于 VLAN 20 中，可以互通。但 PCA 和 PCC 处于不同 VLAN，它们之间不能互通。

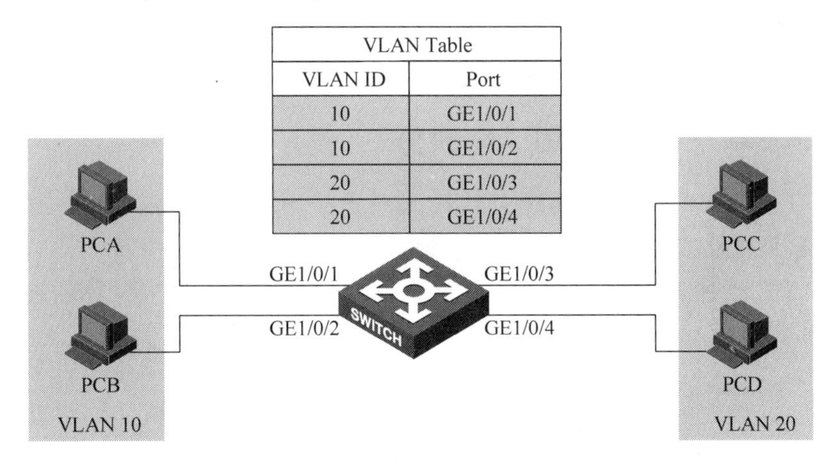

图 27-5 基于端口的 VLAN

基于端口的 VLAN 划分方法的优点是定义 VLAN 成员非常简单，只要指定交换机的端口即可；但是如果 VLAN 用户离开原来的接入端口，而连接到新的交换机端口，就必须重新指定新连接的端口所属的 VLAN ID。

27.3.2 基于协议的 VLAN 划分

基于协议的 VLAN 是根据端口接收到的报文所属的协议(簇)类型来给报文分配不同的 VLAN ID。可用来划分 VLAN 的协议簇有 IP、IPX。

交换机从端口接收到以太网帧后，会根据帧中所封装的协议类型来确定报文所属的

VLAN,然后将数据帧自动划分到指定的 VLAN 中传输。

在图 27-6 中,通过定义 VLAN 映射表,将 IP 协议与 VLAN 10 关联,将 IPX 协议与 VLAN 20 关联。这样,当 PCA 发出的帧到达交换机端口 GE1/0/1 后,交换机通过识别帧中的协议类型,就将 PCA 划分到 VLAN 10 中进行传输。PCA 与 PCB 同运行 IP 协议,则同属于一个 VLAN,可以进行本地通信; PCC 与 PCD 同运行 IPX 协议,同属于另一个 VLAN,可以进行本地通信。

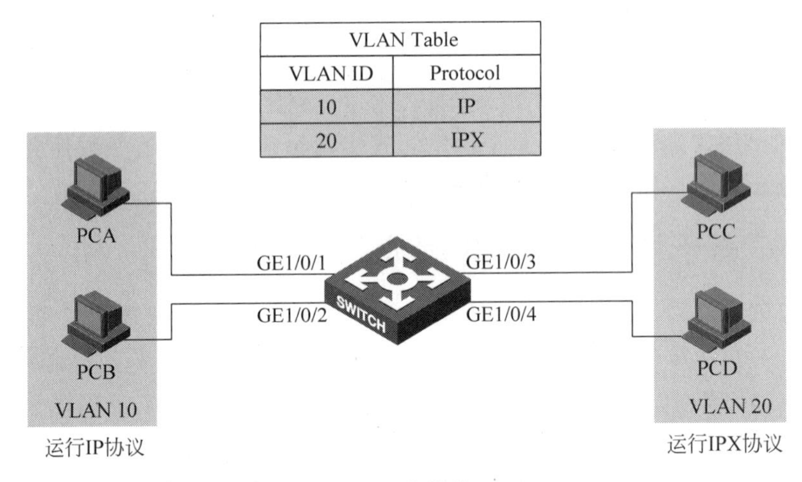

图 27-6 基于协议的 VLAN

此特性主要应用于将网络中提供的协议类型与 VLAN 相绑定,方便管理和维护。实际当中的应用比较少,因为目前网络中绝大多数主机都运行 IP 协议,运行其他协议的主机很少。

27.3.3 基于子网的 VLAN 划分

基于 IP 子网的 VLAN 是根据报文源 IP 地址及子网掩码作为依据来进行划分的,如图 27-7 所示。设备从端口接收到报文后,根据报文中的源 IP 地址,找到与现有 VLAN 的对应关系,然后自动划分到指定 VLAN 中转发。此特性主要用于将指定网段或 IP 地址发出的数据在指定的 VLAN 中传送。

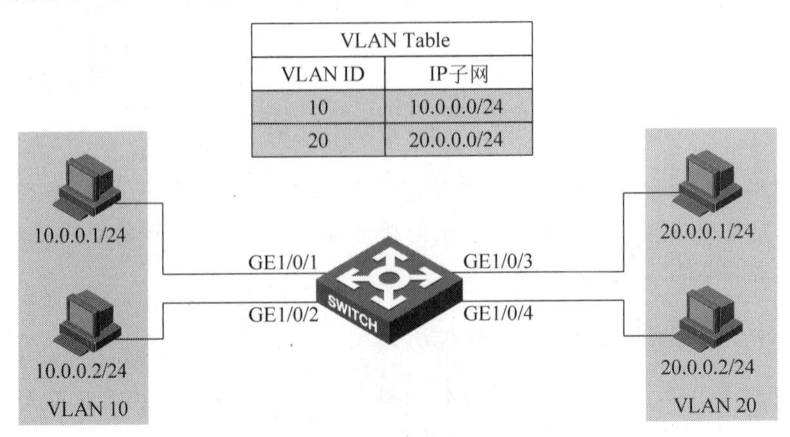

图 27-7 基于子网的 VLAN

这种 VLAN 划分方法管理配置灵活，网络用户自由移动位置而不需重新配置主机或交换机，并且可以按照传输协议进行子网划分，从而实现针对具体应用服务来组织网络用户。但是，这种方法也有它不足的一面，因为为了判断用户属性，必须检查每一个数据包的网络层地址，这将耗费交换机不少的资源；并且同一个端口可能存在多个 VLAN 用户，这对广播的抑制效率有所下降。

从上述几种 VLAN 划分方法的优缺点综合来看，基于端口的 VLAN 划分是最普遍使用的方法之一，它也是目前所有交换机都支持的一种 VLAN 划分方法。

27.4 VLAN 技术原理

以太网交换机根据 MAC 地址表来转发数据帧。MAC 地址表中包含了端口和端口所连接终端主机 MAC 地址的映射关系。交换机从端口接收到以太网帧后，通过查看 MAC 地址表来决定从哪一个端口转发出去。如果端口收到的是广播帧，则交换机把广播帧从除源端口外的所有端口转发出去。

在 VLAN 技术中，通过给以太网帧附加一个标签(Tag)来标记这个以太网帧能够在哪个 VLAN 中传播。这样，交换机在转发数据帧时，不仅要查找 MAC 地址来决定转发到哪个端口，还要检查端口上的 VLAN 标签是否匹配。

在图 27-8 中，交换机给主机 PCA 和 PCB 发来的以太网帧附加了 VLAN 10 的标签，给 PCC 和 PCD 发来的以太网帧附加 VLAN 20 的标签，并在 MAC 地址表中增加关于 VLAN 标签的记录。这样，交换机在进行 MAC 地址表查找转发操作时，会查看 VLAN 标签是否匹配；如果不匹配，则交换机不会从端口转发出去。这样相当于用 VLAN 标签把 MAC 地址表里的表项区分开来，只有相同 VLAN 标签的端口之间能够互相转发数据帧。

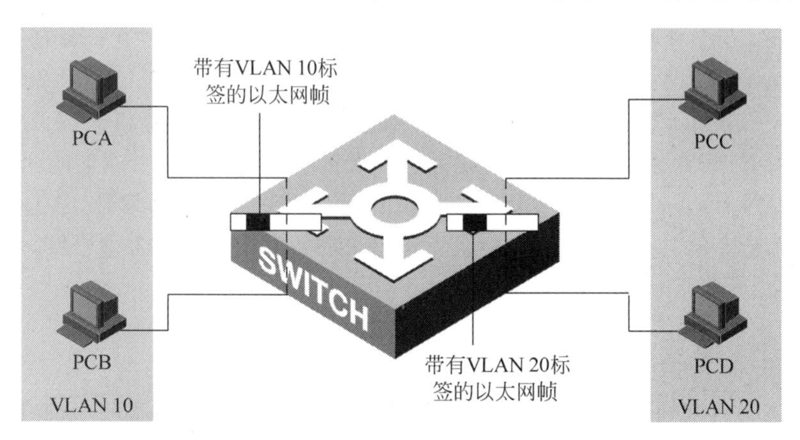

图 27-8 VLAN 标签

27.4.1 VLAN 的帧格式

前面提到过，IEEE 802.1Q 协议标准规定了 VLAN 技术，它定义同一个物理链路上承载多个子网的数据流的方法。其主要内容如下。

(1) VLAN 的架构。

(2) VLAN 技术提供的服务。

(3) VLAN 技术涉及的协议和算法。

为了保证不同厂家生产的设备能够顺利互通,802.1Q 标准严格规定了统一的 VLAN 帧格式以及其他重要参数。在此我们重点介绍标准的 VLAN 帧格式。

如图 27-9 所示,在传统的以太网帧中添加了 4 字节的 802.1Q 标签后,成为带有 VLAN 标签的帧(Tagged Frame)。而传统的不携带 802.1Q 标签的数据帧称为未打标签的帧(Untagged Frame)。

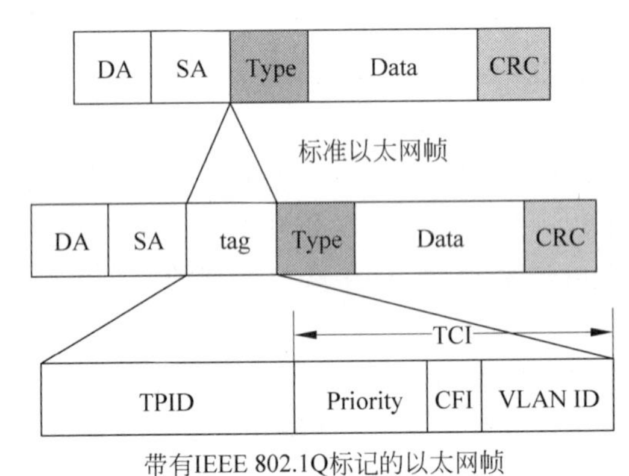

图 27-9 VLAN 帧格式

802.1Q 标签头包含了两个字节的标签协议标识(TPID)和两个字节的标签控制信息(TCI)。

TPID(Tag Protocol Indentifier)是 IEEE 定义的新的类型,表明这是一个封装了 802.1Q 标签的帧。TPID 包含了一个固定的值 0x8100。

TCI(Tag Control Information)包含的是帧的控制信息,它包含了下面的一些元素。

(1) Priority:这 3 位指明数据帧的优先级。一共有 8 种优先级,即 0~7。

(2) CFI(Canonical Format Indicator):CFI 值为 0 说明是规范格式,1 为非规范格式。它被用在令牌环/源路由 FDDI 介质访问方法中来指示封装帧中所带地址的比特次序信息。

(3) VLAN ID(VLAN Identifier):共 12 比特,指明 VLAN 的编号。VLAN 编号一共 4096 个,每个支持 802.1Q 协议的交换机发送出来的数据帧都会包含这个域,以指明自己属于哪一个 VLAN。

27.4.2 单交换机 VLAN 标签操作

交换机根据数据帧中的标签来判定数据帧属于哪一个 VLAN,那么标签是从哪里来的呢?VLAN 标签是由交换机端口在数据帧进入交换机时添加的。这样做的好处是,VLAN 对终端主机是透明的,终端主机不需要知道网络中 VLAN 是如何划分的,也不需要识别带有 802.1Q 标签的以太网帧,所有的相关事情由交换机负责。

如图 27-10 所示,当终端主机发出的以太网帧到达交换机端口时,交换机根据相关的 VLAN 配置而给进入端口的帧附加相应的 802.1Q 标签。默认情况下,所附加标签中的 VLAN ID 等于端口所属 VLAN 的 ID。端口所属的 VLAN 称为端口默认 VLAN,又称为 PVID(Port VLAN ID)。

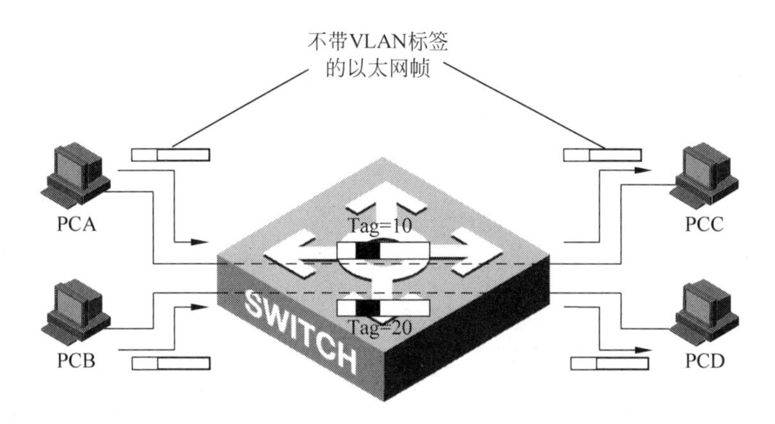

图 27-10 标签的添加与剥离

同样，为保持 VLAN 技术对主机透明，交换机负责剥离出端口的以太网帧的 802.1Q 标签。这样，对于终端主机来说，它发出和接收到的都是普通的以太网帧。

只允许默认 VLAN 的以太网帧通过的端口称为 Access 链路类型端口。Access 端口在收到以太网帧后打 VLAN 标签，转发出端口时剥离 VLAN 标签，对终端主机透明，所以通常用来连接不需要识别 802.1Q 协议的设备，如终端主机、路由器等。

通常在单交换机 VLAN 环境中，所有端口都是 Access 链路类型端口。如图 27-11 所示，交换机连接有 4 台 PC，PC 并不能识别带有 VLAN 标签的以太网帧。通过在交换机上设置与 PC 相连的端口属于 Access 链路类型端口，并指定端口属于哪一个 VLAN，使交换机能够根据端口进行 VLAN 划分，不同 VLAN 间的端口属于不同广播域，从而隔离广播。

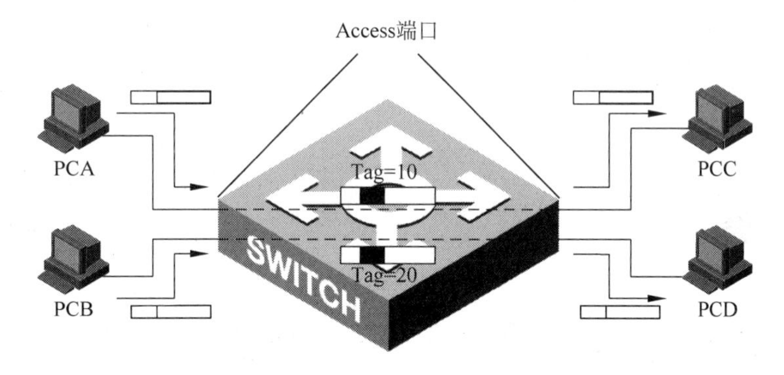

图 27-11 Access 链路类型端口

27.4.3 跨交换机 VLAN 标签操作

VLAN 技术很重要的功能是在网络中构建虚拟工作组，划分不同的用户到不同的工作组，同一工作组的用户也不必局限于某一固定的物理范围。通过在网络中实施跨交换机 VLAN，能够实现虚拟工作组。

VLAN 跨越交换机时，需要交换机之间传递的以太网数据帧带有 802.1Q 标签。这样，数据帧所属的 VLAN 信息才不会丢失。

在图 27-12 中，PCA 和 PCB 所发出的数据帧到达 SWA 后，SWA 将这些数据帧分别打 VLAN 10 和 VLAN 20 的标签。SWA 的端口 GE1/0/24 负责对这些带 802.1Q 标签的数据帧进行转发,并不对其中的标签进行剥离。

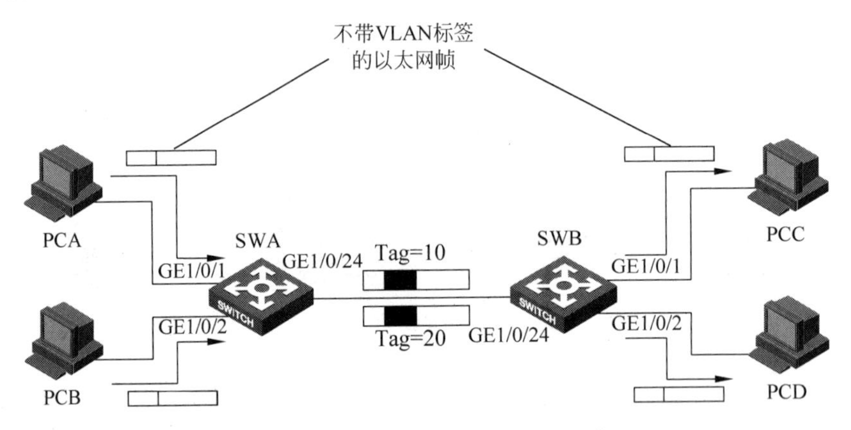

图 27-12 跨交换机 VLAN 标签操作

注:带有 VLAN 标签的以太网帧在交换机间传递。

1. Trunk 链路类型端口

上述不对 VLAN 标签进行剥离操作的端口就是 Trunk 链路类型端口。Trunk 链路类型端口可以接收和发送多个 VLAN 的数据帧,且在接收和发送过程中不对帧中的标签进行任何操作。

不过,默认 VLAN(PVID)帧是一个例外。在发送帧时,Trunk 端口要剥离默认 VLAN(PVID)帧中的标签;同样,交换机从 Trunk 端口接收到不带标签的帧时,要打上默认 VLAN 标签。

如图 27-13 所示为 PCA 至 PCC、PCB 至 PCD 的标签操作流程。下面先分析从 PCA 到 PCC 的数据帧转发及标签操作过程。

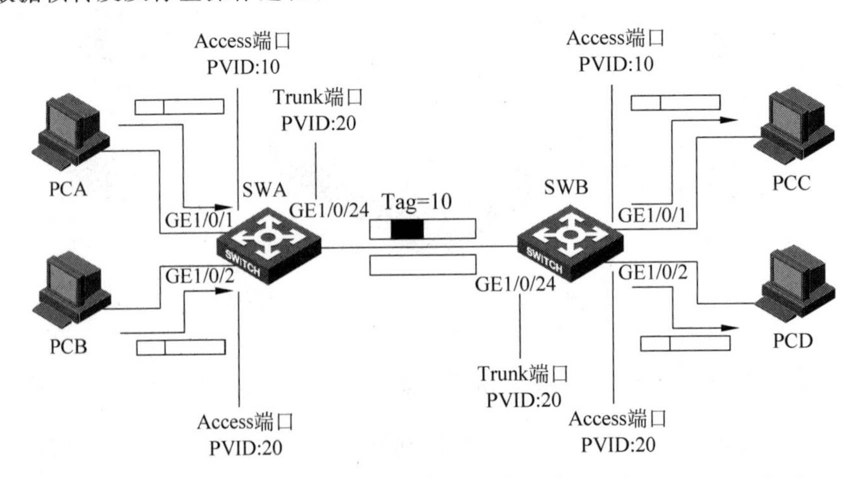

图 27-13 Trunk 链路类型端口

(1) PCA 到 SWA

PCA 发出普通以太网帧,到达 SWA 的 GE1/0/1 端口;因为端口 GE1/0/1 被设置为 Access 端口,且其属于 VLAN 10,也就是默认 VLAN 是 10,所以接收到的以太网帧被打上 VLAN 10 标签,然后根据 MAC 地址表在交换机内部转发。

(2) SWA 到 SWB

SWA 的 GE1/0/24 端口被设置为 Trunk 端口,且 PVID 被配置为 20。所以,带有 VLAN 10 标签的以太网帧能够在交换机内部转发到端口 GE1/0/24;且因为 PVID 是 20,与帧中的标签不同,所以交换机不对其进行标签剥离操作,只是从端口 GE1/0/24 转发出去。

(3) SWB 到 PCC

SWB 收到帧后,从帧中的标签得知它属于 VLAN 10;因为端口设置为 Trunk 端口,且 PVID 被配置为 20,所以交换机并不对帧进行剥离标签操作,只是根据 MAC 地址表进行内部转发。因为此帧带有 VLAN 10 标签,而端口 GE1/0/1 被设置为 Access 端口,且其属于 VLAN 10,所以交换机将帧转发至端口 GE1/0/1,经剥离标签后到达 PCC。

再对 PCB 到 PCD 的数据帧转发及标签操作过程进行分析。

(1) PCB 到 SWA

PCB 发出普通以太网帧,到达 SWA 的 GE1/0/2 端口;因为端口 GE1/0/2 被设置为 Access 端口,且其属于 VLAN 20,也就是默认 VLAN 是 20,所以接收到的以太网帧被打上 VLAN 20 标签然后在交换机内部转发。

(2) SWA 到 SWB

SWA 的 GE1/0/24 端口被设置为 Trunk 端口,且 PVID 被配置为 20。所以,带有 VLAN 20 标签的以太网帧能够在交换机内部转发到端口 GE1/0/24;且因为 PVID 是 20,与帧中的标签相同,所以交换机对其进行标签剥离操作,去掉标签后从端口 GE1/0/24 转发出去。

(3) SWB 到 PCD

SWB 收到不带标签的以太网帧;因为端口设置为 Trunk 端口,且 PVID 被配置为 20,所以交换机对接收到的帧添加 VLAN 20 的标签,再进行内部转发。因为此帧带有 VLAN 20 标签,而端口 GE1/0/2 被设置为 Access 端口,且其属于 VLAN 20,所以交换机将帧转发至端口 GE1/0/2,经剥离标签后到达 PCD。

Trunk 端口通常用于跨交换机 VLAN。通常在多交换机环境下,且需要配置跨交换机 VLAN 时,与 PC 相连的端口被设置为 Access 端口;交换机之间互连的端口被设置为 Trunk 端口。

2. Hybrid 链路类型端口

除了 Access 链路类型和 Trunk 链路类型端口外,交换机还支持第三种链路类型端口,称为 Hybrid 链路类型端口。Hybrid 端口可以接收和发送多个 VLAN 的数据帧,同时还能够指定对任何 VLAN 帧进行剥离标签操作。

当网络中大部分主机之间需要隔离,但这些隔离的主机又需要与另一台主机互通时,可以使用 Hybrid 端口。

图 27-14 为 PCA 至 PCC、PCB 到 PCC 的标签操作流程。下面分析从 PCA 到 PCC 的数据帧转发及标签操作过程。

(1) PCA 到 SWA

PCA 发出普通以太网帧,到达交换机的 GE1/0/1 端口;因为端口 GE1/0/1 被设置为 Hybrid 端口,且其默认 VLAN 是 10,所以接收到的以太网帧被打上 VLAN 10 标签然后根

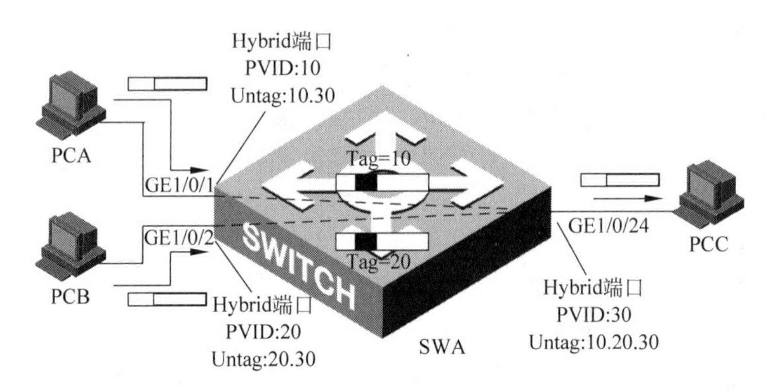

图 27-14 Hybrid 链路类型端口

据 MAC 地址表在交换机内部转发。

(2) SWA 到 PCC

SWA 的 GE1/0/24 端口被设置为 Hybrid 端口,且允许 VLAN 10、VLAN 20、VLAN 30 的数据帧通过,但通过时要进行剥离标签操作(Untag: 10,20,30)。所以,带有 VLAN 10 标签的以太网帧能够被交换机从端口 GE1/0/24 转发出去,且被剥离标签。

(3) PCC 到 SWA

PCC 对收到的帧进行回应。PCC 发出的是普通以太网帧,到达交换机的 GE1/0/24 端口;因为端口 GE1/0/24 被设置为 Hybrid 端口,且其默认 VLAN 是 30,所以接收到的以太网帧被打上 VLAN 30 标签,然后根据 MAC 地址表在交换机内部转发。

(4) SWA 到 PCA

SWA 的 GE1/0/1 端口被设置为 Hybrid 端口,且允许 VLAN 10、VLAN 30 的数据帧通过,但通过时要进行剥离标签操作(Untag: 10,30)。所以,带有 VLAN 30 标签的以太网帧能够被交换机从端口 GE1/0/1 转发出去,且被剥离标签。

这样,PCA 与 PCC 之间的主机能够通信。

同理,根据上述原理进行分析,PCB 能够与 PCC 进行通信。

但 PCA 与 PCB 之间能否通信呢?答案是否定的。因为 PCA 发出的以太网帧到达连接 PCB 的端口时,端口上的设定(Untag: 20,30)表明只对 VLAN 20、VLAN 30 的数据帧转发且剥离标签,而不允许 VLAN 10 的帧通过,所以 PCA 与 PCB 不能互通。

27.5 配置 VLAN

27.5.1 创建 VLAN

默认情况下,交换机只有 VLAN 1,所有的端口都属于 VLAN 1 且是 Access 链路类型端口。如果想在交换机上创建新的 VLAN,并指定属于这个 VLAN 的端口,其配置的基本步骤如下。

第 1 步:在系统视图下创建 VLAN 并进入 VLAN 视图。配置命令为:

vlan *vlan-id*

第 2 步：在 VLAN 视图下将指定端口加入到 VLAN 中。配置命令为：

port *interface-list*

27.5.2 Trunk 端口配置

Trunk 端口能够允许多个 VLAN 的数据帧通过，通常用于在交换机之间互连。配置某个端口成为 Trunk 端口的步骤如下。

第 1 步：在以太网端口视图下指定端口链路类型为 Trunk。配置命令为：

port link-type trunk

第 2 步：默认情况下，Trunk 端口只允许默认 VLAN 即 VLAN 1 的数据帧通过。所以，需要在以太网端口视图下指定哪些 VLAN 帧能够通过当前 Trunk 端口。配置命令为：

port trunk permit vlan { *vlan-id-list* | **all }**

第 3 步：必要时，可以在以太网端口视图下设定 Trunk 端口的默认 VLAN。配置命令为：

port trunk pvid vlan *vlan-id*

注意：默认情况下，Trunk 端口的默认 VLAN 是 VLAN 1。可以根据实际情况进行修改默认 VLAN，以保证两端交换机的默认 VLAN 相同为原则，否则会发生同一 VLAN 内的主机跨交换机不能够通信的情况。

27.5.3 Hybrid 端口配置

在某些情况下，需要用到 Hybrid 端口。Hybrid 端口也能够允许多个 VLAN 帧通过，并且还可以指定哪些 VLAN 数据帧被剥离标签。配置某个端口成为 Hybrid 端口的步骤如下。

第 1 步：在以太网端口视图下指定端口链路类型为 Hybrid。配置命令为：

port link-type hybrid

第 2 步：默认情况下，所有 Hybrid 端口只允许 VLAN 1 通过。所以，需要在以太网端口视图下指定哪些 VLAN 数据帧能够通过 Hybrid 端口，并指定是否剥离标签。配置命令为：

port hybrid vlan *vlan-id-list* **{ tagged** | **untagged }**

第 3 步：在以太网端口视图下设定 Hybrid 端口的默认 VLAN。配置命令为：

port hybrid pvid vlan *vlan-id*

注意：Trunk 端口不能直接被设置为 Hybrid 端口，只能先设为 Access 端口，再设置为 Hybrid 端口。

27.5.4 VLAN 配置示例

图 27-15 是 VLAN 的基本配置示例。图中 PCA 与 PCC 属于 VLAN 10，PCB 与 PCD

属于 VLAN 20,交换机之间使用 Trunk 端口相连,端口的默认 VLAN 是 VLAN 1。

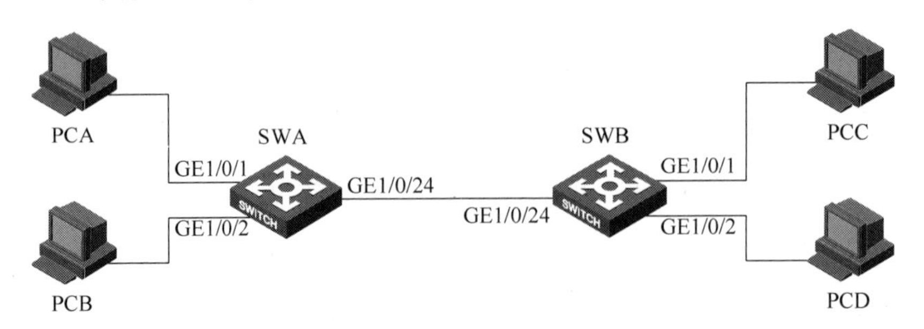

图 27-15 VLAN 配置示例图

配置 SWA:

```
[SWA]vlan 10
[SWA-vlan 10]port GigabitEthernet1/0/1
[SWA]vlan 20
[SWA-vlan 20]port GigabitEthernet1/0/2
[SWA]interface GigabitEthernet1/0/24
[SWA-GigabitEthernet1/0/24]port link-type trunk
[SWA-GigabitEthernet1/0/24]port trunk permit vlan 10 20
```

配置 SWB:

```
[SWB]vlan 10
[SWB-vlan 10]port GigabitEthernet1/0/1
[SWB]vlan 20
[SWB-vlan 20]port GigabitEthernet1/0/2
[SWB]interface GigabitEthernet1/0/24
[SWB-GigabitEthernet1/0/24]port link-type trunk
[SWB-GigabitEthernet1/0/24]port trunk permit vlan 10 20
```

配置完成后,PCA 与 PCC 能够互通,PCB 与 PCD 能够互通;但 PCA 与 PCB,PCC 与 PCD 之间不能够互通。

在任意视图下可以使用 display vlan 命令来查看交换机当前启用的 VLAN。其输出信息如下:

```
<SWA>display vlan
 Total VLANs: 3
 The VLANs include:
 1(default), 10, 20
```

由输出中可以看到,目前交换机上有 VLAN 1、VLAN 10、VLAN 20 存在,VLAN 1 是默认 VLAN。

如果要查看某个具体 VLAN 所包含的端口,可以使用 display vlan vlan-id 命令。其输出信息如下:

```
<SWA>display vlan 20
 VLAN ID: 20
 VLAN type: Static
```

```
Route interface: Not configured
Description: VLAN 0020
Name: VLAN 0020
Tagged    Ports:
   GigabitEthernet1/0/24
Untagged Ports:
   GigabitEthernet1/0/2
```

由输出中可以看到，VLAN 20 中包含了 GigabitEthernet1/0/2 和 GigabitEthernet1/0/24 两个端口。端口 GigabitEthernet1/0/24 是 Tagged 的端口，即 VLAN 20 数据帧可以携带标签通过此端口；而端口 GigabitEthernet1/0/2 是 Untagged 的端口，即 VLAN 20 数据帧到此端口时要进行标签剥离操作。

如果要查看具体端口的 VLAN 信息，可以使用 display interface 命令。其输出信息如下：

```
<SWA> display interface GigabitEthernet1/0/1
...
 PVID: 10
 Mdi type:automdix
 Port link-type: access
  Tagged    VLAN ID : none
  Untagged VLAN ID : 10
 Port priority: 0
...
```

由输出可知，端口 GigabitEthernet1/0/1 的端口链路类型为 Access，默认 VLAN (PVID)是 VLAN 10。

如果端口 GigabitEthernet1/0/1 是 Trunk 或 Hybrid 端口，则输出中还会显示哪些 VLAN 帧是携带标签通过，哪些 VLAN 帧需要剥离标签。

27.6 本章总结

(1) VLAN 的作用是限制局域网中广播传送的范围。

(2) 通过对以太网帧进行打标签操作，交换机区分不同 VLAN 的数据帧。

(3) 交换机的端口链路类型分为 Access、Trunk 和 Hybrid。

27.7 习题和解答

27.7.1 习题

1. VLAN 技术的优点是(　　)。

   A. 增强通讯的安全性　　B. 增强网络的健壮性

   C. 建立虚拟工作组　　D. 限制广播域范围

2. VLAN 编号最大是(　　)。

   A. 1024　　B. 2048　　C. 4096　　D. 无限制

3. Access 端口在收到以太网帧后，需要进行(　　)操作；把以太网帧从端口转发出去时，需要进行(　　)操作。

A. 添加 VLAN 标签；添加 VLAN 标签

B. 添加 VLAN 标签；剥离 VLAN 标签

C. 剥离 VLAN 标签；剥离 VLAN 标签

D. 剥离 VLAN 标签；添加 VLAN 标签

4. 两个交换机之间互连，交换机上的 PC 属于相同的 VLAN。如果要想使 PC 间能够相互通讯，则通常情况下，需要设置交换机连接到 PC 的端口是(　　)，设置交换机之间相连的端口是(　　)。

A. Access 端口；Access 端口　　B. Access 端口；Trunk 端口

C. Trunk 端口；Trunk 端口　　D. Trunk 端口；Access 端口

5. 默认情况下，交换机上所有端口属于 VLAN(　　)。

A. 0　　B. 1　　C. 1024　　D. 4095

27.7.2 习题答案

1. ABCD　　2. C　　3. B　　4. B　　5. B

第28章

生成树协议

一个局域网通常由多台交换机互连而成，为了避免广播风暴，需要保证在网络中不存在路径回环，也就是说所有链路应该组成一棵无回环的树，交换机上的STP(Spanning Tree Protocol，生成树协议)就实现了这样的功能。在本章中首先会学习有关STP的一些基本概念，以及STP是如何通过实现冗余链路的闭塞和开启从而实现一棵动态的生成树；最后还会介绍一下RSTP(Rapid Spanning Tree Protocol，快速生成树协议)和MSTP(Multiple Spanning Tree Protocol，多生成树协议)，以及如何在交换机上对生成树进行配置。

28.1 本章目标

学习完本章，应该能够达到以下目标。

(1) 了解STP产生的背景。

(2) 掌握STP基本工作原理。

(3) 掌握RSTP和MSTP基本原理。

(4) 掌握生成树协议的配置。

28.2 STP产生背景

透明网桥拓展了局域网的连接能力，使只能在小范围LAN(同一冲突域)上操作的站点能够在更大范围的LAN(多个冲突域)环境中工作；同时，它还能自主学习站点的地址信息，从而有效控制网络中的数据帧数量。但是，透明网桥在转发数据帧时，尽管它能够按照MAC地址表进行正确的转发，但它不会对以太网数据帧做任何修改，也没有记录任何关于该数据帧的转发记录。所以由于某种原因(如网络环路)，交换机再次接收到该数据帧时，它仍然毫无记录的将数据帧按照MAC地址表转发到指定端口。这样，帧有可能在环路中不断循环和增生，造成网络带宽被大量重复帧占据，导致网络拥塞。特别是在遇到广播帧时，更容易在存在环路的网络中形成广播风暴。

图28-1是一个由于环路造成数据帧循环和增生的例子。

(1) 开始，假定PCA还没有发送过任何帧，因此网桥SWA、SWB和SWC的地址表中都没有PCA的地址记录。

(2) 当 PCA 发送了一个帧，最初 3 个网桥都接收了这个帧，记录 PCA 的地址在物理段 A 上，并将这个帧转发到物理段 B 上。

(3) 网桥 SWA 会将此帧转发到物理段 B 上，从而 SWB 和 SWC 将会再次接收到这个帧，因为 SWA 对于 SWB 和 SWC 来说是透明的，这个帧就好像是 PCA 在物理段 B 上发送的一样，于是 SWB 和 SWC 记录 PCA 在物理段 B 上，将这个新帧转发到物理段 A 上。

(4) 同样的道理，SWB 会将最初的帧转发到物理段 B 上，那么 SWA 和 SWC 都接收到这个帧。SWC 认为 PCA 仍然在物理段 B 上，而 SWA 又发现 PCA 已经转移到物理段 B 上了，然后 SWA 和 SWC 都会转发新帧到物理段 A 上。如此下去，帧就在环路中不断循环，更糟糕的是每次成功的帧发送都会导致网络中出现两个新帧。

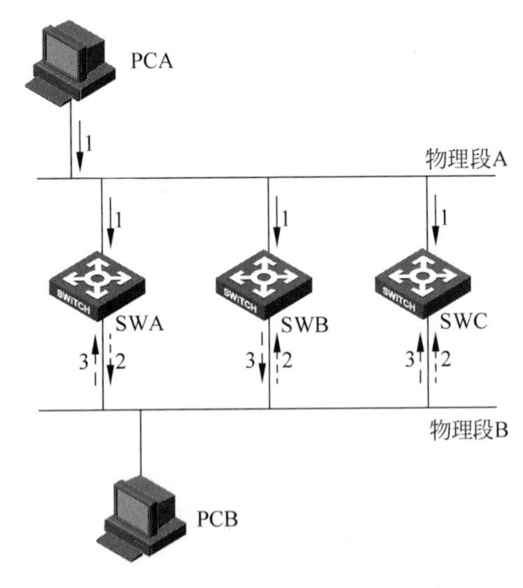

图 28-1 环路造成数据帧循环和增生

那么应该怎样来解决这个问题呢？首先可能想到的是保证网络不存在物理上的环路。但是，当网络变得复杂时，要保证没有任何环路是很困难的，并且在许多可靠性要求高的网络，为了能够提供不间断的网络服务，采用物理环路的冗余备份就是最常用的手段了。所以，保证网络不存在环路是不现实的。

IEEE 提供了一个很好的解决办法，那就是 802.1D 协议标准中规定的 STP，它能够通过阻断网络中存在的冗余链路来消除网络可能存在的路径环路，并且在当前活动(Active)路径发生故障时激活被阻断的冗余备份链路来恢复网络的连通性，保障业务的不间断服务。

图 28-2 给出了一个应用生成树的桥接网络的例子，其中字符 ROOT 所标识的网桥是生成树的树根，实线是活动的链路，也就是生成树的枝条，而虚线则是被阻断的冗余链路，只有在活动链路断开时才会被激活。

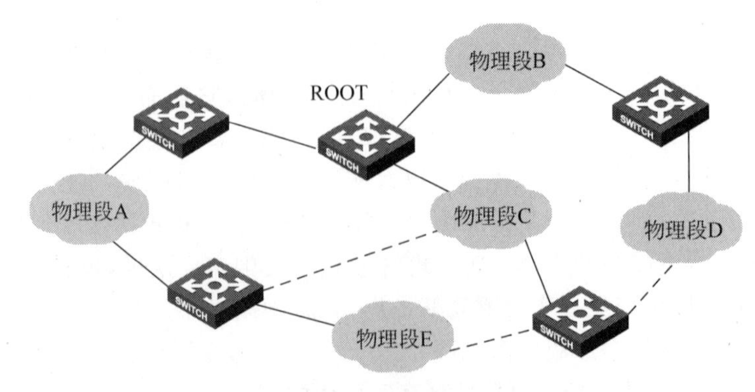

图 28-2 生成树桥接网络

28.3 STP

STP 是由 IEEE 协会制定的，用于在局域网中消除数据链路层物理环路的协议，其标准名称为 802.1D。运行该协议的设备通过彼此交互信息发现网络中的环路，并有选择的对某些端口进行阻塞，最终将环路网络结构修剪成无环路的树型网络结构，从而防止报文在环路网络中不断增生和无限循环，避免设备由于重复接收相同的报文造成的报文处理能力下降的问题发生。

28.3.1 桥协议数据单元

STP 采用的协议报文是 BPDU(Bridge Protocol Data Unit，桥协议数据单元)，BPDU 中包含了足够的信息来完成生成树的计算。

BPDU 分为两类。

(1) 配置 BPDU(Configuration BPDU)：用来进行生成树计算和维护生成树拓扑的报文。

(2) TCN BPDU(Topology Change Notification BPDU)：当拓扑结构发生变化时，用来通知相关设备网络拓扑结构发生变化的报文。

STP 协议的配置 BPDU 报文携带了如下几个重要信息。

(1) 根桥 ID(Root ID)：由根桥的优先级和 MAC 地址组成。通过比较 BPDU 中的根桥 ID，STP 最终决定谁是根桥。

(2) 根路径开销(Root Path Cost)：到根桥的最小路径开销。如果是根桥，其根路径开销为 0；如果是非根桥，则为到达根桥的最短路径上所有路径开销的和。

(3) 指定桥 ID(Designated Bridge ID)：生成或转发 BPDU 的桥 ID，由桥优先级和桥 MAC 组成。

(4) 指定端口 ID(Designated Port ID)：发送 BPDU 的端口 ID，由端口优先级和端口索引号组成。

各台设备的各个端口在初始时会生成以自己为根桥的配置消息，根路径开销为 0，指定桥 ID 为自身设备 ID，指定端口为本端口。各台设备都向外发送自己的配置消息，同时也会收到其他设备发送的配置消息。通过比较这些配置消息，交换机进行生成树计算，选举根桥，决定端口角色。最终，生成树计算的结果如下。

(1) 对于整个 STP 网络，唯一的一个根桥被选举出来。

(2) 对于所有的非根桥，选举出根端口和指定端口，负责流量转发。

网络收敛后，根桥会按照一定的时间间隔产生并向外发送配置 BPDU，BPDU 报文携带有(Root ID、Root Path Cost、Designated Bridge ID、Designated Port ID)等信息，然后传播到整个网络，如图 28-3 所示。其他网桥收到 BPDU 报文后，根据报文中携带的

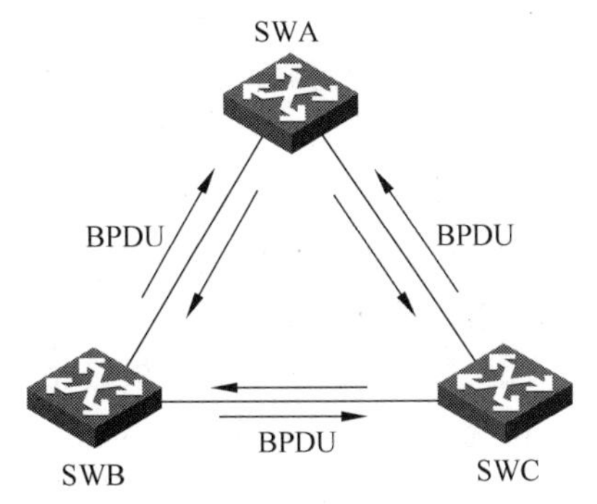

图 28-3 BPDU 交互

信息进行计算,确定端口角色,然后向下游网桥发出更新后的 BPDU 报文。

28.3.2 根桥选举

树形的网络结构,必须要有树根,于是 STP 引入了根桥(Root Bridge)的概念。

网络中每台设备都有自己的桥 ID,桥 ID 由桥优先级(Bridge Priority)和桥 MAC 地址(Bridge Mac Address)两部分组成。因为桥 MAC 地址在网络中是唯一的,所以能够保证桥 ID 在网络中也是唯一的。在进行桥 ID 比较时,先比较优先级,优先级值小者为优;在优先级相等的情况下,再用 MAC 地址来进行比较,MAC 地址小者为优。

网络初始化时,网络中所有的 STP 设备都认为自己是"根桥"。设备之间通过交换配置 BPDU 而比较桥 ID,网络中桥 ID 最小的设备被选为根桥。根桥会按照一定的时间间隔产生并向外发送配置 BPDU,其他的设备对该配置 BPDU 进行转发,从而保证拓扑的稳定。

在图 28-4 中,3 台交换机参与 STP 根桥选举。SWA 的桥 ID 为 0.0000-0000-0000,SWB 的桥 ID 为 16.0000-0000-0001,SWC 的桥 ID 为 0.0000-0000-0002。3 台交换机之间进行桥 ID 比较。因为 SWA 与 SWC 的桥优先级最小,所以排除 SWB;而比较 SWA 与 SWC 之间的 MAC 地址,发现 SWA 的 MAC 地址比 SWC 的 MAC 地址小,所以 SWA 被选举为根桥。

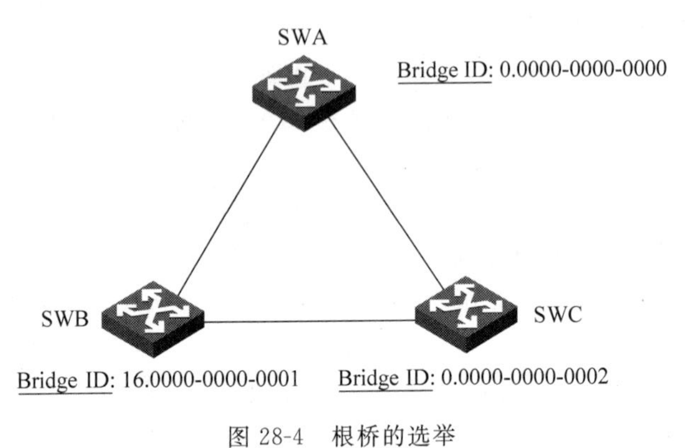

图 28-4 根桥的选举

因为桥的 MAC 地址在网络中是唯一的,所以网络中总能够选举出根桥。

28.3.3 确定端口角色

STP 的作用是通过阻断冗余链路使一个有回路的桥接网络修剪成一个无回路的树型拓扑结构。它通过将环路上的某些端口置为阻塞状态,不允许数据帧通过而做到这一点。下面是确定哪些端口是阻塞状态的过程。

(1) 根桥上的所有端口为指定端口。

(2) 为每个非根桥选择根路径开销最小的那个端口作为根端口(Root Port,RP),该端口到根桥的路径是此网桥到根桥的最佳路径。

(3) 为每个物理段选出根路径开销最小的那个网桥作为指定桥(Designated Bridge),该指定桥到该物理段的端口作为指定端口,负责所在物理段上的数据转发。

(4) 既不是指定端口也不是根端口的端口,是 Alternate 端口,置于阻塞状态,不转发普通以太网数据帧。

图 28-5 是一个 STP 确定端口角色的示例。

1. SWA 端口角色的确定

图 28-5 中 STP 协议经过交互 BPDU 配置报文，选举出 SWA 为根桥。因为根桥是 STP 网络中数据转发的中心点，所以根桥上的所有端口都是指定端口，处于转发状态，向它的下游网桥转发数据。

注意：此处的上游网桥、下游网桥是根据 BPDU 报文转发的流向来定义的。数据报文的转发并没有上游、下游之分。

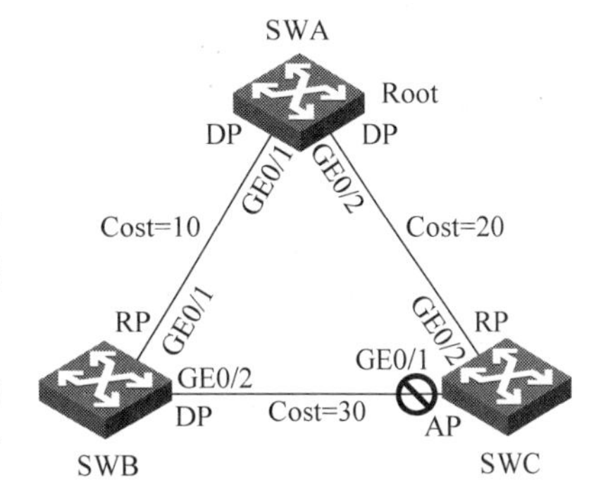

图 28-5 端口角色确定

2. SWB 端口角色的确定

从拓扑可知，SWB 上有两个端口能够收到根桥 SWA 发来的 BPDU，也就是说，SWB 上有两个端口能够到达根桥。STP 协议必须判定哪个端口离根桥最近，它通过比较到达根桥的开销(Cost)来做到这一点。图 30-5 中，端口 GE0/1 到达根桥的开销是 10，而端口 GE0/2 到达根桥的开销是 20＋30＝50，很明显，端口 GE0/1 到达根桥开销小，也就是端口 GE0/1 离根桥最近，所以 STP 确定端口 GE0/1 是 SWB 上的根端口，端口处于转发状态。

对于非根桥来说，只需要 1 个端口为根端口。因为很明显，如果非根桥有两个端口为根端口，处于转发状态；而根桥上所有端口肯定都是指定端口，也处于转发状态，环路就形成了。这有悖于 STP 阻塞交换网络环路的初衷，所以端口 GE0/2 不能成为根端口。

在 SWB 和 SWC 之间存在着物理段(物理链路)。实际网络中，这条物理段有可能通过 HUB 或不支持 STP 的交换机连接到终端主机，所以 STP 协议必须考虑如何将数据转发到这条物理段上。那么是由 SWB 还是由 SWC 来负责向这条物理段转发数据呢？这取决于哪一个网桥离根桥近，离根桥最近的网桥负责向这个网段转发数据。

所以，通过交互 BPDU，STP 发现 SWB 离根桥近(因为 SWB 到根桥的开销是 10，小于 SWC 到根桥的开销 20)，所以 STP 确定 SWB 是 SWB 和 SWC 之间物理段的指定桥，而端口 GE0/2 也就是指定端口，处于转发状态。

3. SWC 端口角色的确定

因为 SWC 与 SWB 同为非根桥，所以 SWC 确定端口的过程与 SWB 类似。端口 GE0/2 离根桥近，所以被确定为根端口。

在 STP 协议中，1 个物理段上只需要确定 1 个指定端口。如果 1 个物理段上有两个指定端口，都处于转发状态，则会在图 28-5 所示的拓扑环境中产生环路。由于 SWB 与 SWC 之间物理段已经确定好了指定端口(SWB 的端口 GE0/2)，所以 SWC 的端口 GE0/1 不能成为指定端口。端口 GE0/1 不能成为根端口(因为端口 GE0/2 已经是根端口，1 个桥只能有 1 个根端口)，也不能成为指定端口，则端口 GE0/1 处于阻塞状态。

28.3.4 根路径开销

根路径开销是生成树协议中用来判定到达根桥的距离的参数。STP 在进行根路径开销计算时，是将所接收 BPDU 中的 Root Path Cost 值加上自己接收端口的链路开销值。对根桥来说，其根路径开销为 0；对非根桥来说，根路径开销为到达根桥的最短路径上所有路径开销的和。

通常情况下,链路的开销与物理带宽成反比。带宽越大,表明链路通过能力越强,则路径开销越小。

IEEE 802.1D 和 802.1t 定义了不同速率和工作模式下的以太网链路(端口)开销,H3C 则根据实际的网络运行状况优化了开销的数值定义,制定了私有标准。上述 3 种标准的常用定义如表 28-1 所示。其他细节定义请参照相关标准文档及设备手册。

表 28-1 链路开销标准

链路速率	802.1D-1998	802.1t	私有标准
0	65535	200000000	200000
10Mbps	100	2000000	2000
100Mbps	19	200000	200
1000Mbps	4	20000	20
10Gbps	2	2000	2

H3C 交换机默认采用私有标准定义的链路开销。交换机端口的链路开销可手工设置,以影响生成树的选路。

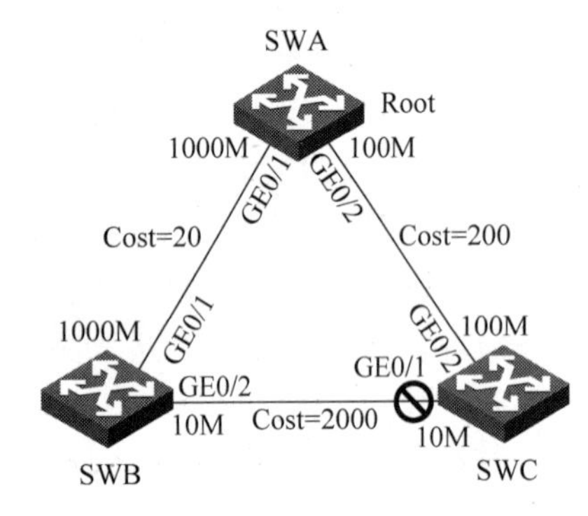

图 28-6 根路径开销计算

图 28-6 是根路径开销计算示例。因为 SWA 是根桥,所以它所发出的 BPDU 报文中所携带的 Root Path Cost 值为 0。SWB 从端口 GE0/1 收到 BPDU 报文后,将 BPDU 中的 Root Path Cost 值与端口 Cost(千兆以太网链路的默认值是 20)相加,得出 20,则 SWB 的端口 GE0/1 到根的 Root Path Cost 值为 20。然后更新自己的 BPDU,从另一个端口 GE0/2 转发出去。

同理,SWC 从端口 GE0/1 收到 SWB 发出的 BPDU 报文后,将 BPDU 中的 Root Path Cost 值 20 与端口 Cost 值 2000 相加,得出 2020,则 SWC 的端口 GE0/1 到根的 Root Path Cost 值为 2020。同样,可以计算出,SWB 的端口 GE0/2 到根的 Root Path Cost 值为 2200,SWC 的端口 GE0/2 到根的 Root Path Cost 值为 200。

28.3.5 桥 ID 的作用

在前面的示例中,交换机根据根路径开销来确定了端口角色,但在某些网络拓扑中,根路径开销是相同的,这时生成树协议需要根据桥 ID 来决定端口角色。

当一个非根桥上有多个端口经过不同的上游桥到达根桥,且这些路径的根路径开销相同时,STP 会比较各端口的上游指定桥 ID,所连接到上游指定桥 ID 最小的端口被选举为根端口。当一个物理段有多个网桥到根桥的路径开销相同,进行指定桥选举时,也比较这些网桥的桥 ID,桥 ID 最小的桥被选举为指定桥,指定桥上的端口为指定端口。

在图 28-7 中,SWD 有两个端口能到达根,且根路径开销是相同的。但因 SWB 的桥 ID 小于 SWC 的桥 ID,所以连接 SWB 的端口为根端口。同样,SWB 被选举为 SWB 和 SWC 之间物理段的指定桥,SWB 上的端口为指定端口。

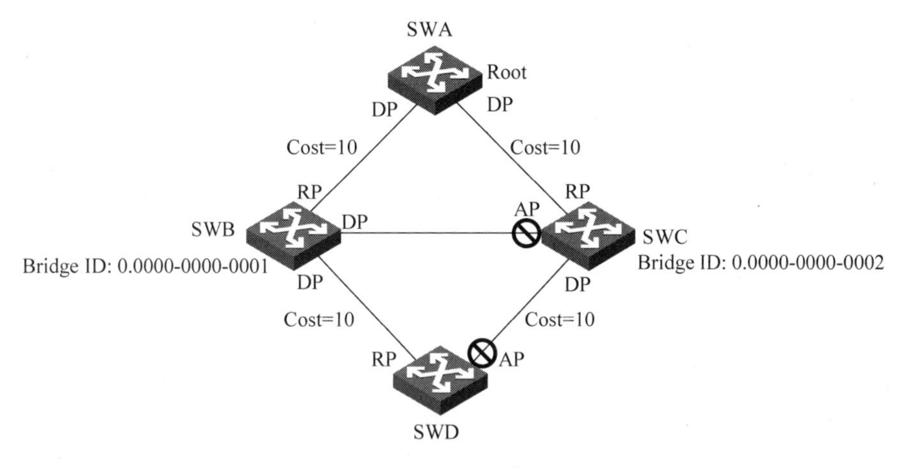

图 28-7　桥 ID 作用

因为桥 ID 是唯一的，所以通过比较桥 ID 可以对经过多个桥到达根桥的路径好坏进行最终判定。

28.3.6　端口 ID 的作用

在根路径开销和上游指定桥 ID 都相同的情况下，生成树协议根据端口 ID 来决定端口角色。

如果非根桥上多个端口经过相同的上游桥到达根，且根路径开销相同，则协议会比较端口所连上游桥的端口 ID，所连接到上游指定端口 ID 最小的端口被选举为根端口。

端口 ID 由端口索引号和端口优先级两部分组成。在进行比较时，先比较端口优先级，优先级小的端口优先；在优先级相同时，再比较端口索引号，索引号小的端口优先。

在图 28-8 中，SWB 上的两个端口连接到 SWA，这两个端口的根路径开销相同，上游指定桥 ID 也相同，协议根据上游指定端口 ID 来判定。由于在默认情况下，端口优先级相同，所以只能比较端口索引号，因此，连接 SWA 上端口 G0/1 的端口为根端口。

在通常情况下，端口索引号无法改变，用户可通过设置端口优先级来影响生成树的选路。比如，如果想让 SWB 的端口 G0/1 成为阻塞状态，则在 SWA 上调整端口 G0/2 的优先级大于 G0/1 即可。

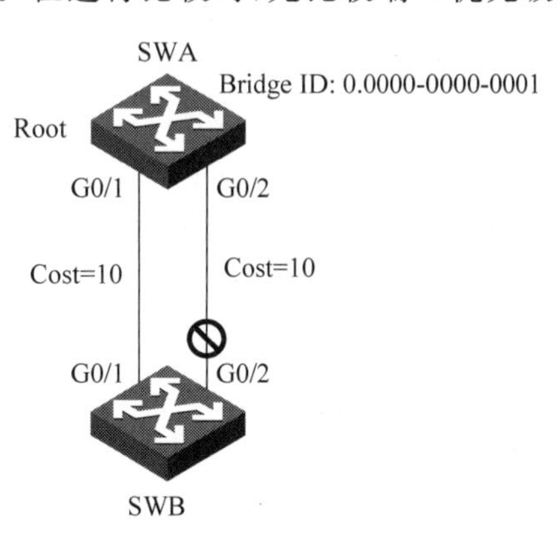

图 28-8　端口 ID 作用

28.3.7　端口状态

前面讨论了 STP 如何确定端口角色。被确定为根端口或指定端口后，端口就可以处于转发状态，否则就是阻塞状态。

事实上，在 802.1D 的协议中，端口共有 5 种状态。

(1) Disabled：表示该端口处于失效状态，不接收和发送任何报文。这种状态可以是由于端口的物理状态(比如端口物理层没有 up)导致的，也可能是管理者手工将端口关闭。

(2) Blocking：处于这个状态的端口不能够参与转发数据报文，但是可以接收 BPDU 配置消息，并交给 CPU 进行处理。不过不能发送配置消息，也不能进行地址学习。

(3) Listening：处于这个状态的端口也不参与数据转发，不进行地址学习；但是可以接收并发送 BPDU 配置消息。

(4) Learning：处于这个状态的端口同样不能转发数据，但是开始地址学习，并可以接收、处理和发送 BPDU 配置消息。

(5) Forwarding：一旦端口进入该状态，就可以转发任何数据了，同时也进行地址学习和 BPDU 配置消息的接收、处理和发送。

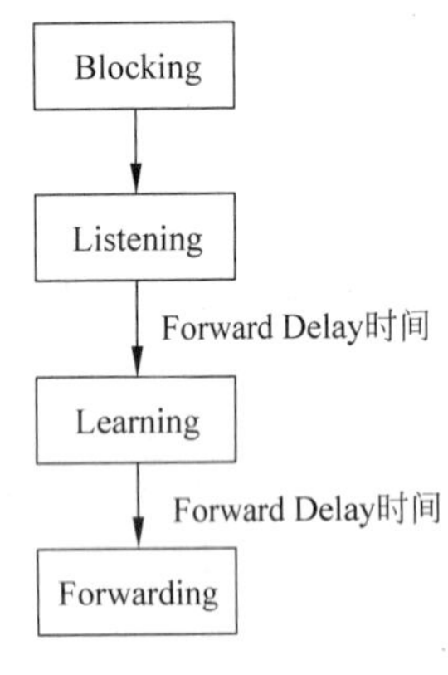

图 28-9 端口状态迁移图

以上 5 种状态中，Listening 和 Learning 是不稳定的中间状态，它们主要的作用是使 BPDU 消息有一个充分的时间在网络中传播，杜绝由于 BPDU 丢失而造成的 STP 计算错误，导致环路的可能。

在一定条件下，端口状态之间是可以互相迁移的，如图 28-9 所示。

当一个端口由于拓扑发生改变不再是根端口或指定端口了，就会立刻迁移到 Blocking 状态。

当一个端口被选为根端口或指定端口，就会从 Blocking 状态迁移到一个中间状态 Listening 状态；经历 Forward Delay 时间，迁移到下一个中间状态 Learning 状态；再经历一个 Forward Delay 时间，迁移到 Forwarding 状态。

从 Listening 迁移到 Learning，或者从 Learning 迁移到 Forwarding 状态，都需要经过 Forward Delay 时间，通过这种延时迁移的方式，能够保证当网络的拓扑发生改变时，新的配置消息能够传遍整个网络，从而避免由于网络未收敛而造成临时环路。

在 802.1D 中，默认的 Forward Delay 时间是 15s。所以，当一个端口被选为根端口或指定端口后，至少要经过两倍的 Forward Delay 时间，即 30s 才能够转发数据。

在实际的应用中，STP 也有很多不足之处。最主要的缺点是端口从阻塞状态到转发状态需要两倍的 Forward Delay 时间，导致网络的连通性至少要几十秒的时间之后才能恢复。如果网络中的拓扑结构变化频繁，网络会频繁的失去连通性，这样用户就会无法忍受，如图 28-10 所示。

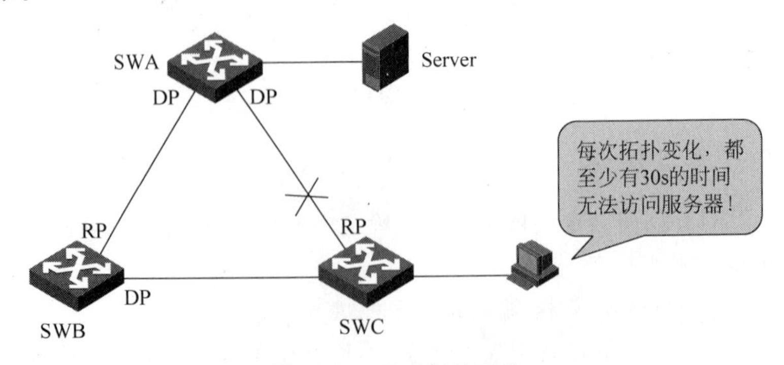

图 28-10 生成树的不足

为了在拓扑变化后网络尽快恢复连通性,交换机在 STP 的基础上发展出 RSTP。

28.4 RSTP

RSTP 是 STP 协议的优化版。IEEE 802.1w 定义了 RSTP,并最终合并入了 802.1D-2004。RSTP 是从 STP 算法的基础上发展而来,承袭了它的基本思想,也是通过配置消息来传递生成树信息,并进行生成树计算。

RSTP 能够完成生成树的所有功能,不同之处就在于:在某些情况下,当一个端口被选为根端口或指定端口后,RSTP 减小了端口从阻塞到转发的时延,尽可能快地恢复网络连通性,提供更好的用户服务。

在 IEEE 802.1w 中,RSTP 从 3 个方面实现"快速"功能。

1. 端口被选为根端口

如图 28-11 所示,交换机上原来有两个端口能够到达根桥,其中 Cost 值为 10 的端口 G0/1 被选为根端口,另外一个为备用的端口(处于阻塞状态)。如果 Cost 值变为 30 后,STP 重新计算,选择原来处于阻塞状态的端口 G0/2 为根端口。此时,故障恢复的时间就是根端口的切换时间,无须延时,无须传递 BPDU,只是一个 CPU 处理的延时,约几毫秒。

2. 指定端口是非边缘端口

此时情况较复杂。"非边缘"的意思是这个端口连接着其他的交换机,而不是只连接到终端设备。此时如果交换机之间是点对点链路,则交换机需要发送握手报文到其他交换机进行协商,只有对端返回一个赞同报文后,端口才能进入转发状态。

在图 28-12 中,SWA 的端口 G0/1 原来处于阻塞状态。STP 重新选择它作为指定端口后,因为 G0/1 连接有下游网桥 SWB,它并不知道下游有没有环路,所以会发一个握手报文,目的是询问下游网桥是否同意这个端口进入转发状态。SWB 收到握手报文后,发现自己没有端口连接到其他网桥,也就是说,这个网桥是边缘网桥,不会有环路产生,则 SWB 回应一个赞同报文,表明同意 SWA 的端口 G0/1 进入转发状态。

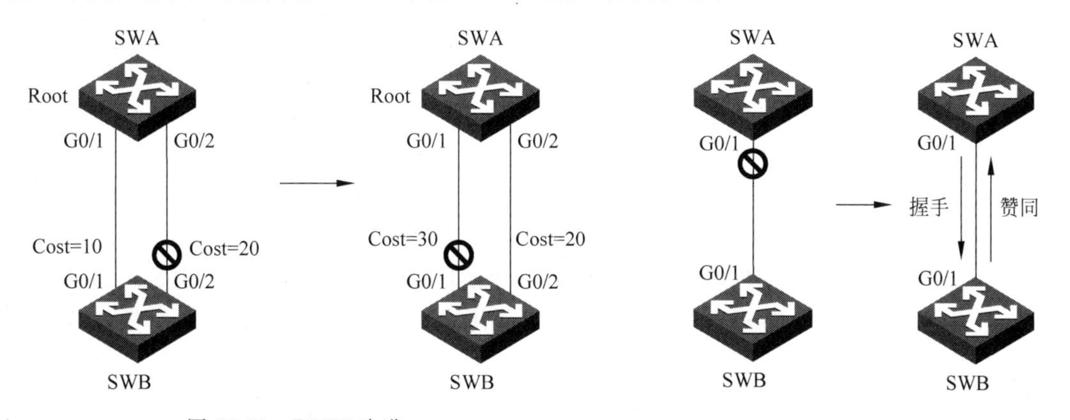

图 28-11 RSTP 改进一

图 28-12 RSTP 改进二

不过,RSTP 规定只有在点对点链路上,网桥才可以发起握手请求。因为非点对点链路意味着可能连接多个下游网桥,并不是所有网桥都能够回应赞同报文。如果只有其中 1 个下游网桥回应赞同报文,上游网桥端口就处于转发状态,则可能导致环路。

可见点对点链路对 RSTP 的性能有很大的影响,下面列举了点对点链路的几种情况。

(1) 该端口是一个链路聚合端口。(请参考相关章节的描述)

(2) 该端口支持自协商功能,并通过协商工作在全双工模式。(请参考相关章节的描述)

(3) 管理者将该端口配置为一个全双工模式的端口。

如果是非点对点链路,则恢复时间与 STP 无异,是两倍的 Forward Delay 时间,默认情况下是 30s。

在 RSTP 握手协商时,总体收敛时间取决于网络直径,也就是网络中任意两点间的最大网桥数量。最坏的情况是,握手从网络的一边开始扩散到网络的另一边,比如网络直径为 7 的情况,最多可能要经过 6 次握手,网络的连通性才能被恢复。

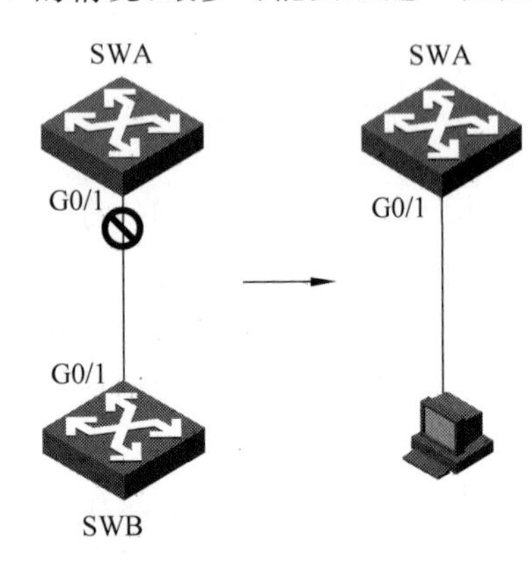

图 28-13 RSTP 改进三

3. 指定端口是边缘端口

"边缘端口"是指那些直接和终端设备相连,不再连接任何交换机的端口。这些端口无须参与生成树计算,端口可以无时延地快速进入转发状态。此时不会造成任何的环路。

在图 28-13 中,SWA 的端口 G0/1 原来连接有网桥,现连接到终端主机。这些端口为边缘指定端口,端口 G0/1 可马上进入转发状态。

那么网桥是如何判定是边缘指定端口还是非边缘指定端口呢? 事实上,网桥无法判定,只有管理员可以指定。

28.5 MSTP

STP 使用生成树算法,能够在交换网络中避免环路造成的故障,并实现冗余路径的备份功能。RSTP 则进一步提高了交换网络拓扑变化时的收敛速度。

然而当前的交换网络往往工作在多 VLAN 环境下。在 802.1Q 封装的 Trunk 链路上,同时存在多个 VLAN,每个 VLAN 实质上是一个独立的两层交换网络。为了给所有的 VLAN 提供环路避免和冗余备份功能,就必须为所有的 VLAN 都提供生成树计算。

传统 STP/RSTP 采用的方法是使用统一的生成树,所有的 VLAN 共享一棵生成树(Common Spanning Tree,CST),其拓扑结构也是一致的。因此在一条 Trunk 链路上,所有的 VLAN 要么全部处于转发状态,要么全部处于阻塞状态。

在如图 28-14 所示的情况下,SWB 到 SWA 的端口被阻塞,则从 PCA 到 Server 的所有数据都需要经过 SWB 至 SWC 至 SWA 的路径传递。SWB 至 SWA 之间的带宽完全浪费了。

IEEE 802.1s 定义的 MSTP 可以实现 VLAN 级负载均衡。MSTP 后来被合并入 802.1Q-2003 标准。

通过 MSTP,可以在网络中定义多个生成树实例,每个实例对应多个 VLAN,每个实例维护自己的独立生成树。这样既避免了为每个 VLAN 维护一棵生成树的巨大资源消耗,又可以使不同的 VLAN 具有完全不同的生成树拓扑,不同 VLAN 在同一端口上可以具有不

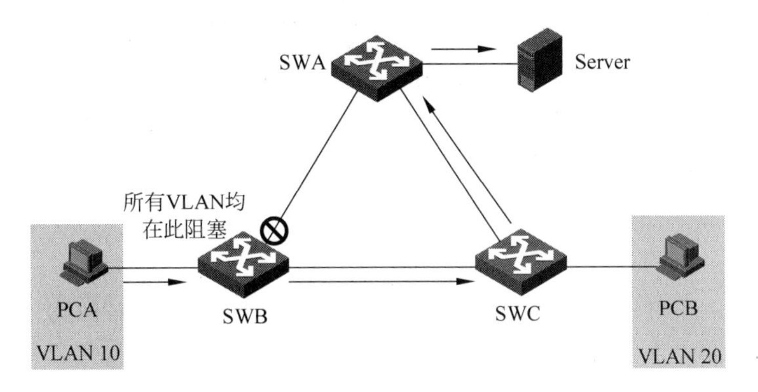

图 28-14　STP 的不足

同的状态,从而可以实现 VLAN 一级的负载分担。

在图 28-15 中,PCA 属于 VLAN 10,VLAN 10 绑定到实例 A 中;SWB 至 SWA 之间的链路在实例 A 中是连通的,所以 PCA 到 Server 的数据帧就经过 SWB 至 SWA 之间的路径传递。同理,PCB 属于 VLAN 20,VLAN 20 绑定到实例 B 中;PCB 到 Server 的数据帧就经过 SWC 至 SWA 之间的路径传递。可以看出,此网络通过 MSTP 而实现不同 VLAN 的数据流有不同的转发路径。

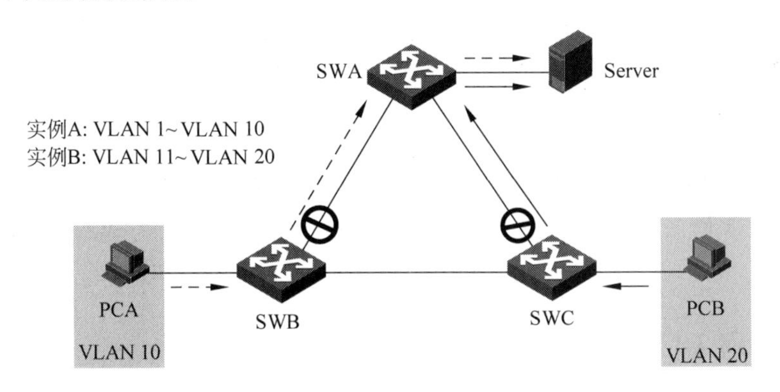

图 28-15　MSTP 实现负载分担

28.6　生成树协议的比较

STP 可以在交换网络中形成一棵无环路的树,解决环路故障并实现冗余备份。

RSTP 在 STP 功能的基础上,通过使根端口快速进入转发状态、采用握手机制和设置边缘端口等方法,提供了更快的收敛速度。

MSTP 则可以在大规模、多 VLAN 环境下形成多个生成树实例,从而高效地提供多 VLAN 负载均衡。

MSTP 同时兼容 STP、RSTP。STP、RSTP 两种协议报文都可以被运行 MSTP 的设备识别并应用于生成树计算。

另外,RSTP/MSTP 与 STP 的端口状态也有所不同,从 STP 的 5 种变成 3 种,其对应关系如表 28-2 所示。

表 28-2 STP 与 RSTP/MSTP 端口状态

STP 端口状态	RSTP/MSTP 端口状态	STP 端口状态	RSTP/MSTP 端口状态
Disabled	Discarding	Learning	Learning
Blocking	Discarding	Forwarding	Forwarding
Listening	Discarding		

可以看到，在 RSTP/MSTP 中，取消了 Listening 这个中间状态，并且把 Disabled、Blocking、Listening 3 种状态合并为一种 Discarding，减少状态数量，简化生成树计算，加快收敛速度。其端口状态及相关迁移时间如图 28-16 所示。

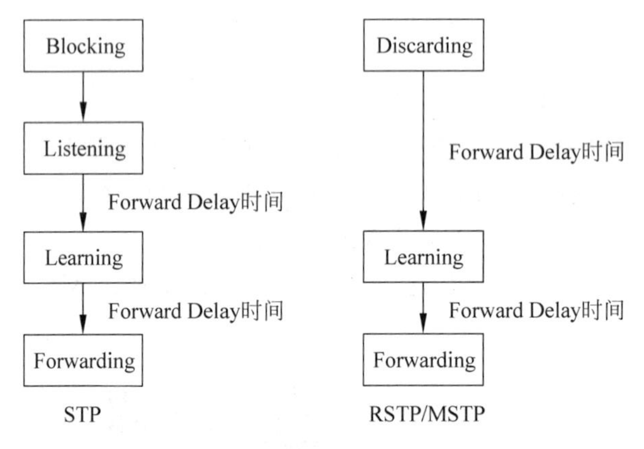

图 28-16 STP 与 RSTP/MSTP 端口状态迁移

RSTP/MSTP 具有更快的收敛速度，简化的端口状态迁移；MSTP 能够实现不同 VLAN 间数据流的负载分担。所以，在可能的情况下，网络中尽量使用 MSTP 来避免环路。

28.7 生成树协议的基本配置

28.7.1 STP 基本配置

交换机的生成树功能在默认情况下是处于关闭状态的。如果组网中需要通过环路设计来提供网络的冗余容错的能力，而同时又需要防止路径回环的产生，就需要用到生成树的概念，可以在系统视图下开启生成树功能。

```
[Switch]stp enable
```

如果不需要生成树，则可以在系统视图下关闭生成树功能。

```
[Switch]stp disable
```

如果用户在系统视图下启用了生成树，那么所有端口都默认参与生成树计算。如果用户可以确定某些端口连接的部分不存在回路，则可以通过一条在端口视图下的命令关闭特定端口上的生成树功能。

```
[SwitchGigabit GigabitEthernet1/0/1] stp disable
```

MSTP 和 RSTP 能够互相识别对方的协议报文，可以互相兼容。而 STP 无法识别 MSTP 的报文，MSTP 为了实现和 STP 设备的混合组网，同时完全兼容 RSTP，设定了 3 种工作模式：STP 兼容模式、RSTP 模式、MSTP 模式。交换机默认工作在 MSTP 模式下，可以通过以下命令在系统视图下设置工作模式。

```
[Switch]stp mode { stp | rstp | mstp }
```

28.7.2　配置优化 STP

默认情况下，所有交换机的优先级是相同的。此时，STP 只能根据 MAC 地址选择根桥，MAC 地址最小的桥为根桥。但实际上，这个 MAC 地址最小的桥并不一定就是最佳的根桥。

可以通过配置网桥的优先级来指定根桥。优先级越小，该网桥就越有可能成为根。配置命令为：

```
[Switch] stp [ instance instance-id ] priority priority
```

在 MSTP 多实例情况下，用 **instance** *instance-id* 参数来指定交换机在每个实例中的优先级。

在 RSTP/MSTP 模式下，可以设置某些直接与用户终端相连的端口为边缘端口。这样当网络拓扑变化时，这些端口可以实现快速迁移到转发状态，而无须等待延迟时间。因此，如果管理员确定某端口是直接与终端相连的，可以配置其为边缘端口，可以极大地加快生成树收敛速度。

在端口视图下配置某端口为边缘端口。

```
[Switch GigabitEthernet1/0/1] stp edged-port enable
```

28.7.3　STP 配置示例

图 28-17 为一个启用 STP 防止环路及实现链路冗余的组网。交换机 SWA 和 SWB 是核心交换机，之间通过两条并行链路互连备份；SWC 是接入交换机，接入用户连接到 SWC 的 GE1/0/1 端口上。很显然，为了提高网络的性能，应该使交换机 SWA 位于转发路径的中心位置（即生成树的根），同时为了增加可靠性，应该使 SWB 作为根的备份。

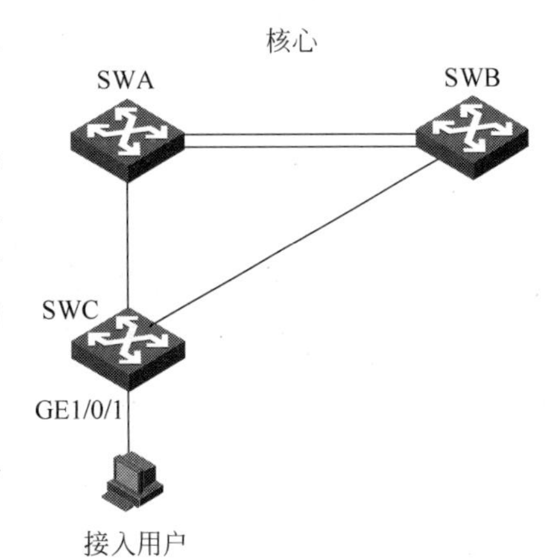

图 28-17　STP 配置示例

可以通过下面配置使网络能够满足设计需求。

第 1 步：在所有的交换机上启动生成树协议，命令如下：

```
[SWA]stp global enable
[SWB]stp global enable
[SWC]stp global enable
```

第 2 步：配置 SWA 的优先级为 0(默认值为 32768)，使其作为整个桥接网络的根桥；配置 SWB 的优先级为 4096，使其作为根桥的备份。命令如下：

```
[SWA] stp priority 0
[SWB] stp priority 4096
```

第 3 步：设置 SWC 的端口 GE1/0/1 为边缘端口，以使其在网络拓扑变化时，能够无时延地从阻塞状态迁移到转发状态。命令如下：

```
[SWC- GigabitEthernet1/0/1] stp edged-port
```

28.7.4 STP 显示与维护

默认情况下，交换机未开启 STP 协议。此时如果执行命令查看 STP 全局状态，则有如下输出。

```
<SWA> display stp
  Protocol status       : Disabled
  Protocol Std.         : IEEE 802.1s
  Version               : 3
…
```

开启 STP 以后，再执行命令查看 STP 全局状态，则有如下输出。

```
[SWA] display stp
-------[CIST Global Info][Mode MSTP]-------
Bridge ID               : 32768.70ba-ef6a-73d1
Bridge times            : Hello 2s MaxAge 20s FwdDelay 15s MaxHops 20
Root ID/ERPC            : 32768.70ba-ef6a-6eb0, 40
RegRoot ID/IRPC         : 32768.70ba-ef6a-73d1, 0
RootPort ID             : 128.12
BPDU-Protection         : Disabled
Bridge Config-
Digest-Snooping         : Disabled
TC or TCN received      : 0
Time since last TC      : 0 days 0h:0m:12s
…
```

从以上信息可知，目前交换机运行在 MSTP 模式下。MSTP 协议所生成的树称为 CIST(Common and Internal Spanning Tree，公共和内部生成树)，所以显示信息中的 CIST Bridge：32768.70ba-ef6a-73d1 就表示交换机的桥 ID 是 32768.70ba-ef6a-73d1；交换机的根桥 ID(CIST Root)也是 32768.70ba-ef6a-6eb0。桥 ID 和根桥 ID 相同，表明此交换机不是根桥。

如果想查看生成树中各端口的角色和状态，则用如下命令。

```
[SWA]display stp brief
 MSTID    Port                        Role    STP State     Protection
   0      GigabitEthernet1/0/1        DESI    FORWARDING    NONE
   0      GigabitEthernet1/0/2        DESI    FORWARDING    NONE
…
```

在 MSTP 协议中可配置多个实例进行负载分担。上面的 MSTID 就表示实例的 ID。默认情况下,交换机仅有一个实例,ID 值是 0;且所有 VLAN 都绑定到实例 0,所有端口角色和状态都在实例 0 中计算。上面 GigabitEthernet1/0/1 和 GigabitEthernet1/0/2 端口角色都是指定端口(DESI),所以都处于转发状态(FORWARDING)。

28.8 本章总结

(1) STP 产生的原因是为了消除路径回环的影响。

(2) STP 通过选举根桥和阻塞冗余端口来消除环路。

(3) 相比 STP,RSTP 具有更快的收敛速度;相比 RSTP,MSTP 可支持多生成树实例以实现基于 VLAN 的负载分担。

28.9 习题和解答

28.9.1 习题

1. 如下(　　)信息是在 STP 协议的配置 BPDU 中所携带的。

A. 根桥 ID(Root ID)　　B. 根路径开销(Root Path Cost)

C. 指定桥 ID(Designated Bridge ID)　　D. 指定端口 ID(Designated Port ID)

2. STP 进行桥 ID 比较时,先比较优先级,优先级值(　　)为优;在优先级相等的情况下,再用 MAC 地址来进行比较,MAC 地址(　　)为优。

A. 小者;小者　　B. 小者;大者

C. 大者;大者　　D. 大者;小者

3. 在 802.1D 的协议中,端口共有 5 种状态。其中处于下列(　　)状态的端口能够发送 BPDU 配置消息。

A. Learning　　B. Listening　　C. Blocking　　D. Forwarding

4. 交换机从两个不同的端口收到 BPDU,则其会按照(　　)的顺序来比较 BPDU,从而决定哪个端口是根端口。

A. 根桥 ID、根路径开销、指定桥 ID、指定端口 ID

B. 根桥 ID、指定桥 ID、根路径开销、指定端口 ID

C. 根桥 ID、指定桥 ID、指定端口 ID、根路径开销

D. 根路径开销、根桥 ID、指定桥 ID、指定端口 ID

5. 在一个交换网络中,存在多个 VLAN。管理员想在交换机间实现数据流转发的负载均衡,则应该选用(　　)协议。

A. STP　　B. RSTP　　C. MSTP　　D. 以上三者均可

28.9.2 习题答案

1. ABCD　　2. A　　3. ABD　　4. A　　5. C

第29章

链路聚合

在组建局域网的过程中，连通性是最基本的要求。在保证连通性的基础上，有时还要求网络具有高带宽、高可靠性等。链路聚合技术是在局域网中最常见的高带宽和高可靠性技术。

本章介绍了链路聚合的作用、链路聚合中负载分担的原理以及如何在交换机上配置及维护链路聚合。

29.1 本章目标

学习完本章，应该能够达到以下目标。

(1) 了解链路聚合的作用。

(2) 掌握链路聚合的分类。

(3) 掌握链路聚合的基本配置。

29.2 链路聚合简介

链路聚合是以太网交换机所实现的一种非常重要的高可靠性技术。通过链路聚合，多个物理以太网链路聚合在一起形成一个逻辑上的聚合端口组。使用链路聚合服务的上层实体把同一聚合组内的多条物理链路视为一条逻辑链路，数据通过聚合端口组进行传输。如图 29-1 所示，链路聚合具有以下优点。

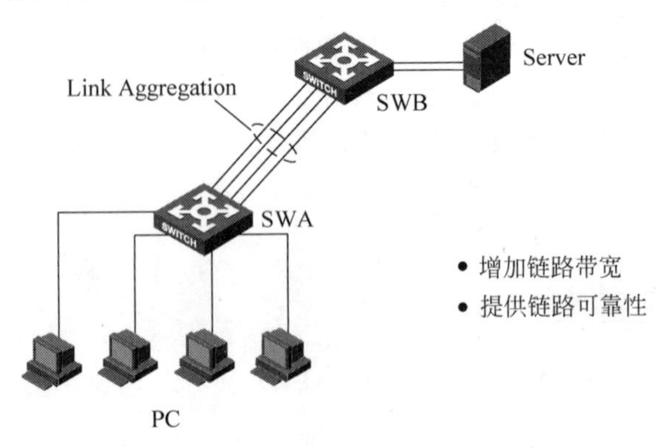

图 29-1　链路聚合作用

(1) 增加链路带宽：通过把数据流分散在聚合组中各个成员端口，实现端口间的流量负载分担，从而有效地增加了交换机间的链路带宽。

(2) 提供链路可靠性：聚合组可以实时监控同一聚合组内各个成员端口的状态，从而实现成员端口之间彼此动态备份。如果某个端口故障，聚合组及时把数据流从其他端口传输。

链路聚合后，上层实体把同一聚合组内的多条物理链路视为一条逻辑链路，系统根据一定的算法，把不同的数据流分布到各成员端口上，从而实现基于流的负载分担。

系统通过算法进行负载分担时，可以采用数据流报文中一个或多个字段来进行计算(即采用不同的负载分担模式)。通常，对于二层数据流，系统根据 MAC 地址(源 MAC 地址及目的 MAC 地址)来进行负载分担计算；对于三层数据流，则根据 IP 地址(源 IP 地址及目的 IP 地址)进行负载分担计算。

假定在图 29-2 中，系统根据流中的 MAC 地址进行负载分担计算。因为 PCA 和 PCB 的 MAC 地址不同，系统会认为从 PCA 发出的流和 PCB 发出的流是不同的，则根据算法可能会把这两条流分别从聚合组中的两个成员端口向外发送。同理，返回的数据流在 SWB 上也可能会被分布到两条链路上传输，从而实现了负载分担。

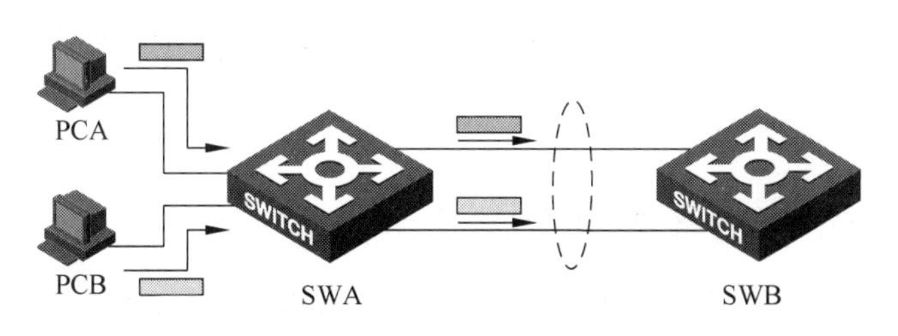

图 29-2　链路聚合的负载分担

29.3　链路聚合的分类

按照聚合方式的不同，链路聚合可以分为两大类。

1. 静态聚合

在静态聚合方式下，双方设备不需要启用聚合协议，双方不进行聚合组中成员端口状态的交互。

如果一方设备不支持聚合协议或双方设备所支持的聚合协议不兼容，则可以使用静态聚合方式来实现聚合。

2. 动态聚合

在动态聚合方式下，双方系统使用 LACP(Link Aggregation Control Protocol，链路聚合控制协议)来协商链路信息，交互聚合组中成员端口状态。

LACP 是一种基于 IEEE 802.3ad 标准的、能够实现链路动态聚合与解聚合的协议。LACP 通过 LACPDU(Link Aggregation Control Protocol Data Unit，链路聚合控制协议数据单元)与对端交互信息。

使能某端口的 LACP 后，该端口将通过发送 LACPDU 向对端通告自己的系统 LACP

优先级、系统 MAC、端口的 LACP 优先级、端口号和操作 Key。对端接收到 LACPDU 后，将其中的信息与其他端口所收到的信息进行比较，以选择能够处于 Selected 状态的端口，从而双方可以对端口处于 Selected 状态达成一致。

操作 Key 是在链路聚合时，聚合控制根据端口的配置(即速率、双工模式、UP/DOWN 状态、基本配置等信息)自动生成的一个配置组合。在聚合组中，处于 Selected 状态的端口有相同的操作 Key。

29.4 链路聚合的基本配置

29.4.1 配置静态链路聚合

静态聚合的优点是没有聚合协议报文占用带宽，对双方的聚合协议没有兼容性要求。在小型局域网中，最常用的链路聚合方式是静态聚合。配置静态聚合的步骤如下。

第 1 步：在系统视图下创建聚合端口。配置命令为：

interface bridge-aggregation *interface-number*

第 2 步：在接口视图下把物理端口加入创建的聚合组中。配置命令为：

port link-aggregation group *number*

29.4.2 链路聚合配置示例

在图 29-3 中，交换机 SWA 使用端口 GE1/0/1、GE1/0/2 和 GE1/0/3 连接到 SWB 的端口 GE1/0/1、GE1/0/2 和 GE1/0/3。在交换机上启用链路聚合以实现增加带宽和可靠性的需求。

配置 SWA：

```
[SWA] interface bridge-aggregation 1
[SWA] interface GigabitEthernet1/0/1
[SWA-GigabitEthernet1/0/1] port link-aggregation group 1
[SWA] interface GigabitEthernet1/0/2
[SWA-GigabitEthernet1/0/2] port link-aggregation group 1
[SWA] interface GigabitEthernet1/0/3
[SWA-GigabitEthernet1/0/3] port link-aggregation group 1
```

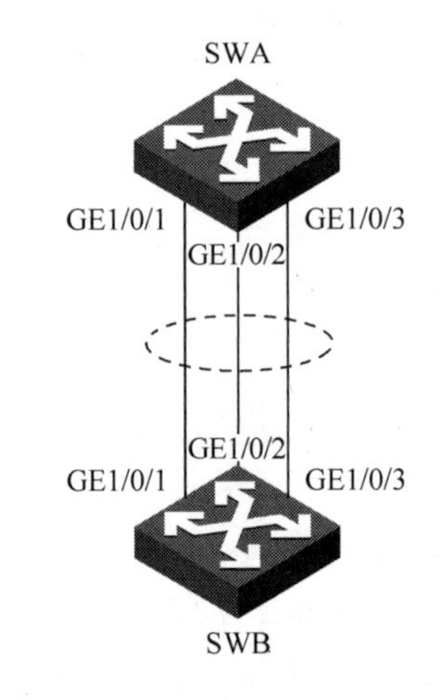

图 29-3 静态链路聚合配置示例

配置 SWB：

```
[SWB] interface bridge-aggregation 1
[SWB] interface GigabitEthernet1/0/1
[SWB-GigabitEthernet1/0/1] port link-aggregation group 1
[SWB] interface GigabitEthernet1/0/2
[SWB-GigabitEthernet1/0/2] port link-aggregation group 1
[SWB] interface GigabitEthernet1/0/3
[SWB-GigabitEthernet1/0/3] port link-aggregation group 1
```

29.4.3 链路聚合显示与维护

在任意视图下可以用 **display link-aggregation summary** 查看链路聚合的状态，如下所示。

```
<Switch> display link-aggregation summary

Aggregation Interface Type:
BAGG -- Bridge-Aggregation, RAGG -- Route-Aggregation
Aggregation Mode: S -- Static, D -- Dynamic
Loadsharing Type: Shar -- Loadsharing, NonS -- Non-Loadsharing
Actor System ID: 0x8000, 000f-e267-6c6a

AGG        AGG     Partner ID    Select    Unselect    Share
Interface  Mode                  Ports     Ports       Type

-----------------------------------------------------------------
BAGG1      S       none          3         0           Shar
```

以上输出信息表示，这个聚合端口的 ID 是 1，聚合方式为静态聚合，组中包含了 3 个 Selected 端口，处于激活状态并工作在负载分担模式下。

注意：处于 Selected 状态的端口可以参与转发数据流。Unselected 状态表示端口目前未被选中，不参与数据流转发。比如，端口在物理层 DOWN 的情况下就是 Unselect Ports。

29.5 本章总结

(1) 链路聚合可以实现链路备份、增加链路带宽及其数据的负载。

(2) 链路聚合按照聚合方式的不同分为静态聚合和动态聚合。

29.6 习题和解答

29.6.1 习题

1. 链路聚合的优点有(　　)。

   A. 增加链路带宽　　B. 提供链路可靠性

   C. 降低组网成本　　D. 减少维护工作量

2. 在下面(　　)方式中，双方交换机需要使用链路聚合协议。

   A. 静态聚合　　B. 动态聚合　　C. 手工聚合　　D. 协议聚合

3. 在交换机上创建聚合端口的配置命令为(　　)。

   A. [SWA] interface bridge-aggregation 1

   B. [SWA-GigabitEthernet1/0/1] interface bridge-aggregation 1

   C. [SWA] port link-aggregation group 1

   D. [SWA-GigabitEthernet1/0/1] port link-aggregation group 1

4. 将交换机的端口加入到聚合端口的配置命令为(　　)。

A. [SWA] interface bridge-aggregation 1

B. [SWA-GigabitEthernet1/0/1] interface bridge-aggregation 1

C. [SWA] port link-aggregation group 1

D. [SWA-GigabitEthernet1/0/1] port link-aggregation group 1

5. 如果两台交换机间需要使用链路聚合,但其中某一台交换机不支持 LACP 协议,则需要使用以下(　　)方式。

A. 静态聚合　　B. 动态聚合　　C. 手工聚合　　D. 协议聚合

29.6.2 习题答案

1. AB　　2. B　　3. A　　4. D　　5. A

第8篇

IP路由技术

第30章

IP路由原理

路由器是能够将数据报文在不同逻辑网段间转发的网络设备。路由(Route)是指导路由器如何进行数据报文发送的路径信息。每条路由都包含目的地址、下一跳、出接口、到目的地的代价等要素，路由器根据自己的路由表对IP报文进行转发操作。

每一台路由器都有路由表(Routing Table)，路由便存储在路由表中。

路由环路是由错误的路由导致的，它会造成IP报文在网络中循环转发，浪费网络带宽。

30.1 本章目标

学习完本章，应该能够达到以下目标。

(1) 描述路由的作用。

(2) 掌握路由转发原理。

(3) 掌握路由表的构成及含义。

(4) 在设备上查看路由表。

30.2 什么是路由

路由器提供了将异构网络互联起来的机制，实现将一个数据包从一个网络发送到另一个网络。路由就是指导IP数据包发送的路径信息。

在互联网中进行路由选择要使用路由器，路由器只是根据所收到的数据报头的目的地址选择一个合适的路径(通过某一个网络)，将数据包传送到下一个路由器，路径上最后的路由器负责将数据包送交目的主机。数据包在网络上的传输就好像是体育运动中的接力赛一样，每一个路由器只负责将数据包在本站通过最优的路径转发，通过多个路由器一站一站地接力将数据包通过最优路径转发到目的地。当然也有一些例外的情况，由于一些路由策略的实施，数据包通过的路径并不一定是最优的。

路由器的特点是逐跳转发。在图30-1所示网络中RTA收到PC发往Server的数据包后，将数据包转发给RTB，RTA并不负责指导RTB如何转发数据包。所以，RTB必须自己将数据包转发给RTC，RTC再转发给RTD，以此类推。这就是路由的逐跳性，即路由只指导本地的转发行为，不会影响其他设备的转发行为，设备之间的转发是相互独立的。

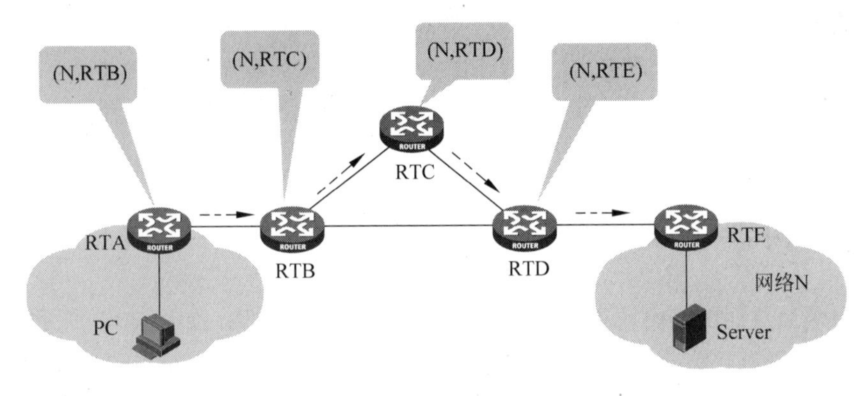

图 30-1 路由报文示意图

30.3 路由表

路由器转发数据包的依据是路由表,如表 30-1 所示。每个路由器中都保存着一张路由表,表中每条路由项都指明数据包到某子网或某主机应通过路由器的哪个物理端口发送,然后就可到达该路径的下一个路由器,或者不再经过别的路由器而传送到直接相连的网络中的目的主机。

表 30-1 路由表构成

目的地址/网络掩码	下一跳地址	出 接 口	度量值
0.0.0.0/0	20.0.0.2	E0/2	10
10.0.0.0/24	10.0.0.1	E0/1	0
20.0.0.0/24	20.0.0.1	E0/2	0
20.0.0.1/32	127.0.0.1	InLoop0	0
40.0.0.0/24	20.0.0.2	E0/2	1
40.0.0.0/8	30.0.0.2	E0/3	3
50.0.0.0/24	40.0.0.2	E0/2	0

路由表中包含了下列要素。

(1) 目的地址/网络掩码(Destination/Mask):用来标识 IP 数据报文的目的地址或目的网络。将目的地址和网络掩码“逻辑与”后可得到目的主机或路由器所在网段的地址。例如:目的地址为 8.0.0.0,掩码为 255.0.0.0 的主机或路由器所在网段的地址为 8.0.0.0。掩码由若干个连续“1”构成,既可以用点分十进制表示,也可以用掩码中连续“1”的个数来表示。

(2) 出接口(Interface):指明 IP 包将从该路由器哪个接口转发。

(3) 下一跳地址(Next-hop):更接近目的网络的下一个路由器地址。如果只配置了出接口,下一跳 IP 地址是出接口的地址。

(4) 度量值(Metric):说明 IP 包需要花费多大的代价才能到达目标。主要作用是当网络存在到达目的网络的多个路径时,路由器可依据度量值而选择一条较优的路径发送 IP 报文,从而保证 IP 报文能更快更好地到达目的。

根据掩码长度的不同,可以把路由表中路由项分为以下几个类型。

(1) 主机路由:掩码长度是32位的路由,表明此路由匹配单一IP地址。

(2) 子网路由:掩码长度小于32位但大于0,表明此路由匹配一个子网。

(3) 默认路由:掩码长度为0,表明此路由匹配全部IP地址。

30.4 路由器单跳操作

路由器是通过匹配路由表里的路由项来实现数据包的转发。如图30-2所示,当路由器收到一个数据包的时候,将数据包的目的IP地址提取出来,然后与路由表中路由项包含的目的地址进行比较;如果与某路由项中的目的地址相同,则认为与此路由项匹配;如果没有路由项能够匹配,则丢弃该数据包。

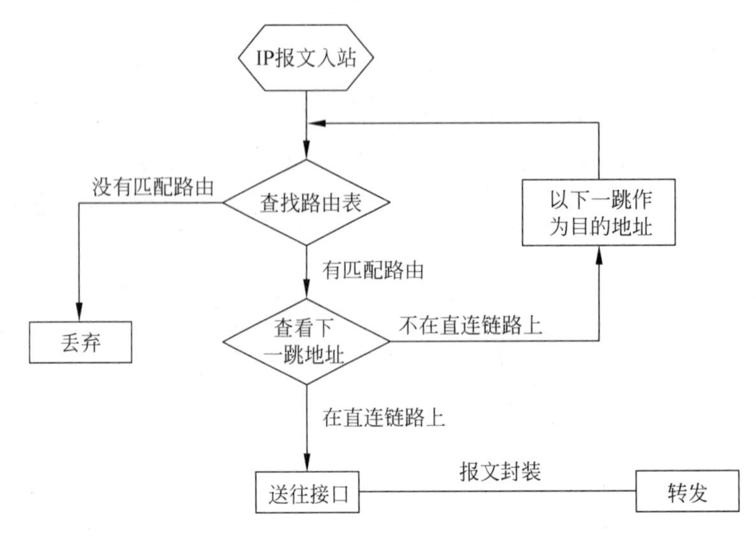

图30-2 路由器单跳操作流程图

路由器查看所匹配的路由项的下一跳地址是否在直连链路上,如果在直连链路上,则路由器根据此下一跳转发;如果不在直连链路上,则路由器还需要在路由表中再查找此下一跳地址所匹配的路由项。

确定了最终的下一跳地址后,路由器将此报文送往对应的接口,接口进行相应的地址解析,解析出此地址所对应的链路层地址,然后对IP数据包进行数据封装并转发。

当路由表中存在多个路由项可以同时匹配目的IP地址时,路由查找进程会选择其中掩码最长的路由项用于转发,此为最长匹配原则。

在图30-3中,路由器接收到目的地址为40.0.0.2的数据包,经查找整个路由表,发现与路由40.0.0.0/24和40.0.0.0/8都能匹配。但根据最长匹配的原则,路由器会选择路由项40.0.0.0/24,根据该路由项转发数据包。

由以上过程可知,路由表中路由项数量越多,所需查找及匹配的次数则越多。所以一般路由器都有相应的算法来优化查找速度,加快转发。

如果所匹配的路由项的下一跳地址不在直连链路上,路由器还需要对路由表进行迭代查找,找出最终的下一跳来。

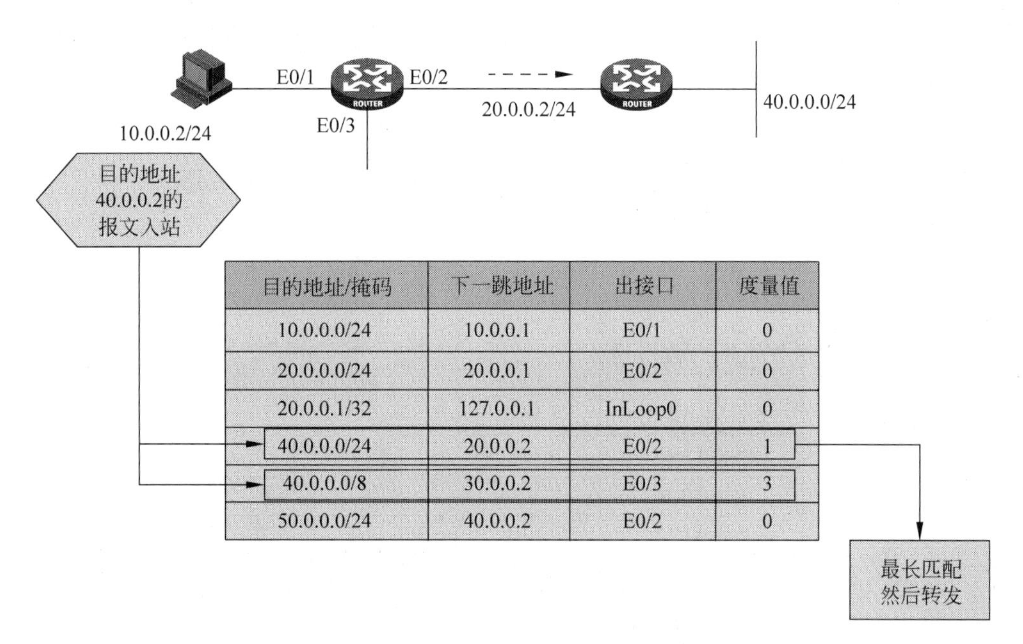

目的地址/掩码	下一跳地址	出接口	度量值
10.0.0.0/24	10.0.0.1	E0/1	0
20.0.0.0/24	20.0.0.1	E0/2	0
20.0.0.1/32	127.0.0.1	InLoop0	0
40.0.0.0/24	20.0.0.2	E0/2	1
40.0.0.0/8	30.0.0.2	E0/3	3
50.0.0.0/24	40.0.0.2	E0/2	0

图 30-3　最长匹配转发

如图 30-4 所示，路由器接收到目的地址为 50.0.0.2 的数据包后，经查找路由表，发现与路由表中的路由项 50.0.0.0/24 能匹配。但此路由项的下一跳 40.0.0.2 不在直连链路上，所以路由器还需要在路由表中查找到达 40.0.0.2 的下一跳。经过查找，到达 40.0.0.2 的下一跳是 20.0.0.2，此地址在直连链路上，则路由器按照该路由项转发数据包。

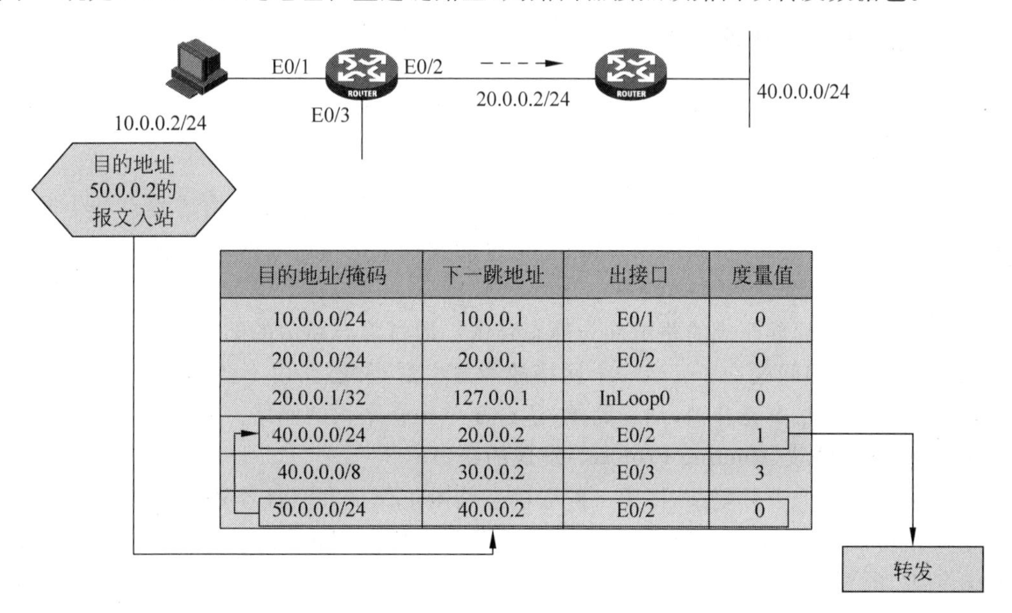

目的地址/掩码	下一跳地址	出接口	度量值
10.0.0.0/24	10.0.0.1	E0/1	0
20.0.0.0/24	20.0.0.1	E0/2	0
20.0.0.1/32	127.0.0.1	InLoop0	0
40.0.0.0/24	20.0.0.2	E0/2	1
40.0.0.0/8	30.0.0.2	E0/3	3
50.0.0.0/24	40.0.0.2	E0/2	0

图 30-4　路由表迭代查找

如果路由表中没有路由项能够匹配数据包，则丢弃该数据包。但是，如果在路由表中有默认路由存在，则路由器按照默认路由来转发数据包。默认路由又称为默认路由，其目的地址/掩码为 0.0.0.0/0。

如图 30-5 所示，路由器收到目的地址为 30.0.0.2 的数据包后，查找路由表，发现没有子网或主机路由匹配此地址，所以按照默认路由转发。

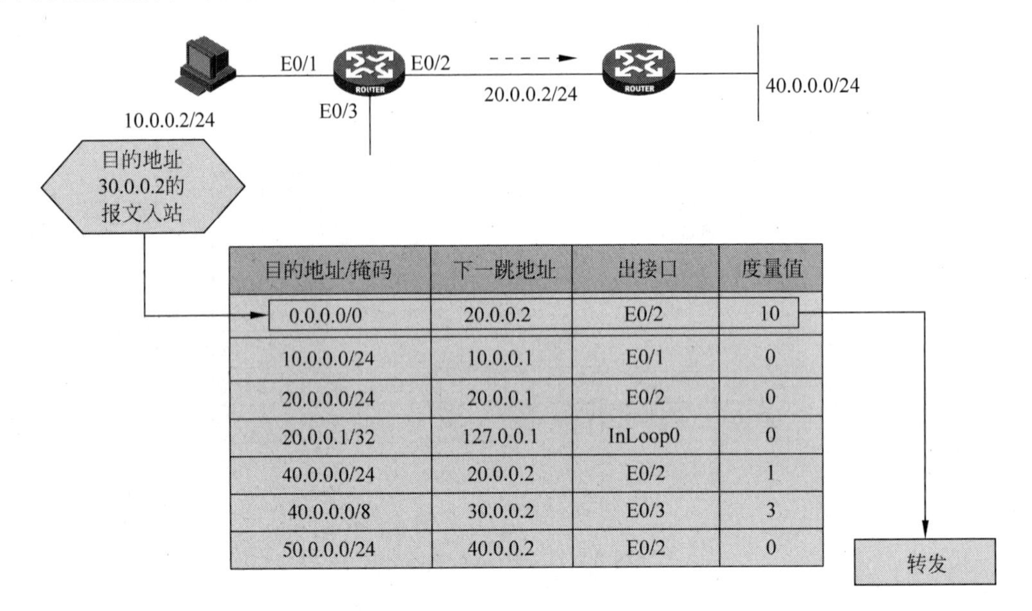

目的地址/掩码	下一跳地址	出接口	度量值
0.0.0.0/0	20.0.0.2	E0/2	10
10.0.0.0/24	10.0.0.1	E0/1	0
20.0.0.0/24	20.0.0.1	E0/2	0
20.0.0.1/32	127.0.0.1	InLoop0	0
40.0.0.0/24	20.0.0.2	E0/2	1
40.0.0.0/8	30.0.0.2	E0/3	3
50.0.0.0/24	40.0.0.2	E0/2	0

图 30-5　默认路由转发

默认路由能够匹配所有 IP 地址，但因为它的掩码最短，所以只有在没有其他路由匹配数据包的情况下，系统才会按照默认路由转发。

30.5　路由的来源

路由的来源主要有如下 3 种。

1. 直连(Direct)路由

直连路由不需要配置，当接口存在 IP 地址并且状态正常时，由路由进程自动生成。它的特点是开销小，配置简单，无须人工维护，但只能发现本接口所属网段的路由。

2. 手工配置的静态(Static)路由

由管理员手工配置而成的路由称为静态路由。通过静态路由的配置可建立一个互通的网络，但这种配置的问题在于：当一个网络故障发生后，静态路由不会自动修正，必须有管理员的介入。静态路由无开销，配置简单，适合简单拓扑结构的网络。

3. 动态路由协议(Routing Protocol)发现的路由

当网络拓扑结构十分复杂时，手工配置静态路由工作量大而且容易出现错误，这时就可用动态路由协议(如 RIP、OSPF 等)，让其自动发现和修改路由，避免人工维护。动态路由协议开销大，配置复杂。

30.6　路由的度量

路由度量值(Metric)表示到达这条路由所指目的地址的代价，也称为路由权值。各路由协议定义度量值的方法不同，通常会考虑以下因素。

(1) 跳数。

(2) 链路带宽。

(3) 链路延迟。

(4) 链路使用率。

(5) 链路可信度。

(6) 链路 MTU。

不同的动态路由协议会选择其中的一种或几种因素来计算度量值。在常用的路由协议里,RIP 使用“跳数”来计算度量值,跳数越小,其路由度量值也就越小;而 OSPF 使用“链路带宽”来计算度量值,链路带宽越大,路由度量值也就越小。度量值通常只对动态的路由协议有意义,静态路由协议的度量值统一规定为 0。

路由度量值只在同一种路由协议内有比较意义,不同的路由协议之间的路由度量值没有可比性,也不存在换算关系。

30.7 路由优先级

路由优先级(Preference)代表了路由协议的可信度。

在计算路由信息的时候,因为不同路由协议所考虑的因素不同,所以计算出的路径也可能会不同。具体表现就是到相同的目的地址,不同的路由协议(包括静态路由)所生成路由的下一跳可能会不同。在这种情况下,路由器会选择哪一条路由作为转发报文的依据呢?此时就取决于路由优先级,具有较高优先级(数值越小表明优先级越高)的路由协议发现的路由将成为最优路由,并被加入路由表中。

不同厂家的路由器对于各种路由协议优先级的规定各不相同。H3C 路由器的默认优先级如表 30-2 所示。

表 30-2 路由协议及默认时的路由优先级

路由协议或路由种类	相应路由的优先级	路由协议或路由种类	相应路由的优先级
DIRECT	0	OSPF ASE	150
OSPF	10	OSPF NSSA	150
IS-IS	15	IBGP	255
STATIC	60	EBGP	255
RIP	100	UNKNOWN	255

除了直连路由(Direct)外,各动态路由协议的优先级都可根据用户需求,手工进行配置。另外,每条静态路由的优先级都可以不相同。

30.8 路由环路

路由环路会使数据转发形成死循环,不能到达目的地。

如图 30-6 所示,RTA 收到目的为 11.4.0.0 的数据包后,查看路由表,发现其下一跳是

S0/0 接口，于是转发给 RTB；RTB 发现下一跳是 S1/0，于是又转发给 RTC；RTC 中路由表的下一跳指向 RTA，所以 RTC 又将数据包转发回 RTA。如此在 3 台路由器间循环转发，直到数据包中 TTL 字段值为 0 后丢弃。这将导致巨大的资源浪费。

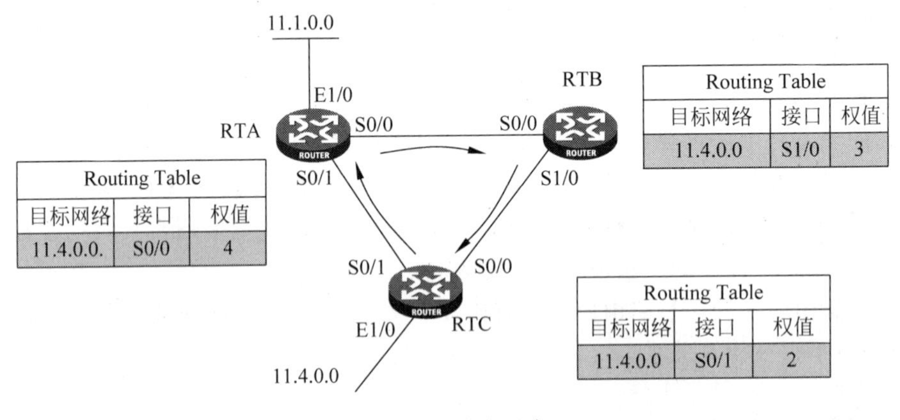

图 30-6 路由环路

路由环路的主要生成原因是配置了错误的静态路由或网络规划错误。比如，在两台路由器上配置到相同目的地址的路由表项，下一跳互相指向对方，就会造成路由环路。另外，某些动态路由协议在特定环境下或配置不当，也有可能产生环路。

30.9 查看设备的路由表

查看设备路由表的目的是查找所需的路由信息，验证所做的路由配置。最常用的命令是查看 IP 路由表摘要信息。在任意视图下用如下命令来查看。

display ip routing-table

以下是查看路由表输出示例。

```
[Router]display ip routing-table

Destinations : 9        Routes : 9

Destination/Mask    Proto  Pre Cost     NextHop      Interface
0.0.0.0/0           Static 60  0        0.0.0.0      GE0/1
0.0.0.0/32          Direct 0   0        127.0.0.1    InLoop0
127.0.0.0/8         Direct 0   0        127.0.0.1    InLoop0
127.0.0.0/32        Direct 0   0        127.0.0.1    InLoop0
127.0.0.1/32        Direct 0   0        127.0.0.1    InLoop0
127.255.255.255/32  Direct 0   0        127.0.0.1    InLoop0
224.0.0.0/4         Direct 0   0        0.0.0.0      NULL0
224.0.0.0/24        Direct 0   0        0.0.0.0      NULL0
255.255.255.255/32  Direct 0   0        127.0.0.1    InLoop0
```

由以上的路由表输出可知，目前设备上共有 9 条路由；其中有一条是默认路由 0.0.0.0/0。

路由信息中的各字段含义如表 30-3 所示。

表 30-3 display ip routing-table 命令显示信息描述表

字　段	描　述
Destinations	目的地址个数
Routes	路由条数
Destination/Mask	目的地址/掩码长度
Proto	发现该路由的路由协议
Pre	路由的优先级
Cost	路由的度量值
NextHop	此路由的下一跳地址
Interface	出接口,即到该目的网段的数据包将从此接口发出

如果想查看某一条具体的路由,可以在任意视图下用如下命令来查看。

display ip routing-table *ip-address* [*mask* | *mask-length*]

比如,用命令 display ip routing-table 11.1.1.1 就可以查看匹配目标地址 11.1.1.1 的所有路由项。以下是输出示例。

```
[Router]display ip routing-table  11.1.1.1
Routing Table : Public
Summary Count : 4

Destination/Mask    Proto   Pre  Cost      NextHop       Interface

0.0.0.0/0           Static  60   0         0.0.0.0       NULL0
11.0.0.0/8          Static  60   0         0.0.0.0       NULL0
11.1.0.0/16         Static  60   0         0.0.0.0       NULL0
11.1.1.0/24         Static  60   0         0.0.0.0       NULL0
```

有时候,如果想了解路由表的综合统计信息,如总路由数量、RIP 路由数量、OSPF 路由数量、激活路由数量等,可以在任意视图下用如下命令来查看:

display ip routing-table statistics

以下是 display ip routing-table statistics 命令输出示例。

```
[Router]display ip routing-table statistics
Proto     route    active    added    deleted    freed
DIRECT    24       4         25       1          0
STATIC    4        1         4        0          0
RIP       0        0         0        0          0
OSPF      0        0         0        0          0
IS-IS     0        0         0        0          0
BGP       0        0         0        0          0
Total     28       5         29       1          0
```

输出信息中的各字段含义如表 30-4 所示。

表 30-4 display ip routing-table statistics 命令显示信息描述表

字 段	描 述
Proto	路由协议,O_ASE 表示 OSPF ASE 路由;O_NSSA 表示 OSPF NSSA 路由;AGGRE 表示聚合的路由
route	总的路由数目
active	活跃的、正在使用的路由数目
added	路由器启动后或在上一次清除路由表后,路由表中添加的路由数目
deleted	标记为删除的路由数目(此类路由在等待一段时间后会被释放)
freed	被释放(即被彻底从路由表中删除)的路由数目
Total	各种类型路由的综合信息总和

30.10 本章总结

(1) 路由的作用是指导 IP 报文转发。

(2) 路由表主要表项有目的地址/掩码、下一跳、出接口等。

(3) 路由的来源。

(4) 路由的度量值、优先级。

(5) 路由环路的产生原因。

(6) 在设备上查看路由表信息。

30.11 习题和解答

30.11.1 习题

1. 路由表中的要素包括(　　)。

A. 目的地址/子网掩码　　B. 下一跳地址

C. 出接口　　D. 度量值

2. 路由的来源有(　　)。

A. 数据链路层协议发现的路由　　B. 管理员手工配置的路由

C. 路由协议动态发现的路由　　D. 根据 IP 报文计算出的路由

3. 下列(　　)因素是路由协议定义度量值时可能需要考虑的。

A. 带宽　　B. MTU

C. 时延　　D. 可信度

4. 静态路由的默认优先级是(　　)。

A. 0　　B. 1

C. 60　　D. 100

5. 路由器根据 IP 报文中的(　　)进行路由表项查找,并选择其中(　　)的路由项用于指导报文转发。

A. 源 IP 地址；掩码最长　　B. 目的 IP 地址；掩码最长
C. 源 IP 地址；掩码最短　　D. 目的 IP 地址；掩码最短

30.11.2 习题答案

1. ABCD　2. ABC　3. ABCD　4. C　5. B

第31章

直连路由和静态路由

对路由器而言，无须任何路由配置，即可获得其直连网段的路由。路由器最初始的功能就是在若干局域网直接提供路由功能，VLAN 间路由就是这一功能的直接体现。理解直连路由和 VLAN 间路由是理解各种复杂网络路由的基础，也是构建小型网络的基础。

静态路由是一种由管理员手工配置的路由，适用于拓扑简单的网络。恰当地设置和使用静态路由可以有效地改进网络的性能。

31.1 本章目标

学习完本章，应该能够达到以下目标。

(1) 配置直连路由和静态路由。

(2) 配置 VLAN 间路由。

(3) 掌握静态默认路由和静态黑洞路由的配置与应用。

(4) 用静态路由实现路由备份及负载分担。

31.2 直连路由

直连路由是指路由器接口直接相连的网段的路由。直连路由不需要特别的配置，只需在路由器的接口上配置 IP 地址即可，但路由器会根据接口的状态决定是否使用此路由。如果接口的物理层和链路层状态均为 UP，路由器即认为接口工作正常，该接口所属网段的路由即可生效并以直连路由出现在路由表中；如果接口状态为 DOWN，路由器认为接口工作不正常，不能通过该接口到达其地址所属网段，也就不能以直连路由出现在路由表中。

路由表中，字段 Proto 显示为 Direct 的是直连路由，如下所示。

```
<Router> display ip routing-table

Destinations :8          Routes : 8
```

Destination/Mask	Proto	Pre	Cost	NextHop	Interface
0.0.0.0/32	Direct	0	0	127.0.0.1	InLoop0
127.0.0.0/8	Direct	0	0	127.0.0.1	InLoop0
127.0.0.0/32	Direct	0	0	127.0.0.1	InLoop0
127.0.0.1/32	Direct	0	0	127.0.0.1	InLoop0
127.255.255.255/32	Direct	0	0	127.0.0.1	InLoop0
224.0.0.0/4	Direct	0	0	0.0.0.0	NULL0
224.0.0.0/24	Direct	0	0	0.0.0.0	NULL0
255.255.255.255/32	Direct	0	0	127.0.0.1	InLoop0

直连路由的优先级为0,即最高优先级；开销(Cost)也为0,表明是直接相连。优先级和开销不能更改。

基本的局域网间路由如图31-1所示。其中路由器RTA的3个以太口分别连接3个局域网段,只需在RTA上为其三个以太口配置IP地址,即可为10.1.1.0/24、10.1.2.0/24和10.1.3.0/24网段提供路由服务。

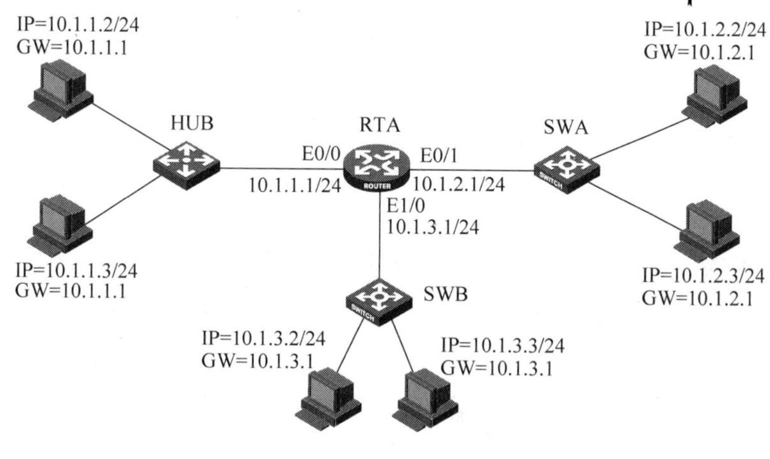

图31-1 局域网间路由

但需要注意的是,终端主机需要配置相应的网关,网关地址是相连路由器以太口的IP地址。

31.3 VLAN间路由

31.3.1 不适当的VLAN间路由方式

引入VLAN之后,每个交换机被划分成多个VLAN,而每个VLAN对应一个IP网段。VLAN隔离广播域,不同的VLAN之间是二层隔离,即不同VLAN的主机发出的数据帧被交换机内部隔离了。

但是,人们建设网络的最终目的是要实现网络的互联互通,VLAN技术是用于隔离广播报文、提高网络带宽的有效利用率而设计的,而并不是为了不让网络之间互通,所以要有相应的解决方案来使不同VLAN之间能够通信。

将二层交换机与路由器结合起来,使用VLAN间路由技术能够使不同VLAN之间互通。

如图 31-2 所示，路由器分别使用 3 个以太网接口连接到交换机的 3 个不同 VLAN 中，主机的 IP 网关配置成路由器接口的 IP 地址。由路由器把 3 个 VLAN 连接起来，这就是 VLAN 间路由。

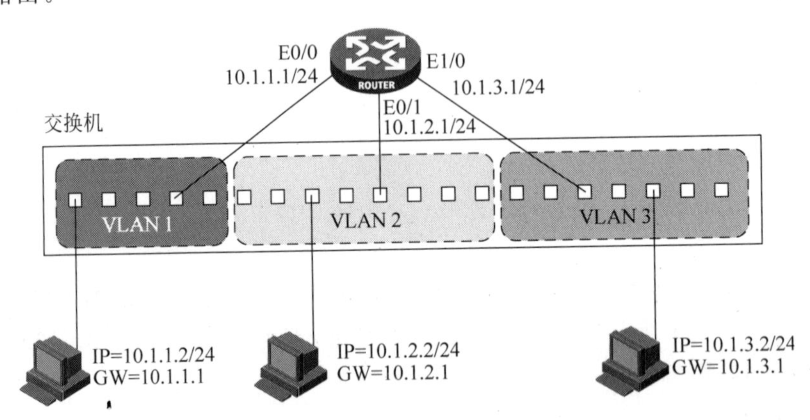

图 31-2 VLAN 间路由

因为主机与其网关处于同一个 VLAN 中，所以主机发出的数据帧能够到达网关，也就是相应的路由器接口。路由器接口将数据帧解封装，得到其中的 IP 报文后，查找路由表，转发到另外一个接口。另外一个接口连接到另外一个 VLAN，经过封装过程，将 IP 报文封装成数据帧，在另一个 VLAN 中发送。

但上述的 VLAN 路由实现对路由器的接口数量要求较高，有多少个 VLAN，就需要路由器上有多少个接口，接口与 VLAN 之间一一对应。显然，如果交换机上 VLAN 数量较多时，路由器的接口数量较难满足要求。

31.3.2 用 802.1Q 和子接口实现 VLAN 间路由

为了避免物理端口的浪费，简化连接方式，可以使用 802.1Q 封装和子接口，通过一条物理链路实现 VLAN 间路由。这种方式也被形象地称为“单臂路由”。

交换机的端口链路类型有 Access 和 Trunk，其中 Access 链路仅允许一个 VLAN 的数据帧通过，而 Trunk 链路能够允许多个 VLAN 的数据帧通过。“单臂路由”正是利用 Trunk 链路允许多个 VLAN 帧通过实现的。

如图 31-3 所示，HostA、HostB 和 HostC 分别属于 VLAN 1、VLAN 2 和 VLAN 3。交换机通过 802.1Q 封装的 Trunk 链路连接到路由器的千兆以太口 G0/0 上。在路由器上则为 G0/0 配置了子接口，每个子接口配置了属于相应 VLAN 网段的 IP 地址，并且配置了相应的 VLAN 标签值，以允许对应的 VLAN 数据帧通过。

当 HostB 向 HostC 发送 IP 包时，该 IP 包首先被封装成带有 VLAN 标签的以太帧，帧中的 VLAN 标签值为 2，然后通过 Trunk 链路发送给路由器。路由器收到此帧后，因为子接口 G0/0.2 所配置的 VLAN 标签值是 2，所以把相关数据帧交给子接口 G0/0.2 处理。路由器查找路由表，发现 HostC 处于子接口 G0/0.3 所在网段，因而将此数据包封装成以太网帧从子接口 G0/0.3 发出，帧中携带的 VLAN 标签为 3，表示此为 VLAN 3 数据。此帧到达交换机后，交换机即可将其转发给 HostC。

当 HostB 向 HostA 发送 IP 包时，该 IP 包首先被封装成带有 VLAN 标签的以太帧，帧

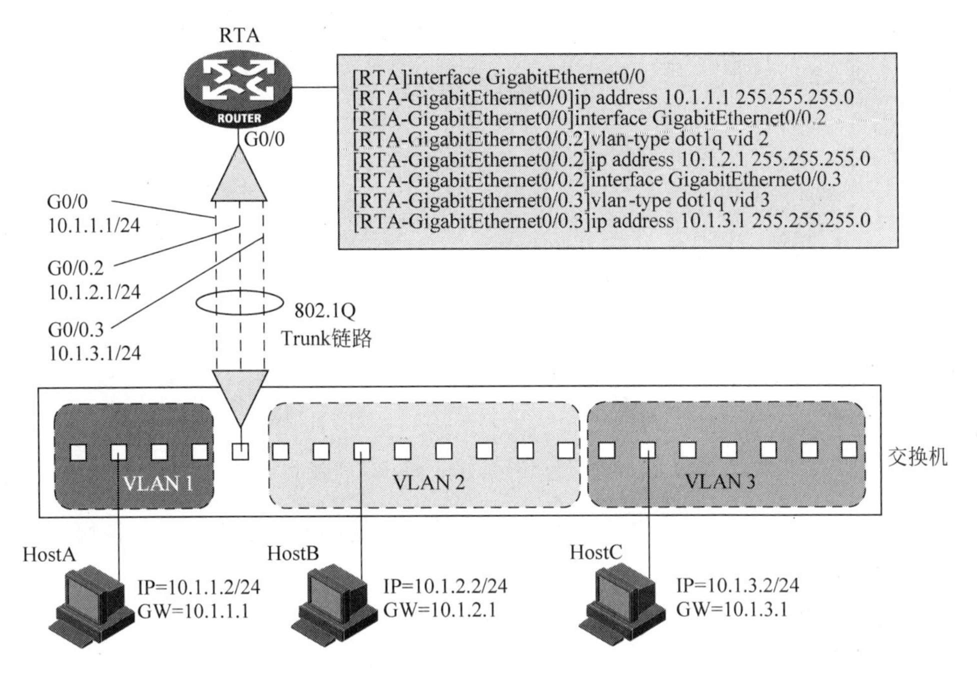

图 31-3　子接口实现 VLAN 间路由

中的 VLAN 标签值为 2，然后通过 Trunk 链路发送给路由器。路由器收到此帧后，因为子接口 G0/0.2 所配置的 VLAN 标签值是 2，所以把相关数据帧交给子接口 G0/0.2 处理。路由器查找路由表，发现 HostA 处于接口 G0/0 所在网段，因而将此数据包封装成帧从接口 G0/0 发出，发送时不加 802.1Q 标记。由于交换机默认 PVID 值为 1，此帧到达交换机后，交换机认为此为 VLAN 1 数据，即可将其转发给 HostA。

在这种 VLAN 间路由方式下，无论交换机上有多少个 VLAN，路由器只需要一个物理接口就可以了，从而大大节省了物理端口和线缆的浪费。在配置这种 VLAN 路由时，要注意因 Trunk 链路需承载所有 VLAN 间路由数据，因此通常应选择带宽较高的链路作为交换机和路由器相连的链路。

31.3.3　用三层交换机实现 VLAN 间路由

采用“单臂路由”方式进行 VLAN 间路由时，数据帧需要在 Trunk 链路上往返发送，从而引入了一定的转发延迟；同时，路由器是软件转发 IP 报文的，如果 VLAN 间路由数据量较大，会消耗路由器大量的 CPU 和内存资源，造成转发性能的瓶颈。

三层交换机通过内置的三层路由转发引擎在 VLAN 间进行路由转发，从而解决上述问题。

图 31-4 为三层交换机的内部示意图。三层交换机的系统为每个 VLAN 创建一个虚拟的三层 VLAN 接口，这个接口像路由器接口一样工作，接收和转发 IP 报文。三层 VLAN 接口连接到三层路由转发引擎上，通过转发引擎在三层 VLAN 接口间转发数据。

对于管理员来说，只需要为三层 VLAN 接口配置相应的 IP 地址，即可实现 VLAN 间路由功能。

由于硬件实现的三层路由转发引擎速度高，吞吐量大，而且避免了外部物理连接带来的

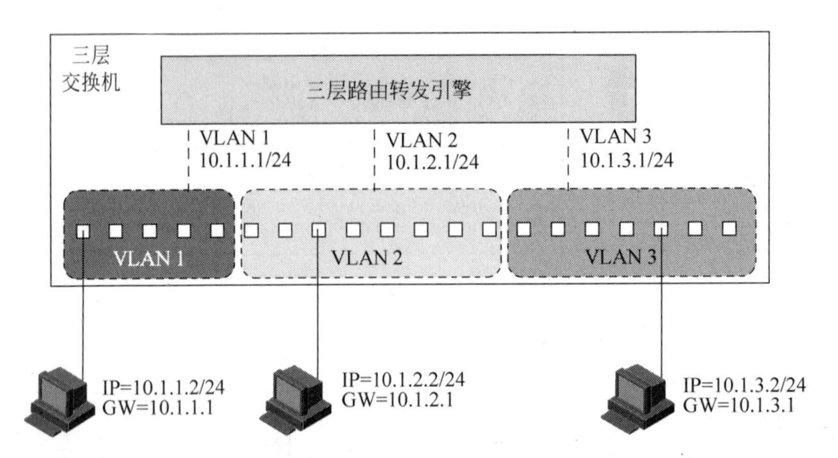

图 31-4 三层交换机实现 VLAN 间路由

延迟和不稳定性，因此三层交换机的路由转发性能高于路由器实现的 VLAN 间路由。

31.4 静态路由

31.4.1 静态路由概述

静态路由(Static Routing)是一种特殊的路由，由网络管理员采用手工方法在路由器中配置而成。在早期的网络中，网络的规模不大，路由器的数量很少，路由表也相对较小，通常采用手工的方法对每台路由器的路由表进行配置，即静态路由。这种方法适合于在规模较小、路由表也相对简单的网络中使用。它较简单，容易实现，沿用了很长一段时间。

但随着网络规模的增长，在大规模的网络中路由器的数量很多，路由表的表项较多，较为复杂。在这样的网络中对路由表进行手工配置除了配置繁杂外，还有一个更明显的问题就是不能自动适应网络拓扑结构的变化。对于大规模网络而言，如果网络拓扑结构改变或网络链路发生故障，那么路由器上指导数据转发的路由表就应该发生相应变化。如果还是采用静态路由，用手工的方法配置及修改路由表，对管理员会形成很大压力。

但在小规模的网络中，静态路由也有它的一些优点。

(1) 手工配置，可以精确控制路由选择，改进网络的性能。

(2) 不需要动态路由协议参与，这将会减少路由器的开销，为重要的应用保证带宽。

31.4.2 静态路由配置

静态路由的配置在系统视图下进行，命令为：

ip route-static *dest-address* { *mask-length* | *mask* } { *interface-type interface-number* [*next-hop-address*] | *next-hop-address* } [**preference** *preference-value*]

其中各参数的解释如下。

(1) *dest-address*：静态路由的目的 IP 地址，点分十进制格式。当目的 IP 地址和掩码均为 0.0.0.0 时，配置的是默认路由，即当查找路由表失败后，根据默认路由进行数据包的转发。

(2) *mask-length*：掩码长度，取值范围为 0～32。由于掩码要求"1"必须是连续的，所以通过掩码长度能够得知具体的掩码。比如，掩码长度为 24，则掩码为 255.255.255.0。

(3) *mask*：IP 地址的掩码，点分十进制格式。掩码和目的地址一起来标识目的网络。把目的地址和网络掩码逻辑与，即可得到目的网络。比如，目的地址为 129.102.8.10，掩码为 255.255.0.0，则目的网络为 129.102.0.0。

(4) *interface-type interface-number*：指定静态路由的出接口类型和接口号。要注意对于接口类型为非点对点的接口(包括 NBMA 类型接口或广播类型接口，如以太网接口、Virtual-Template、VLAN 接口等)，不能够指定出接口，必须指定下一跳地址。

(5) *next-hop-address*：指定路由的下一跳的 IP 地址，点分十进制格式。

(6) **preference** *preference-value*：指定静态路由的优先级，取值范围 1～255，默认值为 60。

在配置静态路由时，可指定发送接口 *interface-type interface-name*，如 Serial2/0；也可指定下一跳地址 *next-hop-address*，如 10.0.0.2。一般情况下，配置静态路由时都会指定路由的下一跳，系统自己会根据下一跳地址查找到出接口。但如果在某些情况下无法知道下一跳地址，如拨号线路在拨通前是可能不知道对方甚至自己的 IP 地址的，在此种情况下必须指定路由的出接口。

另外，如果出接口是广播类型接口(如以太网接口、VLAN 接口等)，则不能够指定出接口，必须指定下一跳地址。

31.4.3 静态路由配置示例

在图 31-5 中，在 PC 与 Server 之间有 4 台路由器，通过配置静态路由，使 PC 能够与 Server 通信。以下为各路由器上的相关配置。

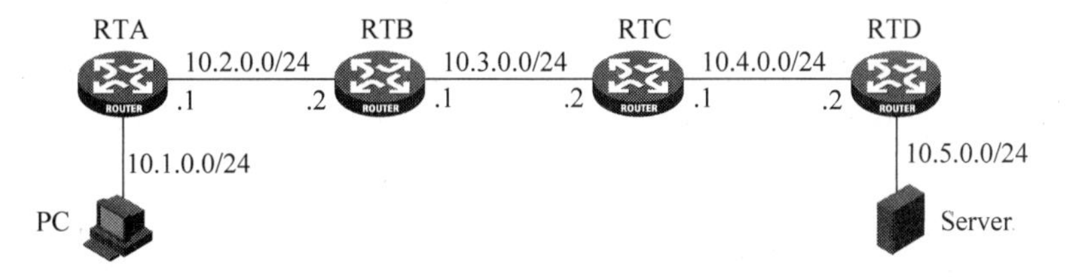

图 31-5 静态路由配置示例

配置 RTA：

```
[RTA] ip route-static 10.3.0.0 255.255.255.0 10.2.0.2
[RTA] ip route-static 10.4.0.0 255.255.255.0 10.2.0.2
[RTA] ip route-static 10.5.0.0 255.255.255.0 10.2.0.2
```

配置 RTB：

```
[RTB] ip route-static 10.1.0.0 255.255.255.0 10.2.0.1
[RTB] ip route-static 10.4.0.0 255.255.255.0 10.3.0.2
[RTB] ip route-static 10.5.0.0 255.255.255.0 10.3.0.2
```

配置 RTC：

```
[RTC] ip route-static 10.1.0.0 255.255.255.0 10.3.0.1
[RTC] ip route-static 10.2.0.0 255.255.255.0 10.3.0.1
[RTC] ip route-static 10.5.0.0 255.255.255.0 10.4.0.2
```

配置 RTD：

```
[RTD] ip route-static 10.1.0.0 255.255.255.0 10.4.0.1
[RTD] ip route-static 10.2.0.0 255.255.255.0 10.4.0.1
[RTD] ip route-static 10.3.0.0 255.255.255.0 10.4.0.1
```

在网络中配置静态路由时，要注意两点。

(1) 因为路由器是逐跳转发的，所以在配置静态路由时，需要注意在所有路由器上配置到达所有网段的路由，否则可能会造成某些路由器缺少路由而丢弃报文。

(2) 在 IP 转发过程中，路由器通过下一跳 IP 地址找到对应的链路层地址，然后在出接口上对 IP 报文进行链路层封装。所以在配置静态路由时，需要注意下一跳地址应该是直连链路上可达的地址，否则路由器无法解析出对应的链路层地址。

31.5 静态默认路由的配置

默认路由也称为默认路由，就是在没有找到匹配的路由表项时才使用的路由。在路由表中，默认路由以到网络 0.0.0.0/0 的路由形式出现，用 0.0.0.0 作为目的网络号，用 0.0.0.0 作为子网掩码。每个 IP 地址与 0.0.0.0 进行二进制“与”操作后的结果都得 0，与目的网络号 0.0.0.0 相等，也就是说用 0.0.0.0/0 作为目的网络的路由记录符合所有的网络。

路由器在查询路由表进行数据包转发时，采用的是深度优先原则，即尽量让包含的主机范围小，也就是子网掩码位数长的路由记录先作转发。默认路由所包含的主机数量是最多的，因为它的子网掩码为 0，所以会被最后考虑，路由器会将在路由表中查询不到的数据包用默认路由作转发。

在路由器上合理配置默认路由能够减少路由表中表项数量，节省路由表空间，加快路由匹配速度。

默认路由可以手工配置，也可以由某些动态路由协议生成，如 OSPF、IS-IS 和 RIP。

默认路由经常应用在末端(Stub)网络中。末端网络是指仅有一个出口连接外部的网络，如例图 31-5 中 PC 和 Server 所在的网络。图 31-5 中 PC 通过 RTA 来到达外部网络，所有的数据包由 RTA 进行转发。在上一节中，在 RTA 上配置了 3 条静态路由，其下一跳都是 10.2.0.2；所以可以配置 1 条默认路由来代替这 3 条静态路由。

配置 RTA：

```
[RTA] ip route-static 0.0.0.0 0.0.0.0 10.2.0.2
```

这样就达到了减少路由表中表项数量的目的。

同理，在其他路由器上也可以配置默认路由。

配置 RTB：

```
[RTB] ip route-static 10.1.0.0 255.255.255.0 10.2.0.1
[RTB] ip route-static 0.0.0.0 0.0.0.0 10.3.0.2
```

配置 RTC：

```
[RTC] ip route-static 0.0.0.0 0.0.0.0 10.3.0.1
[RTC] ip route-static 10.5.0.0 255.255.255.0 10.4.0.2
```

配置 RTD：

```
[RTD] ip route-static 0.0.0.0 0.0.0.0 10.4.0.1
```

可以看到，默认路由在网络中是非常有用的，而且几乎可以应用在所有的情况下。所以，目前在 Internet 上，大约 99.99%的路由器上都配置有一条默认路由。

31.6　用静态路由实现路由备份和负载分担

通过对静态路由优先级(Preference)进行配置，可以灵活应用路由管理策略。如在配置到达网络目的地的多条路由时，若指定相同优先级，可实现负载分担；若指定不同优先级，则可实现路由备份。

在图 31-6 中，某企业网络使用一台出口路由器连接到不同的 ISP。如想实现负载分担，则可配置两条默认静态路由，下一跳指向两个不同接口，使用默认的优先级，命令如下：

```
[RTA] ip route-static 0.0.0.0 0.0.0.0 serial0/0
[RTA] ip route-static 0.0.0.0 0.0.0.0 serial0/1
```

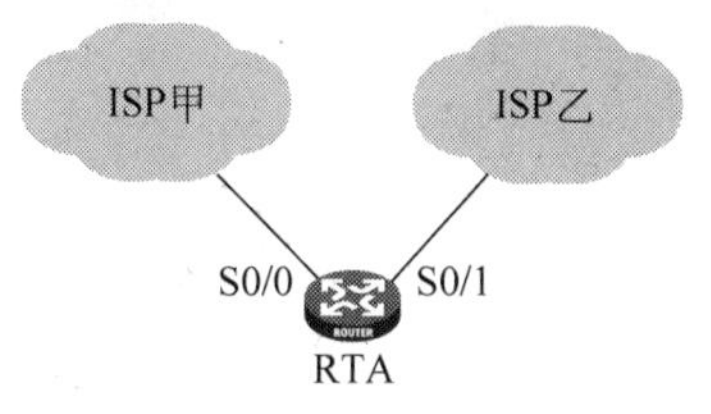

图 31-6　路由备份和负载分担应用

配置完成后，网络内访问 ISP 的数据报文被从路由器的两个接口 S0/1 和 S0/1 轮流转发到 ISP。这样可以提高路由器到 ISP 的链路带宽利用率。在两条链路的带宽相同的情况下，流量会大致按照 1∶1 的比例从两个接口收发，从而可以完全利用路由器到 ISP 的全部带宽。

通常，负载分担应用在几条链路带宽相同或相近的场合，可以增加网络间的带宽利用率。但如果链路间的带宽不同，则可以使用路由备份的方式。

如想实现路由备份，则将其中一条路由的优先级改变。如想让连接到 ISP 甲的线路为主线路，则可以提高到达 ISP 甲的静态路由优先级，命令如下：

```
[RTA] ip route-static 0.0.0.0 0.0.0.0 serial0/0 preference 10
[RTA] ip route-static 0.0.0.0 0.0.0.0 serial0/1
```

因为到 ISP 甲的路由优先级为 10，高于到 ISP 乙的路由优先级，所以数据包被优先转发到 ISP 甲。如果网络产生故障，如 Serial0/0 物理接口断开，即意味着路由表中下一跳失效，路由器会自动选择下一跳为 Serial0/1 的路由，数据包被转发到 ISP 乙。

路由备份方式可以充分利用主链路的带宽，不会受到从链路带宽的限制。在负载分担模式下,如果其中某条链路的带宽较小,则成为网络传输的瓶颈,在数据流量较大,分配到较小带宽链路的数据超出其传输能力的时候,会造成部分数据拥塞而丢失。备份方式则不会受到此影响。所以,在链路带宽相近时,可以使用负载分担模式;而在链路带宽相差较大时,使用备份方式。

31.7 静态黑洞路由的应用

在配置静态路由时,对应接口可以配置为 NULL 0。NULL 接口是一个特别的接口,无法在 NULL 接口上配置 IP 地址,路由器会提示配置非法。一个没有 IP 地址的接口能够做什么用呢?此接口单独使用没有意义,但是在一些网络中正确使用能够避免路由环路。

图 31-7 是一种常见的网络规划方案。RTD 作为汇聚层设备,下面连接有很多台接入层的路由器,RTA、RTB、RTC 等。接入层路由器都配置有默认路由,指向 RTD;相应地,RTD 配置有目的地址为 10.0.0.0/24、10.0.1.0/24、10.0.2.0/24 的静态路由,回指到 RTA、RTB、RTC 等;同时为了节省路由表空间,RTD 上配置有一条默认路由指向 RTE。由于这些接入层路由器所连接的网段是连续的,可以聚合成一条 10.0.0.0/16 的路由,于是在路由器 RTE 上配置到 10.0.0.0/16 的静态路由,指向 RTD。

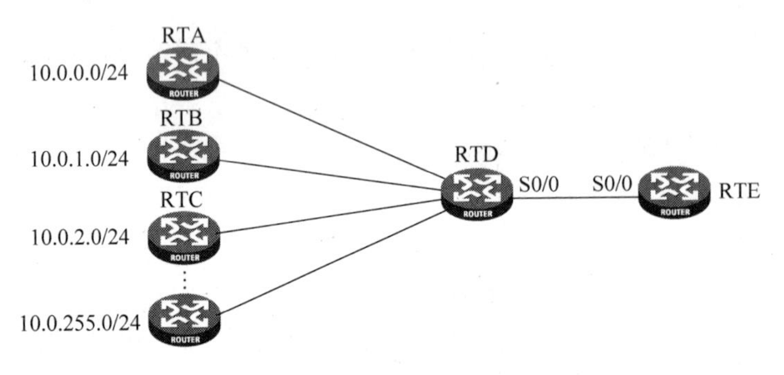

图 31-7 静态黑洞路由应用

上述网络在正常情况下可以很好地运行,但如果出现如下意外情况时,就会产生路由环路。假设 RTC 到 RTD 之间的链路由于故障中断,所以在 RTD 上去往 10.0.2.0/24 的指向 RTC 的路由失效。此时,如果 RTA 所连接网络中的一个用户发送报文,目的地址为 10.0.2.1,则 RTA 将此报文发送到 RTD,由于 RTD 上 10.0.2.0/24 的路由失效,所以选择默认路由,将报文发送给 RTE,RTE 查询路由表后发现该条路由匹配 10.0.0.0/16,于是又将该报文发送给 RTD。同理,RTD 会再次将报文发给 RTE,此时,在 RTD 和 RTE 上就会产生路由环路。

解决上述问题的最佳方案就是,在 RTD 上配置一条黑洞路由。

```
ip route-static 10.0.0.0 255.255.0.0 null 0
```

这样,如果再发生上述情况,RTD 就会查找路由表,并将报文发送到 NULL 0 接口(实际上就是丢弃此报文),从而避免环路的产生。

31.8　本章总结

（1）直连路由和 VLAN 间路由的配置。

（2）静态路由的配置。

（3）静态默认路由的配置。

（4）利用静态路由实现路由备份或负载分担。

（5）黑洞路由的合理应用。

31.9　习题和解答

31.9.1　习题

1. 直连路由的优先级为（　　）。

A. 0　　B. 1　　C. 60　　D. 100

2. 相比于在路由器上使用 802.1Q 封装和子接口来实现 VLAN 间路由，使用三层交换机实现 VLAN 间路由的优点有（　　）。

A. 路由转发引擎速度高，吞吐量大

B. 交换机内部转发时延低

C. 相同数据吞吐量的情况下，交换机的成本比路由器低

D. 交换机比路由器易于使用

3. 相比于动态路由，静态路由的优点有（　　）。

A. 无协议开销　　B. 不占用链路带宽

C. 维护简单容易　　D. 可自动适应网络拓扑变化

4. 默认路由的优点有（　　）。

A. 减少路由表表项数量　　B. 节省路由表空间

C. 加快路由表查找速度　　D. 降低产生路由环路可能性

5. 在路由器上配置到目的网络 10.1.0.0/24 的静态路由命令为（　　）。

A. [RTA] ip route-static 10.1.0.0 255.255.255.0

B. [RTA-Ethernet1/0/1] ip route-static 10.1.0.0 255.255.255.0

C. [RTA] ip route-static 10.1.0.0 255.255.255.0 10.2.0.1

D. [RTA-Ethernet1/0/1] ip route-static 10.1.0.0 255.255.255.0 10.2.0.1

31.9.2　习题答案

1. A　　2. ABC　　3. AB　　4. AB　　5. C

第32章

路由协议基础

路由可以静态配置，也可以通过路由协议来自动生成。路由协议能够自动发现和计算路由，并在拓扑变化时自动更新，无须人工维护，所以适用于复杂的网络中。

32.1 本章目标

学习完本章，应该能够达到以下目标。

(1) 描述可路由协议与路由协议的区别。

(2) 掌握路由协议的种类和特点。

(3) 掌握距离矢量路由协议工作原理。

(4) 了解距离矢量路由协议环路产生原因。

(5) 了解链路状态路由协议工作原理。

32.2 路由协议概述

32.2.1 路由协议与可路由协议

路由协议(Routing Protocol)简单来说就是用来计算、维护路由信息的协议。路由协议通常采用一定的算法，以产生路由；并有一定的方法确定路由的有效性来维护路由。

与路由协议相对应的是可路由协议。可路由协议(Routed Protocol)又称为被路由协议，指可以被路由器在不同逻辑网段间路由的协议。比如IP协议、IPX/SPX协议等。可路由协议通常工作在OSI模型的网络层，定义了数据包内各字段的格式和用途，其中包括网络地址，路由器可根据数据包内的网络地址对数据包进行转发。

使用路由协议后，各路由器间会通过相互连接的网络，动态地相互交换所知道的路由信息。通过这种机制，网络上的路由器会知道网络中其他网段的信息，动态地生成、维护相应的路由表。如果存在到目标网络有多条路径，而且其中的一个路由器由于故障而无法工作时，到远程网络的路由可以自动重新配置。

如图32-1所示，为了从网络N1到达N2，可在路由器RTA上配置静态路由指向路由器RTD，通过路由器RTD最后到达N2。如果路由器RTD出了故障，就必须由网络管理员手动修改路由表，由路由器RTB到N2，来保证网络畅通。如果运行了动态路由协议，情况就不一样了，当路由器 RTD 出故障后，路由器之间会通过动态路由协议来自动的发现另外一条到达目标网络的路径，并修改路由表。指导数据由路由器 RTB 转发。

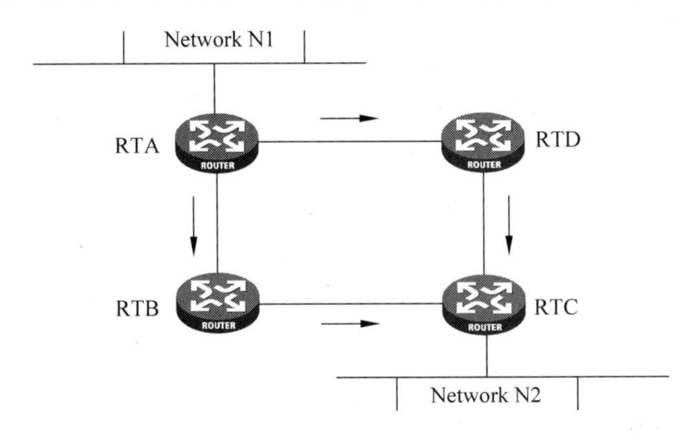

图 32-1 路由协议自动发现路径

总的来说，路由表的维护不再由管理员手工进行，由路由协议来自动管理。采用路由协议管理路由表在大规模的网络中是十分有效的，它可以大大地减小管理员的工作量。每个路由器上的路由表都是由路由协议通过相互间协商自动生成的，管理员不需要再去操心每台路由器上的路由表，而只需要简单地在每台路由器上运行动态路由协议，其他的工作都由路由协议自动去完成。

另外，采用路由协议后，网络对拓扑结构变化的响应速度会大大提高。无论是网络正常的增减，还是异常的网络链路损坏，相邻的路由器都会检测到它的变化，会把拓扑的变化通知网络中其他的路由器，使它们的路由表也产生相应的变化。这样的过程比手工对路由的修改要快得多，准确得多。

由于有这些特点的存在，在当今的网络中，动态路由是人们主要选择的方案。在路由器少于 10 台的网络中，可能会采用静态路由。如果网络规模进一步增大，人们一定会采用动态路由协议来管理路由表。

32.2.2 路由协议基本原理

为了能够在路由器之间交换路由信息，需要路由器运行相同的路由协议。

每种路由协议都有自己的语言(相应的路由协议报文)，如果两台路由器都实现了某种路由协议并已经启动该协议，则具备了相互通信的基础。各种路由协议的共同目的是计算与维护路由。通常，各种动态路由协议的工作过程包含以下几个阶段。

(1) 邻居发现阶段：运行了某种路由协议的路由器会主动把自己介绍给网段内的其他路由器。具体方式既可以是广播发送路由协议消息，也可以是单播将路由协议报文发送给指定邻居路由器。

(2) 交换路由信息阶段：发现邻居后，每台路由器将自己已知的路由相关信息发给相邻的路由器，相邻路由器又发送给下一台路由器。这样经过一段时间，最终每台路由器都会收到网络中所有的路由信息。

(3) 计算路由阶段：每一台路由器都会运行某种算法，计算出最终的路由来(实际上需要计算的是该条路由的下一跳和度量值)。

(4) 维护路由阶段：为了能够感知突然发生的网络故障(设备故障或线路中断等)，路由协议规定两台路由器之间的协议报文应该周期性地发送。如果路由器有一段时间收不到邻居发来的协议报文，则认为邻居失效了。

32.2.3 路由协议与 IP 的关系

在 TCP/IP 网络中，常用的路由协议有 RIP、OSPF 和 BGP。各路由协议都需要使用 IP 来进行协议报文的承载，但其细节有所不同，如图 32-2 所示。

<table>
<tr><td>BGP</td><td>RIP</td><td rowspan="2">OSPF</td></tr>
<tr><td>TCP</td><td>UDP</td></tr>
<tr><td colspan="2">IP</td><td>Raw IP</td></tr>
<tr><td colspan="3">链路层</td></tr>
<tr><td colspan="3">物理层</td></tr>
</table>

图 32-2 路由协议使用的底层协议示意图

RIP 协议是最早的路由协议，其设计思想是为小型网络中提供简单易用的动态路由。RIP 协议报文采用 UDP 封装，端口号是 520。由于 UDP 是不可靠的传输层协议，所以 RIP 协议需要周期性的广播协议报文来确保邻居收到路由信息。

OSPF 是目前应用最广泛的路由协议，可以为大中型网络提供分层次的、可靠的路由服务。OSPF 直接采用 IP 来进行承载，所有的协议报文都由 IP 封装后进行传输，协议号是 89。IP 是尽力而为的网络层协议，本身是不可靠的；所以为了保证协议报文传输的可靠性，OSPF 采用了复杂的确认机制来保证传输可靠。

与其他协议不同，BGP 采用 TCP 来保证协议传输的可靠性，TCP 端口号是 179。TCP 本身有三方握手的确认机制，运行 BGP 的路由器首先建立可靠的 TCP 连接，然后通过 TCP 连接来交互 BGP 协议报文。这样，BGP 协议不需要自己设计可靠传输机制，降低了协议报文的复杂度和开销。

32.2.4 路由协议的分类

现在的 Internet 网络规模已经很大，无论哪种路由协议都不能完成全网的路由计算，所以现在的网络被分成了很多个自治系统(Autonomous System，AS)。自治系统是一组共享相似路由策略并在单一管理域中运行的路由器集合。一个 AS 可以是一些运行单一 IGP 协议的路由器集合，也可以是一些运行不同路由协议但都属于同一个组织机构的路由器集合。不管是哪种情况，外部世界都将整个 AS 看作是一个实体。在自治系统之内的路由更新被认为是可知、可信、可靠的。在进行路由计算时先在自治系统之内，再在自治系统之间，这样当自治系统内部的网络发生变化时，只会影响到自治系统之内的路由器，而不会影响网络中的其他部分，隔离了网络拓扑结构的变化。

每个自治系统都有一个唯一的自治系统编号，这个编号是由因特网授权的管理机构 IANA 分配的。它的基本思想就是希望通过不同的编号来区分不同的自治系统。这样，当网络管理员不希望自己的通信数据通过某个自治系统时，这种编号方式就十分有用了。例如，该网络管理员的网络完全可以访问某个自治系统，但由于它可能是由竞争对手在管理，或是缺乏足够的安全机制，因此可能需要回避它。通过采用路由协议和自治系统编号，路由器就可以确定彼此间的路径和路由信息的交换方法。

自治系统的编号范围是 1～65535，其中 1～64511 是注册的互联网编号，64512～65535 是专用网络编号。

1. IGP 与 EGP

按照工作范围的不同，路由协议可以分为 IGP 和 EGP，如图 32-3 所示。

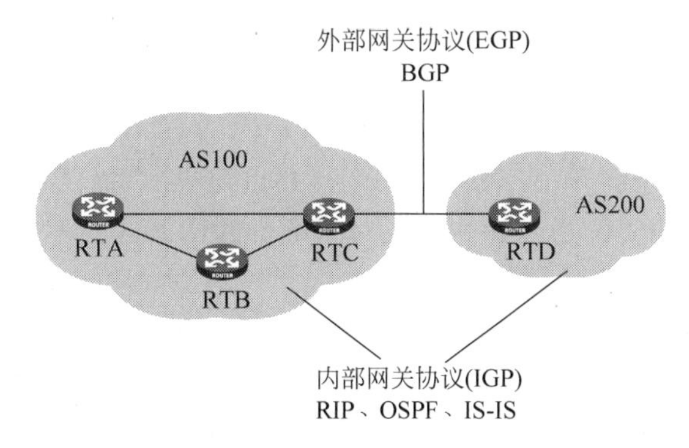

图 32-3 自治系统与路由协议

(1) IGP(Interior Gateway Protocols)内部网关协议

IGP 是指在同一个自治系统内交换路由信息的路由协议。RIP、OSPF 和 IS-IS 属于 IGP。IGP 的主要目的是发现和计算自治系统内的路由信息。

(2) EGP(Exterior Gateway Protocols)外部网关协议

与 IGP 不同，EGP 用于连接不同的自治系统，并在不同自治系统间交换路由信息。EGP 的主要目的是使用路由策略和路由过滤等手段控制路由信息在自治系统间的传播。BGP(Border Gateway Protocols，边界网关协议)属于 EGP。

2. 距离矢量路由协议与链路状态路由协议

按照路由的寻径算法和交换路由信息的方式，路由协议可以分为距离矢量(Distance-Vector，D-V)路由协议和链路状态(Link-State)路由协议。典型的距离矢量协议如 RIP，典型的链路状态协议如 OSPF。

距离矢量路由协议基于贝尔曼-福特算法。采用这种算法的路由器通常以一定的时间间隔向相邻的路由器发送路由更新。邻居路由器根据收到的路由更新来更新自己的路由，然后再继续向外发送更新后的路由。

链路状态路由协议基于 Dijkstra 算法，也称为最短路径优先算法。最短路径优先算法提供比 D-V 算法更大的扩展性和更快的收敛速度，但是它的算法耗费更多的路由器内存和 CPU 处理能力。Dijkstra 算法关心网络中链路或接口的状态(UP 或 DOWN、IP 地址、掩码)，每个路由器将自己已知的链路状态向该区域的其他路由器通告，这些通告称为链路状态通告。通过这种方式区域内的每台路由器都建立了一个本区域的完整的链路状态数据库。然后路由器根据收集到的链路状态信息来创建它自己的网络拓扑图，形成一个到各个目的网段的加权有向图。

链路状态算法使用增量更新的机制，只有当链路的状态发生了变化时才发送路由更新信息。

32.2.5 路由协议的性能指标

路由协议的性能指标主要体现在以下几个方面。

(1) 协议计算的正确性：主要指路由协议所采用的算法会不会产生错误的路由而导致

自环。不同路由协议所采用的算法不同,所以其正确性也不相同。总体来说,链路状态算法协议如 OSPF 在算法上杜绝了产生路由环的可能性,所以此项指标上占优。

(2) 路由收敛速度:路由收敛是指全网中路由器的路由表达到一致。收敛速度快,意味着在网络拓扑发生变化时,路由器能够更快的感知并及时更新相应的路由信息。OSPF、BGP 等协议的收敛速度要快于 RIP。

(3) 协议所占用的系统开销:路由器在运行路由协议时,需要消耗系统资源,如 CPU、内存等。因为工作原理的不同,各路由协议对系统资源的需求也不同。例如 OSPF 路由计算所需系统资源要大于 RIP 协议。

(4) 协议自身的安全性:协议安全性是指协议设计时有没有考虑防止攻击。OSPF、RIPv2 有相应的防止协议攻击的认证方法,而 RIPv1 没有。

(5) 协议适用网络规模:不同路由协议所适用的网络规模、拓扑不同。因为 RIP 协议在设计时有 16 跳的限制,所以应该应用在较小规模网络中;而 OSPF 可以应用在多达几百台路由器的大规模网络中;BGP 能够管理全世界所有的路由器,其所能管理的网络规模大小只受系统资源的限制。

32.3 距离矢量路由协议原理

32.3.1 距离矢量路由协议算法

距离矢量路由协议基于贝尔曼-福特算法。这种算法关心的是到目的网段的距离(有多远)和方向(从哪个接口转发数据)。

在贝尔曼-福特算法中,路由器需要向相邻的路由器发送它们的整个路由表。路由器在从相邻路由器接收到的信息的基础之上建立自己的路由表,然后,将信息传递到它的相邻路由器。这种路由学习、传递的过程称为路由更新。

在贝尔曼-福特算法中,路由更新的规则如下。

(1) 对本路由表中已有的路由项,当发送路由更新的邻居相同时,不论路由更新中携带的路由项度量值增大或是减少,都更新该路由项。

(2) 对本路由表中不存在的路由项,在度量值小于无穷大时,在路由表中增加该路由项。

路由更新会在每个路由器上进行,一级一级地传递下去,最后全网所有的路由器都知道了全网所有的网络信息,并在路由器中有对应的路由表项,称为路由收敛完成。

典型的距离矢量路由协议是 RIP。

32.3.2 距离矢量路由协议路由更新过程

距离矢量路由协议初始化过程的开始阶段,路由表中首先会生成自己网段的直连路由。

在图 32-4 中,与路由器 RTA 直连的网段有 10.1.0.0 和 10.2.0.0,所以 RTA 的路由表中在开始时就只有两条直连路由 10.1.0.0 和 10.2.0.0。RTB 和 RTC 也仅有直连路由。

路由器会定期把自己整个路由表传送给相邻的路由器,让其他路由器知道自己的网络情况。比如路由器 RTA 会告诉路由器 RTB"从我这里通过 S0/0 接口能到达 10.1.0.0 网

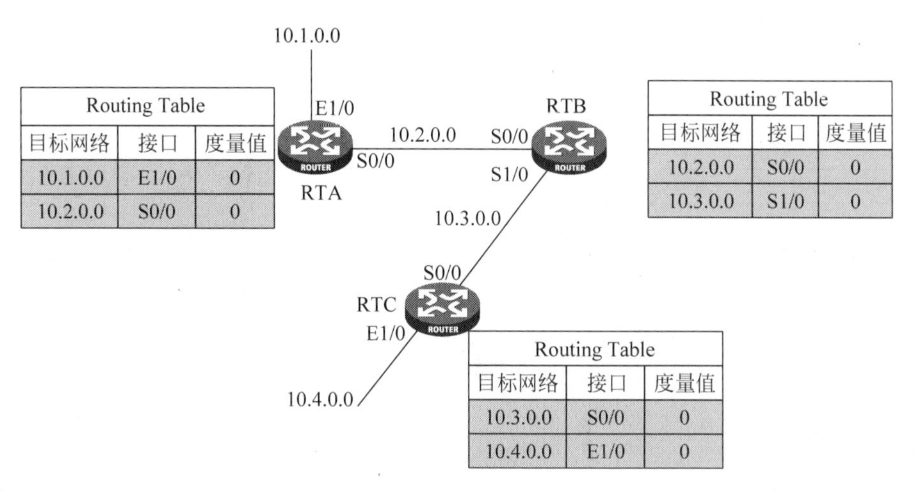

图 32-4　路由更新过程(1)

络,度量值为 0”。路由器 RTB 原来并不知道到 10.1.0.0 网络如何到达,现在 RTA 告诉它了,也就是通过路由协议学习到了,所以就把它添加到自己的路由表中。在添加过程中,因为原来的度量值为 0,而此路由经过了更长的距离,所以 RTB 就会在原来度量值的基础上再增加一些,表示需要经过更长距离才能够到达目的地址。因为 RTA 告诉了 RTB 这条路由,也就是 RTB 认为经过 RTA 才可以到达目的,所以 RTA 被用来作为这条路由的下一跳地址。值得注意一点,对于此过程中度量值增加一项,一些以距离矢量为算法的具体路由协议在实现上略有不同,但效果一样,例如 RIP 协议在添加时,度量值的增加是在对方发送路由信息的时候就已经完成,详情请阅本书 RIP 介绍一章。

三台路由器相互发送更新信息。第一次更新后,路由表的情况如图 32-5 所示。

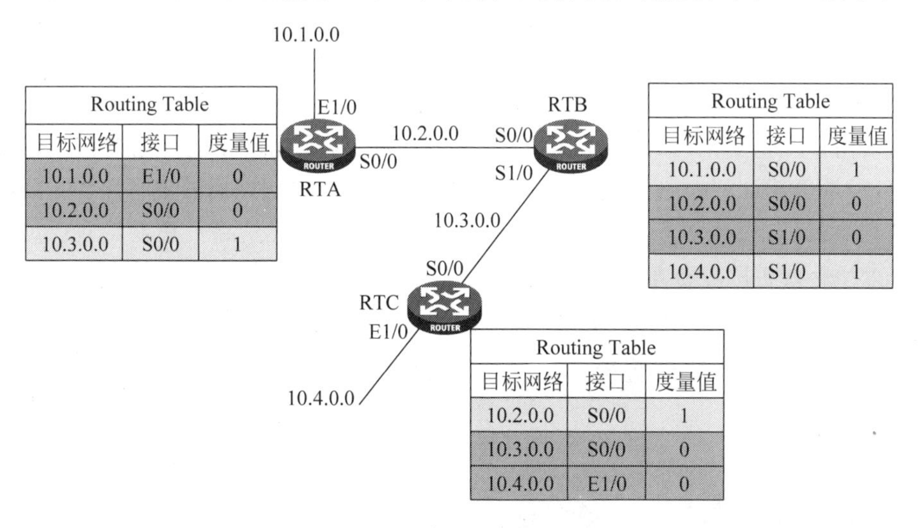

图 32-5　路由更新过程(2)

通过更新,RTA 知道了网络 10.3.0.0 存在,且开销值为 1。为简单起见,路由度量值的计算采用最简单的跳数,即要到达目的地经过的路由器的个数。同样,RTB 和 RTC 也从更新信息中了解到了其他网络的情况,加入到自己的路由表中,并生成相应的下一跳和度量值。

在下一个更新周期，路由信息会继续在各路由器间传递，如图 32-6 所示。

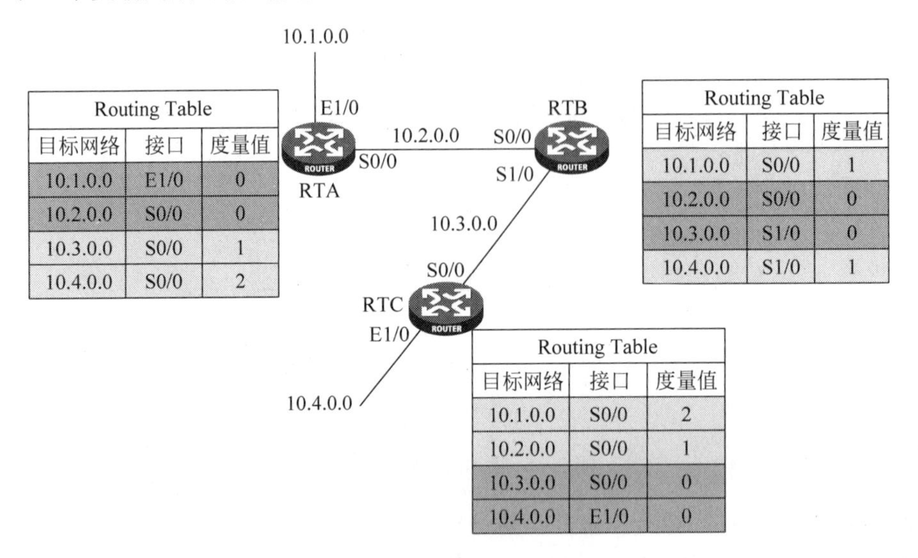

图 32-6 路由更新过程(3)

因为路由器发送整个路由表，包括学习来的路由，所以路由信息会一跳一跳地扩散到更远的地方。10.1.0.0 的路由信息经过 RTB，再传送到 RTC。在传到 RTC 上后，RTC 认为到达它需要经过两台路由器，路由度量值变成 2。

经过一段时间的更新，网络中的每台路由器都知道了不与它直接相连的网络的存在，有了关于它们的路由记录，实现了全网连通，路由收敛完成了。而所有这些工作都不需要管理员手工干预，这正是在网络中应用路由协议带来的好处：减少了配置的复杂性。

但也可以看到，在经过了若干个更新周期后，路由信息才被传递到每台路由器上，网络才能达到平衡，也就是说距离矢量算法的收敛速度相对较慢。如果网络直径很长，路由要从一端传到另外一端所需花费的时间会很长。

当网络拓扑发生变化，如链路故障、新增加子网等，与变化所在地直连的路由器首先感知到变化，于是更新自己的路由表。在更新周期到来后，向邻居路由器发送路由更新。邻居路由器收到更新后，根据更新规则更新本地路由表；然后再发送路由更新给自己的邻居路由器。以上拓扑的扩散过程是逐跳进行的，每台路由器仅负责通知自己的邻居。所以，拓扑发生变化的扩散过程需要一定的时间。

在图 32-7 中，RTA 收到路由更新后，等待更新周期到来后向 RTB 发送路由更新；

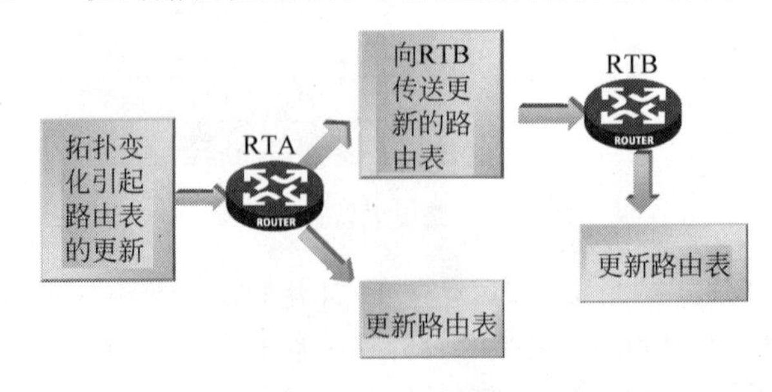

图 32-7 拓扑变化扩散

RTB再向下一个邻居路由器发送，扩散时间取决于网络中路由器的数量和更新周期的长短。如果网络较大，更新周期长，则拓扑变化需要较长的时间才能通告到全网路由器。

32.3.3 距离矢量路由协议环路产生

距离矢量路由协议中，每个路由器实际上都不了解整个网络拓扑，它们只知道与自己直接相连的网络情况，并信任邻居发送给自己的路由信息，把从邻居得到的路由信息进行矢量叠加后转发给其他的邻居。由此，距离矢量路由协议学习到的路由是“传闻”路由，也就是说，路由表中的路由项是从邻居得来的，并不是自己计算出来的。

由于贝尔曼-福特算法具有以上特点，在网络故障时可能会引起路由表信息与实际网络拓扑结构不一致，而发生路由环路现象。下面举例说明距离矢量路由协议如何产生路由环路。

1. 单路径网络中路由环路的产生

如图32-8所示，在网络10.4.0.0发生故障之前，所有的路由器都具有正确一致的路由表，网络是收敛的。为简单起见，图中的路由度量值使用跳数来计算。RTC与网络10.4.0.0直连，所以RTC路由表中表项10.4.0.0的跳数是0；RTB通过RTC学习到路由项10.4.0.0，其跳数为1，接口为S1/0。RTA通过RTB学习到路由项10.4.0.0，所以跳数为2。

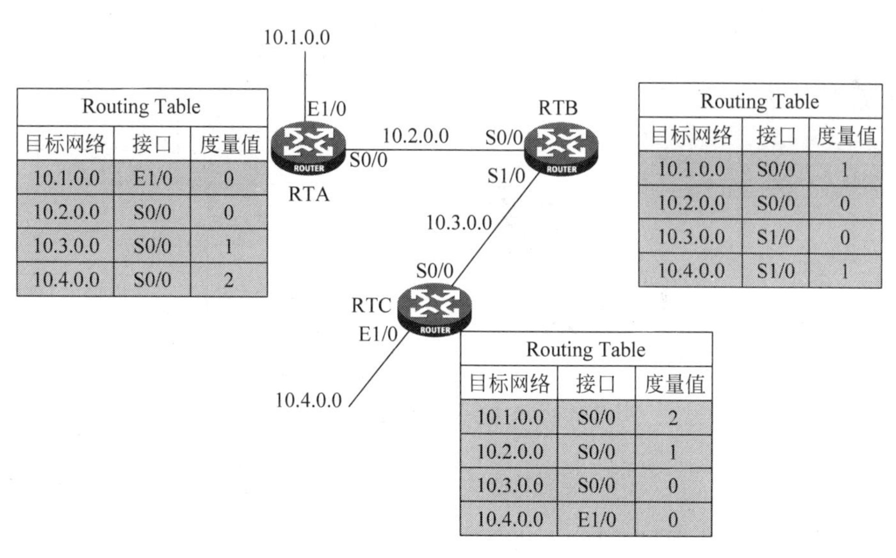

RTA Routing Table:

目标网络	接口	度量值
10.1.0.0	E1/0	0
10.2.0.0	S0/0	0
10.3.0.0	S0/0	1
10.4.0.0	S0/0	2

RTB Routing Table:

目标网络	接口	度量值
10.1.0.0	S0/0	1
10.2.0.0	S0/0	0
10.3.0.0	S1/0	0
10.4.0.0	S1/0	1

RTC Routing Table:

目标网络	接口	度量值
10.1.0.0	S0/0	2
10.2.0.0	S0/0	1
10.3.0.0	S0/0	0
10.4.0.0	E1/0	0

图32-8 单路径网络中路由环路产生过程(1)

如图32-9所示，当网络10.4.0.0发生故障，直连路由器RTC最先收到故障信息，RTC把网络10.4.0.0从路由表中删除，并等待更新周期到来后发送路由更新给相邻路由器。

根据距离矢量路由协议的工作原理，所有路由器都要周期性发送路由更新信息。所以，在RTB的路由更新周期到来后，RTB发送路由更新，更新中包含了自己的所有路由。

RTC接收到RTB发出的路由更新后，发现路由更新中有路由项10.4.0.0，而自己路由表中没有10.4.0.0，就把这条路由项增加到路由表中，并修改其接口为S0/0(因为是从S0/0收到更新消息)，跳数为2。这样，RTC的路由表中就记录了一条错误路由(经过RTB，可去往网络10.4.0.0，跳数为2)，如图32-10所示。

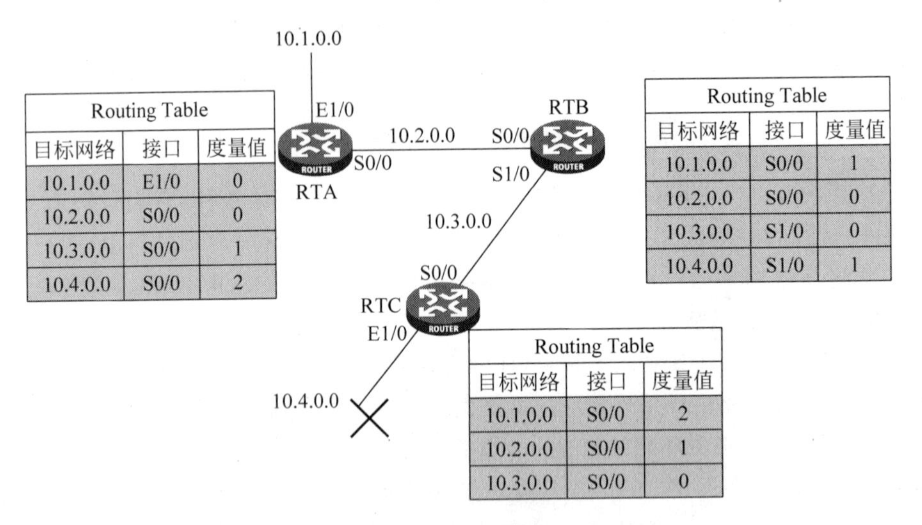

图 32-9 单路径网络中路由环路产生过程(2)

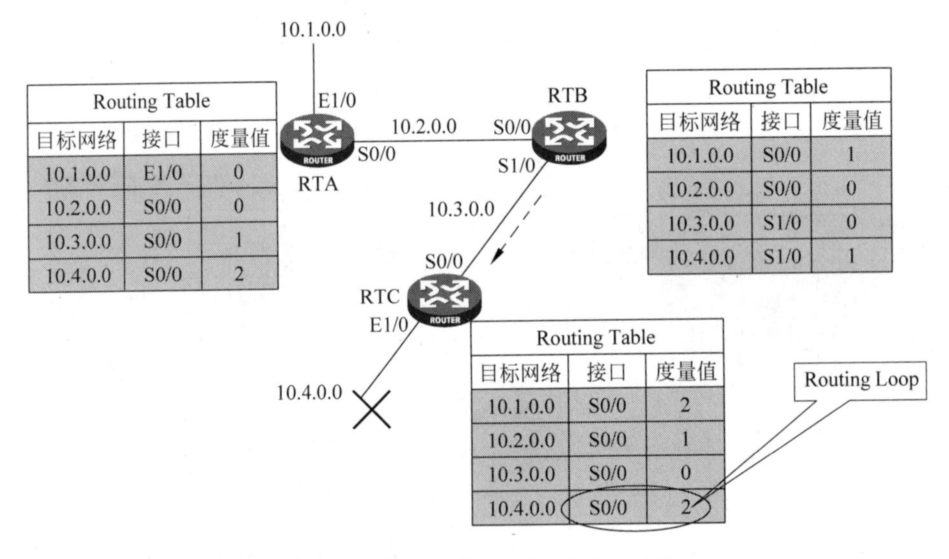

图 32-10 单路径网络中路由环路产生过程(3)

这样,RTB 认为可以通过 RTC 去往网络 10.4.0.0,RTC 认为可以通过 RTB 去往网络 10.4.0.0,就形成了环路。

2. 多路径网络中路由环路的产生

在多路径网络环境中,环路的生成过程与单路径有所不同,下面举例来说明。

如图 32-11 所示,一个环形网络达成收敛,各路由器的路由表项均正确。因为某种原因,RTC 的接口 E1/0 产生故障。

RTC 的接口产生故障后,RTC 会向邻居路由器 RTB 和 RTA 发送更新消息,告知 RTA 和 RTB 网络 10.4.0.0 经由 RTC 不再可达。但是,假设 RTB 已经收到 RTC 的更新,而在 RTC 的这个更新到达 RTA 之前,RTA 的更新周期恰巧到来,RTA 会向 RTB 发送路由更新,其中含有路由项 10.4.0.0,跳数为 2。RTB 收到 RTC 的路由更新后已经删除了 10.4.0.0 网段的路由,所以会以此路由更新为准,向自己的路由表中加入路由项 10.4.0.0,

下一跳指向 RTA,跳数为 2,如图 32-12 所示。

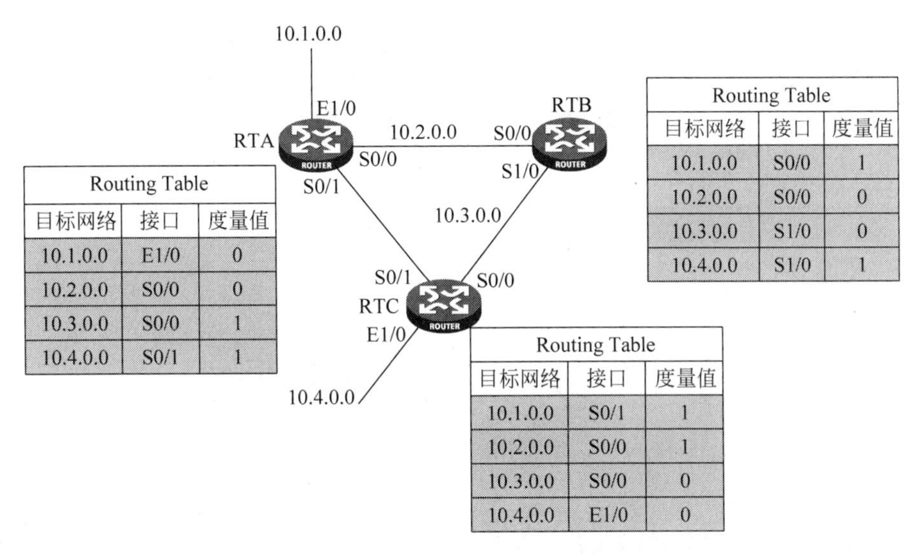

图 32-11　多路径网络中路由环路产生过程(1)

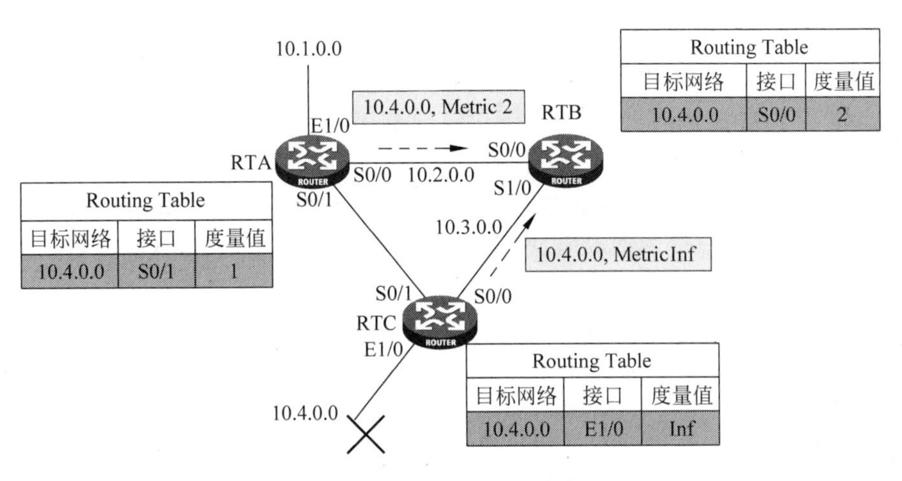

图 32-12　多路径网络中路由环路产生过程(2)

在 RTB 的更新周期到来后,RTB 会向 RTC 发送路由更新,RTC 据此更新自己路由表,改变路由项 10.4.0.0 的下一跳指向 RTB,跳数为 3,如图 32-13 所示。至此路由环路形成。

与此同时,RTC 也会向 RTA 发送路由更新,RTA 更新自己路由项 10.4.0.0,下一跳指向 RTC,跳数为 4。如此反复循环,每个路由器中路由项 10.4.0.0 的跳数不断增大,网络无法收敛。

由于协议算法的限制,距离矢量路由协议会产生路由环路。为了避免环路,具体的路由协议会有一些相应的特性来减少产生路由环路的机会。比如,RIP 协议采用水平分割来避免在单路径网络中产生路由环路。具体的环路避免措施不在本章范围内,在具体路由协议原理中进行详细介绍。

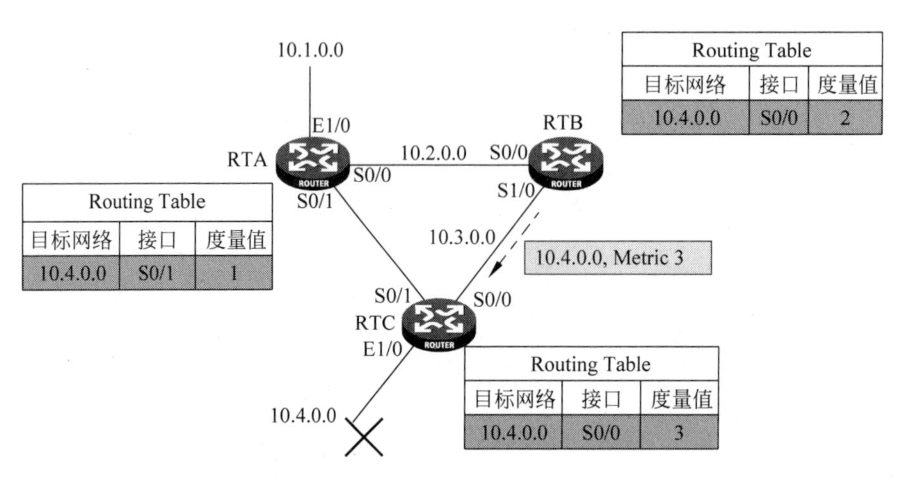

图 32-13 多路径网络中路由环路产生过程(3)

32.4 链路状态路由协议原理

链路状态路由协议基于 Dijkstra 算法,也称为最短路径优先算法。Dijkstra 算法对路由的计算方法和距离矢量路由协议有本质的差别。在距离矢量路由协议中,所有的路由表项学习完全依靠邻居,交换的是整个路由表项。而在 Dijkstra 算法中,路由器关心网络中链路或接口的状态(UP 或 DOWN、IP 地址、掩码),然后将自己已知的链路状态向该区域的其他路由器通告,这些通告称为链路状态通告。通过这种方式,区域内的每台路由器都能建立一个本区域的完整的链路状态数据库。然后路由器根据收集到的链路状态信息来创建它自己的网络拓扑图,形成一个到各个目的网段的加权有向图。

如图 32-14 所示的是一个由 RTA、RTB、RTC、RTD 4 台路由器组成的网络。路由器经过链路连接在一起,链路旁边的数字表示链路开销值。如 RTC 到 RTD 之间的链路开销值为 3。

每台路由器都根据自己周围的网络拓扑结构生成一条 LSA(链路状态通告),并通过相互之间发送协议报文将这条 LSA 发送给网络中其他的所有路由器。这样每台路由器都收到了其他路由器的 LSA,所有的 LSA 放在一起形成 LSDB(链路状态数据库)。显然,4 台路由器的 LSDB 都是相同的,如图 32-15 所示。

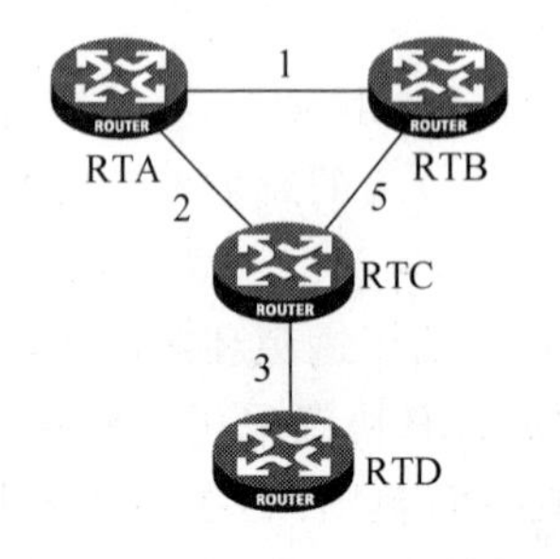

图 32-14 网络的拓扑结构

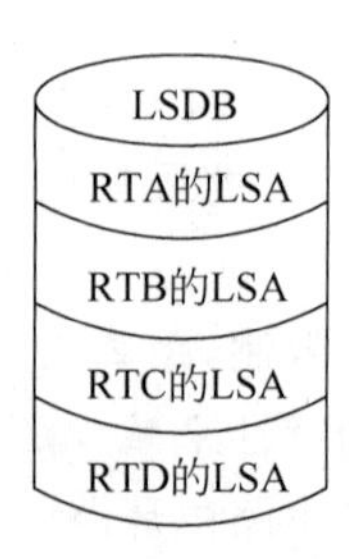

图 32-15 每台路由器的链路状态数据库

由于一条 LSA 是对一台路由器周围网络拓扑结构的描述，那么 LSDB 则是对整个网络的拓扑结构的描述。路由器很容易将 LSDB 转换成一张带权的有向图，这张图便是对整个网络拓扑结构的真实反映。显然，4 台路由器得到的是一张完全相同的图，如图 32-16 所示。

接下来每台路由器在图中以自己为根节点，使用相应的算法计算出一棵最小生成树，由这棵树得到了到网络中各个节点的路由表。显然，4 台路由器各自得到的路由表是不同的。这样每台路由器都计算出了到其他路由器的路由，如图 32-17 所示。

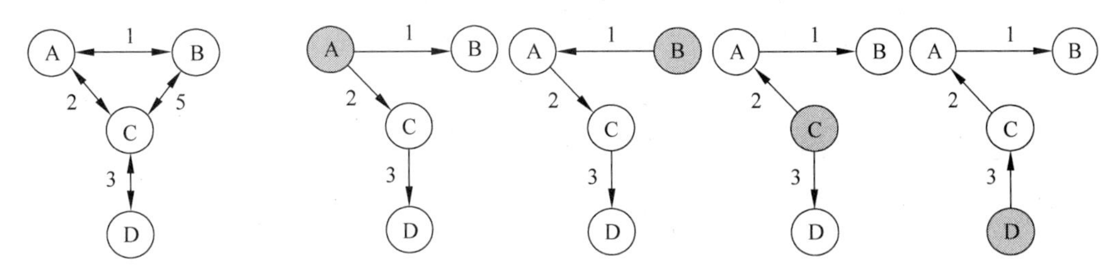

图 32-16 带权有向图

图 32-17 每台路由器分别以自己为根节点计算最小生成树

链路状态路由协议通过交换包含了链路状态信息的 LSA 而得到网络拓扑，再根据网络拓扑计算路由。这种路由的计算方法对路由器的硬件相对要求较高。由于路由信息不是在路由器间逐跳传播，而是根据 LSDB 计算出来，所以从算法上可以保证没有路由环路。当网络中发生拓扑变化时，路由器发送与拓扑变化相关的 LSA，其他路由器收到 LSA 后，更新自己的 LSDB，再重新计算路由。这样就避免了类似距离矢量路由协议在邻居间传播全部路由表的行为，所以占用链路带宽较小。

由于链路状态路由协议无环路、占用带宽小，且还有支持分层网络等优点，所以得到了广泛的应用。

32.5 本章总结

(1) 路由协议与可路由协议的区别。

(2) 路由协议的分类。

(3) 距离矢量路由协议的工作原理。

(4) 距离矢量路由协议的环路产生原因。

(5) 链路状态路由协议的工作原理。

32.6 习题和解答

32.6.1 习题

1. 下列(　　)协议是可路由协议。

A. RIP　　B. OSPF　　C. IP　　D. IPX

2. 动态路由协议的工作过程包括以下(　　)阶段。

A. 邻居发现　　B. 路由交换　　C. 路由计算　　D. 路由维护

3. (　　)协议属于 IGP,(　　)协议属于 EGP。

A. RIP　　B. OSPF　　C. BGP　　D. IS-IS

4. 相比于距离矢量型路由协议,链路状态路由协议的优点有(　　)。

A. 协议算法本身无环路　　B. 协议交互占用带宽小

C. 收敛速度快　　D. 配置维护简单

5. 距离矢量路由协议基于贝尔曼-福特算法。这种算法所关心的要素有(　　)。

A. 到目的网段的距离　　B. 到目的网段的方向

C. 到目的网段的链路带宽开销　　D. 到目的网段的链路延迟

32.6.2 习题答案

1. CD　　2. ABCD　　3. ABD、C　　4. ABC　　5. AB

第33章

RIP

动态路由协议能够自动发现路由，计算路由。最早的动态路由协议是 RIP(Routing Information Protocol，路由信息协议)，其原理简单，配置容易。

33.1 本章目标

学习完本章，应该能够达到以下目标。

(1) 描述 RIP 路由协议的特点。

(2) 掌握 RIP 路由信息的生成和维护。

(3) 掌握路由环路避免的方法。

(4) 掌握 RIP 协议的基本配置。

33.2 RIP 路由协议概述

RIP 是一种较为简单的内部网关协议，主要用于规模较小的网络中，如校园网及结构较简单的地区性网络。由于 RIP 的实现较为简单，在配置和维护管理方面也远比 OSPF 和 IS-IS 容易，因此在实际组网中有广泛地应用。

RIP 是一种基于距离矢量(Distance-Vector)算法的路由协议。RIP 使用跳数(Hop Count)来衡量到达目的网络的距离。在 RIP 中，路由器到与它直接相连网络的跳数为 0，通过与其直接相连的路由器到达下一个紧邻的网络的跳数为 1，其余依此类推，每多经过一个网络，跳数加 1。为限制收敛时间，RIP 规定度量值取 0～15 的整数，大于或等于 16 的跳数被定义为无穷大，即目的网络或主机不可达。由于这个限制，使得 RIP 不适合应用于大型网络。

RIP 包括两个版本：RIPv1 和 RIPv2。RIPv1 是有类别路由协议，协议报文中不携带掩码信息，不支持 VLSM。RIPv1 只支持以广播方式发布协议报文。

RIPv2 支持 VLSM，同时 RIPv2 支持明文认证和 MD5 密文认证。

为防止产生路由环路，RIP 支持水平分割(Split Horizon)与毒性逆转(Poison Reverse)，并在网络拓扑变化时采用触发更新(Triggered Update)来加快网络收敛时间。另外，RIP 协议还允许引入其他路由协议所得到的路由。

RIP 协议处于 UDP 协议的上层，通过 UDP 报文进行路由信息的交换，使用的端口号为 520。

33.3 RIP 协议的工作过程

33.3.1 RIP 路由表初始化

未启动 RIP 的初始状态下，路由表中仅包含本路由器的一些直连路由。RIP 启动后，为了尽快从邻居获得 RIP 路由信息，RIP 协议使用广播方式向各接口发送请求报文(Request Message)，其目的是向 RIP 邻居请求路由信息。

相邻的 RIP 路由器收到请求报文后，响应该请求，回送包含本地路由表信息的响应报文(Response Message)。

在图 33-1 中，RTA 启动 RIP 协议后，RIP 进程负责发送请求报文，请求 RIP 邻居对其回应。RTB 收到请求报文后，以响应报文回应，报文中携带了 RTB 路由表的全部信息。

Routing Table		
目标网络	下一跳	度量值
10.1.0.0	—	0
10.2.0.0	—	0

Routing Table		
目标网络	下一跳	度量值
10.2.0.0	—	0
10.3.0.0	—	0

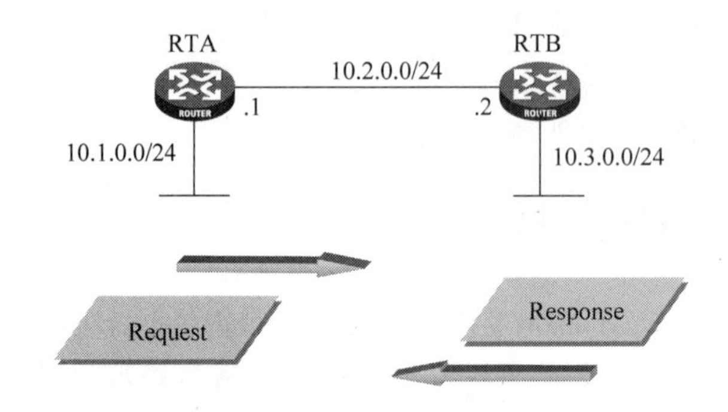

图 33-1 RIP 路由表初始化

33.3.2 RIP 路由表更新

路由器收到响应报文后，查看响应报文中的路由，并更新本地路由表。路由表的更新原则如下。

(1) 对本路由表中已有的路由项，当发送响应报文的 RIP 邻居相同时，不论响应报文中携带的路由项度量值增大或是减少，都更新该路由项(度量值相同时只将其老化定时器清零)。

(2) 对本路由表中已有的路由项，当发送响应报文的 RIP 邻居不同时，只在路由项度量值减少时，更新该路由项。

(3) 对本路由表中不存在的路由项，在度量值小于协议规定最大值(16)时，在路由表中增加该路由项。

RIP 响应报文中，路由表项携带有度量值(Metric)，其值为路由表中的路由度量值加上发送附加度量值。

附加度量值是附加在 RIP 路由上的输入输出度量值，包括发送附加度量值和接收附加度量值。发送附加度量值不会改变路由表中的路由度量值，仅当接口发送 RIP 路由信息时才会添加到发送路由上，其默认值为 1；接收附加度量值会影响接收到的路由度量值，接口接收到一条 RIP 路由时，在将其加入路由表前会把度量值附加到该路由上，其默认值为 0。

根据以上规则，在图 33-2 中，RTB 向 RTA 发送响应报文时，包含了路由项 10.2.0.0 和 10.3.0.0，并计算出度量值为 1(原度量值 0 加上发送附加度量值 1)。RTA 从 RTB(10.2.0.2)接收到响应报文后，将响应报文中携带的路由项与本路由表中路由项比较，发现路由项 10.3.0.0 是本路由表没有的，就把它增加到路由表中。添加时需要计算度量值，计算结果为 1(原度量值 1 加上接收附加度量值 0)，并设置下一跳为 RTB(10.2.0.2)。

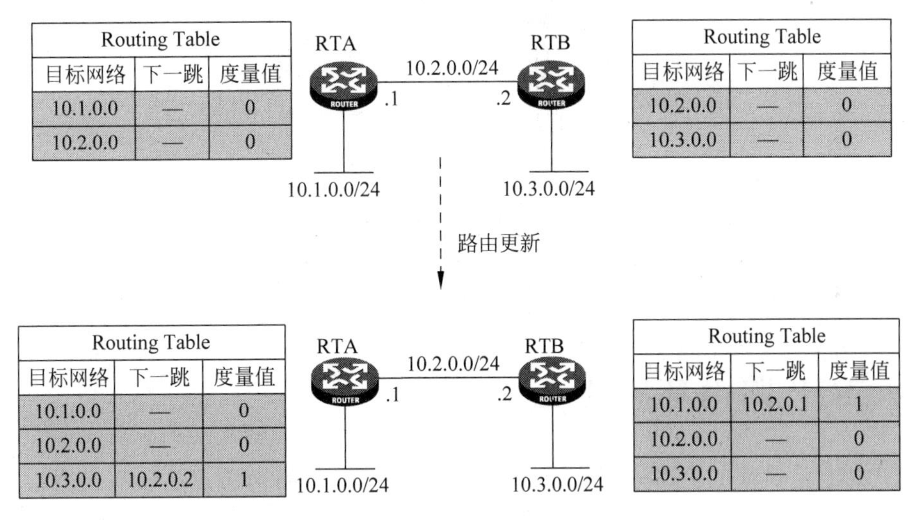

图 33-2 RIP 路由表更新

对于 RTB 响应报文中所携带的路由项 10.2.0.0，因 RTA 路由表中路由项 10.2.0.0 是直连路由，其优先级高于 RIP 协议路由，所以 RTA 并不对其进行路由更新。

33.3.3 RIP 路由表的维护

RIP 路由信息维护是由定时器来完成的。RIP 协议定义了以下 3 个重要的定时器。

(1) Update 定时器，定义了发送路由更新的时间间隔，默认值为 30s。

(2) Timeout 定时器，定义了路由老化时间。如果在老化时间内没有收到关于某条路由的更新报文，则该条路由的度量值将会被设置为无穷大(16)，并从 IP 路由表中撤销。定时器默认值为 180s。

(3) Garbage-Collect 定时器，定义了一条路由从度量值变为 16 开始，直到它从路由表里被删除所经过的时间。如果 Garbage-Collect 超时，该路由仍没有得到更新，则该路由将被彻底删除，默认值为 120s。

在图 33-3 中，路由器以 30s 为周期用 Response 报文广播自己的路由表。如果路由器 RTA 经过 180s 没有收到来自 RTB 的路由更新信息，则将路由表中的路由项 10.3.0.0 的度量值设为无穷大(16),并从 IP 路由表中撤销;若在其后 120s 内仍未收到路由更新信息,就将路由 10.3.0.0 彻底删除。

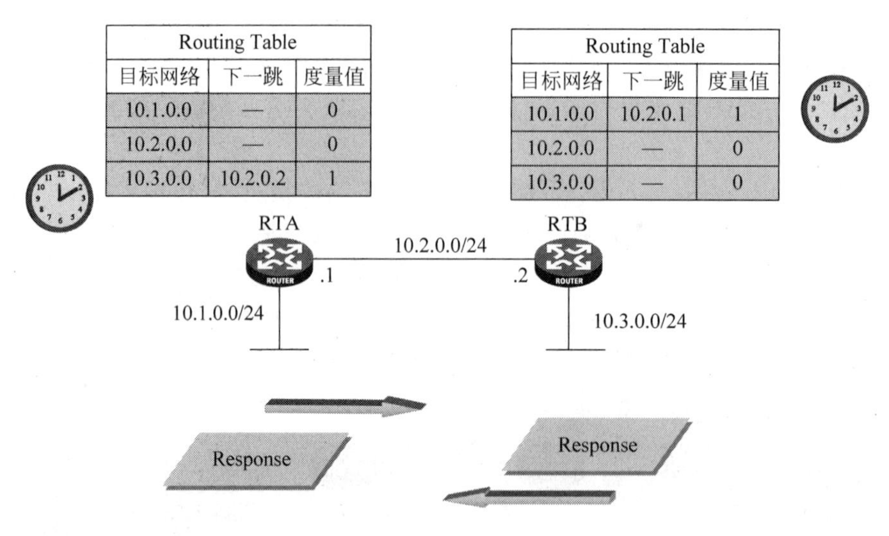

图 33-3 RIP 路由表的维护

注意:路由器对 RIP 协议维护一个单独的路由表,也称为 RIP 路由表。这个表中的有效路由会被添加到 IP 路由表中,作为转发的依据。从 IP 路由表中撤销的路由,可能仍然存在于 RIP 路由表中。

33.4 RIP 路由环路避免

由于 RIP 是典型的距离矢量路由协议,具有距离矢量路由协议的所有特点。所以,当网络发生故障时,有可能会发生路由环路现象。

RIP 设计了一些机制来避免网络中路由环路的产生,这些机制如下。

(1) 路由毒化。

(2) 水平分割。

(3) 毒性逆转。

(4) 定义最大值。

(5) 抑制时间。

(6) 触发更新。

在以上机制中,路由毒化、水平分割、毒性逆转能够使 RIP 协议在单路径网络中避免路由环路,而其余几种主要是针对多路径网络中环路避免而设计的。在实际网络应用中,以上几种环路避免机制经常被同时应用,以更好的避免环路。

33.4.1 路由毒化

所谓路由毒化(Route Poisoning),就是路由器主动把路由表中发生故障的路由项以度量值无穷大(16)的形式通告给 RIP 邻居,以使邻居能够及时得知网络发生故障。

在如图 33-4 所示的网络中,当 RTC 的直连网络 10.4.0.0 发生故障时,RTC 在路由更新信息里把路由项 10.4.0.0 的度量值置为无穷大，通告给 RTB。RTB 接收路由更新信息后，更新自己路由表，路由项 10.4.0.0 的度量值也置为无穷大。如此将网络 10.4.0.0 不可达的信息向全网扩散。

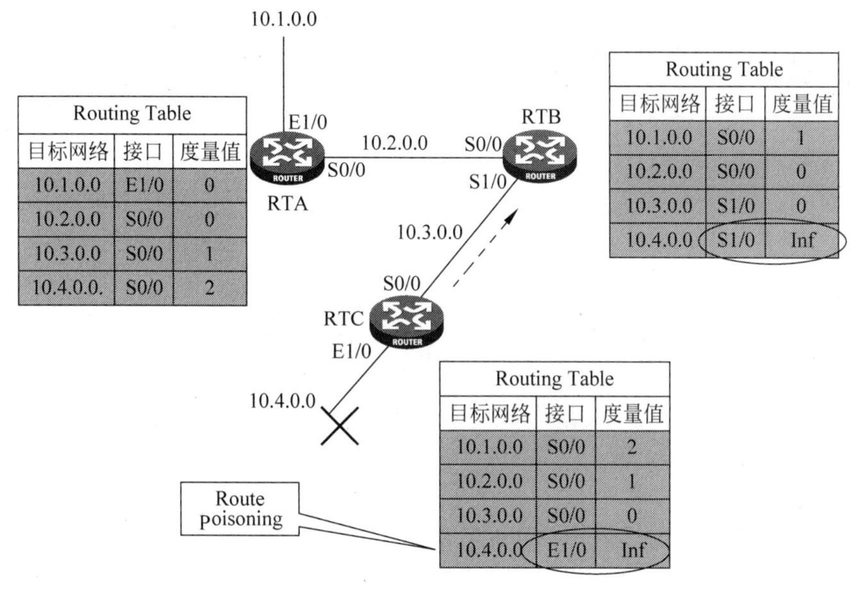

图 33-4　路由毒化

通过路由毒化机制，RIP 协议能够保证与故障网络直连的路由器有正确的路由信息。

33.4.2　水平分割

分析距离矢量路由协议中产生路由环路的原因，最重要的一条就是因为路由器将从某个邻居学到的路由信息又告诉了这个邻居。

水平分割(Split Horizon)是在距离矢量路由协议中最常用的避免环路发生的解决方案之一。水平分割的思想就是 RIP 路由器从某个接口学到的路由，不会再从该接口发回给邻居路由器。

在如图 33-5 所示网络中，RTC 把它的直连路由 10.4.0.0 通告给 RTB，也就是 RTB 从 RTC 那里学习到了路由项 10.4.0.0，接口为 S1/0。在接口上应用水平分割后，RTB 在接口 S1/0 上发送路由更新时，就不能包含路由项 10.4.0.0。

当网络 10.4.0.0 发生故障时，假如 RTC 并没有发送路由更新给 RTB，而是 RTB 发送路由更新给 RTC，此时由于启用了水平分割，RTB 所发的路由更新中不会包含路由项 10.4.0.0。这样，也不会使 RTC 错误的从 RTB 学习到关于 10.4.0.0 的路由项，从而避免了路由环路的产生。

为了阻止环路，在 RIP 协议中水平分割默认是被开启的。

33.4.3　毒性逆转

毒性逆转(Poison Reverse)是另一种避免环路的方法。毒性逆转是指，RIP 从某个接口学到路由后，将该路由的度量值设置为无穷大(16)，并从原接口发回邻居路由器。

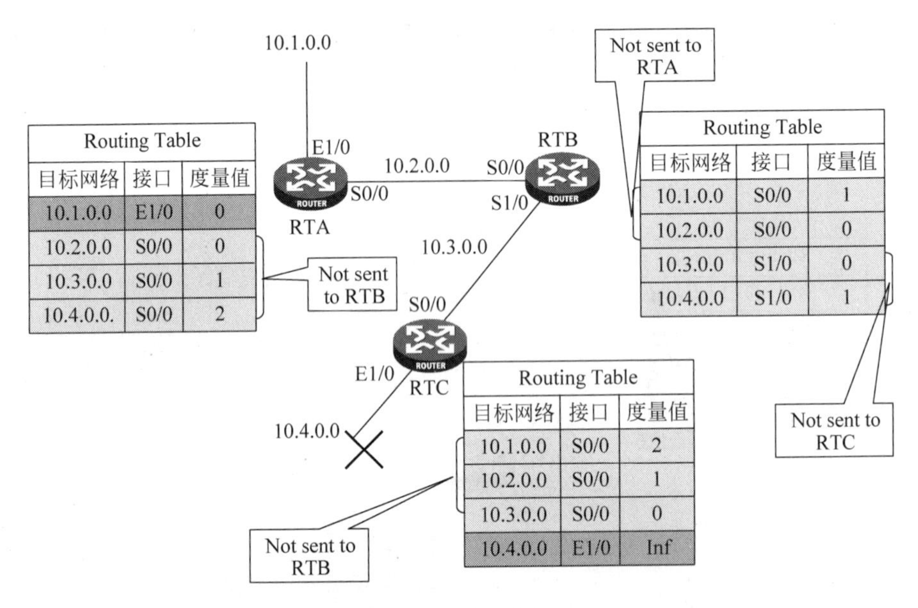

图 33-5 水平分割

在如图 33-6 所示网络中，应用毒性逆转后，RTB 在发送路由更新给 RTC 时，更新中包含了路由 10.4.0.0，度量值为 16。相当于显式地告诉 RTC，不可能从 RTB 到达网络 10.4.0.0。

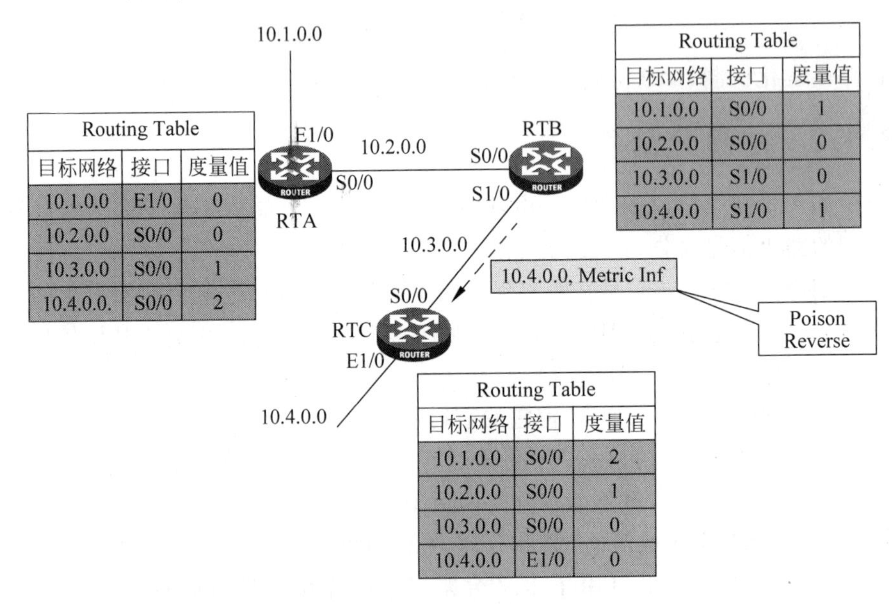

图 33-6 毒性逆转

毒性逆转与水平分割有相似的应用场合和功能。但与水平分割相比，毒性逆转更加健壮和安全。因为毒性逆转是主动把网络不可达信息通知给其他路由器。毒性逆转的缺点是路由更新中路由项数量增多，浪费网络带宽与系统开销。

33.4.4 定义度量最大值

在多路径网络环境中，如果路由环路产生，则会使路由器中路由项的跳数不断增大，网络无法收敛。通过给每种距离矢量路由协议度量值定义一个最大值，能够解决上述问题。

在 RIP 路由协议中，规定度量值是跳数，所能达到的最大值为 16。其实，在前面的例子中，已经使用跳数 16 来表示度量值的最大值了。

在如图 33-7 所示网络中，环路已经产生了。RTA 向 RTB 发送路由项 10.4.0.0 的更新信息，RTB 再向 RTC 发送，RTC 再向 RTA 发送，每个路由器中路由项 10.4.0.0 的跳数不断增大，网络长时间无法收敛，去往网络 10.4.0.0 的数据报文在网络中被循环发送。

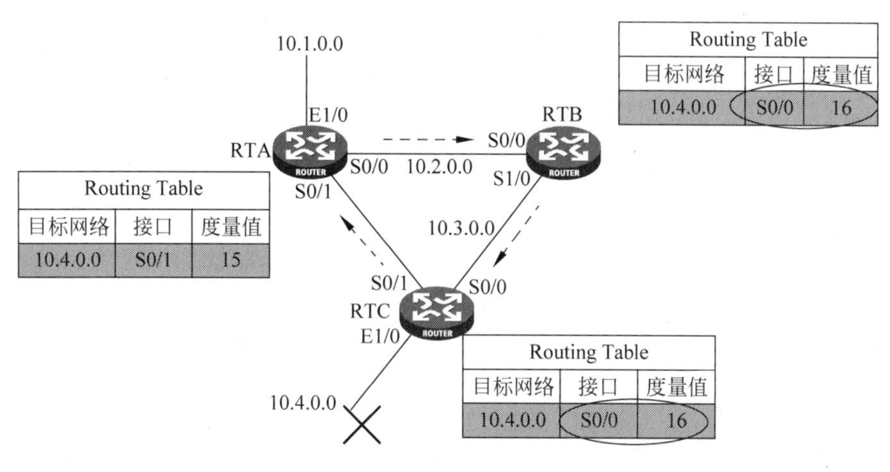

图 33-7 定义度量最大值

RIP 定义了最大度量值后，当路由项的跳数到达最大值 16 时，图中网络 10.4.0.0 被认为是不可达的。路由器会在路由表中显示网络不可达信息，并不再更新到达网络 10.4.0.0 的路由。此时如果路由器收到去往网络 10.4.0.0 的数据包，它会将其丢弃而不再转发。

通过定义最大值，距离矢量路由协议可以解决发生环路时路由度量值无限增大的问题，同时也校正了错误的路由信息。但是，在最大度量值到达之前，路由环路还是会存在。也就是说，定义最大值只是一种补救措施，只能减少路由环路存在的时间，并不能避免环路的产生。

33.4.5 抑制时间

抑制时间与路由毒化结合使用，能够在一定程度上避免路由环路产生。抑制时间规定，当一条路由的度量值变为无穷大(16)时，该路由将进入抑制状态。在抑制状态下，只有来自同一邻居且度量值小于无穷大(16)的路由更新才会被路由器接收，取代不可达路由。

在如图 33-8 所示网络中，抑制时间机制作用的过程如下。

(1) 当网络 10.4.0.0 发生故障时，RTC 毒化自己路由表中的路由项 10.4.0.0，使其度量值为无穷大(16)，以表明网络 10.4.0.0 不可达。同时给路由项 10.4.0.0 设定抑制时间。在更新周期到来后，发送路由更新给 RTB。

(2) RTB 收到 RTC 发出的路由更新信息后，更新自己的路由项 10.4.0.0，同时启动抑制时间，在抑制时间结束之前的任何时刻，如果从同一相邻路由器 RTC 又接收到网络

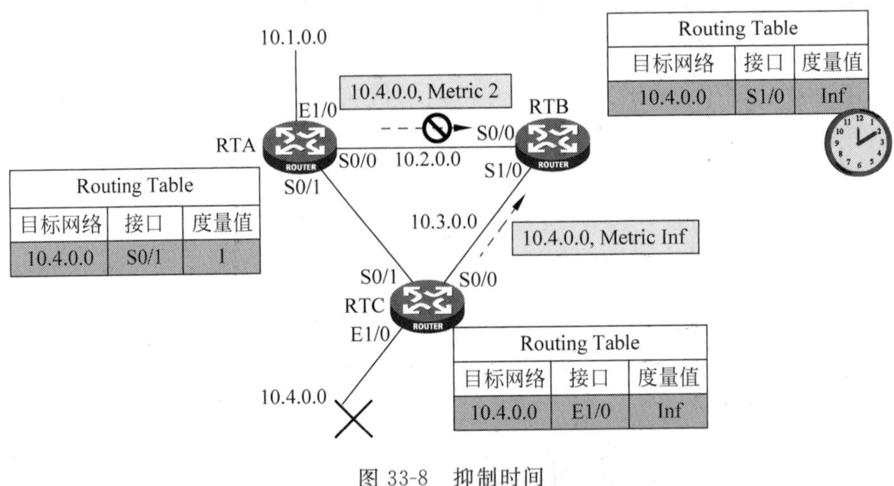

图 33-8 抑制时间

10.4.0.0 可达的更新信息,路由器就将路由项 10.4.0.0 标识为可达,并删除抑制时间。

(3) 在抑制时间结束之前的任何时刻,如果接收到其他的相邻路由器如 RTA 的有关网络 10.4.0.0 的更新信息,路由器 RTB 会忽略此更新信息,不更新路由表。

(4) 抑制时间结束后,路由器如果收到任何相邻路由器发出的有关网络 10.4.0.0 的更新信息,路由器都将会更新路由表。

33.4.6 触发更新

触发更新机制是指当路由表中路由信息产生改变时,路由器不必等到更新周期到来,而立即发送路由更新给相邻路由器。

在如图 33-9 所示网络中,当网络 10.4.0.0 产生故障后,RTC 不必等待更新周期到来,而是立即发送路由更新消息以通告网络 10.4.0.0 不可达信息,RTA、RTB 接收到这个信息后,也立即向邻居发送路由更新消息,这样,网络 10.4.0.0 不可达信息会很快传播到整个网络。

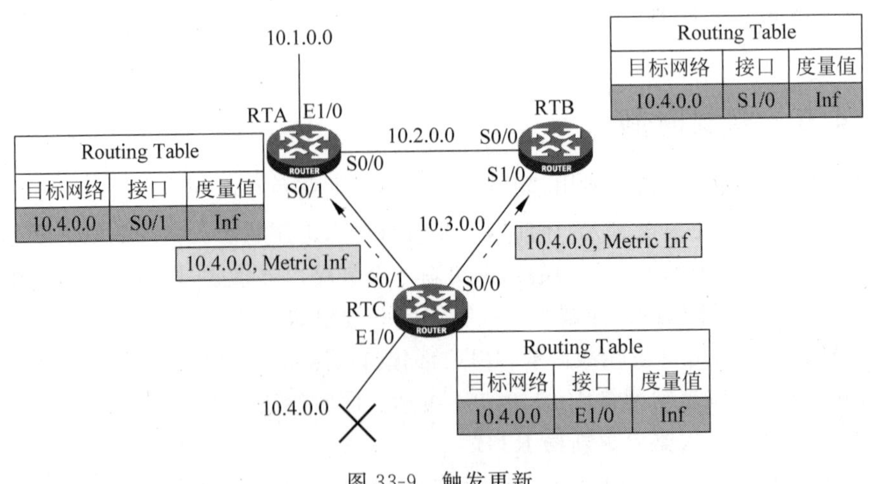

图 33-9 触发更新

由以上工作机制可以看出，触发更新机制能够使网络不可达信息快速的传播到整个网络，从而极大地加快了网络收敛速度。

使用触发更新方法能够在一定程度上避免路由环路发生。但是，仍然存在如下两个问题。

（1）触发更新信息在传输过程中可能会被丢掉或损坏。

（2）如果触发更新信息还没有来得及发送，路由器就接收到相邻路由器的周期性路由更新信息，使路由器更新了错误的路由信息。

抑制时间和触发更新相结合，就可以解决上述问题。在抑制时间内，路由器不理会从其他路由器传来的相关路由项可达信息，相当于确保路由项的不可达信息不被错误的可达信息所取代。

33.4.7 RIP 环路避免操作示例

在实际网络中，各种防止环路机制会结合起来共同使用，以最大可能地避免环路，加快网络收敛。图 33-10 是一个各种机制综合作用的示例。

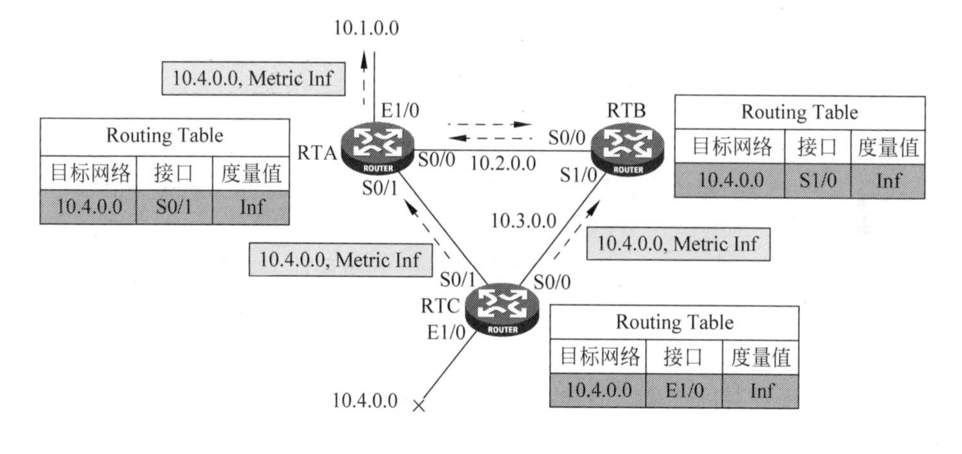

图 33-10 环路避免操作示例

在如图 33-10 所示网络中，当网络 10.4.0.0 发生故障时，会有下面的情形发生。

（1）路由毒化。当 RTC 检测到网络 10.4.0.0 故障时，RTC 毒化路由表中路由项 10.4.0.0，使到此网络的跳数为无穷大。

（2）设定抑制时间。RTC 给路由项 10.4.0.0 设定一个抑制时间。其默认值为 120s。

（3）发送触发更新信息。RTC 向 RTA、RTB 发送触发更新信息，指出网络 10.4.0.0 故障。RTA、RTB 接收到触发更新信息以后，使路由项 10.4.0.0 进入抑制状态，在抑制状态下不接受来自其他路由器的相关更新。然后，RTA 和 RTB 也向其他接口发送网络 10.4.0.0 故障的触发更新信息。

至此，全网所有路由器的路由表中，表项 10.4.0.0 的度量值均为无穷大，并且进入抑制状态，路由器会丢弃目的地为网络 10.4.0.0 的数据包。

网络 10.4.0.0 恢复正常后，RTC 解除抑制时间，同时用触发更新向 RTA、RTB 传播。RTA、RTB 也解除抑制时间，路由表恢复正常。

33.5 RIPv2 的改进

RIPv1 是有类路由协议，它的协议报文不携带掩码信息，在交换子网路由时，有时会发生错误。

如图 33-11 所示，RTA 发送了路由 10.0.0.0 给 RTB。因此路由无掩码信息，且 10.0.0.0 是一个 A 类地址，所以 RTB 收到后，会给此路由加自然掩码。也就是说，RTB 的路由表中路由项目的地址/掩码是 10.0.0.0/8。这样就造成了错误的路由信息。

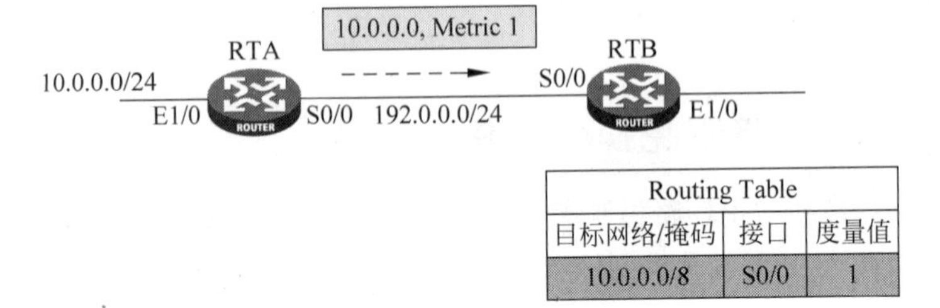

图 33-11 RIPv1 不携带掩码

RIPv1 的其他缺点有：只支持以广播方式发布协议报文，系统和网络开销都较大；RIPv1 不支持验证，协议安全没有保证。RIPv1 的上述缺点在 RIPv2 得到了改进。

RIPv2 是一种无类别路由协议(Classless Routing Protocol)，与 RIPv1 相比，它有如下优势。

(1) 报文中携带掩码信息，支持 VLSM(可变长子网掩码)和 CIDR(Classless Inter-Domain Routing，无类域间路由)。

(2) 支持组播路由发送更新报文，减少资源消耗。

(3) 支持对协议报文进行验证，并提供明文验证和 MD5 验证两种方式，增强安全性。

33.6 RIP 协议配置

33.6.1 RIP 基本配置

通常，在路由器上启用 RIP 协议时，首先需要对 RIP 进行一个基本的配置。进行 RIP 基本配置的步骤如下。

第 1 步：在系统视图下用 rip 命令启动 RIP 进程并进入 RIP 视图。配置命令为：

rip[*process-id*]

其中 *process-id* 为进程 ID。通常不必指定，系统自动选用 RIP 进程 1 作为当前 RIP 的进程。

第 2 步：在 RIP 视图下用 network 命令指定哪些网段接口使能 RIP。配置命令为：

network *network-address*

其中 *network-address* 为指定网段的地址，其取值可以为各个接口的 IP 网络地址。

network 0.0.0.0 命令用来在所有接口上使能 RIP。

network 命令实际上有两层含义,一方面用来指定本机上哪些直连路由被 RIP 进程加入到 RIP 路由表中;另一方面用来指定哪些接口能够收发 RIP 协议报文。

配置 network 命令后,RIP 进程会将指定网段所包含的直连路由添加到 RIP 路由表中,RIP 路由表以路由更新的方式从接口向外广播;RIP 进程会在指定网段所包含的接口上接收和发送 RIP 路由更新。对于不在指定网段上的接口,RIP 既不在它上面接收和发送路由,也不将它的接口直连路由转发出去。

在如图 33-12 所示网络中,路由器 RTA 有 3 个接口。启用 RIP 协议并用 network 命令指定后,接口 E1/0 和 S0/0 所连接的直连路由 10.0.0.0 和 12.0.0.0 被加入到 RIP 路由表中;同时,接口 E1/0 和 S0/0 能够收发 RIP 协议报文。路由器从接口 S0/0 收到 RIP 路由 13.0.0.0,把它加到 RIP 路由表中;在路由更新周期到来后,从接口 E1/0 上发送出去。而由于接口 S0/1 的 IP 地址不在 network 命令所指定范围内,所以它虽然接收到了路由 14.0.0.0,但是不会加入到 RIP 路由表中,也不会从其他接口发送出去。

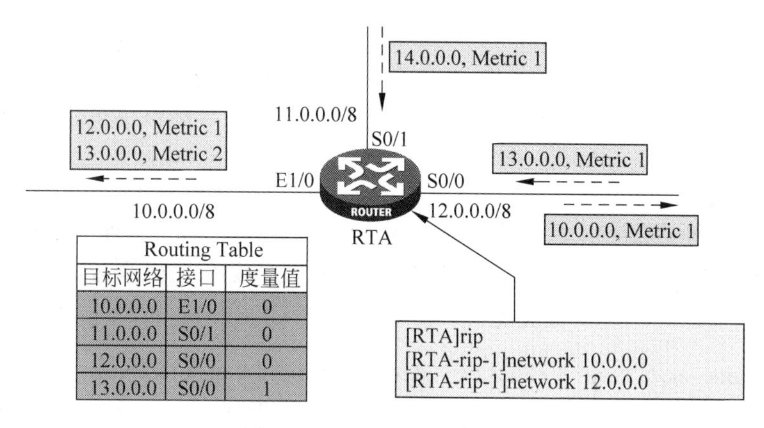

图 33-12 network 命令含义

33.6.2 RIP 可选配置

在不同网络环境中,可适当对 RIP 的配置做一些调整,以使 RIP 更好的运行。

有时候如果想让路由器的某些接口只接收 RIP 协议报文,而不发送 RIP 协议报文。比如,一台路由器的以太网口连接 PC,对于 PC 来说,它不需要接收 RIP 协议报文,所以路由器没有必要发送 RIP 协议报文给它。这种情况下,可以在 RIP 视图下用 silent-interface 命令来使某些接口只接收而不发送 RIP 协议报文。相关配置命令为:

silent-interface { *interface-type interface-number* | **all** }

启动 RIP 后,水平分割功能默认是启用的。如果水平分割被人为关闭,可以在接口视图下用以下命令来使能水平分割功能。

rip split-horizon

另外一种避免环路的机制是毒性逆转。毒性逆转功能默认是关闭的。要使能毒性逆转,需要在接口视图下用以下命令打开。

rip poison-reverse

33.6.3 RIPv2相关配置

RIPv1不支持不连续子网和认证等机制,所以在网络中使用RIPv2是比较理想的选择。在RIP视图下使用version命令来指定RIP的全局版本。

version { 1 | 2 }

使用上述命令指定RIP版本为1后,路由器的所有接口都以广播形式发送RIP协议报文。

另外,也可以在接口视图下指定接口所运行RIP的版本和形式。

rip version { 1 | 2 [broadcast | multicast] }

RIPv1和RIPv2都支持路由自动聚合功能。路由聚合是指将同一自然网段内的不同子网的路由聚合成一条自然掩码的路由然后发送,目的是为了减少网络上的流量。在RIPv1中,自动聚合功能默认是打开的,且不能关闭;RIPv2支持关闭自动聚合。当需要将所有子网路由广播出去时,可以在RIP视图下关闭RIPv2的自动路由聚合功能。

undo summary

RIPv2支持两种认证方式:明文认证和MD5密文认证。明文认证不能提供安全保障,未加密的认证字随报文一同传送,所以明文认证不能用于安全性要求较高的情况。在接口视图下可以启用认证并指定认证类型。

rip authentication-mode { md5 { rfc2082 { cipher *cipher-string* **| plain** *plain-string* **}** *key-id* **| rfc2453 { cipher** *cipher-string* **| plain** *plain-string* **} } | simple { cipher** *cipher-string* **| plain** *plain-string* **} }**

参数含义如下。

(1) **md5**:MD5验证方式。

(2) **rfc2082**:指定MD5验证报文使用RFC2082规定的报文格式。

(3) **cipher**:表示输入的密码为密文。

(4) *cipher-string*:表示设置的密文密码,为33~53个字符的字符串,区分大小写。

(5) **plain**:表示输入的密码为明文。

(6) *plain-string*:表示设置的明文密码,为1~16个字符的字符串,区分大小写。

(7) *key-id*:MD5 rfc2082验证标识符,取值范围为1~255。

(8) **rfc2453**:指定MD5验证报文使用RFC2453规定的报文格式(IETF标准)。

(9) **simple**:简单验证方式。

33.6.4 RIP基本配置示例

图33-13是RIP的基本配置示例。图中所有的网络使用自然掩码,没有子网划分,所以可以使用RIPv1。在两台路由器所有的接口上使能RIP。

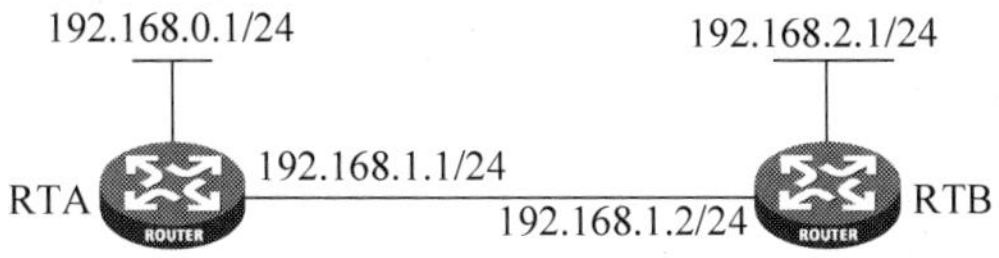

图 33-13 RIP 基本配置示例图

配置 RTA：

```
[RTA] rip
[RTA-rip] network 192.168.0.0
[RTA-rip] network 192.168.1.0
```

配置 RTB：

```
[RTB] rip
[RTB-rip] network 192.168.1.0
[RTB-rip] network 192.168.2.0
```

配置完成后，在 RTA 上查看 IP 路由表：

```
[RTA]display ip routing-table

Destinations : 18          Routes : 18

Destination/Mask      Proto   Pre  Cost        NextHop         Interface
0.0.0.0/32            Direct  0    0           127.0.0.1       InLoop0
127.0.0.0/8           Direct  0    0           127.0.0.1       InLoop0
127.0.0.0/32          Direct  0    0           127.0.0.1       InLoop0
127.0.0.1/32          Direct  0    0           127.0.0.1       InLoop0
127.255.255.255/32    Direct  0    0           127.0.0.1       InLoop0
192.168.0.0/24        Direct  0    0           192.168.0.1     GE0/0
192.168.0.0/32        Direct  0    0           192.168.0.1     GE0/0
192.168.0.1/32        Direct  0    0           127.0.0.1       InLoop0
192.168.0.255/32      Direct  0    0           192.168.0.1     GE0/0
192.168.1.0/24        Direct  0    0           192.168.1.1     Ser2/0
192.168.1.0/32        Direct  0    0           192.168.1.1     Ser2/0
192.168.1.1/32        Direct  0    0           127.0.0.1       InLoop0
192.168.1.2/32        Direct  0    0           192.168.1.2     Ser2/0
192.168.1.255/32      Direct  0    0           192.168.1.1     Ser2/0
192.168.2.0/24        RIP     100  1           192.168.1.2     Ser2/0
224.0.0.0/4           Direct  0    0           0.0.0.0         NULL0
224.0.0.0/24          Direct  0    0           0.0.0.0         NULL0
255.255.255.255/32    Direct  0    0           127.0.0.1       InLoop0
```

可以看到，RTA 通过 RIP 协议学习到了路由 192.168.2.0/24。下一跳为 192.168.1.2，说明是经过 RTB 学习到的；代价是 1，说明到 192.168.2.0/24 需要经过一跳。

33.6.5 RIPv2 配置示例

RIPv2 能够支持在协议报文中携带掩码，并支持认证。由于图 33-14 中使用了子网划分，且子网掩码也不连续，所以需要在两台路由器间运行 RIPv2。

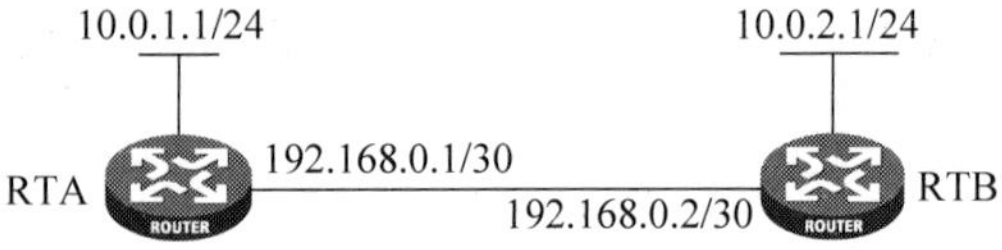

配置 RTA：

```
[RTA] rip
[RTA-rip] network 10.0.0.0
[RTA-rip] network 192.168.0.0
[RTA-rip] version 2
[RTA-rip] undo summary
[RTA-Serial0/0] rip authentication-mode md5 rfc2453plain H3C
```

图 33-14 RIPv2 配置示例图

配置 RTB：

```
[RTB] rip
[RTB-rip] network 10.0.0.0
[RTB-rip] network 192.168.0.0
[RTB-rip] undo summary
[RTB-rip] version 2
[RTB-Serial0/0] rip authentication-mode md5 rfc2453 plain H3C
```

配置完成后，在 RTA 上查看 IP 路由表。

```
[RTA]dis ip routing-table

Destinations : 18        Routes : 18

Destination/Mask      Proto   Pre  Cost        NextHop        Interface
0.0.0.0/32            Direct  0    0           127.0.0.1      InLoop0
10.0.1.0/24           Direct  0    0           10.0.1.1       GE0/0
10.0.1.0/32           Direct  0    0           10.0.1.1       GE0/0
10.0.1.1/32           Direct  0    0           127.0.0.1      InLoop0
10.0.1.255/32         Direct  0    0           10.0.1.1       GE0/0
10.0.2.0/24           RIP     100  1           192.168.0.2    Ser2/0
127.0.0.0/8           Direct  0    0           127.0.0.1      InLoop0
127.0.0.0/32          Direct  0    0           127.0.0.1      InLoop0
127.0.0.1/32          Direct  0    0           127.0.0.1      InLoop0
127.255.255.255/32    Direct  0    0           127.0.0.1      InLoop0
192.168.0.0/30        Direct  0    0           192.168.0.1    Ser2/0
192.168.0.0/32        Direct  0    0           192.168.0.1    Ser2/0
192.168.0.1/32        Direct  0    0           127.0.0.1      InLoop0
192.168.0.2/32        Direct  0    0           192.168.0.2    Ser2/0
192.168.0.3/32        Direct  0    0           192.168.0.1    Ser2/0
224.0.0.0/4           Direct  0    0           0.0.0.0        NULL0
224.0.0.0/24          Direct  0    0           0.0.0.0        NULL0
255.255.255.255/32    Direct  0    0           127.0.0.1      InLoop0
```

可以看到，RTA 通过 RIP 协议学习到了路由 10.0.2.0/24。

33.6.6 RIP 运行状态及配置信息查看

在任意视图下可以使用 display rip 命令来查看 RIP 当前运行状态及配置信息。

```
<Router> display rip
 Public VPN-instance name:
```

```
RIP process: 1
    RIP version: 2
    Preference: 100
    Checkzero: Enabled
    Default cost: 0
    Summary: Disabled
    Host routes: Enabled
    Maximum number of load balanced routes: 6
    Update time :    30 secs   Timeout time :   180 secs
    Suppress time :   120 secs   Garbage-collect time :   120 secs
    Update output delay:    20(ms)   Output count:      3
    TRIP retransmit time:     5(s)   Retransmit count: 36
    Graceful-restart interval:    60 secs
    Triggered Interval : 5 50 200
    Silent interfaces: None
    Default routes: Disabled
    Verify-source: Enabled
    Networks:
        192.168.1.0              192.168.0.0
    Configured peers: None
    Triggered updates sent: 0
    Number of routes changes: 1
    Number of replies to queries: 0
```

由以上命令输出可得知，当前 RIP 的运行版本是 RIPv2；自动聚合功能是关闭的；使能 RIP 的网段为 192.168.1.0 和 192.168.0.0。另外，图中常用的 RIP 信息及含义如表 33-1 所示。

表 33-1 RIP 信息含义

字 段	描 述
RIP process	RIP 进程号
RIP version	RIP 版本
Preference	RIP 路由优先级
Update time	Update 定时器的值，单位为秒
Timeout time	Timeout 定时器的值，单位为秒
Suppress time	Suppress 定时器的值，单位为秒
Garbage-collect time	Garbage-Collect 定时器的值，单位为秒
Silent interfaces	工作在抑制状态的接口(这些接口不发送周期更新报文)
Default routes	是否向 RIP 邻居发布一条默认路由 (1) Only：表示只发布默认路由 (2) Originate：表示同时发布默认路由和普通路由 (3) Disabled：表示不发布默认路由
networks	使能 RIP 的网段地址

在用户视图下可以使用 debugging rip 命令来查看 RIP 协议收发报文的情况。

```
<RTA>debugging rip 1 packet
RIP 1 : Receiving response from 192.168.0.2 on Serial2/0
```

```
  Packet: version 1, cmd response, length 24
    AFI 2, destination 10.0.0.0, cost 1
RIP 1 : Sending response on interface GigabitEthernet0/0 from 10.0.1.1 to 255.255.255.255
  Packet: version 1, cmd response, length 44
    AFI 2, destination 10.0.2.0, cost 2
    AFI 2, destination 192.168.0.0, cost 1
RIP 1 : Sending response on interface Serial2/0 from 192.168.0.1 to 255.255.255.255
  Packet: version 1, cmd response, length 24
    AFI 2, destination 10.0.0.0, cost 1
```

由 debugging 输出信息可知道接口发送 RIP 协议报文的版本，是以广播方式还是组播方式发送的；路由更新中含有哪些目标网段，相应的度量值是多少。

另外，还可以获知接口收到的路由更新有哪些路由，相应的度量值。

示例中使用 RIPv1。如果路由器运行 RIPv2，路由更新中还应该包含了路由掩码。

33.7 本章总结

(1) RIP 协议是一种距离矢量路由协议。

(2) RIP 使用水平分割、路由毒化等机制来避免路由环路。

(3) RIPv2 能够支持 VLSM。

(4) RIP 的配置和显示。

33.8 习题和解答

33.8.1 习题

1. RIP 使用(　　)协议来承载，其端口号是(　　)。
   A. TCP，179　　B. UDP，179　　C. TCP，520　　D. UDP，520
2. RIP 协议的 Update 定时器的默认时间是(　　)s。
   A. 30　　B. 60　　C. 120　　D. 180
3. 以下(　　)是 RIPv2 中具有，但 RIPv1 中没有的。
   A. 组播方式发送协议报文　　B. 认证
   C. 水平分割机制　　D. 支持 VLSM
4. 以下(　　)是 RIP 协议防止环路的机制。
   A. 水平分割　　B. 毒性逆转　　C. 抑制时间　　D. 触发更新
5. 在路由器上指定相关接口使能 RIP 协议的命令为(　　)。
   A. [RTA] network 192.168.0.0
   B. [RTA] network 192.168.0.0 0.0.255.255
   C. [RTA-rip] network 192.168.0.0
   D. [RTA-rip] network 192.168.0.0 0.0.255.255

33.8.2 习题答案

1. D　　2. A　　3. ABD　　4. ABCD　　5. C

第34章

OSPF

由于RIP路由协议存在无法避免的缺陷，所以在规划网络时，其多用于构建中小型网络。但随着网络规模的日益扩大，一些小型企业网的规模几乎等同于十几年前的中型企业网，并且对于网络的安全性和可靠性提出了更高的要求，RIP路由协议显然已经不能完全满足这样的需求。

在这种背景下，OSPF(Open Shortest Path First，开放最短路径优先)路由协议以其众多的优势脱颖而出。它解决了很多RIP路由协议无法解决的问题，因而得到了广泛应用。

34.1 本章目标

学习完本章，应该能够达到以下目标。

(1) 掌握OSPF路由协议原理。

(2) 掌握OSPF路由协议特性。

(3) 能够配置OSPF协议。

(4) 掌握OSPF常见问题定位手段。

34.2 RIP的缺陷

RIP路由协议由于其自身算法的限制，不可避免地会引入路由环路。尽管后续增加了水平分割、抑制时间和毒性逆转等方法来避免这个问题，但一方面这些功能使得RIP网络的路由计算变得复杂，网络收敛慢；另一方面它们对于稍大些的复杂网络仍然无能为力，无法从理论上完全避免路由环路产生。除此以外，RIP还存在其他无法避免的缺陷，使其只能用于中小型网络中。

RIP以跳数来衡量到达目标网络的最优路径，但这种进行路由选择的方式在大多数网络中是不合适的。

在如图34-1所示的简单网络结构中，如果使用RIP协议，那么RTA路由器将认为到达目标网络10.2.0.0/24的最优路径是直接通过S0/1接口达到RTB路由器，因为根据距离矢量算法计算，RTA和RTB直连，它们之间的跳数最少。但如果从网络传输时延的角度评估，这种选择显然是不恰当的，因为通过RTC到达目的网络的另一条路径的带宽远远高于所选定的路径，所花费的传输时间也远远少于RTA到RTB这一段链路。

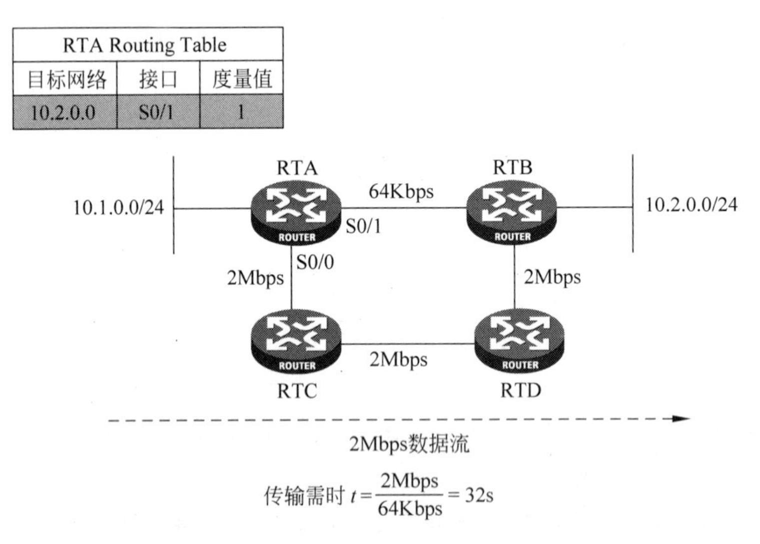

图 34-1 RIP 协议的路由选择

事实上,在大多数网络中,以网络带宽和链路时延来衡量网络质量更加合理。OSPF 协议就是使用网络带宽作为参考值来做出路由选择的。

RIP 支持的最大跳数为 16,这决定了其无法用于构建规模较大的网络。在启用 RIP 协议的网络里,每一个 RIP 路由器只能接收到网络中相邻路由器的路由表,接收到相邻路由器的路由信息后,RIP 路由器将路由信息的度量值(Metric)增加一跳后再传送给相邻路由器。这种逐步传递路由信息的过程只发生在相邻路由器之间。当跳数增加到 16 以后,路由器会认为距离无穷远,目标网络不可达。这一限制决定了任意两个设备之间的距离不能超过 16 跳。

如图 34-2 所示,在一个较大规模的网络中使用了 RIP 协议,RTA 的相关路由信息被逐

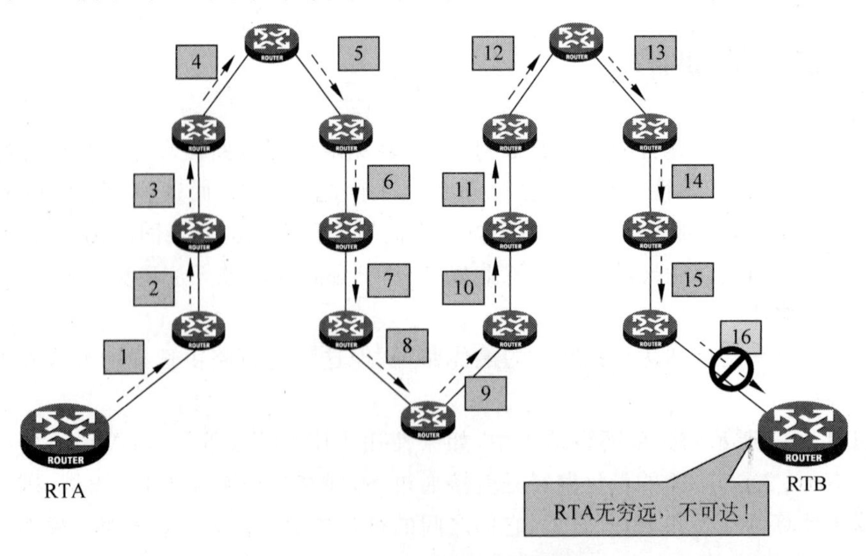

图 34-2 RIP 协议的最大跳数限制

跳传递到 RTB。虽然对于 RTB,实际上是可以通过数量众多的路由器到达 RTA,但是由于在路由表中,RTA 的跳数被设置为 16 跳,根据 RIP 协议的规定,这个跳数的路由器被认为是不可达,因此会将 RTA 的路由条目丢弃。这就是 RIP 协议只能用于小型网络的原因,而 OSPF 等路由协议就不存在此类限制。

RIP 的收敛速度慢,只适用于网络结构变化缓慢的地区性网络。为防止路由环路,RIP 采用抑制时间的机制对不可达路由信息更新进行抑制。在这种机制下,即使有新设备发布路由,只要新发布的路由的度量值比原有路由的大,RIP 也不能及时更新路由表,必须等到抑制时间结束后才能更新该路由信息。

如图 34-3 所示,RTA 与 RTC 同时有到 10.1.0.0/24 网段的路由,在 RTA 的这条路由失效后,虽然 RTC 发出了这条路由的更新报文,但是 RTA 在抑制时间内,不会立即更新路由表。直到抑制时间结束,RTA 才会更新路由信息,并且向 RTB 发送新的更新报文。

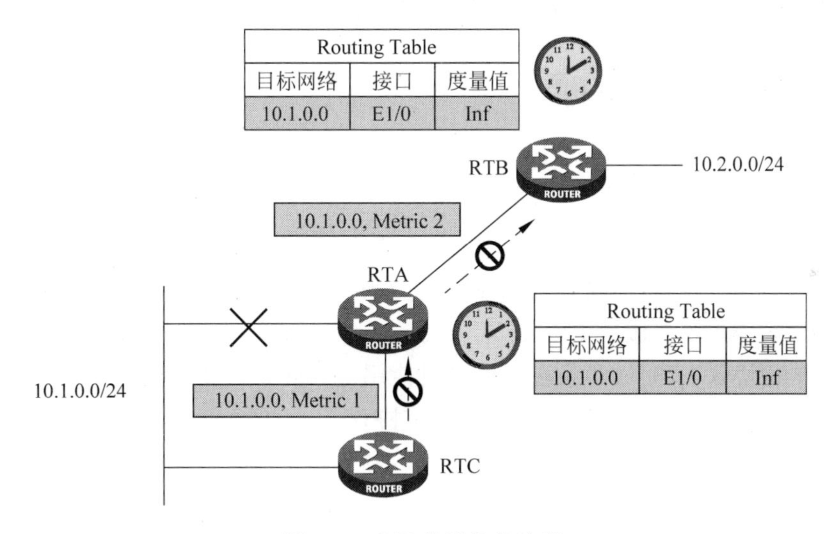

图 34-3 RIP 协议收敛速度

同时,由于 RIP 的更新周期比较长,一个邻居路由器突然离线,其他路由器可能需要较长的时间才能察觉,这也造成 RIP 的收敛速度较慢。OSPF 等路由协议的收敛速度就远远快于 RIP 协议。

为保证网络同步,RIP 每 30s 向相邻路由器发布自身的全部路由信息。RIP 的网络规模越大,在路由刷新周期内需要发送的路由信息越多。网络上可能会充斥大量的 RIP 路由信息包,占用大量的网络资源。如图 34-4 所示,每条 RIP 路由需要占用 20 个字节,假设 RTA 和 RTB 各有 1000 条路由,当路由更新时,RTA 和 RTB 之间单方向传输就需要消耗至少 160Kbps 的带宽资源,这对于本来带宽资源就很少的网络而言,显然是一个很重的负担。同时,发布和传输这些路由将占用较多的时间,网络收敛速度受到极大限制。OSPF 等路由协议采用组播更新的方式就可以大大地降低网络负担。

综上可见,RIP 路由协议并不适合大规模的网络。目前,RIP 主要用于较小型网络的构建。相对地,OSPF 协议很好地解决了上述这些问题,因此得到了广泛的使用。

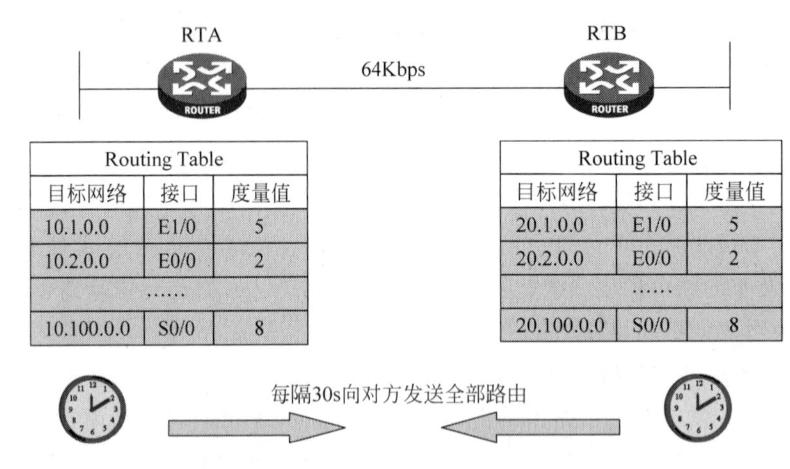

Routing Table		
目标网络	接口	度量值
10.1.0.0	E1/0	5
10.2.0.0	E0/0	2
……		
10.100.0.0	S0/0	8

Routing Table		
目标网络	接口	度量值
20.1.0.0	E1/0	5
20.2.0.0	E0/0	2
……		
20.100.0.0	S0/0	8

图 34-4 RIP 协议周期发送整张路由表

34.3 OSPF 基本原理

34.3.1 什么是 OSPF

OSPF 是由 IETF(Internet Engineering Task Force,Internet 工程任务组)开发的基于链路状态(Link State)的自治系统内部路由协议,用来替代存在一些问题的 RIP 协议。目前通用的 OSPF 协议第二版由 RFC2328 定义。

与距离矢量协议不同,链路状态路由协议使用 Dijkstra 的最短路径优先算法(Shortest Path First,SPF)计算和选择路由。这类路由协议关心网络中链路或接口的状态(UP、DOWN、IP 地址、掩码、带宽、利用率和时延等),每个路由器将其已知的链路状态向该区域的其他路由器通告,通过这种方式,网络上的每台路由器对网络结构都会有相同的认识。随后,路由器以其为依据,使用 SPF 算法计算和选择路由。

OSPF 协议在有组播发送能力的链路层上以组播地址发送协议包,既达到了节约资源的目的,又最大限度地减少了对其他网络设备的干扰。

OSPF 将协议包直接封装在 IP 包中,协议号 89。由于 IP 协议本身是无连接的,所以 OSPF 传输的可靠性需要协议本身来保证。因此,OSPF 协议定义了一些机制保证协议包安全可靠地传输。

总体说来,OSPF 协议比 RIP 具有更大的扩展性、快速收敛性和安全可靠性,同时,它采用路由增量更新的机制在保证全区域路由同步的同时,尽可能地减少了对网络资源的浪费。但是 OSPF 的算法耗费更多的路由器内存和处理能力,在大型网络里,路由器本身承受的压力会很大。因此,OSPF 协议适合企业中小型网络构建。

34.3.2 OSPF 协议工作过程概述

如图 34-5 所示,OSPF 协议的 4 个主要工作过程如下。

1. 寻找邻居

不同于 RIP,OSPF 协议运行后,并不立即向网络广播路由信息,而是先寻找网络中可

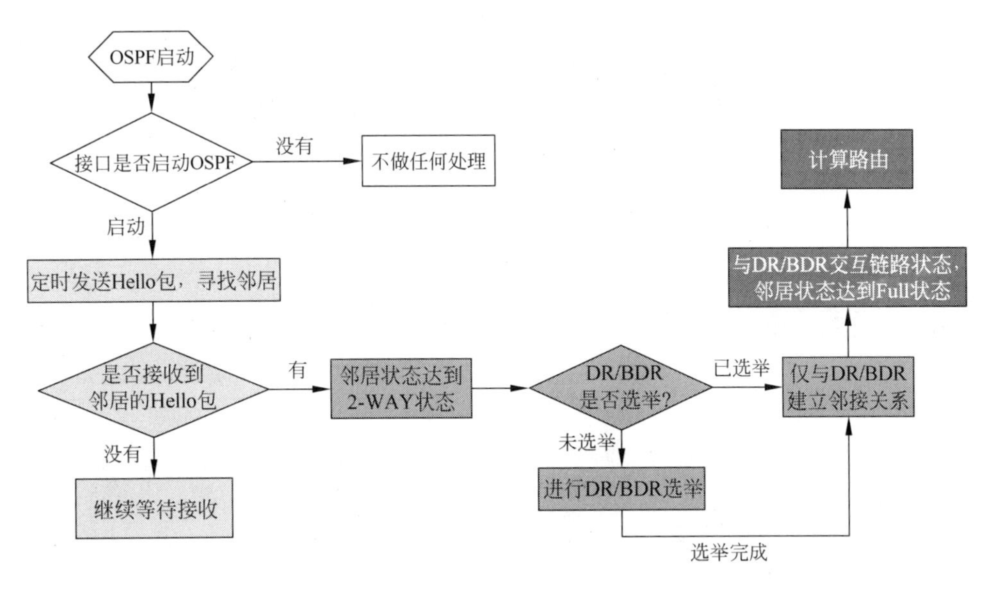

图 34-5 OSPF 协议工作过程

与自己交互链路状态信息的周边路由器。可以交互链路状态信息的路由器互为邻居(Neighbor)。

2. 建立邻接关系

邻接关系(Adjacency)可以想象为一条点到点的虚链路，它是在一些邻居路由器之间构成的。只有建立了可靠邻接关系的路由器才相互传递链路状态信息。

3. 链路状态信息传递

OSPF 路由器将建立描述网络链路状况的 LSA(Link State Advertisement，链路状态公告)，建立邻接关系的 OSPF 路由器之间将交互 LSA，最终形成包含网络完整链路状态信息的 LSDB(Link State DataBase，链路状态数据库)。

4. 计算路由

获得了完整的 LSDB 后，OSPF 区域内的每个路由器将会对该区域的网络结构有相同的认识，随后各路由器将依据 LSDB 的信息用 SPF 算法独立计算出路由。

34.3.3 寻找邻居

OSPF 路由器周期性地从其启动 OSPF 协议的每一个接口以组播地址 224.0.0.5 发送 Hello 包，以寻找邻居。Hello 包里携带有一些参数，比如始发路由器的 Router ID(路由器 ID)、始发路由器接口的区域 ID(Area ID)、始发路由器接口的地址掩码、选定的 DR 路由器、路由器优先级等信息。

如图 34-6 所示，当两台路由器共享一条公共数据链路，并且相互成功协商它们各自 Hello 包中所指定的某些参数时，它们就能成为邻居。邻居地址一般为启动 OSPF 协议并向外发送 Hello 包的路由器接口地址。

路由器通过记录彼此的邻居状态来确认是否与对方建立了邻接关系。路由器初次接收到某路由器的 Hello 包时，仅将该路由器作为邻居候选人，将其状态记录为 Init 状态；只有

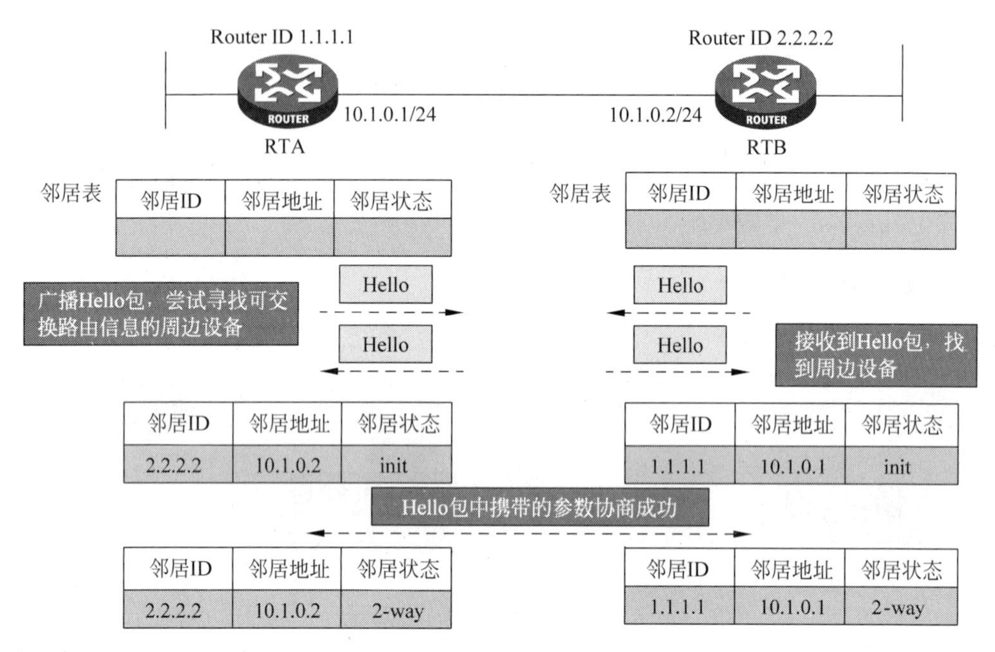

图 34-6 OSPF 协议邻居建立过程

在相互成功协商 Hello 包中所指定的某些参数后，才将该路由器确定为邻居，将其状态修改为 2-way 状态。当双方的链路状态信息交互成功后，邻居状态将变迁为 Full 状态，这表明邻居路由器之间的链路状态信息已经同步。

一台路由器可以有很多邻居，也可以同时成为几台其他路由器的邻居。邻居状态和维护邻居路由器的一些必要的信息都被记录在一张邻居表内，为了跟踪和识别每台邻居路由器，OSPF 协议定义了 Router ID(路由器 ID)。

Router ID 在 OSPF 区域内唯一标识一台路由器的 IP 地址。一台路由器可能有多个接口启动 OSPF，这些接口分别处于不同的网段，它们各自使用自己的接口 IP 地址作为邻居地址与网络里其他路由器建立邻居关系，但网络里的所有其他路由器只会使用 Router ID 来标识这台路由器。

34.3.4 建立邻接关系

可以将邻接关系比喻为一条点到点的虚连接，那么可以想象，在广播型网络的 OSPF 路由器之间的邻接关系是很复杂的。

如图 34-7 所示，OSPF 区域内有 5 台路由器，它们彼此互为邻居并都建立邻接关系，那么总共会有 10 个邻接关系；如果是 10 台路由器，那么就有 45 个邻接关系；如果有 n 台路由器，那么就有 $n(n-1)/2$ 个邻接关系。邻接关系需要消耗较多的资源来维持，而且邻接路由器之间要两两交互链路状态信息，这也会造成网络资源和路由器处理能力的巨大浪费。

为了解决这个问题，OSPF 要求在广播型网络里选举一台 DR(Designated Router，指定路由器)。DR 负责用 LSA 描述该网络类型及该网络内的其他路由器，同时也负责管理他们之间的链路状态信息交互过程。

DR 选定后，该广播型网络内的所有路由器只与 DR 建立邻接关系，与 DR 互相交换链

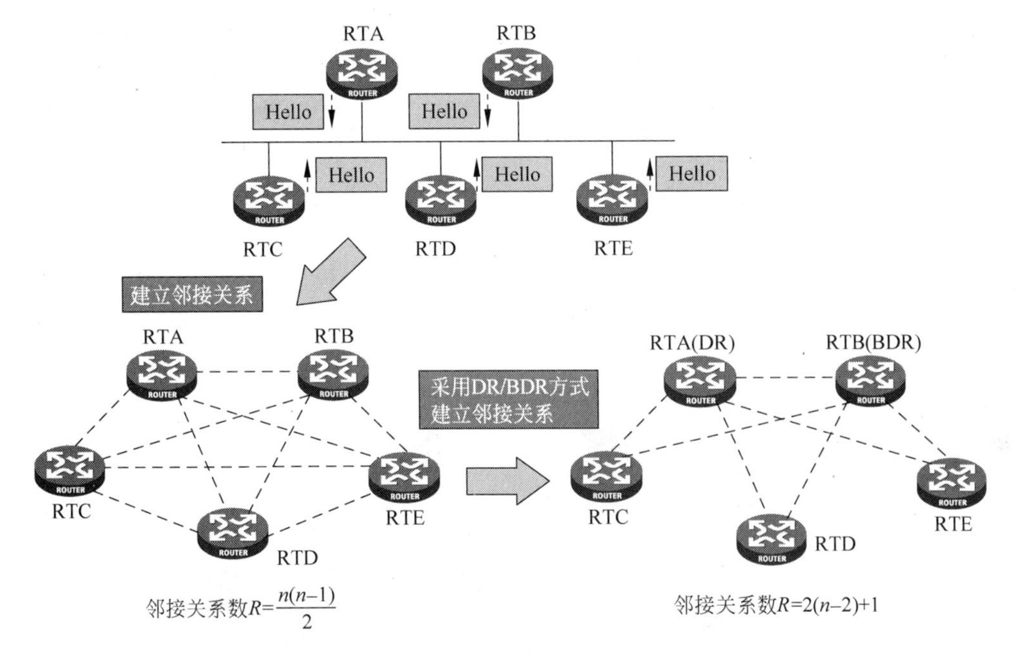

图 34-7 OSPF 协议邻接关系建立过程

路状态信息以实现 OSPF 区域内路由器链路状态信息同步。值得注意的是，一台路由器可以有多个接口启动 OSPF，这些接口可以分别处于不同的网段里，这就意味着，这台路由器可能是其中一个网段的指定路由器，而不是其他网段的指定路由器，或者可能同时是多个网段的指定路由器。换句话说，DR 是一个 OSPF 路由器接口的特性，不是整台路由器的特性；DR 是某个网段的 DR，而不是全网的 DR。

如果 DR 失效，所有的邻接关系都会消失，此时必须重新选取一台新的 DR，网络上的所有路由器也要重新建立新的邻接关系并重新同步全网的链路状态信息。当这种问题发生时，网络将在一个较长时间内无法有效地传送链路状态信息和数据包。

为加快收敛速度，OSPF 在选举 DR 的同时，还会再选举一个 BDR(Backup Designated Router，备份指定路由器)。网络上所有的路由器将与 DR 和 BDR 同时形成邻接关系，如果 DR 失效，BDR 将立即成为新的 DR。

采用选举 DR 和 BDR 的方法，广播型网络内的邻接关系减少为 2(n－2)＋1 条，即 5 台路由器的邻接关系为 7 条，10 台路由器为 17 条。

注意：*邻居与邻接关系并不是一个概念。在广播型网络里，OSPF 区域内的路由器可以互为邻居，但只与 DR 和 BDR 建立邻接关系。*

在 OSPF 的某些网络类型里，建立邻接关系时并不需要进行 DR 和 BDR 选举。本书未讨论全部细节，而只关注广播型网络(如以太网)的邻接关系的建立。

在初始阶段，OSPF 路由器会在 Hello 包里将 DR 和 BDR 指定为 0.0.0.0。当路由器接收到邻居的 Hello 包后，检查 Hello 包携带的路由器优先级(Router Priority)、DR 和 BDR 等字段，然后列出所有具备 DR 和 BDR 资格的路由器(优先级不为 0 的路由器均具备选举资格)。

路由器优先级取值范围从 0 至 255。在具备选举资格的路由器中，优先级最高的将被宣告为 BDR,优先级相同则 Router ID 大的优先。BDR 选举成功后,进行 DR 选举。如果同时有一台或多台路由器宣称自己为 DR,则优先级最高的将被宣告为 DR,优先级相同,则 Router ID 大的优先。如果网络里没有路由器宣称自己为 DR,则将已有的 BDR 推举为 DR,然后再执行一次选举过程选出新的 BDR。DR 和 BDR 选举成功后,OSPF 路由器会将 DR 和 BDR 的 IP 地址设置到 Hello 包的 DR 和 BDR 字段上,表明该 OSPF 区域内的 DR 和 BDR 已经有效。

如图 34-8 所示,优先级为 5 的 RTA 被选举为 DR,优先级为 3 的 RTB 被选举为 BDR,其他有选举资格的路由器作为 DRother。

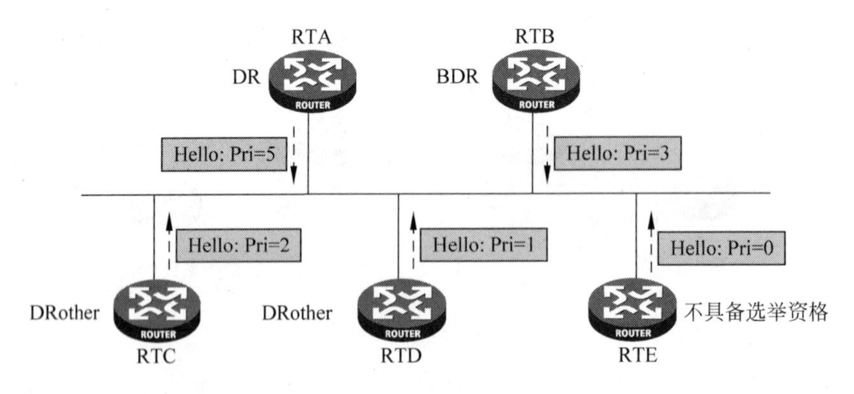

图 34-8 DR 的选举过程

虽然路由器的优先级可以影响选举过程,但它不能强制更改已经有效的 DR 和 BDR。当一台 OSPF 路由器加入一个 OSPF 区域时,如果该区域内尚未选举出 DR 和 BDR,则该路由器参与 DR 和 BDR 的选举,如果该区域内已经有有效的 DR 和 BDR,即使该路由器的优先级很高,也只能接受已经存在的 DR 和 BDR。因此在广播型网络里,最先初始化的具有 DR 选举资格的两台路由器将成为 DR 和 BDR。

一旦 DR 和 BDR 选举成功,其他路由器(DRother)只与 DR 和 BDR 之间建立邻接关系。此后,所有路由器继续组播 Hello 包(组播地址为 224.0.0.5)来寻找新的邻居和维持旧邻居关系,而 DRother 路由器只与 DR 和 BDR 交互链路状态信息,故 DRother 与 DR、DRother 与 BDR 之间的邻居状态可以达到 Full 状态,而 DRother 之间的邻居状态只能停留在 2-way 状态。

34.3.5 链路状态信息传递

建立邻接关系的 OSPF 路由器之间通过发布 LSA 来交互链路状态信息。通过获得对方的 LSA,同步 OSPF 区域内的链路状态信息后,各路由器将形成相同的 LSDB。

LSA 通告描述了路由器所有的链路信息(或接口)和链路状态信息。这些链路可以是到一个末梢网络(指没有和其他路由器相连的网络)的链路,也可以是到其他 OSPF 路由器的链路或是到外部网络的链路等。

为避免网络资源浪费,OSPF 路由器采取路由增量更新的机制发布 LSA,即只发布邻居缺失的链路状态给邻居。如图 34-9 所示,当网络变更时,路由器立即向已经建立邻接关系的邻居发送 LSA 摘要信息;而如果网络未发生变化,OSPF 路由器每隔 30min 向已经建立邻接关系的邻居发送一次 LSA 的摘要信息。摘要信息仅对该路由器的链路状态进行简单的描述,并不是具体的链路信息。邻居接收到 LSA 摘要信息后,比较自身链路状态信息,如果发现对方具有自己不具备的链路信息,则向对方请求该链路信息,否则不做任何动作。当 OSPF 路由器接收到邻居发来的请求某个 LSA 的包后,将立即向邻居提供它所需要的 LSA,邻居在接收到 LSA 后,会立即给对方发送确认包进行确认。

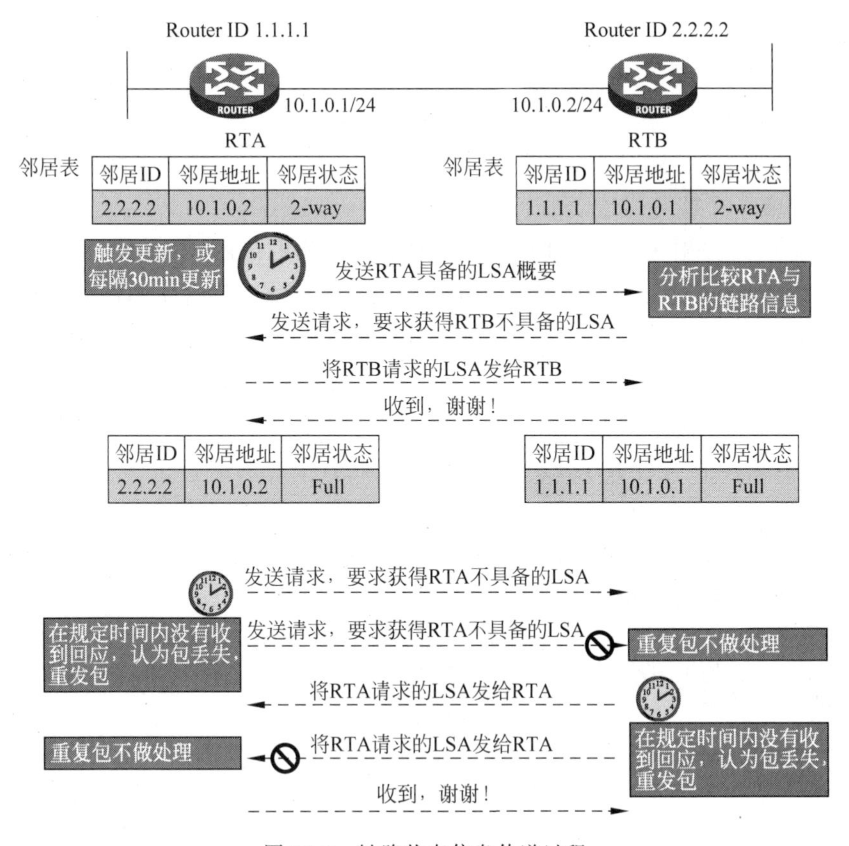

图 34-9 链路状态信息传递过程

综上可见,OSPF 协议在发布 LSA 时进行了 4 次握手,这种方式不仅有效避免了类似 RIP 协议发送全部路由带来的网络资源浪费的问题,还保证了路由器之间信息传递的可靠性,提高了收敛速度。

OSPF 协议具备超时重传机制。在 LSA 更新阶段,如果发送的包在规定时间内没有收到对方的回应,则认为包丢失,重新发送包。

为避免网络时延大造成路由器超时重传,OSPF 协议为每个包编写从小到大的序列号,当路由器接收到重复序列号的包时,只响应第一个包。

同时,由于 LSA 更新时携带掩码,OSPF 支持 VLSM(Variable-Length Subnet Mask,变长子网掩码),能准确反映实际网络情况。

34.3.6 路由计算

OSFP 路由计算通过以下步骤完成。

第 1 步：评估一台路由器到另一台路由器所需要的开销(Cost)。

OSPF 协议是根据路由器的每一个接口指定的度量值来决定最短路径的，这里的度量值指的就是接口指定的开销。一条路由的开销是指沿着到达目的网络的路径上所有路由器出接口的开销总和。

Cost 值与接口带宽密切相关。H3C 路由器的接口开销是根据公式 100/带宽(Mbps)计算得到的，它可作为评估路由器之间网络资源的参考值。此外，用户也可以通过命令 **ospf cost** 手工指定路由器接口的 Cost 值。

第 2 步：同步 OSPF 区域内每台路由器的 LSDB。

OSPF 路由器通过交换 LSA 实现 LSDB 的同步。LSA 不但携带了网络连接状况信息，而且携带了各接口的 Cost 信息。

由于一条 LSA 是对一台路由器或一个网段拓扑结构的描述，整个 LSDB 就形成了对整个网络的拓扑结构的描述。LSDB 实质上是一张带权的有向图，这张图便是对整个网络拓扑结构的真实反映。显然，OSPF 区域内所有路由器得到的是一张完全相同的图。

第 3 步：使用 SPF 计算出路由。

如图 34-10 所示，OSPF 路由器用 SPF 算法以自身为根节点计算出一棵最短路径树，在这棵树上，由根到各节点的累计开销最小，即由根到各节点的路径在整个网络中都是最优的，这样也就获得了由根去往各个节点的路由。计算完成后，路由器将路由加入 OSPF 路由表。当 SPF 算法发现有两条到达目标网络的路径的 Cost 值相同，就会将这两条路径都将加入 OSPF 路由表，形成等价路由。

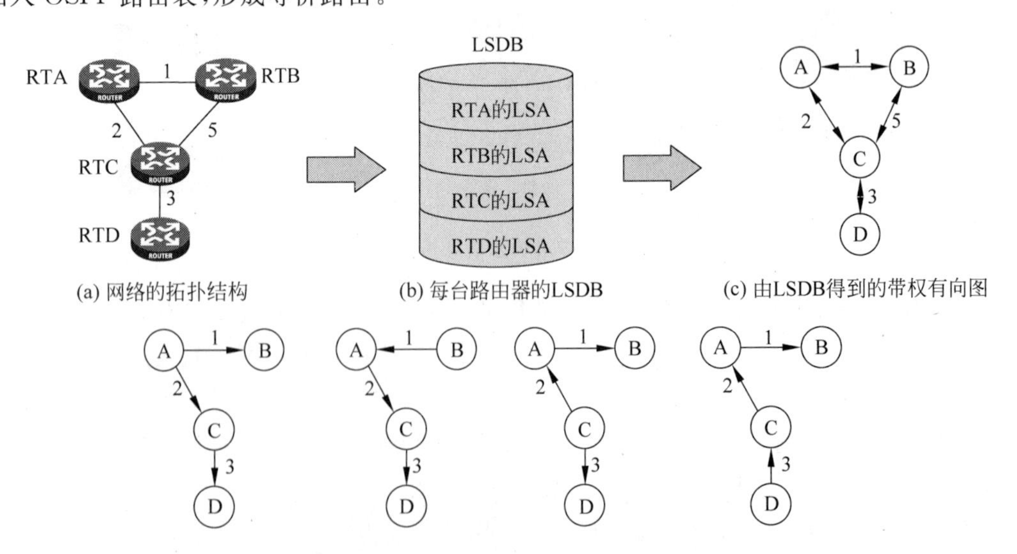

图 34-10 OSPF 协议路由计算过程

从 OSPF 协议的工作过程，能清晰地看出 OSPF 具备如下的优势。

(1) OSPF 区域内的路由器对整个网络的拓扑结构有相同的认识，在此基础上计算的路由不可能产生环路。

(2) 当网络结构变更时，所有路由器能迅速获得变更后的网络拓扑结构，网络收敛速度快。

(3) 由于引入了 Router ID 的概念，OSPF 区域内的每台路由器的行为都能很好地被跟踪。

(4) 使用 SPF 算法计算路由，路由选择与网络能力直接联系起来，选路更合理。

(5) OSPF 采用多种手段保证信息传递的可靠性、准确性，确保每台路由器网络信息同步，同时，避免了不必要的网络资源浪费。

综合起来看，OSPF 的确解决了 RIP 路由协议的一些固有缺陷，成为企业网络中最常用的路由协议之一。

34.3.7 OSPF 分区域管理

OSPF 协议使用了多个数据库和复杂的算法，这势必会耗费路由器更多的内存和 CPU 资源。当网络的规模不断扩大时，这些对路由器的性能要求就会显得过多，甚至会达到路由器性能极限。另外，Hello 包和 LSA 更新包也随着网络规模的扩大给网络带来难以承受的负担。为减少这些不利的影响，OSPF 协议提出分区域管理的解决方法，如图 34-11 所示。

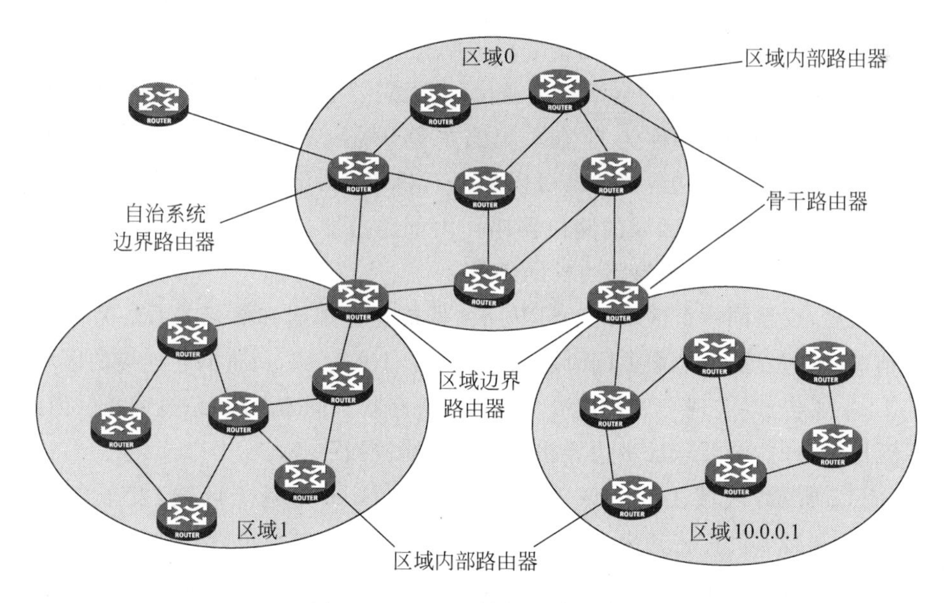

图 34-11 OSPF 协议区域划分图

OSPF 将一个大的自治系统划分为几个小的区域(Area)，路由器仅需要与其所在区域的其他路由器建立邻接关系并共享相同的链路状态数据库，而不需要考虑其他区域的路由器。在这种情况下，原来庞大的数据链路状态数据库被划分为几个小数据库，并分别在每个区域里进行维护，从而降低了对路由器内存和 CPU 的消耗；同时，Hello 包和 LSA 更新包也被控制在一个区域内，更有利于网络资源的利用。

为区分各个区域，每个区域都用一个 32 位的区域 ID(Area ID)来标识。区域 ID 可以表示为一个十进制数字,也可以表示为一个点分十进制的数字,例如配置区域0等同于配置区域0.0.0.0。

划分区域以后,OSPF自治系统内的通信将划分为3种类型。

(1) 区域内通信——在同一个区域内的路由器之间的通信。

(2) 区域间通信——不同区域的路由器之间的通信。

(3) 区域外部通信——OSPF域内路由器与另一个自治系统内的路由器之间的通信。

为完成上述的通信,OSPF需要对本自治系统内的各区域及路由器进行任务分工。

OSPF划分区域后,为有效管理区域间通讯,需要有一个区域作为所有区域的枢纽,负责汇总每一个区域的网络拓扑路由到其他所有的区域,所有的区域间通信都必须通过该区域,这个区域称为骨干区域(Backbone Area)。协议规定区域0是骨干域保留的区域ID号。

所有非骨干区域都必须与骨干区域相连,非骨干区域之间不能直接交换数据包,它们之间的路由传递只能通过区域0完成。区域ID仅是对区域的标识,与它内部的路由器IP地址分配无关。

至少有一个接口与骨干区域相连的路由器被称为骨干路由器(Backbone Router)。连接一个或多个区域到骨干区域的路由器被称为区域边界路由器(Area Border Routers, ABR),这些路由器一般会成为域间通信的路由网关。

OSPF自治系统要与其他的自治系统通信,必然需要有OSPF区域内的路由器与其他自治系统相连,这种路由器称为自治系统边界路由器(Autonomous System Boundary Router,ASBR)。自治系统边界路由器可以是位于OSPF自治系统内的任何一台路由器。

所有接口都属于同一个区域的路由器叫作内部路由器(Internal Router),它只负责域内通信或同时承担自治系统边界路由器的任务。

划分区域后,仅在同一个区域的OSPF路由器能建立邻居和邻接关系。为保证区域间能正常通信,区域边界路由器需要同时加入两个及以上的区域,负责向它连接的区域发布其他区域的LSA通告,以实现OSPF自治系统内的链路状态同步,路由信息同步。因此,在进行OSPF区域划分时,会要求区域边界路由器的性能较强一些。

如图34-12所示,区域1和区域10.0.0.1只向区域0(骨干区域)发布自己区域的LSA,而区域0则必须负责将其自身LSA向其他区域发布,并且负责在非骨干区域之间传递路由信息。为进一步减少区域间LSA的数量,OSPF区域边界路由器可以执行路由聚合,即区域边界路由器只发布一个包含某一区域内大多数路由或所有路由的网段路由。如在区域10.0.0.1内,所有路由器的IP地址都在20.1.0.0/16网段范围内,那么可以在连接区域0和区域10.0.0.1的区域边界路由器上配置路由聚合,让其在向区域0发布区域10.0.0.1的LSA时,只描述20.1.0.0/16网段即可,不需要具体描述区域10.0.0.1内的20.1.2.0/24、20.1.0.0/24等网段的LSA。这样不仅大大减少了区域间传递的LSA的数量,还能降低整个OSPF自治系统内路由器维护LSDB数据库的资源要求,降低SPF算法计算的复杂度。

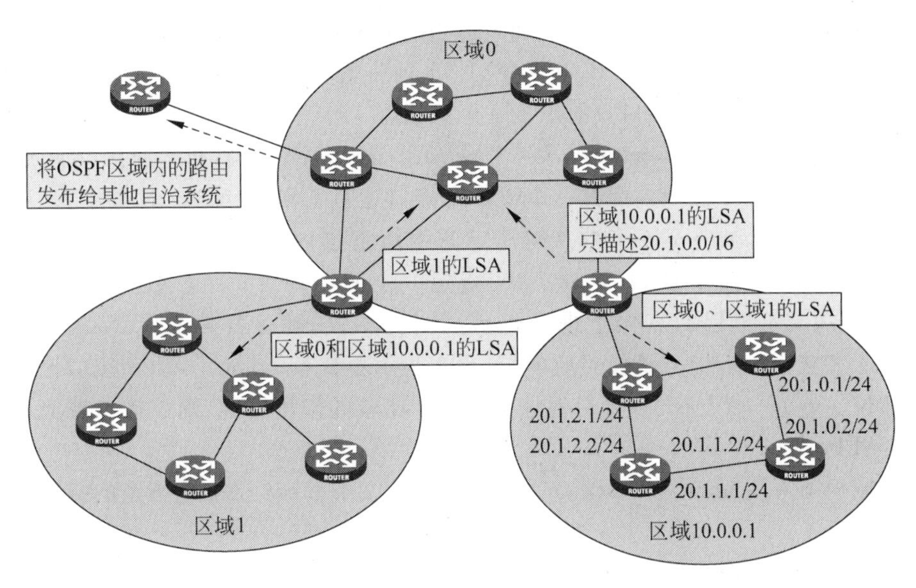

图 34-12 OSPF 协议区域 LSA 发布

34.4 配置 OSPF

34.4.1 OSPF 基本配置命令

OSPF 协议的一般配置步骤如下。

第 1 步：启动 OSPF 进程。命令为：

[Router]ospf [*process-id*]

在系统视图下使用命令 **ospf**[*process-id*]可以启动 OSPF 进程并进入此进程的配置视图。参数 *process-id* 为进程号。一台路由器上可以同时启动多个 OSPF 进程，系统用进程号区分它们。用 **undo ospf** *process-id* 命令则可以关闭指定的 OSPF 进程并删除其配置。

第 2 步：配置 OSPF 区域。命令为：

[Router-ospf-1]area *area-id*

OSFP 路由器至少必须属于一个区域，故在 OSPF 进程启动后，应首先划分区域。

在 OSPF 视图下用命令 **area** *area-id* 配置一个区域并进入此区域视图；用 **undo area** *area-id* 命令删除一个区域。

参数 *area-id* 标识 OSPF 区域 ID，既可以是一个十进制数字，也可以是一个形如 IP 地址的点分十进制的数字。路由器允许用户使用这两种方式进行配置，但仅以点分十进制数字的方式显示用户配置的区域。例如当用户配置为 **area** 256 时，路由器显示出用户配置的区域为 **area** 0.0.1.0。

第 3 步：在指定的接口上启动 OSPF。命令为：

[Router-ospf-1-area-0.0.0.0] network *ip-address wildcard-mask*

配置区域后，需要将路由器的接口加入适当的OSPF区域，使该接口可以执行该区域内的邻居发现、邻接关系建立、DR/BDR选举、LSA通告等行为，也使该接口的IP网段信息能通过LSA发布出去。一个接口只能加入一个区域。

在区域视图下使用**network** *ip-address wildcard-mask* 命令将指定的接口加入该区域。该命令可以一次在一个区域内配置一个或多个接口运行OSPF协议。凡是主IP地址处于 *ip-address* 和 *wildcard-mask* 参数共同规定的网络范围内的接口均被加入相应的OSPF区域并启动OSPF。其中参数 *ip-address* 指定一个网络地址；而参数 *wildcard-mask* 为32位二进制通配符掩码的点分十进制表示，其化为二进制后若某位为0，表示必须比较 *ip-address* 和接口地址中与该位对应的位，为1表示不比较 *ip-address* 和接口地址中与该位对应的位。若 *ip-address* 和接口地址中所有须比较的位均匹配，则该接口被加入该区域并启动OSPF。

在区域视图下用**undo network** *ip-address wildcard-mask* 命令将指定的接口由该区域删除。

完成上述的命令配置后，OSPF即可工作。

34.4.2 OSPF可选配置命令

除了启动OSPF协议必须配置的命令之外，还有一些命令是可以选择配置的。

(1) 配置Router ID。

(2) 配置OSPF接口优先级。

(3) 配置OSPF接口Cost。

配置Router ID的命令为：

[Router] router id *router-id*

在系统视图下使用命令**router id**可以对该路由器上所有的OSPF进程配置Router ID。

如果不配置Router ID，路由器将自动选择其某一接口的IP地址作为Router ID。由于这种方式下Router ID的选择存在一定的不确定性，不利于网络运行和维护，通常不建议使用。

为方便OSPF区域规划和问题排查，一般建议将某一Loopback接口地址配置为Router ID。

不论是手工配置或自动选择的Router ID，都在OSPF进程启动时立即生效。生效后如果更改了Router ID或接口地址，则只有重新启动OSPF协议或重启路由器后才会生效。

对于广播型网络来说，DR/BDR选举是OSPF路由器之间建立邻接关系时很重要的步骤。OSPF路由器的优先级对DR/BDR选举具有重要的作用。同样，启动OSPF的接口的Cost值直接影响到路由器计算路由过程。通常直接使用接口默认的dr-priority和Cost值即可，但如果想人工控制OSPF路由器间的DR和BDR选举，或实现路由备份等，可以OSPF接口下配置在**ospf dr-priority** *priority* 命令修改dr-priority和Cost值；用**undo ospf dr-priority**命令恢复OSPF接口默认优先级。

配置OSPF接口优先级的命令为：

[Router-Ethernet0/0] ospf dr-priority *priority*

配置 OSPF 接口 Cost 的命令为：

[Router-Ethernet0/0] ospf cost *value*

在 OSPF 接口下用命令 **ospf cost** *value* 可以直接指定 OSPF 的接口 Cost 值；用 **undo ospf cost** 命令可恢复 OSPF 接口默认 Cost 值。OSPF 路由器计算路由时，只关心路径单方向的 Cost 值，故改变一个接口的 Cost 值，只对从此接口发出数据的路径有影响，不影响从这个接口接收数据的路径。

34.4.3 单区域 OSPF 配置示例一

如图 34-13 所示，区域 0 具有 3 台路由器 RTA、RTB 和 RTC，它们彼此连接。

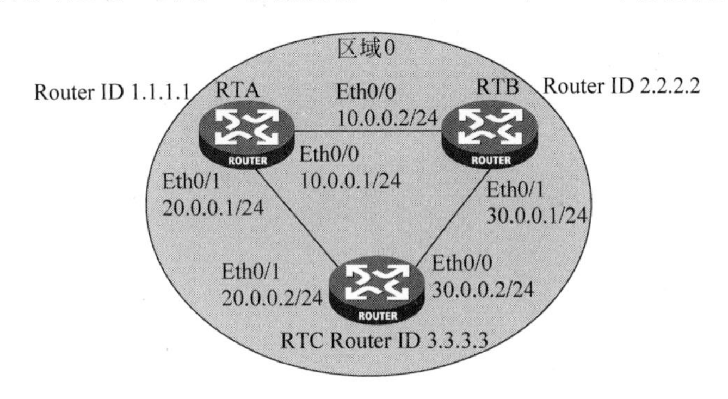

图 34-13　OSPF 单区域配置组网图

将 RTA 上的 loopback 接口 0 的 IP 地址 1.1.1.1 设置为 RTA 的 Router ID，将 RTB 上的 loopback 接口 0 的 IP 地址 2.2.2.2 设置为 RTB 的 Router ID，将 RTC 上的 loopback 接口 0 的 IP 地址 3.3.3.3 设置为 RTC 的 Router ID。完成上述配置后，由于 RTA 的 Ethernet0/0 与 RTB 的 Ethernet0/0 共享同一条数据链路，并且在同一个网段内，故它们互为邻居，假设 RTA 的 OSPF 先启动，那么 RTA 的 Ethernet0/0 会被选举为 RTA 与 RTB 之间网络的 DR，假设 RTA 和 RTB 的 OSPF 同时启动，根据优先级相同时 Router ID 大的优先的原则，RTB 的 Ethernet0/0 会被选举为 RTA 与 RTB 之间网络的 DR。

同理，RTA 的 Ethernet0/1 与 RTC 的 Ethernet0/1 互为邻居，假设 RTA 的 OSPF 先启动，那么 RTA 的 Ethernet0/1 会被选举为 RTA 与 RTC 之间网络的 DR，假设 RTA 和 RTC 的 OSPF 同时启动，RTC 的 Ethernet0/1 会被选举为 RTA 与 RTC 之间网络的 DR。RTC 的 Ethernet0/0 与 RTB 的 Ethernet0/1 互为邻居，假设 RTC 的 OSPF 先启动，那么 RTC 的 Ethernet0/0 会被选举为 RTC 与 RTB 之间网络的 DR，假设 RTC 和 RTB 的 OSPF 同时启动，RTB 的 Ethernet0/1 会被选举为 RTC 与 RTB 之间网络的 DR。

在 RTC 路由表上将记录到达地址 1.1.1.1/32 网段出接口为 Ethernet0/1，到达地址 2.2.2.2/32 网段出接口为 Ethernet0/0。

应当在 RTA 上配置如下：

```
[RTA]interface loopback 0
[RTA-loopback-0]ip address 1.1.1.1 255.255.255.255
[RTA-loopback-0]quit
[RTA]router id 1.1.1.1
```

```
[RTA]ospf 1
[RTA-ospf-1]area 0
[RTA-ospf-1-area-0.0.0.0]network 1.1.1.1 0.0.0.0
[RTA-ospf-1-area-0.0.0.0]network 10.0.0.0 0.0.0.255
[RTA-ospf-1-area-0.0.0.0]network 20.0.0.0 0.0.0.255
```

应当在 RTB 上配置如下：

```
[RTB]interface loopback 0
[RTB-loopback-0]ip address 2.2.2.2 255.255.255.255
[RTB-loopback-0]quit
[RTB]route id 2.2.2.2
[RTB]ospf 1
[RTB-ospf-1]area 0
[RTB-ospf-1-area-0.0.0.0]network 2.2.2.2 0.0.0.0
[RTB-ospf-1-area-0.0.0.0]network 10.0.0.0 0.0.0.255
[RTB-ospf-1-area-0.0.0.0]network 30.0.0.0 0.0.0.255
```

应当在 RTC 上配置如下：

```
[RTC]interface loopback 0
[RTC-loopback-0]ip address 3.3.3.3 255.255.255.255
[RTC-loopback-0]quit
[RTC]router id 3.3.3.3
[RTC]ospf 1
[RTC-ospf-1]area 0
[RTC-ospf-1-area-0.0.0.0]network 3.3.3.3 0.0.0.0
[RTC-ospf-1-area-0.0.0.0]network 20.0.0.0 0.0.0.255
[RTC-ospf-1-area-0.0.0.0]network 30.0.0.0 0.0.0.255
```

34.4.4 单区域 OSPF 配置示例二

本例在上一例基础上修改了 RTA 和 RTC 的 OSPF 接口配置，在 RTA 的 Ethernet0/0 配置接口优先级为 0，接口 Cost 为 50；在 RTA 的 Ethernet0/1 上配置接口优先级为 0，接口 Cost 为 10。在 RTC 的 Ethernet0/0 上配置接口 Cost 为 100，在 RTC 的 Ethernet0/1 上配置接口开销为 10。

完成以上的配置后，将 RTA、RTB、RTC 的所有物理接口 shutdown，然后先将 RTA 的接口 UP，再将 RTB 的接口 UP，最后将 RTC 的接口 UP。由于 RTA 的 Ethernet0/0 和 Ethernet0/1 的接口优先级为 0，它们都不具备 DR/BDR 的选举权，故在 RTA 和 RTB 之间的网络上 RTB 为 DR，在 RTA 和 RTC 之间的网络上 RTC 为 DR，在 RTB 和 RTC 之间的网络上，由于 RTB 先启动，RTB 将作为该网络的 DR。

在 RTC 路由表上将记录到达地址 1.1.1.1/32 网段出接口为 Ethernet0/1，到达地址 2.2.2.2/32 网段出接口也为 Ethernet0/1，因为 RTC 从 Ethernet0/1 出发到达 RTA、再由 RTA 的 Ethernet0/0 出发到达 RTB 的 Cost 为 60，比从 RTC 直接从 Ethernet0/0 出发到达 RTB 的开销 100 要低。

应当在 RTA 上增加如下配置。

```
[RTA] interface ethernet0/0
[RTA-ethernet-0/0] ospf dr-priority 0
```

```
[RTA-ethernet-0/0] ospf cost 50
[RTA-ethernet-0/0] quit
[RTA] interface ethernet0/1
[RTA-ethernet-0/1] ospf dr-priority 0
[RTA-ethernet-0/1] ospf cost 10
```

应当在 RTB 上增加如下配置。

```
[RTB] interface ethernet0/0
[RTB-ethernet-0/0] ospf cost 100
[RTB-ethernet-0/0] quit
[RTB] interface ethernet0/1
[RTB-ethernet-0/1] ospf cost 10
```

34.4.5 多区域 OSPF 配置示例

如图 34-14 所示，RTB 作为 Area 0 和 Area 192.168.10.1 的 ABR。

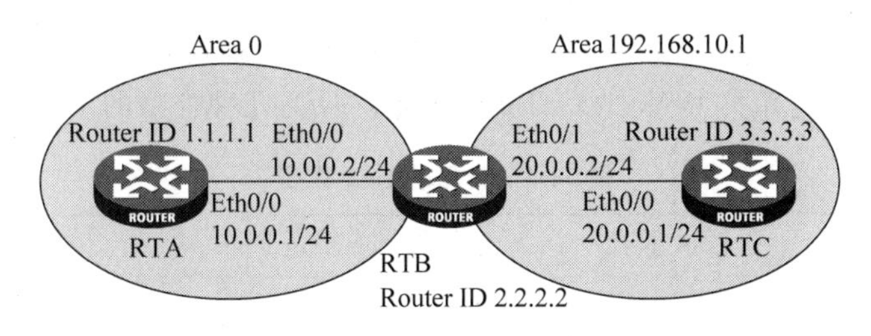

图 34-14 OSPF 多区域配置组网图

本例中，RTA 和 RTC 的配置与单区域 OSPF 的配置相同，重点集中在 RTB 的配置上。RTB 作为区域边界路由器，需要同时加入 RTA 和 RTC 所在的区域，需要注意的是在 RTB 指定接口加入 OSPF 区域 0 的时候，不在该区域的接口 Ethernet0/1 的地址不能加入区域 0。同样，接口 Ethernet0/0 的地址不能加入区域 192.168.0.1。

应当在 RTB 上配置如下。

```
[RTB] interface loopback 0
[RTB-loopback-0] ip address 2.2.2.2 255.255.255.255
[RTB-loopback-0] quit
[RTB] route id 2.2.2.2
[RTB] ospf 100
[RTB-ospf-100] area 0
[RTB-ospf-100-area-0.0.0.0] network 2.2.2.2 0.0.0.0
[RTB-ospf-100-area-0.0.0.0] network 10.0.0.0 0.0.0.255
[RTB-ospf-100-area-0.0.0.0] quit
[RTB-ospf-100] area 192.168.10.1
[RTB-ospf-100-area-192.168.10.1] network 20.0.0.0 0.0.0.255
```

34.5 OSPF 的 LSA 类型

OSPF 协议作为典型的链路状态协议，其不同于距离矢量协议的重要特性就在于：OSPF 路由器之间交换的并非是路由表，而是链路状态描述信息。因此需要 OSPF 协议可以尽量精确的交流 LSA 以获得最佳的路由选择,因此在 OSPF 协议中定义了不同类型的 LSA。OSPF 就是通过这些不同类型的 LSA 来完成 LSDB 同步,并且做出路由选择的。

34.5.1 LSA 类型

通常情况下,使用较多的 LSA 类型有第一类、第二类、第三类、第四类、第五类和第七类 LSA。

(1) 第一类 LSA(Type1 LSA):描述区域内部与路由器直连的链路的信息。

(2) 第二类 LSA(Type2 LSA):记录了广播或者 NBMA 网段上所有路由器的 Router ID。

(3) 第三类 LSA(Type3 LSA):将所连接区域内部的链路信息以子网的形式传播到邻区域。

(4) 第四类 LSA(Type4 LSA):描述的目标网络是一个 ASBR 的 Router ID。

(5) 第五类 LSA(Type5 LSA):描述到 AS 外部的路由信息。

(6) 第七类 LSA(Type7 LSA):只在 NSSA 区域内传播,描述到 AS 外部的路由信息。

如表 34-1 所示,这几类 LSA 是 OSPF 协议最常见的几种类型的 LSA。

表 34-1 常见的 LSA 类型

LSA Type	LSA 名称	Advertising Router	说　明
1	Router LSA	All Routers	Intra-Area Link
2	Network LSA	DR	Network Link
3	Network Summary LSA	ABR	Inter-Area Link
4	ASBR Summary LSA	ABR	ASBR Summary Link
5	AS External LSA	ASBR	AS External Link
7	NSSA External LSA	ASBR	NSSA AS External Link

另外,其他类型的 LSA 很少被使用。

(1) 第六类 LSA(Type6 LSA):在 MOSPF(组播扩展 OSPF)协议中使用的组播 LSA。

(2) 第八类 LSA(Type8 LSA):在 OSPF 域内传播 BGP 属性时使用的外部属性 LSA。

(3) 第九类 LSA(Type9 LSA):本地链路范围的透明 LSA。

(4) 第十类 LSA(Type10 LSA):本地区域范围的透明 LSA。

(5) 第十一类 LSA(Type11 LSA):本自治系统范围的透明 LSA。

34.5.2 第一类 LSA

第一类 LSA 即 Router LSA,描述了区域内部与路由器直连的链路的信息。这种类型的 LSA 每一台路由器都会产生,它的内容中包括了这台路由器所有直连的链路类型和链路开销等信息,并且向它的邻居传播。

这台路由器的所有链路信息都放在一个 Router LSA 内,并且只在此台路由器直连的链路上传播。

如图 34-15 所示，RTB 有 3 条链路 Link1、Link2 和 Link3，因此它将产生一条 Router LSA，里面包含 Link1、Link2 和 Link3 这 3 条链路的信息，包括它们的链路标识、链路数据和链路开销等，并将此 LSA 向它的直连邻居 RTA、RTC 和 RTD 发送。

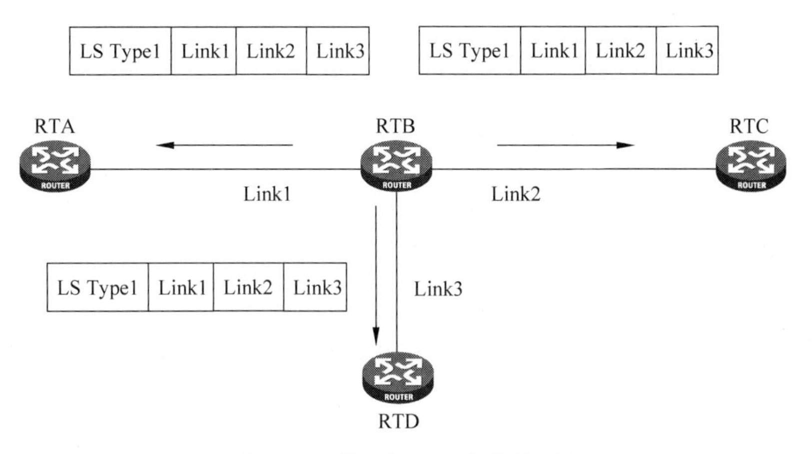

图 34-15 第一类 LSA 的传播范围

34.5.3 第二类 LSA

第二类 LSA 即 Network LSA，是由 DR 产生，它描述的是连接到一个特定的广播网络或者 NBMA 网络的一组路由器。与 Router LSA 不同，Network LSA 的作用是保证对于广播网络或者 NBMA 网络只产生一条 LSA。

这条 LSA 内描述其在该网络上连接的所有路由器以及网段掩码信息，记录了这一网段上所有路由器的 Router ID，甚至包括 DR 自己的 Router ID。Network LSA 的传播范围也是只在区域内部传播。

由于 Network LSA 是由 DR 产生的描述网络信息的 LSA，因此对于 P2P 这种网络类型的链路，路由器之间是不选举 DR 的，也就意味着，在这种网络类型上，是不产生 Network LSA 的。

如图 34-16 所示，在 10.0.1.0/24 这个网络中，存在 3 条路由器 RTA、RTB 和 RTC，其中 RTC 作为这个网络的 DR。所以，RTC 负责产生 Network LSA，包括这条链路的网段掩码信息及 RTA、RTB 和 RTC 的 Router ID，并且将这条 LSA 向 RTA 和 RTB 传播。

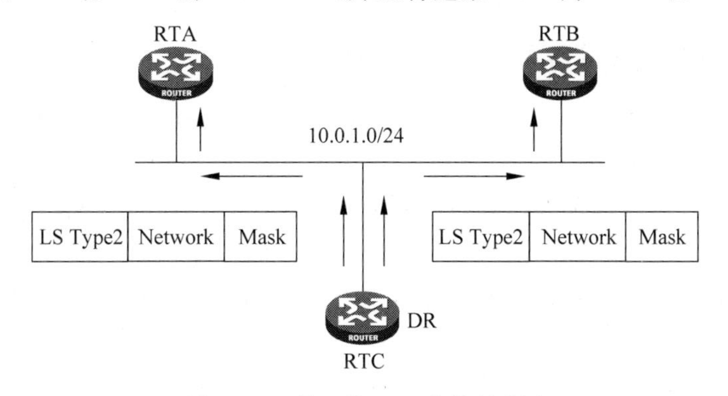

图 34-16 第二类 LSA 的传播范围

34.5.4 第三类 LSA

第三类 LSA 即 Summary LSA，是由 ABR 生成，将所连接区域内部的链路信息以子网的形式传播到邻区域。Summary LSA 实际上就是将区域内部的 Type1 和 Type2 的 LSA 信息收集起来以路由子网的形式进行传播。

ABR 收到来自同区域其他 ABR 传来的 Summary LSA 后，重新生成新的 Summary LSA(Advertising Router 改为自己)，继续在整个 OSPF 系统内传播。一般情况下，第三类 LSA 的传播范围是除生成这条 LSA 的区域外的其他区域，除非那些区域做了特殊配置。

例如，一台 ABR 路由器连接 Area 0 和 Area 1。在 Area 1 里面有一个网段 192.168.1.0/24，由于这个网段位于 Area 1，此 ABR 生成的描述 192.168.1.0/24 这个网段的第三类 LSA 会在 Area 0 里面传播，并由其他区域的 ABR 转发到其他区域中继续传播。

在三类 LSA 直接传递路由条目，而不是链路状态描述，因此，路由器在处理第三类 LSA 的时候，并不运用 SPF 算法进行计算，而且直接作为路由条目加入路由表中，沿途的路由器也仅仅修改链路开销。这就导致了在某些设计不合理的情况下，可能导致路由环路。这也就是 OSPF 协议要求非骨干区域必须通过骨干区域才能转发的原因。在某些情况下，Summary LSA 也可以用来生成默认路由，或者用来过滤明细路由。

如图 34-17 所示，Area 1 中的 RTA 运行了 OSPF 协议，RTB 作为 ABR，产生一条描述该网段的第三类 LSA，使其在骨干区域 Area 0 中传播，其中这条 LSA 的 Advertising Router 字段设置为 RTB 的 Router ID。这条 LSA 在传播到 RTC 时，RTC 同样作为 ABR，会重新产生一条第三类 LSA，并将 Advertising Router 改为 RTC 的 Router ID，使其在 Area 2 中继续传播。

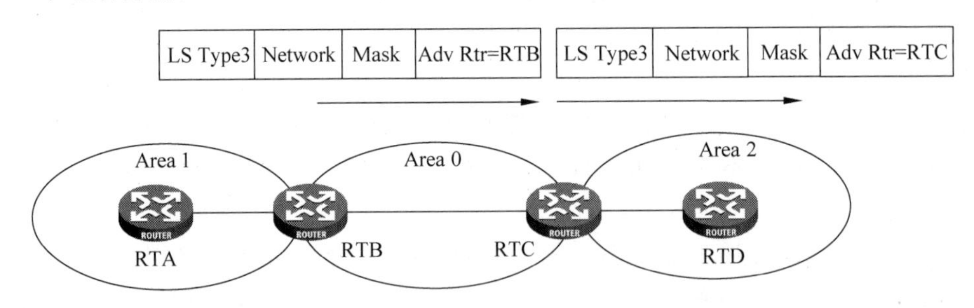

图 34-17 第三类 LSA 的传播范围

34.5.5 第四类 LSA

第四类 LSA 即 ASBR Summary LSA，是由 ABR 生成，格式与第三类 LSA 相同，描述的目标网络是一个 ASBR 的 Router ID。它不会主动产生，触发条件为 ABR 收到一个第五类 LSA，意义在于让区域内部路由器知道如何到达 ASBR。第四类 LSA 网络掩码字段全部设置为 0。

如图 34-18 所示，Area 1 中的 RTA 作为 ASBR，引入了外部路由。RTB 作为 ABR，产生一条描述 RTA 这个 ASBR 的第四类 LSA，使其在骨干区域 Area 0 中传播，其中这条 LSA 的 Advertising Router 字段设置为 RTB 的 Router ID。这条 LSA 在传播到 RTC 时，

RTC同样作为ABR，会重新产生一条第四类LSA，并将Advertising Router改为RTC的Router ID，使其在Area 2中继续传播。位于Area 2中的RTD收到这条LSA之后，就知道可以通过RTA访问OSPF自治系统以外的外部网络。

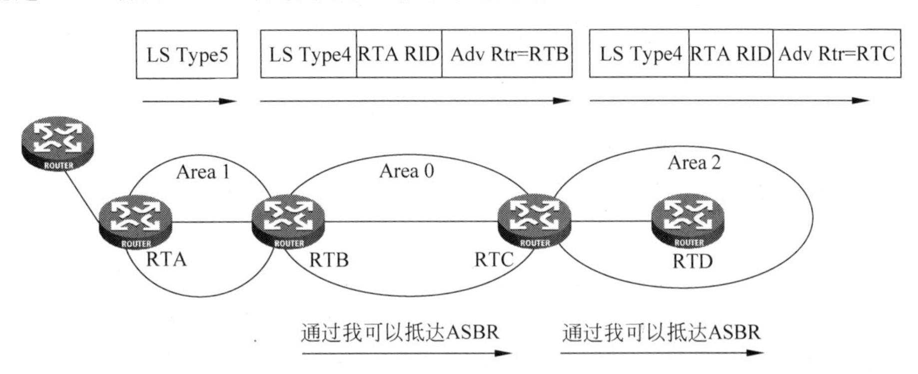

图 34-18 第四类LSA的传播范围

34.5.6 第五类LSA

第五类LSA即AS External LSA，是由ASBR产生，描述到AS外部的路由信息。它一旦生成，将在整个OSPF系统内扩散，除非个别特殊区域做了相关配置。AS外部的路由信息来源很多，通常是通过引入静态路由或其他路由协议的路由获得的。

如图34-19所示，Area 1中的RTA作为ASBR引入了一条外部路由。由RTA产生一条第五类LSA，描述此AS外部路由。这条第五类的LSA会传播到Area 1、Area 0和Area 2，沿途的路由器都会收到这条LSA。

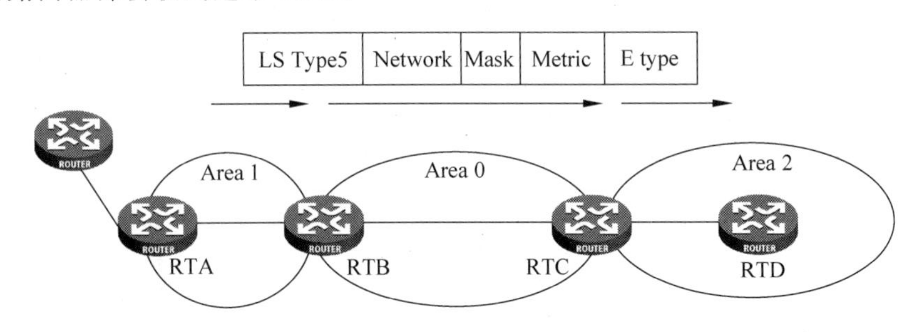

图 34-19 第五类LSA的传播范围

第五类LSA和第三类LSA非常类似，传递的也都是路由信息，而不是链路状态信息。同样的，路由器在处理第五类LSA的时候，也不会运用SPF算法，而是作为路由条目加入路由表中。

第五类LSA携带的外部路由信息可以分为如下两种。

(1) 第一类外部路由：是指来自于IGP的外部路由(例如静态路由和RIP路由)。由于这类路由的可信程度较高，并且和OSPF自身路由的开销具有可比性，所以第一类外部路由的开销等于本路由器到相应的ASBR的开销与ASBR到该路由目的地址的开销之和。

(2) 第二类外部路由：是指来自于EGP的外部路由。OSPF协议认为从ASBR到自治系统之外的开销远远大于在自治系统之内到达 ASBR 的开销，所以计算路由开销时将主要考虑前者，即第二类外部路由的开销等于 ASBR 到该路由目的地址的开销，如果计算出开销值相等的两条路由，再考虑本路由器到相应的 ASBR 的开销。

在第五类 LSA 中，专门有一个字段 E 位标识引入的是第一类外部路由还是第二类外部路由。在默认情况下，引入 OSPF 协议的都是第二类外部路由。

第七类 LSA 在后文中会有详细阐述。

34.6 边缘区域

OSPF 协议主要是依靠各种类型的 LSA 进行链路状态数据库的同步，从而使用 SPF 算法进行路由选择的。在某些情况下，出于安全性的考虑，或者为了降低对于路由器性能的要求，人为的定义了一些特殊的区域。这些特殊的区域可以过滤掉一些类型的 LSA，并且使用默认路由通知区域内的路由器通过 ABR 访问其他区域。这样，区域内的路由器不需要掌握整个网络的 LSA，降低了网络安全方面的隐患，并且降低了对于内存和 CPU 的需求。在实际组网中，这些特殊区域的应用例子不胜枚举。

34.6.1 边缘区域的类型

在 OSPF 中，除了常见的骨干区域和非骨干区域之外，还定义了一类特殊的区域，也就是边缘区域。物理上它们不一定位于边缘，但是从网络结构上来看，它们都位于 OSPF 区域的边缘，只和骨干区域相连。

边缘区域具有如下的优势。

(1) 对于外部路由进行了控制。

(2) 可以减少区域内 LSDB 的规模，降低区域内部路由器路由表的大小，并且减少区域内路由器对于存储器的需求，降低设备的压力。

(3) 网络设计的安全性有所增强。

常见的边缘区域有以下几种。

(1) Stub 区域：在这个区域内，不存在第四类 LSA 和第五类 LSA。

(2) Totally Stub 区域：是 Stub 区域的一种改进区域，不仅不存在第四类 LSA 和第五类 LSA，连第三类 LSA 也不存在。

(3) NSSA 区域：也是 Stub 区域的一种改进区域，也不允许第五类 LSA 注入，但是允许第七类 LSA 注入。

34.6.2 Stub 区域

Stub 区域的 ABR 不允许注入第五类 LSA，在这些区域中路由器的路由表规模及路由信息传递的数量都会大大减少。因为没有第五类 LSA，因此第四类 LSA 也没有必要存在，所以同样不允许注入。如图 34-20 所示，在配置为 Stub 区域之后，为保证自治系统外的路由依旧可达，ABR 会产生一条 0.0.0.0/0 的第三类 LSA，发布给区域内的其他路由器，通知它们如果要访问外部网络，可以通过 ABR。所以，区域内的其他路由器不用记录外部路由，从而大大地降低了对路由器的性能要求。

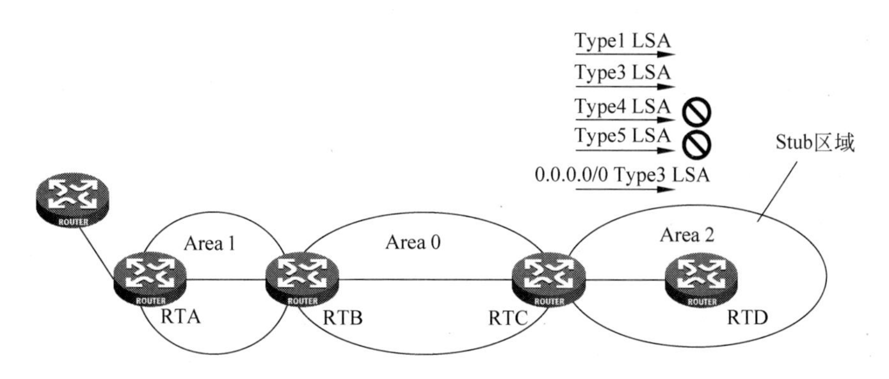

图 34-20 Stub 区域对于 LSA 的过滤

在使用 Stub 区域时，需要注意的如下几点。

(1) 骨干区域不能配置成 Stub 区域。

(2) Stub 区域内不能存在 ASBR，即自治系统外部的路由不能在本区域内传播。

(3) 虚连接不能穿过 Stub 区域。

(4) 区域内可能有不止一个 ABR，这种情况下可能会产生次优路由。

要将一个区域配置为 Stub 区域，在 OSPF 区域视图下使用 **stub** 命令。

需要注意的是，Stub 区域内部的所有路由器都必须配置 Stub 属性。Hello 报文在协商的时候，就会检查 Stub 属性是否设置，如果有部分路由器没有配置 Stub 属性，就将无法和其他路由器建立邻居。

如图 34-21 所示，为了减小 LSDB 的规模，需要将 Area 2 配置成为 Stub 区域，就需要在 RTC 和 RTD 上分别配置。

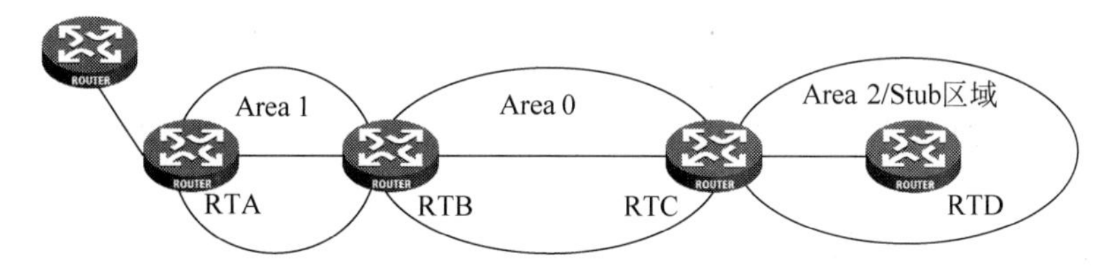

图 34-21 Stub 区域配置组网图

应当在 RTC 上配置如下：

```
[RTC] ospf 1 router-id 3.3.3.3
[RTC-ospf-1] area 2
[RTC-ospf-1-area-0.0.0.2] stub
```

应当在 RTD 上配置如下：

```
[RTD] ospf 1 router-id 4.4.4.4
[RTD-ospf-1] area 2
[RTD-ospf-1-area-0.0.0.2] stub
```

未配置 Stub 区域时，观察 RTD 的链路状态数据库如下：

```
[RTD]display ospf lsdb

          OSPF Process 1 with Router ID 4.4.4.4
                  Routing Table

 Routing for network
 Destination      Cost    Type     NextHop         AdvRouter      Area
 4.4.4.4/32       0       Stub     0.0.0.0         4.4.4.4        0.0.0.2
 10.0.1.0/24      3       Inter    10.0.3.1        3.3.3.3        0.0.0.2
 3.3.3.3/32       1       Inter    10.0.3.1        3.3.3.3        0.0.0.2
 10.0.2.0/24      2       Inter    10.0.3.1        3.3.3.3        0.0.0.2
 10.0.3.0/24      1       Transit  0.0.0.0         3.3.3.3        0.0.0.2
 2.2.2.2/32       2       Inter    10.0.3.1        3.3.3.3        0.0.0.2
 1.1.1.1/32       3       Inter    10.0.3.1        3.3.3.3        0.0.0.2

 Routing for ASEs
 Destination      Cost    Type     Tag         NextHop         AdvRouter
 192.168.1.0/24   1       Type2    1           10.0.3.1        1.1.1.1

 Total nets: 8
 Intra area: 2  Inter area: 5  ASE: 1  NSSA: 0
```

从链路状态数据库中，可以观察到存在第四类和第五类的 LSA。配置 Stub 区域后，观察 RTD 的链路状态数据库如下：

```
[RTD]display ospf lsdb

          OSPF Process 1 with Router ID 4.4.4.4
                  Link State Database

                        Area: 0.0.0.2
 Type      LinkState ID    AdvRouter        Age   Len   Sequence   Metric
 Router    3.3.3.3         3.3.3.3          11    36    80000005   0
 Router    4.4.4.4         4.4.4.4          9     48    80000004   0
 Network   10.0.3.1        3.3.3.3          3     32    80000002   0
 Sum-Net   0.0.0.0         3.3.3.3          61    28    80000001   1
 Sum-Net   3.3.3.3         3.3.3.3          61    28    80000001   0
 Sum-Net   10.0.2.0        3.3.3.3          61    28    80000001   1
 Sum-Net   10.0.1.0        3.3.3.3          61    28    80000001   2
 Sum-Net   2.2.2.2         3.3.3.3          61    28    80000001   1
 Sum-Net   1.1.1.1         3.3.3.3          61    28    80000001   2
```

从这次的链路状态数据库中，可以观察到第四类 LSA 和第五类 LSA 已经不存在，取而代之的是新增加了一条 ABR 产生的第三类 LSA，LS ID 是 0.0.0.0/0，用来将数据转发到本 OSPF 自治系统之外的外部网络。

34.6.3 Totally Stub 区域

为了进一步减少 Stub 区域中路由器的路由表规模以及路由信息传递的数量，可以将该区域配置为 Totally Stub(完全 Stub)区域,该区域的 ABR 不会将区域间的路由信息和外部路由信息传递到本区域。在 Totally Stub 区域中,不仅类似于 Stub 区域,不允许第四类 LSA 和第五类 LSA 的注入,为了进一步降低链路状态库的大小,还不允许第三类 LSA 注入。同样地,ABR 会重新产生一条 0.0.0.0/0 的第三类 LSA,以保证到本自治系统的其他区域或者自治系统外的路由依旧可达。

如图 34-22 所示,将 Area 2 配置成为 Totally Stub 区域后,原有的第三类、第四类和第五类 LSA 都无法注入 Area 2,RTC 作为 ABR,重新给 RTD 发送一条 0.0.0.0/0 的第三类 LSA,使其可以访问其他区域。

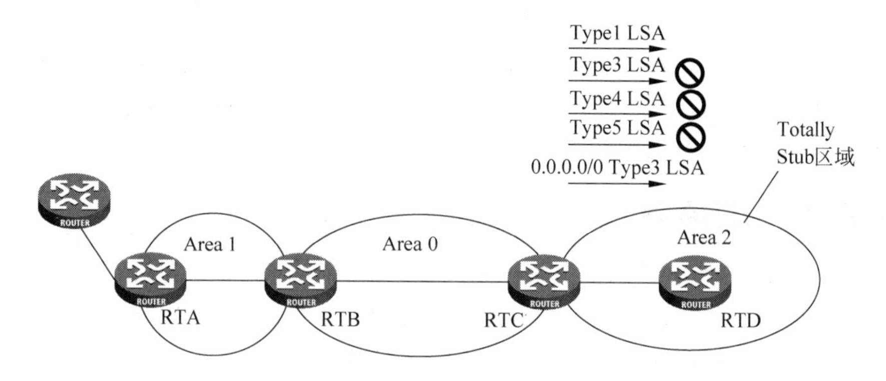

图 34-22 Totally Stub 区域对于 LSA 的过滤

要将一个区域配置为 Totally Stub 区域,在 OSPF 区域视图下使用 **stub no-summary** 命令。

如图 34-23 所示,为了减小 LSDB 的规模,需要将 Area 2 配置成为 Totally Stub 区域,就需要在 RTC 和 RTD 上分别配置。

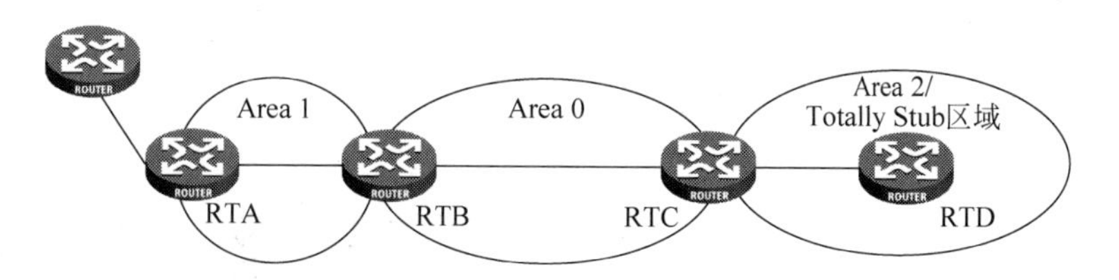

图 34-23 Totally Stub 区域配置组网图

应当在 RTC 上配置如下:

```
[RTC] ospf 1 router-id 3.3.3.3
[RTC-ospf-1] area 2
[RTC-ospf-1-area-0.0.0.2] stub no-summary
```

应当在 RTD 上配置如下:

```
[RTD] ospf 1 router-id 4.4.4.4
[RTD-ospf-1] area 2
[RTD-ospf-1-area-0.0.0.2] stub no-summary
```

配置了 Totally Stub 区域之后,观察 RTD 的链路状态数据库如下:

```
[RTD]display ospf lsdb

            OSPF Process 1 with Router ID 4.4.4.4
                    Link State Database

                              Area: 0.0.0.2
 Type       LinkState ID    AdvRouter      Age  Len   Sequence   Metric
 Router     3.3.3.3         3.3.3.3        13   36    8000000A   0
 Router     4.4.4.4         4.4.4.4        8    48    80000008   0
 Network    10.0.3.1        3.3.3.3        1    32    80000002   0
 Sum-Net    0.0.0.0         3.3.3.3        25   28    80000001   1
```

从链路状态数据库中可以观察到，第三类、第四类和第五类 LSA 已经不存在，取而代之的是新增加了一条 ABR 产生的第三类 LSA，LS ID 是 0.0.0.0/0，用来将数据转发到其他区域和自治系统之外的外部网络。

34.6.4 NSSA 区域

NSSA(Not-So-Stubby Area)区域产生的背景如下。

(1) 该区域存在一个 ASBR，其产生的外部路由需要在整个 OSPF 域内扩散。

(2) 该区域不希望接收其他 ASBR 产生的外部路由。

要满足第一个条件，标准区域即可，但此时第二个条件不满足；要满足第二个条件，区域必须为 Stub，但此时第一个条件又不满足。为了同时满足第二个条件，OSPF 设计了 NSSA 这个区域。

如图 34-24 所示，NSSA 区域是 Stub 区域的变形，与 Stub 区域有许多相似的地方。NSSA 区域也不允许第五类 LSA 注入，但可以允许第七类 LSA 注入。第七类 LSA 由 NSSA 区域的 ASBR 产生，在 NSSA 区域内传播。当第七类 LSA 到达 NSSA 的 ABR 时，由 ABR 将第七类 LSA 转换成第五类 LSA，传播到其他区域。

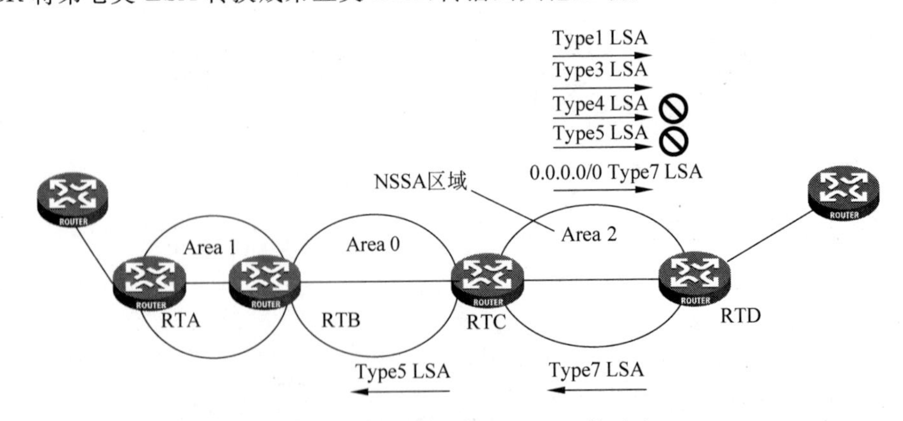

图 34-24 NSSA 区域对于 LSA 的过滤

与 Stub 区域一样，虚连接也不能穿过 NSSA 区域。

要将一个区域配置为 NSSA 区域，在 OSPF 区域视图下使用 **nssa** 命令。

nssa [**default-route-advertise** | **no-import-route** | **no-summary**]

其中主要关键字含义如下。

（1）**default-route-advertise**：该参数只用于 NSSA 区域的 ABR 或 ASBR。配置后，对于 ABR，不论本地是否存在默认路由，都将生成一条第七类 LSA 向区域内发布默认路由；对于 ASBR，只有当本地存在默认路由时，才产生第七类 LSA 向区域内发布默认路由。

（2）**no-import-route**：该参数用于禁止将 AS 外部路由以第七类 LSA 的形式引入 NSSA 区域中，这个参数通常只用在既是 NSSA 区域的 ABR，也是 OSPF 自治系统的 ASBR 的路由器上，以保证所有外部路由信息能正确地进入 OSPF 路由域。

（3）**no-summary**：该参数只用于 NSSA 区域的 ABR，配置后，NSSA ABR 只通过第三类的 Summary-LSA 向区域内发布一条默认路由，不再向区域内发布任何其他 Summary-LSA（此时这种区域又称为 NSSA Totally Stub 区域）。

如图 34-25 所示，为了减小 LSDB 的规模，同时又允许 RTD 将外部路由引入 OSPF 域内，需要将 Area 2 配置成为 NSSA 区域，就需要在 RTC 和 RTD 上分别配置。

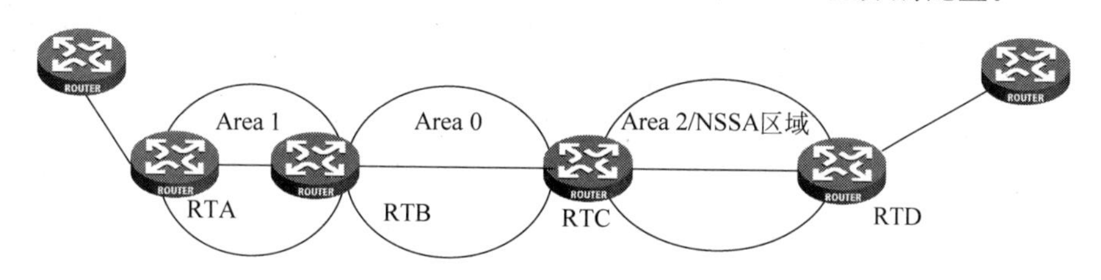

图 34-25 NSSA 区域配置组网图

应当在 RTC 上配置如下：

```
[RTC] ospf 1 router-id 3.3.3.3
[RTC-ospf-1] area 2
[RTC-ospf-1-area-0.0.0.2]nssa default-route-advertise
```

应当在 RTD 上配置如下：

```
[RTD] ospf 1 router-id 4.4.4.4
[RTD-ospf-1] area 2
[RTD-ospf-1-area-0.0.0.2]nssa
```

配置了 NSSA 区域之后，观察 RTD 的链路状态数据库如下：

```
[RTD]display ospf lsdb

         OSPF Process 1 with Router ID 4.4.4.4
                 Link State Database

                         Area: 0.0.0.2
 Type      LinkState ID    AdvRouter       Age  Len   Sequence  Metric
 Router    3.3.3.3         3.3.3.3         181  36    80000005  0
 Router    4.4.4.4         4.4.4.4         4    48    80000005  0
 Network   10.0.3.2        4.4.4.4         179  32    80000002  0
 Sum-Net   3.3.3.3         3.3.3.3         232  28    80000001  0
 Sum-Net   10.0.2.0        3.3.3.3         232  28    80000001  1
 Sum-Net   10.0.1.0        3.3.3.3         232  28    80000001  2
```

```
Sum-Net   2.2.2.2       3.3.3.3      232   28    80000001  1
Sum-Net   1.1.1.1       3.3.3.3      232   28    80000001  2
NSSA      10.0.3.0      4.4.4.4      4     36    80000001  1
NSSA      192.168.2.0   4.4.4.4      4     36    80000001  1
NSSA      4.4.4.4       4.4.4.4      4     36    80000001  1
NSSA      0.0.0.0       3.3.3.3      232   36    80000001  1
```

从链路状态数据库中可以观察到,第四类和第五类 LSA 已经不存在,取而代之的是新增加了一条 ABR 产生的第七类 LSA,LS ID 是 0.0.0.0/0,用来将数据转发到其他区域和自治系统之外的外部网络。另外,还有一条第七类 LSA,LS ID 为 192.168.2.0/24,这就是 RTD 注入的外部路由,由 RTD 产生第七类 LSA,在 Area 2 内传播。

34.7 OSPF 信息显示与调试

为了便于在 OSPF 环境下迅速定位故障,系统为用户提供了功能强大的显示和调试工具。这些工具的使用是非常重要的技能。

34.7.1 OSPF 信息显示

在任何视图下,通过 **display ospf peer** 命令可以查看路由器的 OSPF 邻居关系。以下是输出示例。

```
[H3C]display ospf peer
          OSPF Process 1 with Router ID 1.1.1.1
                Neighbor Brief Information
 Area: 0.0.0.0
 Router ID      Address        Pri   Dead-Time    State       Interface
 2.2.2.2        10.0.0.2       1     32           Full/BDR    GE0/1
 3.3.3.3        10.0.1.2       1     33           Full/BDR    GE0/2
```

输出示例中的关键字段如表 34-2 所示。

表 34-2 display ospf peer 命令显示信息描述表

字　段	描　述
Area	邻居所属的区域
Router ID	邻居路由器 ID
Address	邻居接口 IP 地址
Pri	路由器优先级
DeadTime	OSPF 的邻居失效时间
State	邻居状态(Down、Init、Attempt、2-way、Exstart、Exchange、Loading、Full)
Interface	与邻居相连的接口

在广播型网络里,路由器只有与 DR 和 BDR 的邻居状态能够达到 Full 状态,Full 状态说明该网络的 OSPF 路由器的链路状态已经同步。DRother 之间的邻居状态应该稳定在 2-way 状态。

在任何视图下,通过 **display ospf lsdb** 命令,可以查看路由器的链路状态数据库,OSPF 区域内的各 OSPF 路由器的链路状态数据库应该都是一样的。以下是输出示例。

```
<H3C>display ospf lsdb
            OSPF Process 1 with Router ID 1.1.1.1
                    Link State Database
                            Area: 0.0.0.0
 Type       LinkState ID    AdvRouter    Age   Len   Sequence    Metric
 Router     3.3.3.3         3.3.3.3      480   60    8000000A    0
 Router     1.1.1.1         1.1.1.1      542   60    8000000B    0
 Router     2.2.2.2         2.2.2.2      480   60    8000000A    0
 Network    10.0.2.2        3.3.3.3      480   32    80000001    0
 Network    10.0.0.1        1.1.1.1      664   32    80000002    0
 Network    10.0.1.1        1.1.1.1      535   32    80000002    0
```

输出示例中的关键字段如表 34-3 所示。

表 34-3 display ospf lsdb 命令显示信息描述表

字　段	描　述	字　段	描　述
Area	显示 LSDB 信息的区域	Age	LSA 的老化时间
Type	LSA 类型	Len	LSA 的长度
LinkState ID	LSA 链路状态 ID	Sequence	LSA 序列号
AdvRouter	LSA 发布路由器	Metric	度量值

在任何视图下，通过 **display ospf routing** 命令，可以查看路由器的 OSPF 路由情况，并不是所有的 OSPF 路由就一定会被路由器使用，路由器还需要权衡其他协议提供的路由及路由器接口连接方式等，如果 OSPF 提供的路由与直连路由相同，路由器会选择直连路由加入全局路由表。以下是输出示例。

```
<H3C>display ospf routing

            OSPF Process 1 with Router ID 192.168.1.112
                    Routing Tables

 Routing for Network
 Destination        Cost    Type    NextHop         AdvRouter       Area
 192.168.1.0/24     1562    Stub    192.168.1.2     192.168.1.2     0.0.0.0
 172.16.0.0/16      1563    Inter   192.168.1.1     192.168.1.1     0.0.0.0

 Total Nets: 2
 Intra Area: 1   Inter Area: 1   ASE: 0   NSSA: 0
```

输出示例的关键字段如表 34-4 所示。

表 34-4 display ospf routing 命令显示信息描述表

字　段	描　述
Destination	目的网络
Cost	到达目的地址的开销
Type	路由类型（Intra-Area、Transit、Stub、Inter -Area、Type1 External 和 Type2 External）
NextHop	下一跳地址
AdvRouter	发布路由器

续表

字 段	描 述
Area	区域 ID
Total Nets	区域内部、区域间、ASE 和 NSSA 区域的路由总数
Intra Area	区域内部路由总数
Inter Area	区域间路由总数
ASE	OSPF 区域外路由总数
NSSA	NSSA 区域路由总数

另外,可以通过 **display ospf** [*process-id*] **interface** [*interface-type interface-number* | **verbose**]、**display ospf** [*process-id*] [**verbose**] 查看其他 OSPF 信息。

(1) 显示启动 OSPF 的接口信息。命令为:

[Router]display ospf [*process-id*] **interface** [*interface-type interface-number* | **verbose**]

(2) 显示 OSPF 的进程信息。命令为:

[Router]display ospf [*process-id*] [**verbose**]

34.7.2 调试 OSPF

在用户视图下输入 **debugging ospf event**、**debugging ospf lsa**、**debugging ospf packet**、**debugging ospf spf** 命令,可以调试 OSPF。

(1) OSPF 事件调试信息。命令为:

< Router > debugging ospf event

(2) OSPF 链路状态通告调试信息。命令为:

< Router > debugging ospf lsa

(3) OSPF 包调试信息。命令为:

< Router > debugging ospf packet

(4) OSPF 路由计算调试信息。命令为:

< Router > debugging ospf spf

(5) 重启 OSPF 进程。命令为:

reset ospf [*process-id*] **process**

34.8 本章总结

(1) OSPF 是链路状态路由协议,使用 SPF 算法计算最短路径,选路更合理,不会产生路由环路。

(2) OSPF 通过 DR/BDR 选举减少邻接关系,网络链路状态信息同步通过 DR/BDR 进行管理。

(3) OSPF 通过划分区域管理的方式优化运行。

(4) OSPF 网络收敛快、信息传递可靠、节省网络资源、支持 VLSM,适用于中小型网络,经细致规划后也可用于大型网络。

(5) OSPF 协议常见的 7 类 LSA 及其传播范围。

(6) OSPF 的边缘区域的特性及其对应的配置。

(7) OSPF 协议常见的显示和维护命令。

34.9 习题和解答

34.9.1 习题

1. OSPF 协议是使用链路延迟作为路由选择的参考值的。(   )

   A. True   B. False

2. 下列不是 OSPF 相对 RIPv2 协议改进点的是(   )。

   A. OSPF 协议使用 LSA 进行交互

   B. OSPF 协议没有最大跳数限制

   C. OSPF 协议不使用跳数进行路由选择

   D. OSPF 使用组播地址进行更新

3. 第四类 LSA 是(   )。

   A. Network LSA   B. Summary LSA

   C. ASBR Summary LSA   D. AS External LSA

4. Stub 区域和 NSSA 区域内部能够注入的 LSA 类型是一样的。(   )

   A. True   B. False

34.9.2 习题答案

1. B   2. D   3. C   4. B

第9篇

网络安全技术基础

第35章

网络安全技术概述

随着网络技术的普及，网络的安全性显得更加重要。这是因为怀有恶意的攻击者可能窃取、篡改网络上传输的信息，通过网络非法入侵获取存储在远程主机上的机密信息，或构造大量的数据报文占用网络资源，阻止其他合法用户正常使用等。网络作为开放的信息系统必然存在诸多潜在的安全隐患，因此，网络安全技术作为一个独特的技术领域越来越受到人们的关注。

随着全球信息高速公路的建设和发展，个人、企业乃至整个社会对信息技术的依赖程度越来越大，一旦网络系统安全受到严重威胁，不仅会对个人、企业造成不可避免的损失，严重时将会给企业、社会乃至整个国家带来巨大的经济损失。因此，提高对网络安全重要性的认识，增强防范意识，强化防范措施，不仅是各个企业组织要重视的问题，也是保证信息产业持续稳定发展的重要保证和前提条件。

35.1 本章目标

学习完本章，应该能够达到以下目标。

(1) 了解网络安全技术概念。

(2) 掌握网络安全技术范围。

35.2 什么是网络安全

从本质上来讲，网络安全就是网络上的信息安全，是指网络系统的硬件、软件及其系统中的数据受到保护，不会由于偶然的或者恶意的原因而遭到破坏、更改、泄露，系统连续、可靠、正常地运行，网络服务不中断。从广义来说，凡是涉及网络上信息的保密性、完整性、可用性、真实性和可控性的相关技术和理论都是网络安全的研究领域。网络安全是一门涉及计算机科学、网络技术、通信技术、密码技术、信息安全技术、应用数学、数论、信息论等多种学科的综合性学科。

网络安全涉及的内容既有技术方面的问题，也有管理方面的问题，两方面相互补充，缺一不可。技术方面主要侧重于如何防范外部非法攻击，管理方面则侧重于内部人为因素的管理。如何更有效地保护重要的信息数据、提高计算机网络系统的安全性已经成为所有计算机网络应用必须考虑和必须解决的一个重要问题。

35.3　网络安全关注的范围

网络安全是网络必须面对的一个实际问题，同时网络安全又是一个综合性的技术。网络安全关注的范围如下。

(1) 保护网络物理线路不会轻易遭受攻击：物理安全策略的目的是保护计算机系统、网络服务器、打印机等硬件实体和链路免受自然灾害、人为破坏和搭线攻击，确保计算机系统有一个良好的电磁兼容工作环境；建立完备的安全管理制度，防止非法进入计算机控制室和各种偷窃、破坏活动的发生。

(2) 有效识别合法的和非法的用户：验证用户的身份和使用权限、防止用户越权操作。

(3) 实现有效的访问控制：访问控制策略是网络安全防范和保护的主要策略，其目的是保证网络资源不被非法使用和非法访问。访问控制策略包括入网访问控制策略、操作权限控制策略、目录安全控制策略、属性安全控制策略、网络服务器安全控制策略、网络监测、锁定控制策略和防火墙控制策略等方面的内容。

(4) 保证内部网络的隐蔽性：通过 NAT 或 ASPF 技术保护网络的隐蔽性。

(5) 有效的防伪手段，重要的数据重点保护：采用 IPSec 技术对传输数据加密。

(6) 对网络设备、网络拓扑的安全管理：部署网管软件对全网设备进行监控。

(7) 病毒防范：加强对网络中的病毒进行实时防御。

(8) 提高安全防范意识：制定信息安全管理制度，赏罚分明，提高全员安全防范意识。

35.4　网络安全的关键技术

35.4.1　ACL 包过滤技术

ACL(Access Control List，访问控制列表)由一系列有顺序的规则组成。这些规则(Rule)根据数据包的源地址、目的地址、端口号等来定义匹配条件，并执行 permit 或 deny 操作。

ACL 包过滤通过引用 ACL，使用 ACL 中的规则对数据包进行分类，并根据指定的 permit 或 deny 操作对数据包放行或丢弃。ACL 包过滤应用在网络设备的接口上，网络设备根据 ACL 包过滤的配置对进入和离开设备的数据包进行过滤。

访问控制列表通常与包过滤、NAT、策略路由等配合使用。

35.4.2　网络地址转换技术

网络地址转换(Network Address Translation，NAT)在 RFC1631 中描述，它是将 IP 数据报报头中的 IP 地址转换为另一个 IP 地址的过程。在实际应用中，NAT 主要用于实现私有网络访问外部网络的功能。这种使用少量的公有 IP 地址代表大量的私有 IP 地址的方式将有助于减缓可用 IP 地址空间枯竭的速度。

常见的 NAT 技术有多对一地址转换、多对多地址转换、NAPT、NAT Server、NAT Static、Easy IP、NAT ALG、双向 NAT 等。

35.4.3 认证、授权和计费

AAA(Authentication, Authorization and Accounting,认证、授权和计费)提供了一个用来对认证、授权和计费这3种安全功能进行配置的一致性框架,实际上是对网络安全的一种管理。

这里的网络安全主要是指访问控制,包括如下3个问题。

(1) 哪些用户可以访问网络服务器?

(2) 具有访问权的用户可以得到哪些服务?

(3) 如何对正在使用网络资源的用户进行计费?

RADIUS(Remote Authentication Dial-In User Service,远程认证拨号用户服务)是一种分布式的、客户机/服务器结构的信息交互协议,能保护网络不受未授权访问的干扰,常被应用在既要求较高安全性,又要求允许远程用户访问的网络环境中。例如,它常被用来管理使用串口和调制解调器的大量分散拨号用户。RADIUS系统是NAS(Network Access Server,网络接入服务器)系统的重要辅助部分。

RADIUS服务器对用户的认证过程通常需要利用NAS等设备的代理认证功能。在这一过程中,RADIUS客户端和RADIUS服务器之间通过共享密钥认证交互的消息,用户密码采用密文方式在网络上传输,增强了安全性。RADIUS协议合并了认证和授权过程,即响应报文中携带了授权信息。其操作流程图和步骤如图35-1所示。

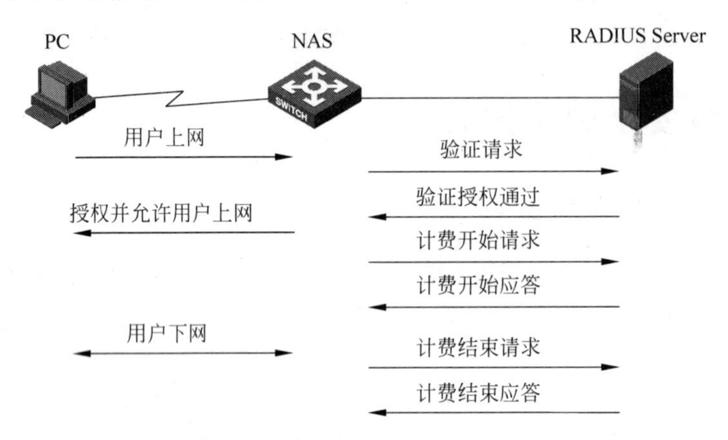

图35-1 RADIUS消息交互示意图

35.4.4 交换机端口安全技术

随着以太网应用的日益普及,以太网安全成为日益迫切的需求。在没有安全技术应用的以太网中,用户只要能连接到交换机的物理端口,就可以访问网络中的所有资源,局域网的安全无法得到保证。以太网交换机针对网络安全问题提供了多种安全机制,包括地址绑定、端口隔离、接入认证等技术。其中IEEE 802.1x就是交换机端口安全技术的典型应用。

IEEE 802.1x协议是基于客户端/服务器(Client/Server)架构的访问控制和认证协议。它可以限制未经授权的用户/设备通过接入端口(Access Port)访问LAN/WLAN。在获得交换机或LAN提供的各种业务之前,IEEE 802.1x对连接到交换机端口上的用户/设备进行认证。在认证通过之前,IEEE 802.1x 只允许 EAPoL(基于局域网的扩展认证协议)数据通过设备连接的交换机端口。认证通过以后,正常的数据可以顺利地通过以太网端口,如图 35-2 所示。

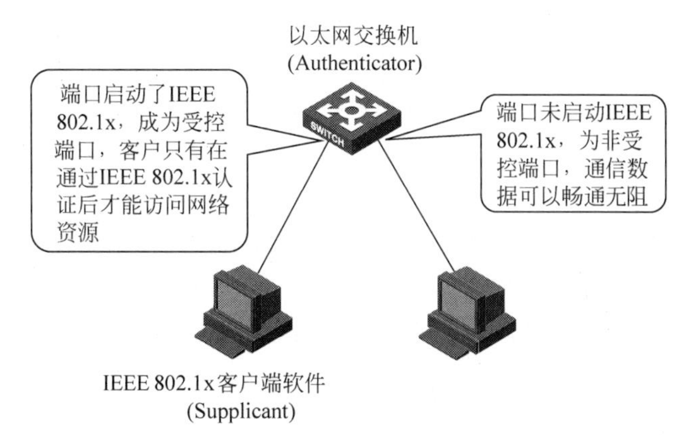

图 35-2 IEEE 802.1x 示意图

35.4.5 VPN 虚拟私有网技术

VPN(Virtual Private Network,虚拟私有网)是近年来随着 Internet 的广泛应用而迅速发展起来的一种新技术,用以实现在公用网络上构建私人专用网络。“虚拟”主要指这种网络是一种逻辑上的网络。

伴随企业和公司的不断扩张,员工出差日趋频繁,驻外机构及客户群分布日益分散,合作伙伴日益增多,越来越多的现代企业迫切需要利用公共 Internet 资源来进行促销、销售、售后服务、培训、合作及其他商业活动,这为 VPN 的应用提供了广阔市场。图 35-3 就是 VPN 技术的典型应用。

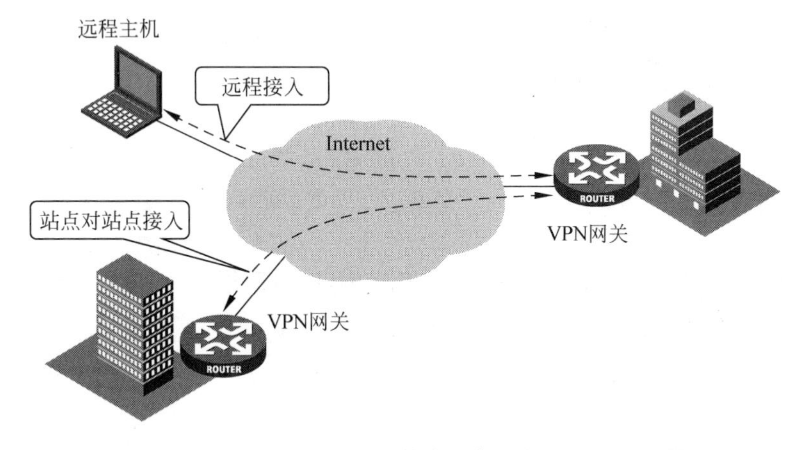

图 35-3 VPN 技术的典型应用

常见的 VPN 种类有 L2TP、GRE、IPSec VPN、DVPN、MPLS VPN、SSL VPN 等。移动办公用户通常采用 L2TP 或 SSL VPN,而在站点之间通常部署 GRE、IPSec VPN 或 MPLS VPN 等。

35.4.6 终端准入控制

EAD(End user Admission Domination,终端准入控制)方案的主要目的是从网络端点接入控制入手,加强网络终端的主动防御能力,控制病毒的蔓延。EAD通过安全客户端、iMC EAD服务器、网络设备以及防病毒软件产品、系统补丁管理产品、桌面管理产品的联动,对接入网络的用户终端强制实施企业安全策略,严格控制终端用户的网络使用行为,将不符合安全要求的终端限制在"隔离区"内,防止"危险"终端对网络安全的损害,避免"易感"终端受病毒、蠕虫的攻击。

可以说,EAD解决方案的实现原理就是通过将网络接入控制和用户终端安全策略控制相结合,以用户终端对企业安全策略的符合度为条件,控制用户访问网络的接入权限,从而降低病毒、非法访问等安全威胁对网络带来的危害,如图35-4所示。

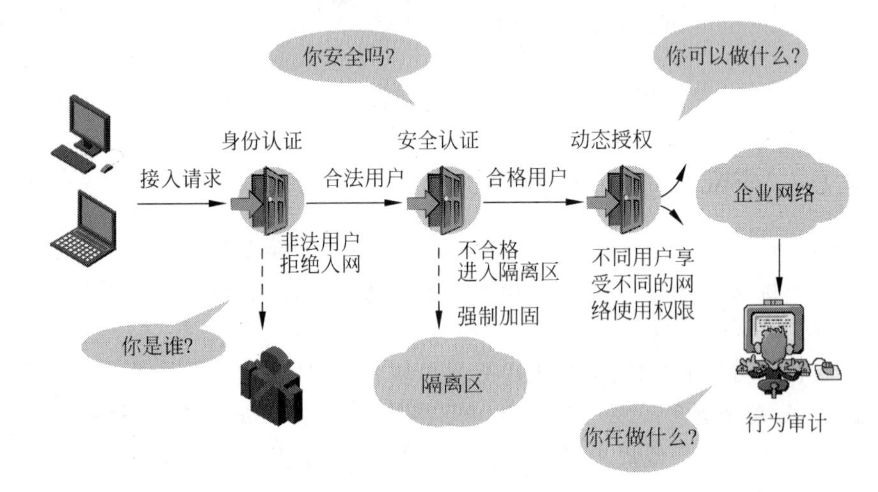

图35-4 EAD示意图

35.5 本章总结

(1) 网络安全就是网络上的信息安全,是指网络系统的硬件、软件及其系统中的数据受到保护,不受偶然的或者恶意的原因而遭到破坏、更改、泄露,系统连续、可靠、正常地运行,网络服务不中断。

(2) 网络安全是网络必须面对的一个实际问题,同时网络安全又是一个综合性的技术。

35.6 习题和解答

35.6.1 习题

1. 简述网络安全的含义。
2. 网络安全关注的范围有哪些?
3. 以太网交换机针对网络安全问题提供了多种安全机制,包括________、________和

________等技术。

4. 移动办公用户一般采用(　　)VPN接入。

A. L2TP　　B. GRE　　C. SSL　　D. DVPN

5. AAA分别指________、________和________。

35.6.2　习题答案

1. 略　　2. 略　　3. 地址绑定、端口隔离、接入认证

4. AC　　5. 认证、授权、计费

第36章

用访问控制列表实现包过滤

要增强网络安全性，网络设备需要具备控制某些访问或某些数据的能力。ACL包过滤就是一种被广泛使用的网络安全技术。它使用ACL(Access Control List，访问控制列表)来实现数据识别，并决定是转发还是丢弃这些数据包。ACL通过一系列的匹配条件对报文进行分类，这些条件可以是报文的源地址、目的地址、端口号等信息。

另外，由ACL定义的报文匹配规则，可以被其他需要对流进行区分的场合引用，如QoS的数据分类、NAT转换源地址匹配等。

36.1 本章目标

学习完本章，应该能够达到以下目标。

(1) 了解ACL定义及应用。

(2) 掌握ACL包过滤工作原理。

(3) 掌握ACL的分类及应用。

(4) 掌握ACL包过滤的配置。

(5) 掌握ACL包过滤的配置应用注意事项。

(6) 理解ASPF的功能和基本原理。

36.2 ACL概述

ACL是用来实现数据识别功能的。为了实现数据识别，网络设备需要配置一系列的匹配条件对报文进行分类，这些条件可以是报文的源地址、目的地址、端口号、协议类型等。

需要用到访问控制列表的应用有很多，主要如下。

(1) 包过滤(Packet Filter Firewall)功能：网络设备的包过滤功能用于实现包过滤。配置基于访问控制列表的包过滤，可以在保证合法用户的报文通过的同时拒绝非法用户的访问。比如，要实现只允许财务部的员工访问服务器而其他部门的员工不能访问，可以通过包过滤丢弃其他部门访问服务器的数据包来实现。

(2) NAT(Network Address Translation，网络地址转换)：公网地址的短缺使NAT的应用需求旺盛，而通过设置访问控制列表可以来规定哪些数据包需要进行地址转换。比如，通过设置ACL只允许属于192.168.1.0/24网段的用户通过NAT转换访问Internet。

(3) QoS(Quality of Service,服务质量)的数据分类：QoS 是指网络转发数据报文的服务品质保障。新业务的不断涌现对 IP 网络的服务品质提出了更高的要求,用户已不再满足于简单地将报文送达目的地,而是希望得到更好的服务,诸如为用户提供专用带宽、减少报文的丢失率等。QoS 可以通过 ACL 可以实现数据分类,并进一步对不同类别的数据提供有差别的服务。比如,通过设置 ACL 来识别语音数据包并对其设置较高优先级,就可以保障语音数据包优先被网络设备所转发,从而保障 IP 语音通话质量。

(4) 路由策略和过滤：路由器在发布与接收路由信息时,可能需要实施一些策略,以便对路由信息进行过滤。比如,路由器可以通过引用 ACL 来对匹配路由信息的目的网段地址实施路由过滤,过滤掉不需要的路由而只保留必须的路由。

(5) 按需拨号：配置路由器建立 PSTN/ISDN 等按需拨号连接时,需要配置触发拨号行为的数据,即只有需要发送某类数据时路由器才会发起拨号连接。这种对数据的匹配也通过配置和引用 ACL 来实现。

可见 ACL 的应用非常广泛。本章主要讲解 MSR 路由器基于 ACL 的包过滤的工作原理。

36.3 基于 ACL 的包过滤

36.3.1 基本工作原理

在路由器上实现包过滤功能的核心就是 ACL。

如图 36-1 所示,包过滤配置在路由器的接口上,并且具有方向性。每个接口的出站方向(Outbound)和入站方向(Inbound)均可配置独立的包过滤。

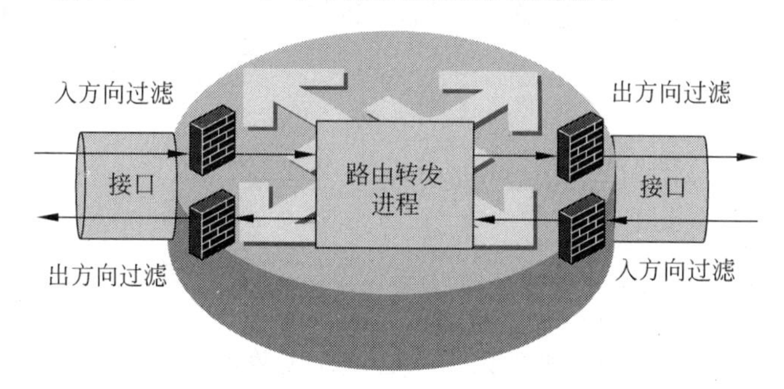

图 36-1 ACL 包过滤基本工作原理

当数据包被路由器接收时,就会受到入接口上入站方向的包过滤策略；反之,当数据包即将从一个接口发出时,就会受到出接口上出站方向的包过滤策略。当然,如果该接口该方向上没有配置包过滤,数据包就不会被过滤,而直接通过。

包过滤对进出的数据包逐个检查其 IP 地址、协议类型、端口号等信息,与自身所引用的 ACL 进行匹配,根据 ACL 的规则设定丢弃数据包或转发之。

注意：H3C 交换机也支持 ACL 包过滤,但不同设备的 ACL 实现有细微差别。本书以 MSR 路由器为范例讲解 ACL 及包过滤功能的原理和配置。

36.3.2 ACL 包过滤工作流程

包过滤的规则设定通过引用 ACL 来实现。一个 ACL 可以包含多条规则,每条规则都定义了一个匹配条件及其相应动作。

ACL规则的匹配条件主要包括数据包的源IP地址、目的IP地址、协议号、源端口号、目的端口号等；另外还可以有IP优先级、分片报文位、MAC地址、VLAN信息等。不同的ACL分类所能包含的匹配条件也不同。

ACL规则的动作有两个——允许(permit)或拒绝(deny)。

当路由器收到一个数据包时，如果入接口上没有启动包过滤，则数据包直接被提交给路由转发进程去处理；如果入接口上启动了ACL包过滤，则将数据包交给入站包过滤进行过滤，其工作流程如图36-2所示。

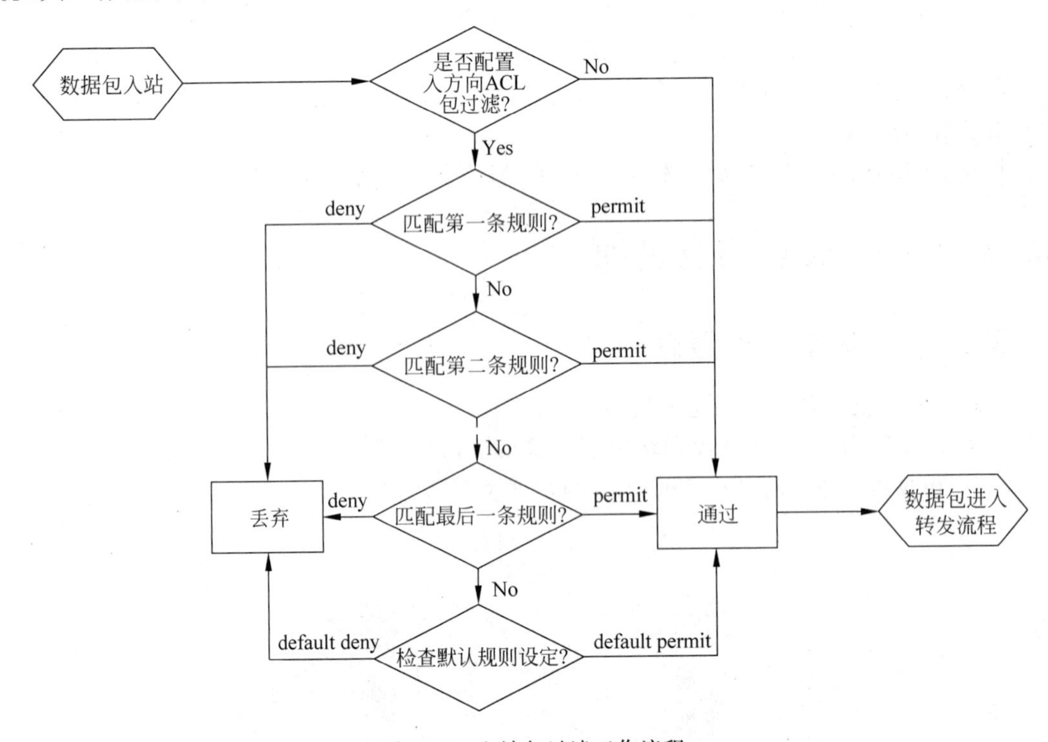

图36-2 入站包过滤工作流程

(1) 系统用ACL中第一条规则的条件来尝试匹配数据包中信息。

(2) 如果数据包信息符合此规则的条件(即数据包命中此规则)，则执行规则所设定的动作。若动作为permit，则允许此数据包穿过，将其提交给路由转发进程去处理；若动作为deny，则丢弃此数据包。

(3) 如果数据包信息不符合此规则的条件，则继续尝试匹配下一条ACL规则。

(4) 如果数据包信息不符合任何一条规则的条件，则执行包过滤默认规则的动作。若默认动作为permit，则允许此数据包穿过，将其提交给路由转发进程去处理；若动作为deny，则丢弃此数据包。

ACL包过滤具有方向性，可以指定对出或入接口方向的数据包过滤。

当路由器准备从某接口上发出一个数据包时，如果出接口上没有启动包过滤，则数据包直接由接口发出；如果出接口上启动了ACL包过滤，则将数据包交给出站进行过滤，其工作流程如图36-3所示。

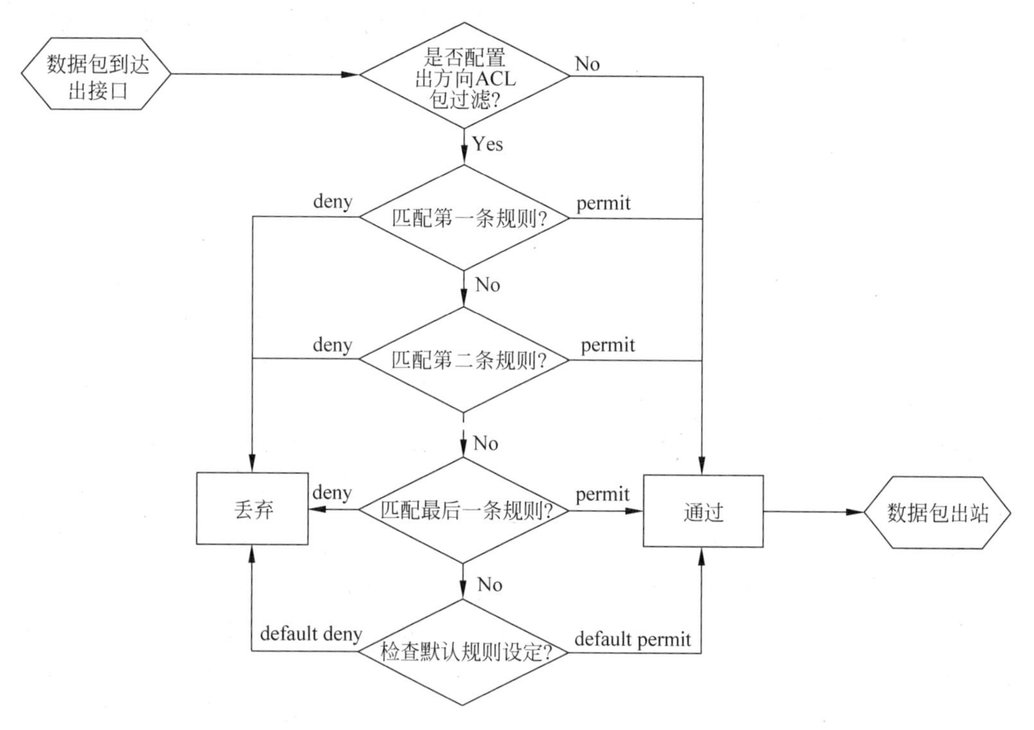

图 36-3 出站包过滤工作流程

(1) 系统用 ACL 中第一条规则的条件来尝试匹配数据包中信息。

(2) 如果数据包信息符合此规则的条件,则执行规则所设定的动作。若动作为 permit,则允许此数据包穿过,将其提交给路由转发进程去处理;若动作为 deny,则丢弃此数据包。

(3) 如果数据包信息不符合此规则的条件,则转下一条 ACL 规则继续尝试匹配。

(4) 如果数据包信息不符合任何一条规则的条件,则执行包过滤的默认动作。若默认动作为 permit,则允许此数据包穿过,将其提交给路由转发进程去处理;若动作为 deny,则丢弃此数据包。

默认动作用来定义对 ACL 以外数据包的处理方式,即在没有规则去判定用户数据包是否可以通过的时候,包过滤采取的策略是允许(permit)还是拒绝(deny)该数据包通过。默认动作可以通过命令进行修改。

36.3.3 通配符掩码

ACL 规则都使用 IP 地址和通配符掩码来设定匹配条件。

通配符掩码也称为反掩码。和子网掩码一样,通配符掩码也是由 0 和 1 组成的 32 比特数,也以点分十进制形式表示。通配符掩码的作用与子网掩码的作用相似,即通过与 IP 地址执行比较操作来标识网络。不同的是,通配符掩码化为二进制后,其中的 1 表示"在比较中可以忽略相应的地址位,不用检查",地址位上的 0 表示"相应的地址位必须被检查"。

例如,通配符掩码 0.0.0.255 表示只比较相应地址的前 24 位,通配符掩码 0.0.3.255 表示只比较相应地址的前 22 位。

在进行 ACL 包过滤时,具体的比较算法如下。

(1) 用 ACL 规则中配置的 IP 地址与通配符掩码做异或(XOR)运算,得到一个地址 X。

(2) 用数据包的 IP 地址与通配符掩码做异或运算,得到一个地址 Y。

(3) 如果 X=Y 则此数据包命中此条规则,反之则未命中此规则。

一些通配符掩码的应用示例如表 36-1 所示。

表 36-1 通配符掩码示例

IP 地址	通配符掩码	表示的地址范围
192.168.0.1	0.0.0.255	192.168.0.0/24
192.168.0.1	0.0.3.255	192.168.0.0/22
192.168.0.1	0.255.255.255	192.0.0.0/8
192.168.0.1	0.0.0.0	192.168.0.1
192.168.0.1	255.255.255.255	0.0.0.0/0
192.168.0.1	0.0.2.255	192.168.0.0/24 和 192.168.2.0/24

例如,要使一条规则匹配子网 192.168.0.0/24 中的地址,其条件中的 IP 地址应为 192.168.0.0,通配符掩码应为 0.0.0.255,表明只比较 IP 地址的前 24 位。

再如,要使一条规则匹配子网 192.168.0.0/22 中的地址,其条件中的 IP 地址应为 192.168.0.0,通配符掩码应为 0.0.3.255,表明只比较 IP 地址的前 22 位。

通配符掩码中的 0 和 1 可以是不连续的,从这种意义上说,"反掩码"的称呼并不精确。例如,通配符掩码 0.0.2.255 的二进制表现形式是 00000000 00000000 00000010 11111111,表示 IP 地址的前 22 位和第 24 位必须比较,而第 23 位和末 8 位不比较。如果某规则的条件是 IP 地址 192.168.0.1,通配符掩码 0.0.2.255,表示其可以被子网 192.168.0.0/24 和 192.168.2.0/24 中的地址命中。

36.4 ACL 分类

36.4.1 ACL 的标识

根据所过滤数据包类型的不同,MSR 路由器上的 ACL 包含 IPv4 ACL 和 IPv6 ACL。本章讲述 IPv4 ACL。如无特别声明,本书所称的 ACL 均指 IPv4 ACL。

在配置 IPv4 ACL 的时候,需要定义一个数字序号,并且利用这个序号来唯一标识一个 ACL。

ACL 序号有如表 36-2 所示的几种类型。

表 36-2 ACL 序号

访问控制列表的类型	数字序号的范围
基本访问控制列表	2000～2999
高级访问控制列表	3000～3999
基于二层访问控制列表	4000～4999
用户自定义访问控制列表	5000～5999

(1) 基本 ACL(序号为 2000～2999)：只根据报文的源 IP 地址信息制定规则。

(2) 高级 ACL(序号为 3000～3999)：根据报文的源 IP 地址信息、目的 IP 地址信息、IP 承载的协议类型、协议的特性等三、四层信息制定规则。

(3) 二层 ACL(序号为 4000～4999)：根据报文的源 MAC 地址、目的 MAC 地址、VLAN 优先级、二层协议类型等二层信息制定规则。

(4) 用户自定义 ACL(序号为 5000～5999)：可以以报文的报文头、IP 头等为基准，指定从第几个字节开始与掩码进行"与"操作，将从报文提取出来的字符串和用户定义的字符串进行比较，找到匹配的报文。

指定序列号的同时，可以为 ACL 指定一个名称，称为命名的 ACL。命名 ACL 的好处是容易记忆，便于维护。命名的 ACL 使用户可以通过名称唯一地确定一个 ACL，并对其进行相应的操作。

36.4.2 基本 ACL

因为基本访问控制列表只根据报文的源 IP 地址信息制定规则，所以比较适用于过滤从特定网络来的报文的情况下。

在图 36-4 所示的例子中，用户希望拒绝来自网络 1.1.1.0/24 的数据包通过，而允许来自网络 2.2.2.0/28 的数据包被路由器转发。这种情况下就可以定义一个基本访问控制列表，包含两条规则，其中一条规则匹配源 IP 地址 1.1.1.0/24，动作是 deny；而另一条规则匹配源 IP 地址 2.2.2.0/28，动作是 permit。

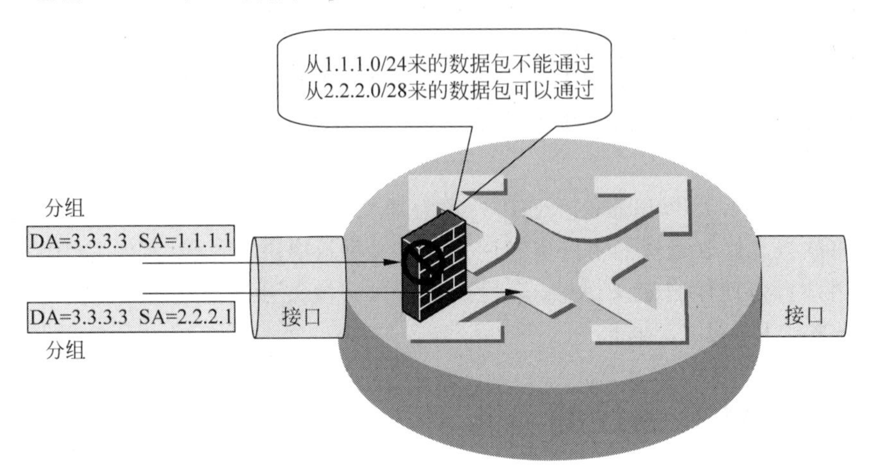

图 36-4 基本 ACL 示意

36.4.3 高级 ACL

因为高级访问控制列表根据报文的源 IP 地址信息、目的 IP 地址信息、IP 承载的协议类型、协议的特性等三、四层信息制定规则，所以比较适合于过滤某些网络中的应用及过滤精确的数据流的情形。

在图 36-5 所示的例子中，用户希望拒绝从网络 1.1.1.0/24 到 3.3.3.1 的 HTTP 访问，而允许从网络 1.1.1.0/24 到 2.2.2.1 的 Telnet 协议访问。这种情况下就可以定义一个高级访问控制列表,其中的一条规则匹配源 IP 地址 1.1.1.0/24、目的 IP 地址 3.3.3.1/32、目的 TCP 端口 80(HTTP)的数据包,动作是 deny;另一条规则匹配源 IP 地址 1.1.1.0/24、目的 IP 地址 2.2.2.1/32、目的 TCP 端口 23(Telnet)的数据包,动作是 permit。

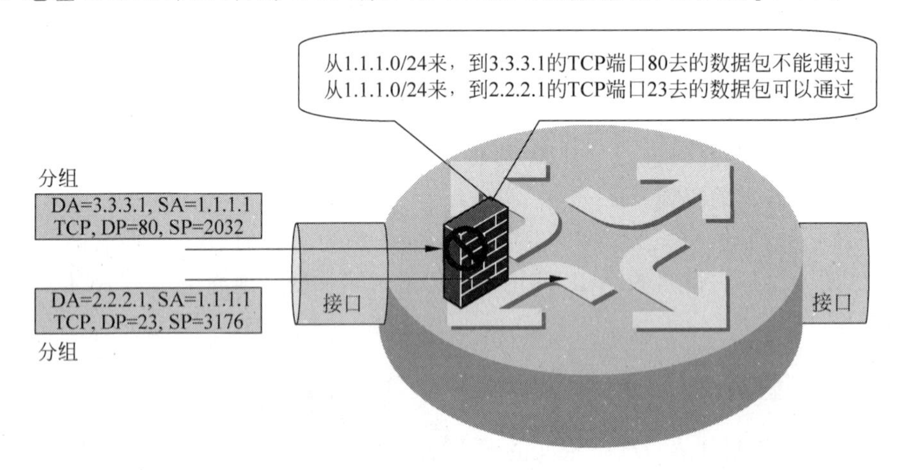

图 36-5 高级 ACL 示意

36.4.4 二层 ACL 和用户自定义 ACL

MSR 路由器还支持二层 ACL 和用户自定义 ACL。

二层 ACL 可根据报文的源 MAC 地址、目的 MAC 地址、VLAN 优先级、二层协议类型等二层信息制定规则。

例如,用户可以禁止 802.1p 优先级为 3 的报文通过路由器,而允许其他报文通过。因为 802.1p 优先级是属于带有 VLAN 标签的以太网帧头中的信息,所以可以使用二层 ACL 来匹配。

用户自定义 ACL 可以以报文头、IP 头等为基准,指定从第几个字节开始与掩码进行“与”操作,将从报文提取处理的字符串与用户自定义字符串进行比较,判断是否匹配。

例如,用户可以使用自定义 ACL 来禁止从以太网帧头开始算起第 13、14 字节内容为 0x0806 的报文(ARP 报文)通过。

36.5 配置 ACL 包过滤

36.5.1 ACL 包过滤配置任务

ACL 包过滤配置任务包括如下内容。

(1) 根据需要选择合适的 ACL 分类。

不同的 ACL 分类其所能配置的报文匹配条件是不同的,应该根据实际情况的需要来选择合适的 ACL 分类。比如,如果包过滤只需要过滤来自于特定网络的 IP 报文,那么选择基本 ACL 就可以了;如果需要过滤上层协议应用,那么就需要用到高级 ACL。

(2) 创建规则,设置匹配条件及相应的动作(permit/deny)。

要注意定义正确的通配符掩码以命中需要匹配的 IP 地址范围;选择正确的协议类型、

端口号来命中需要匹配的上层协议应用；并给每条规则选择合适的动作。如果一条规则不能满足需求，那还需要配置多条规则并注意规则之间的排列顺序。

(3) 在路由器的接口应用 ACL，并指明是对入接口或出接口的报文进行过滤。

只有在路由器的接口上应用了 ACL 后，包过滤才会生效。另外，对于接口来说，可分为入接口的报文和出接口的报文，所以还需要指明是对哪个方向的报文进行过滤。

36.5.2 启动包过滤功能

默认动作用来定义对访问控制列表以外数据包的处理方式，即在没有规则去判定用户数据包是否可以通过的时候，包过滤采取的策略是允许还是禁止该数据包通过。系统默认的动作是 permit，即没有命中匹配规则的数据报文被转发。设置包过滤的默认动作的配置命令为：

[H3C]packet-filter default deny

36.5.3 配置基本 ACL

基本访问控制列表的配置可以分为两部分。

第 1 步：设置访问控制列表序列号，基本访问控制列表的序列号范围为 2000～2999。

[H3C] acl number *acl-number*

第 2 步：定义规则，允许或拒绝来自指定网络的数据包，并定义参数。

[H3C-acl-basic-2000] rule [*rule-id*] **{ deny** | **permit }** [**fragment** | **logging** | **source** { *sour-addr sour-wildcard* | **any** } | **time-range** *time-name*]

其中主要的参数含义如下。

(1) **deny**：表示丢弃符合条件的报文。

(2) **permit**：表示允许符合条件的报文通过。

(3) **fragment**：分片信息。定义规则仅对非首片分片报文有效，而对非分片报文和首片分片报文无效。

(4) **logging**：对符合条件的报文可记录日志信息。

(5) **source** { *sour-addr sour-wildcard* | **any** }：指定规则的源地址信息。sour-addr 表示报文的源 IP 地址，*sour-wildcard* 表示反掩码，**any** 表示任意源 IP 地址。

(6) **time-range** *time-name*：指定规则生效的时间段。

36.5.4 配置高级 ACL

高级访问控制列表的配置可以分为两部分。

第 1 步：设置访问控制列表序列号，高级访问控制列表的序列号范围为 3000～3999。

[H3C] acl number *acl-number*

第 2 步：配置规则，规则在基本访问列表上增加了目的地址、协议号、端口及操作符等信息。

[H3C-acl-adv-3000] rule [*rule-id*] **{ deny** | **permit }** *protocol* [**destination** { *dest-addr dest-*

wildcard | **any** } | **destination-port** *operator port1* [*port2*] **established** | **fragment** | **source** { *sour-addr sour-wildcard* | **any** } | **source-port** *operator port1* [*port2*] | **time-range** *time-name*]

其中主要参数含义如下。

(1) **deny**：表示丢弃符合条件的报文。

(2) **permit**：表示允许符合条件的报文通过。

(3) *protocol*：IP 承载的协议类型。用数字表示时，取值范围为 0～255；用名字表示时，可以选取 **gre**(47)、**icmp**(1)、**igmp**(2)、**ip**、**ipinip**(4)、**ospf**(89)、**tcp**(6)、**udp**(17)。

(4) **source**{ *sour-addr sour-wildcard* | **any** }：用来确定报文的源 IP 地址，点分十进制表示。

(5) **destination** { *dest-addr dest-wildcard* | **any** }：用来确定报文的目的 IP 地址，点分十进制表示。

(6) *port1*、*port2*：TCP 或 UDP 的端口号，用数字表示时，取值范围为 0～65535，也可以用文字表示。

(7) *operator*：端口操作符，取值可以为 **lt**(小于)、**gt**(大于)、**eq**(等于)、**neq**(不等于)或者 **range**(在范围内，包括边界值)。只有操作符 **range** 需要两个端口号做操作数，其他的只需要一个端口号做操作数。

(8) **established**：TCP 连接建立标识。是 TCP 协议特有的参数，定义规则匹配带有 **ack** 或者 **rst** 标志的 TCP 连接报文。

36.5.5 配置二层 ACL

规则序列号在 4000 到 4999 之间的访问控制列表为二层访问控制列表。二层访问控制列表根据报文的源 MAC 地址、目的 MAC 地址、IEEE 802.1p 优先级、二层协议类型等二层信息制定匹配规则，对报文进行相应的分析处理。

二层访问控制列表的配置可以分为两部分。

第 1 步：设置访问控制列表序列号，二层访问控制列表的序列号范围为 4000～4999。

[H3C] acl number *acl-number*

第 2 步：配置规则，规则上主要为源 MAC、目的 MAC 以及 CoS 值等信息。

[H3C-acl-ethernetframe-4000] rule [*rule-id*] { **deny** | **permit** } [**cos** *vlan-pri* | **dest-mac** *dest-addr dest-mask* | **lsap** *lsap-code lsap-wildcard* | **source-mac** *sour-addr source-mask* | **time-range** *time-name*]

其中主要参数含义如下。

(1) **deny**：表示丢弃符合条件的报文。

(2) **permit**：表示允许符合条件的报文通过。

(3) **cos** *vlan-pri*：定义规则的 IEEE 802.1p 优先级。

(4) **dest-mac** *dest-addr dest-mask*：定义规则的目的 MAC 地址范围。

(5) **lsap** *lsap-code lsap-wildcard*：定义规则中 LLC 封装中的 DSAP 字段和 SSAP 字段。

(6) **source-mac** *sour-addr source-mask*：定义规则的源 MAC 地址范围。

(7) **time-range** *time-name*：指定规则生效的时间段。

36.5.6 在接口上应用 ACL

只有将 ACL 应用在接口上才能实现包过滤的功能。

对于路由器而言，接口的方向只有两个：inbound 方向和 outbound 方向。数据包进入路由器的方向是 inbound 方向，而数据包离开路由器的方向是 outbound 方向。

将基本访问控制列表和高级访问控制列表应用在接口的命令如下：

packet-filter { *acl-number* | **name** *acl-name* **} { inbound** | **outbound }**

其中主要参数含义如下。

(1) *acl-number*：基本/高级访问控制列表号，取值范围为 2000～3999。

(2) **name** *acl-name*：指定基本/高级访问控制列表的名称。

(3) **inbound**：过滤接口接收的数据包。

(4) **outbound**：过滤接口转发的数据包。

对于二层访问控制列表应用在接口的命令如下：

packet-filter mac{ *acl-number* | **name** *acl-name* **} { inbound** | **outbound }**

其中主要参数含义如下。

(1) *acl-number*：二层访问控制列表号，取值范围为 4000～4999。

(2) **name** *acl-name*：指定二层访问控制列表的名称。

(3) **inbound**：过滤接口接收的数据包。

(4) **outbound**：过滤接口转发的数据包。

36.5.7 ACL 包过滤信息显示与调试

ACL 包过滤功能配置完成后，可通过命令查看到包过滤的统计信息、默认过滤规则、接口上应用的 ACL 情况以及数据包被允许或者拒绝的情况。常用 ACL 包过滤显示和调试命令如表 36-3 所示。

表 36-3 常用 ACL 包过滤显示和调试命令

操　作	命　令
查看包过滤的默认动作以及统计信息	**display packet-filter statistics** { **interface** *interface-type interface-number* { **inbound** | **outbound** } [**default** | **mac** { *acl-number* | **name** *acl-name* }] } [**brief**]
显示 ACL 在报文过滤中的详细应用情况	**display packet-filter verbose** { **interface** *interface-type interface-number* { **inbound** | **outbound** } [**mac**] { *acl-number* | **name** *acl-name* } }
清除包过滤的统计信息	**reset packet-filter statistics** { **interface** [*interface-type interface-number*] { **inbound** | **outbound** } [**default** | [**mac**] { *acl-number* | **name** *acl-name* }]}
显示配置的 IPv4 ACL 信息	**display acl** { *acl-number* | **all**}
清除 IPv4 ACL 统计信息	**reset acl counter** { *acl-number* | **all** }

显示配置的 ACL 信息的示例如下：

```
<H3C> display acl 2001
Basicacl  2001, 1 rule,
Acl's step is 5
 rule5 permit source 1.1.1.1 0 (5 times matched)
 rule 5 commentThis rule is used in GE 1
```

从以上输出信息可以知道，ACL2001 包含了一条规则，并且有 5 个数据包命中。

查看包过滤的统计信息的示例如下：

```
[H3C-GigabitEthernet0/0]dis packet-filter statistics interface GigabitEthernet0
/0 inbound
Interface: GigabitEthernet0/0
 Inbound policy:
  IPv4 ACL 2001
   rule 0 deny source 192.168.0.2 0
```

从以上输出可以得知，ACL 包过滤处于开启状态，默认的过滤规则是 deny，即没有命中匹配规则的报文将被丢弃。所使用的 ACL 是基本 ACL，序号是 2001，应用在接口 Serial0/0 上，方向是 inbound，即系统对接收到报文进行过滤。

另外，在用户视图下可以使用命令 **reset packet-filter statistics** { **interface** [*interface-type interface-number*] { **inbound** | **outbound** } [**default** | [**mac**] { *acl-number* | **name** *acl-name* }]}来清除接口 GigabitEthernet1/0 上包过滤的统计信息。

```
<H3C> reset packet-filter statistics interface GigabitEthernet 1/0 outboundA
```

36.6 ACL 包过滤的注意事项

36.6.1 ACL 规则的匹配顺序

一个 ACL 中可以包含多个规则，而每个规则都指定不同的报文匹配选项，这些规则可能存在动作冲突。由于 ACL 规则是依照一定次序匹配的，如果一个数据包命中多条规则，将以先命中的规则的动作为准。

ACL 支持两种匹配顺序。

(1) 配置顺序(config)：按照用户配置规则的先后顺序进行规则匹配。

(2) 自动排序(auto)：按照“深度优先”的顺序进行规则匹配，即系统优先考虑地址范围小的规则。

在配置 ACL 的时候，系统默认的匹配顺序是 config。可通过命令来配置 ACL 的匹配顺序：

[H3C] acl number *acl-number* [**match-order** { **auto** | **config** }]

同样的 ACL，因为匹配顺序不同，会导致不同的结果。

在图 36-6 所示的例子中，ACL 的匹配顺序是 config，系统会按照用户配置规则的先后顺序进行规则匹配。所以主机 1.1.1.1 所发出的数据包被系统允许通过。

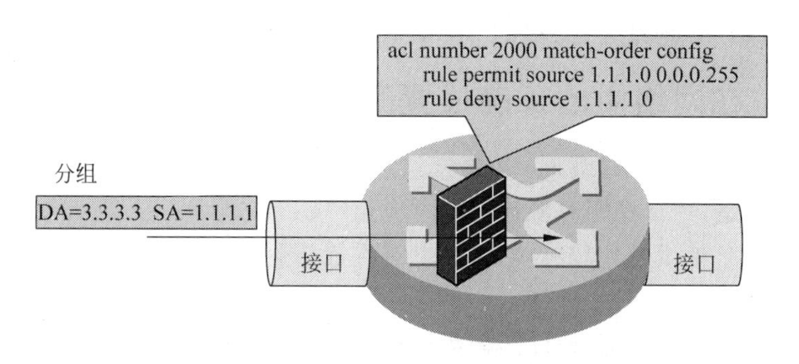

图 36-6 按配置顺序匹配数据包示例

而在图 36-7 所示的例子中，虽然 ACL 规则和数据包与图 36-6 所示的例子完全相同，但因为匹配顺序是 auto，系统会按照“深度优先”的规则来匹配。数据包将优先匹配 IP 地址范围小的第二条规则，所以路由器会丢弃源地址是 1.1.1.1 的数据包。

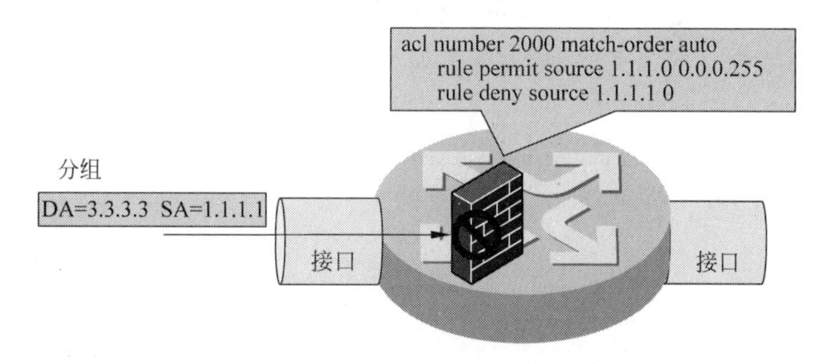

图 36-7 按自动排序匹配数据包示例

各种类型 ACL 的“深度优先”判断原则略有不同。

基本 ACL 的“深度优先”顺序判断原则如下。

(1) 先比较源 IP 地址范围，源 IP 地址范围小(反掩码中“0”位的数量多)的规则优先。

(2) 如果源 IP 地址范围相同，则先配置的规则优先。

高级 ACL 的“深度优先”顺序判断原则如下。

(1) 先比较协议范围，指定了 IP 协议承载的协议类型的规则优先。

(2) 如果协议范围相同，则比较源 IP 地址范围，源 IP 地址范围小(反掩码中“0”位的数量多)的规则优先。

(3) 如果源 IP 地址范围也相同，则比较目的 IP 地址范围，目的 IP 地址范围小(反掩码中“0”位的数量多)的规则优先。

(4) 如果目的 IP 地址范围也相同，则比较第四层端口号(TCP/UDP 端口号)范围，四层端口号范围小的规则优先。

(5) 如果上述范围都相同，则先配置的规则优先。

二层 ACL 的“深度优先”顺序判断原则如下。

(1) 先比较源 MAC 地址范围，源 MAC 地址范围小(掩码中“1”位的数量多)的规则优先。

(2) 如果源 MAC 地址范围相同，则比较目的 MAC 地址范围，目的 MAC 地址范围小(掩码中“1”位的数量多)的规则优先。

(3) 如果源 MAC 地址范围、目的 MAC 地址范围相同,则先配置的规则优先。

36.6.2 在网络中的正确位置配置 ACL 包过滤

在网络中部署 ACL 包过滤时,需要慎重考虑部署的位置。如果一个网络中有多台路由器,部署的原则是,尽量在距离源近的地方应用 ACL 以减少不必要的流量转发。

高级 ACL 的条件设定比较精确,应该部署在靠近被过滤源的接口上,以尽早阻止不必要的流量进入网络。

基本 ACL 只能依据源 IP 地址匹配数据包,部署位置过于靠近被拒源的基本 ACL 可能阻止该源访问合法目的。因此应在不影响其他合法访问的前提下,尽可能使 ACL 靠近被拒绝的源。

在图 36-8 所示的例子中,用户想要实施 ACL 包过滤来阻断从主机 PCA 到网络 A 和网络 B 的数据包。如果用高级 ACL 来实现,在任意一台路由器上实施 ACL 都可以达到目的。但最好的实施位置是在路由器 RTC 的 GE0/0 接口上,因为可以最大限度地减少不必要的流量处理与转发。应当在 RTC 上配置如下:

```
[RTC] acl number 3000
[RTC-acl-adv-3000] rule deny ip source 172.16.0.1 0 destination 192.168.0.0 0.0.1.255
[RTC-GigabitEthernet0/0] packet-filter 3000 inbound
```

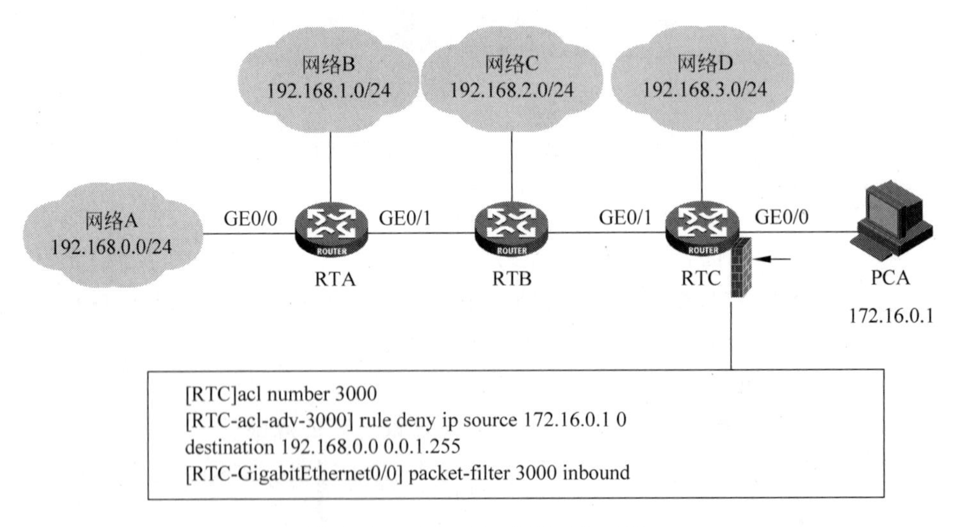

图 36-8 高级 ACL 部署位置示例

用基本 ACL 来实现同样的要求,则需要更细心地考虑。如果仍在 RTC 的 GE0/0 接口上配置入方向的基本 ACL 过滤,则 PCA 将不能访问任何一个网络。如果在 RTA 的 GE0/0 接口上配置出方向的基本 ACL 过滤,则 PCA 虽然不能访问网络 A,却仍然可以访问网络 B。而在 RTA 的 GE0/1 接口上配置入方向的基本 ACL 过滤,则既可以阻止 PCA 访问网络 A 和网络 B,也可以允许其访问其他所有网络。如图 36-9 所示,应当在 RTA 上配置如下:

```
[RTA] acl number 2000
[RTA-acl-basic-2000] rule deny source 172.16.0.1 0
[RTA-Ethernet0/1] packet-filter 2000 inbound
```

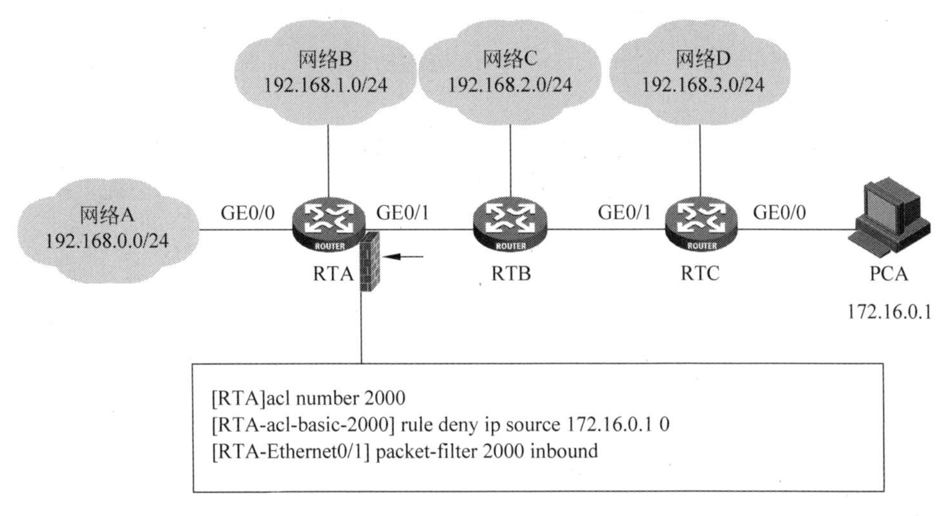

图 36-9 基本 ACL 部署位置示例

36.7 ASPF 介绍

36.7.1 ASPF 概述

静态包过滤可以精确地控制数据包,但是其有以下两个不足。

(1) 只能根据报文的网络层、传输层信息进行匹配和过滤,无法利用应用层信息。

(2) 对于端口动态变化的应用,如语音应用,控制不够精确,容易留下安全隐患。

例如,对于 FTP、H.323 等多通道的应用层协议,其部分通道是在主控制通道打开后协商打开的,静态包过滤无法预知其所使用的地址、端口号等。再例如,静态包过滤无法检测 TCP SYN、Java Applets 等来自传输层和应用层的攻击行为,也无法识别伪造的 ICMP 差错报文,从而无法避免 ICMP 的恶意攻击。

静态包过滤采用的 ACL 虽然对有一定的识别 TCP 状态的能力,但对于 TCP 连接均要求其首报文为 SYN 报文,非 SYN 报文的 TCP 首包将被丢弃。在这种处理方式下,网络中原有 TCP 连接的非首报文在经过新加入的包过滤设备时均被丢弃,这会中断已有的连接。

ASPF(Application Specific Packet Filter)技术可以很好地解决这些问题。ASPF 的主要功能如下。

(1) 能够检查应用层协议信息,如报文的协议类型和端口号等,并且监控基于连接的应用层协议状态。对于所有连接,每一个连接状态信息都将被 ASPF 维护,并用于动态地决定数据包是否被允许通过。

(2) 能够执行通用 TCP/UDP 检测,读取传输层协议信息并根据源、目的地址及端口号决定 TCP 或 UDP 报文是否可以通过。

ASPF 的其他功能还包括如下内容。

(1) 不仅能够根据连接的状态对报文进行过滤,还能够对应用层报文的内容加以检测,提供对不可信站点的 Java Blocking 功能,用于保护网络不受有害的 Java Applets 的破坏。

(2) 增强的会话日志功能。可以对所有的连接进行记录,包括连接的时间、源地址、目的地址、使用的端口和传输的字节数。

(3) 支持 PAM(Port to Application Map,应用协议端口映射),允许用户自定义应用层协议使用非通用端口。

(4) 支持 ICMP 差错报文检测。正常 ICMP 差错报文中均携带有本报文对应连接的相关信息,根据这些信息可以匹配到相应的连接。如果匹配失败,则根据当前配置决定是否丢弃该 ICMP 报文。

(5) 支持 TCP 连接首包检测。对 TCP 连接的首报文进行检测,查看是否为 SYN 报文,如果不是 SYN 报文则根据当前配置决定是否丢弃该报文。

在网络边界,ASPF 与包过滤协同工作,能够为企业内部网络提供更全面的、更符合实际需求的安全保障。

36.7.2 ASPF 工作原理

ASPF 工作的基本原理就是监听并记录应用协议交互过程,并按照应用协议的特定需求动态创建访问控制列表以达到精确控制报文转发的目的。

1. 应用层协议检测

为了保护内部网络,通常情况下需要在网络的出口设备上配置基于访问控制列表的包过滤功能,以允许内部网的主机访问外部网络,同时拒绝外部网络的主机访问内部网络。静态的包过滤会将用户发起连接后返回的报文过滤掉,导致连接无法正常建立。

在设备上配置了 ASPF 后,基于 ASPF 的包过滤可以检测每一个应用层的会话,并创建一个状态表和一个 TACL(Temporary Access Control List,临时访问控制列表)。

(1) 状态表在 ASPF 检测到第一个向外发送的报文时创建,用于维护一次会话某一时刻所处的状态,并检测会话状态的转换是否正确。

(2) TACL 的表项在创建状态表项的同时创建,在会话结束后删除,它相当于一个扩展 ACL 的 **permit** 项。TACL 主要用于匹配一个会话中的所有返回的报文,可以为某一会话的返回报文在包过滤上建立一个临时的穿越通道。

下面以 FTP 检测为例说明多通道应用层协议检测的过程。

如图 36-10 所示,FTP 客户端对 FTP 服务器建立 FTP 连接时,FTP 客户端首先以 1333 端口向 FTP 服务器的 21 端口发起 FTP 控制通道的连接,在控制通道中通过协商,决定由 FTP 服务器的 20 端口向 FTP 客户端的 1600 端口发起数据通道的连接,以便传输数据。数据传输超时或结束后连接删除。

ASPF 在 FTP 连接建立到拆除过程中的检测处理如下。

(1) 检查从出接口上向外发送的 IP 报文,确认为基于 TCP 的 FTP 报文。

(2) 检查端口号确认连接为 FTP 控制连接,建立返回报文的 TACL 和状态表。

(3) 检查 FTP 控制连接报文,解析 FTP 指令,根据指令更新状态表。如果包含数据通道建立指令,则创建数据连接的 TACL。对于数据连接不进行状态检测。

(4) 对于返回报文,根据协议类型做相应匹配检查,检查将根据相应协议的状态表和 TACL 决定报文是否允许通过。

(5) 若发现 FTP 连接删除或超时,随即删除状态表及 TACL。

单通道应用层协议(如 SMTP、HTTP 等)的检测过程比较简单。在发起连接时建立

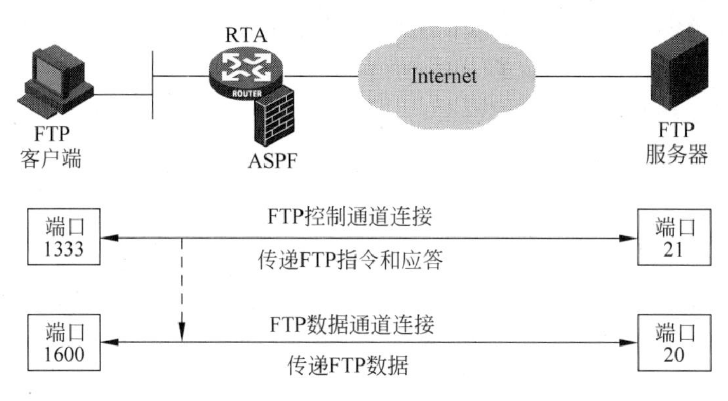

图 36-10 FTP 检测过程示意图

TACL,连接删除时随之删除 TACL 即可。

2. 传输层协议检测基本原理

ASPF 的传输层协议检测是指通用 TCP/UDP 检测。与应用层协议检测不同,通用 TCP/UDP 检测是对报文的传输层信息进行的检测,包括源/目的地址及端口号等。

通用 TCP/UDP 检测要求返回到 ASPF 外部接口的报文要与此前从 ASPF 外部接口发出的某个报文完全匹配,即源/目的地址及端口号恰好对应,否则返回的报文将被丢弃。因此对于 FTP、H.323 这样的多通道应用层协议,在不配置应用层检测而直接配置 TCP 检测的情况下会导致数据连接无法建立。

虽然 UDP 是无连接的传输协议,ASPF 同样以类似于处理 TCP 连接的方式监控、记录 UDP 协议信息,并动态地创建访问规则。

尽管 ASPF 功能强大,但是 ASPF 不可能跟踪所有应用层协议。ASPF 可以支持的协议包括 FTP、HTTP、SMTP、H.323 等。每种设备具体支持的协议请参见相关的手册和规格说明。

36.8 本章总结

(1) 包过滤使用 ACL 过滤数据包;ACL 还可用于 NAT、QoS、路由策略、按需拨号等。

(2) 基本 ACL 根据源 IP 地址进行过滤;高级 ACL 根据 IP 地址、IP 协议号、端口号等进行过滤。

(3) ACL 规则的匹配顺序会影响实际过滤结果。

(4) ACL 包过滤的配置位置应尽量避免不必要的流量进入网络。

(5) ASPF 可以根据应用层和传输层信息动态创建访问控制列表以精确控制报文转发。

36.9 习题和解答

36.9.1 习题

1. 下列关于 ACL 包过滤的说法正确的有(　　)。

A. 基本 ACL 匹配 IP 包的源地址

B. 高级 ACL 可以匹配 IP 包的目的地址和端口号

C. 包过滤的默认规则总是 permit

D. 包过滤的默认规则总是 deny

2. 为某 ACL 配置了下列 4 条 ACL 规则，如果设置其匹配次序为 auto，则系统首先将尝试用下列( )规则匹配数据包。

A. rule deny source 192.18.0.1 0.0.0.15

B. rule permit source 192.18.0.0 0.0.0.63

C. rule deny source 192.18.0.1 0.0.1.255

D. rule permit source 192.18.0.1 255.255.255.255

3. 要查看所配置的 ACL，应使用命令( )。

A. display packet-filter statistics
B. display acl
C. display packet-filter
D. display firewall packet-filter

4. 某 ACL 规则为 **rule deny source 10.0.0.0 0.0.7.255**，该规则将匹配的 IP 地址范围为( )。

A. 10.0.0.0/16
B. 10.0.0.0/22
C. 10.0.0.0/8
D. 10.0.0.0/21

5. 要配置 ACL 包过滤，必须( )。

A. 创建 ACL
B. 配置 ACL 规则
C. 启动包过滤功能
D. 配置默认规则

36.9.2 习题答案

1. AB 2. A 3. B 4. D 5. ABC

第37章

网络地址转换

当前的Internet主要基于IPv4协议，用户访问Internet的前提条件是拥有属于自己的IPv4地址。IPv4地址共32位，理论上支持约40亿的地址空间，但随着Internet用户的快速增长，加上地址分配不均等因素，很多国家已经陷入IP地址不够使用的窘境。

为了解决IPv4地址短缺的问题，IETF提出了NAT(Network Address Translation，网络地址转换)解决方案。IP地址分为公有地址(Public Address)和私有地址(Private Address)。公有地址由IANA统一分配，用于Internet通信；私有地址可以自由分配，用于私有网络内部通信。NAT技术的主要作用是将私有地址转换成公有地址，使私有网络中的主机可以通过共享少量公有地址访问Internet。

但NAT只是一种过渡技术，从根本上解决地址供需问题的方法是采用支持更大地址空间的下一代IP技术，即IPv6协议，它提供了几乎取之不尽的地址空间，是下一代Internet的协议基础。

与NAT相关的标准有RFC2663、RFC3022、RFC3027等，其中RFC3022是关于传统NAT的标准，它详细描述了传统NAT的分类和实现机制。

37.1 本章目标

学习完本章，应该能够达到以下目标。

(1) 理解NAT技术出现的历史背景。

(2) 理解NAT的分类及其原理。

(3) 配置常见NAT应用。

(4) 在实际网络中灵活选适当的NAT技术。

37.2 NAT概述

根据RFC1918的规定，IPv4单播地址中预留了3个私有地址段(Private Address Space)，供使用者任意支配，但仅限于私有网络使用，它们是10.0.0.0/8、172.16.0.0/12和192.168.0.0/16。其他的IPv4单播地址(不包括0.0.0.0/8和127.0.0.0/8)可以在Internet上使用，由IANA统一管理，称为公有地址。

属于一个特定组织的私有TCP/IP网络需要给内部每一个网络节点分配IP地址，如果使用公有地址,就会产生如下两个问题。

(1) 如果这个组织很大,那么会需要一笔可观的费用。

(2) 如果每一个组织都申请公有地址,会加速 IPv4 地址的耗尽。

因此申请巨量 IP 地址是很困难的。当然,如果全面升级至 IPv6,那么地址资源紧缺问题会自然解决,但这个升级过程也将是漫长而代价巨大的。

在企业网络中可以使用私有地址进行组网,尤其是在公有地址稀缺的情况下。采用私有地址的好处是可以任意分配巨大的私有地址空间,而无须征得 IANA 的同意。但私有地址在 Internet 上是无法路由的,如果采用私有地址的网络需要访问 Internet,必须在网络的出口处部署 NAT 设备,将私有地址转换成公有地址。

NAT 技术的出现,主要目的是解决 IPv4 地址匮乏的问题,另外 NAT 屏蔽了私网用户真实地址,也提高了私网用户的安全性。如果企业全网采用公有地址,则企业外部节点与内部节点就可以直接通信。从企业网络内部与外部互相访问的实际情况来看,大部分企业希望对内部主动访问外部实施比较宽松的限制,而对外部主动访问内部实施严格的限制,例如只允许外界访问 HTTP 服务等。地址转换技术是满足上述需求的一个好办法。

如图 37-1 所示的是典型 NAT 组网模型。网络被划分为私网(Private Network)和公网(Public Network)两部分,各自使用独立的地址空间(Address Realm)。私网使用私有地址 10.0.0.0/24,而公网节点均使用 Internet 地址。为了使私网客户端主机 A 和主机 B 能够访问 Internet 上的服务器(IP 地址为 198.76.29.4),在网络边界部署一台 NAT 设备(NAT Device)用于执行地址转换。

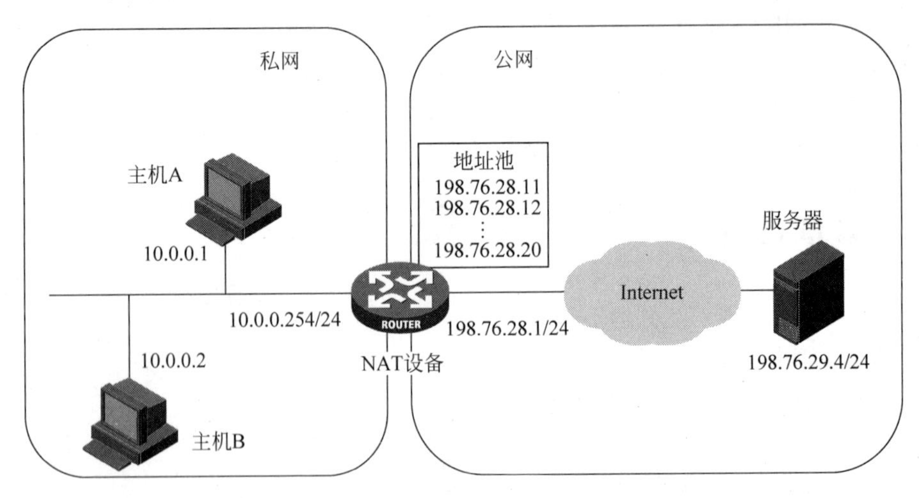

图 37-1 典型 NAT 组网

在讲述 NAT 原理的过程中,会频繁使用一些与 NAT 相关的常用术语。

(1) 公网:指使用 IANA 分配的公有 IP 地址空间的网络,或者在互连的两个网络中不需要作地址转换的一方。在讨论 NAT 时,公网也常常被称为全局网络(Global Network)或外网(External Network)。相应地,公网节点使用的地址称为公有地址(Public Address)或全局地址(Global Address)。

(2) 私网:指使用独立于外部网络的私有 IP 地址空间的内部网,或者在互连的两个网络中,需要作地址转换的一方。在讨论 NAT 时,私网也常常被称为本地网络(Local

Network)或内网(Internal Network)。相应地,私网节点使用的地址称为私有地址(Private Address)或本地地址(Local Address)。

(3) NAT 设备(NAT Device):介于公网和私网之间的设备,负责执行公有地址和私有地址之间的转换。通常由一台路由器来完成这个任务。

(4) TU Port:指与某个 IP 地址相关联的 TCP/UDP 端口,如 HTTP 的 TU Port 为 80。

(5) 地址池(Address Pool):一般为公有地址的集合。配置动态地址转换后,NAT 设备从地址池中为私网用户动态分配公有地址。

37.3 Basic NAT

37.3.1 Basic NAT 原理

Basic NAT 是最简单的一种地址转换方式,它只对数据包的 IP 层参数进行转换。

在图 37-2 中,私网主机 A(10.0.0.1)需要访问公网的服务器(198.76.29.4),在 RTA 上配置 NAT,地址池为 198.76.28.11～198.76.28.20,地址转换过程如下。

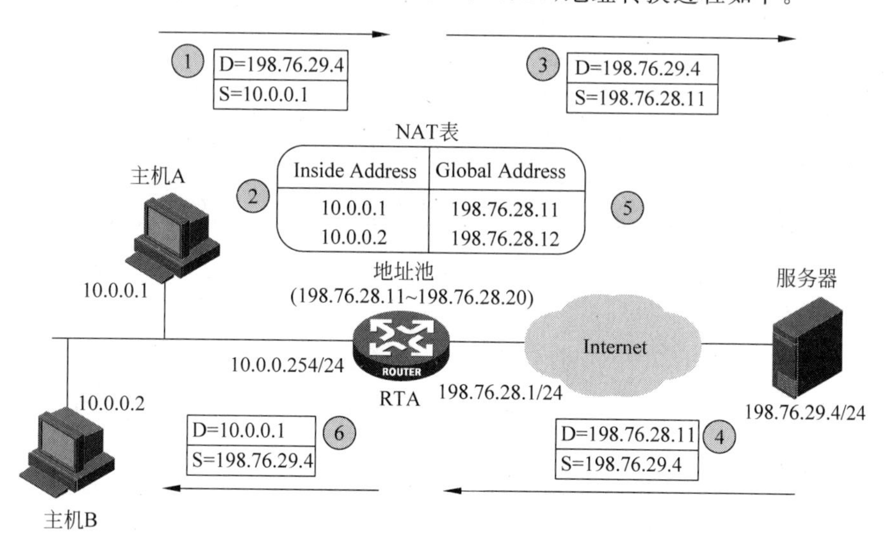

图 37-2 Basic NAT 工作原理

(1) 主机 A 产生目的地址为服务器的 IP 报文,发送给默认网关 10.0.0.254,报文源地址为 10.0.0.1,目的地址为 198.76.29.4。

(2) RTA 收到 IP 报文后,查找路由表,将 IP 报文转发至出接口,由于在出接口上配置了 NAT,因此 RTA 需要将源地址 10.0.0.1 转换成公网地址。

(3) RTA 从地址池中查找第一个可用的公网地址,本例中为 198.76.28.11,用这个地址替换数据包的源地址,转换后的报文源地址为 192.76.28.11,目的地址为 198.76.29.4。同时,RTA 在自己的 NAT 表(NAT 表)中添加一个表项(10.0.0.1→198.76.28.11),记录由内部地址 10.0.0.1 到全局地址 198.76.28.11 的映射。然后 RTA 将报文转发给目的地址 198.76.29.4。

(4) 服务器收到IP报文后做相应的处理。

(5) 服务器发送回应报文时,报文的源地址为192.76.29.4,目的地址为198.76.28.11。

(6) RTA收到IP报文,发现报文的目的地址192.76.28.11在NAT地址池内,遂检查NAT表,找到相应表项(10.0.0.1→198.76.28.11)后,用私网地址10.0.0.1替换公网地址198.76.28.11,转换后的报文源地址为192.76.29.4,目的地址为10.0.0.1。然后RTA将报文转发给主机A。

(7) 主机A收到IP报文,地址转换过程结束。

如果在这个过程中,主机B也同时要访问服务器,则RTA将会从地址池中为其分配另一个可用公网地址(本例中为198.76.28.12),并在NAT表中添加一个相应的表项(10.0.0.2→198.76.28.12),记录主机B的私网地址10.0.0.2到公网地址192.76.28.12的映射。

37.3.2 配置 Basic NAT

配置Basic NAT时,首先需要配置一个公网地址池,为私网用户动态分配公网地址。地址池是一些连续的公网IP地址集合。地址池的配置由**nat address-group**命令完成。NAT地址池配置如表37-1所示。

表37-1 NAT地址池配置命令

操 作	命 令
配置地址池	**nat address-group** *group-number start-addr end-addr*
删除地址池	**undonat address-group** *group-number*

如果地址池的起始IP地址*start-addr*与结束IP地址*end-addr*相同,则表示地址池只有一个地址。

然后要配置一个ACL,用于匹配"需要被NAT转换的报文"。ACL的配置与用于包过滤的ACL没有区别。被ACL允许(permit)的报文将被进行NAT转换;被拒绝(deny)的报文不会被转换。

最后要在通向公网的出接口上配置ACL与NAT地址池的关联,这样,凡是经由此接口向外转发并被某ACL规则允许(permit)的数据报文均会被进行地址转换,其源地址会被转换成地址池内的某个可用的公网地址。这一步通过如表37-2所示的**nat outbound**命令实现。

表37-2 nat oubound命令

操 作	命 令
配置网络地址转换	**nat outbound** *acl-number* **address-group** *group-number* **no-pat**
取消网络地址转换	**undo nat outbound** *acl-number* **address-group** *group-number* **no-pat**

关键字**no-pat**表示这是一个Basic NAT转换,即只做一对一的地址转换,且只转换数据包的地址而不转换端口。

一个典型的Basic NAT配置示例如图37-3所示。

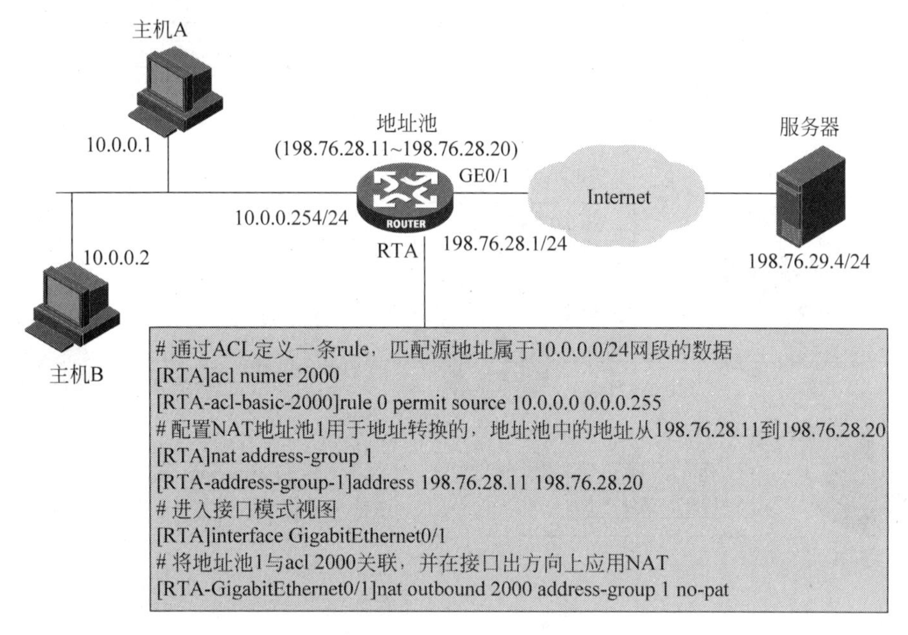

图 37-3 Basic NAT 配置示例

在本例中，私网客户端主机 A、主机 B 需要访问公网服务器，在 RTA 上配置公网地址池 address-group 1，地址范围为 198.76.28.11～198.76.28.20，动态为主机 A、主机 B 分配公网地址。

路由器 RTA 收到 HostA 始发的流量（源 IP 地址为 10.0.0.1，目的 IP 地址为 198.76.29.4），匹配 ACL 2000 成功后，会将源地址 10.0.0.1 转换成公网地址并在内部建立地址转换表（10.0.0.1:1024→198.76.28.11:1024），公网地址按一定方式在地址池中选取，如按地址由小到大方式选取。当 RTA 收到服务器端始发的回程流量（源 IP 地址为 198.76.29.4，目的 IP 地址为 198.76.28.11）后，查找地址转换表，根据表项（10.0.0.1:1024→198.76.28.11:1024）将目的地址 198.76.28.11 转换成 10.0.0.1 后，再依照路由器路由表转发。

37.4 NAPT

37.4.1 NAPT 原理

在 Basic NAT 中，内部地址与外部地址存在一一对应关系，即一个外部地址在同一时刻只能被分配给一个内部地址。它只解决了公网和私网的通信问题，并没有解决公有地址不足的问题。

NAPT（Network Address Port Translation，网络地址端口转换）对数据包的 IP 地址、协议类型、传输层端口号同时进行转换，可以显著提高公有 IP 地址的利用效率。

图 37-4 显示了典型的 NAPT 工作原理。私网主机 A（10.0.0.1）需要访问公网服务器的 WWW 服务。在 RTA 上配置 NAPT，地址池为 198.76.28.11～198.76.28.20，地址转换过程如下。

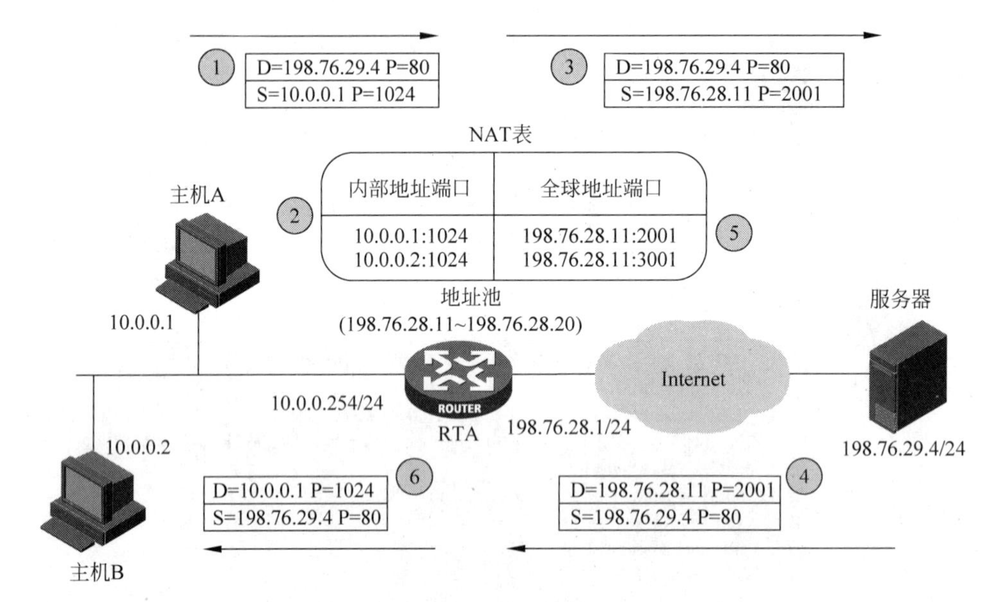

图 37-4 NAPT 工作原理

(1) 主机 A 产生目的地为服务器的 IP 报文,发送给默认网关 RTA,报文源地址/端口为 10.0.0.1:1024,目的地址/端口为 198.76.29.4:80。

(2) RTA 收到 IP 报文后,查找路由表,将 IP 报文转发至出接口,由于在出接口上配置了 NAPT,因此 RTA 需要将私网地址/端口 10.0.0.1:1024 转换成公网地址/端口。

(3) RTA 从地址池中查找第一个可用的公网地址,本例中为 198.76.28.11,用这个地址替换数据包的源地址;并查找该公网地址的一个可用端口,本例中为 2001,用这个端口替换源端口。转换后的报文源地址/端口为 192.76.28.11:2001,目的地址/端口为 198.76.29.4:80。同时,RTA 在自己的 NAT 表(NAT Table)中添加一个表项(10.0.0.1:1024→198.76.28.11:2001),记录由内部地址/端口 10.0.0.1:1024 到全局地址/端口 198.76.28.11:2001 的映射。然后 RTA 将报文转发给目的地 198.76.29.4。

(4) 服务器收到 IP 报文后做相应的处理。

(5) 服务器处理完报文后,发送回应报文,报文源地址/端口为 192.76.29.4:80,目的地址/端口为 198.76.28.11:2001。

(6) RTA 收到 IP 报文,发现报文的目的地址在 NAT 地址池内,遂检查 NAT 表项,找到相应表项(10.0.0.1:1024→198.76.28.11:2001),用私网地址/端口 10.0.0.1:1024 替换公网地址/端口 198.76.28.11:2001,然后转发给主机 A。转换后的报文源地址/端口为 192.76.29.4:80,目的地址/端口为 10.0.0.1:1024。

(7) 主机 A 收到 IP 报文,地址转换过程结束。

如果在这个过程中,主机 B 也同时要访问 Server,则 RTA 可以从地址池中为其分配同一个可用公网地址 198.76.28.11,但分配另一个端口 3001,并在 NAT 表中添加一条相应的表项(10.0.0.2:1024→198.76.28.11:3001),记录主机 B 的私网地址/端口到公网地址/端口的映射。

通过这种方法,NAPT 提供了公网地址复用的能力。地址池中的公网地址可以大大少于需要访问公网的私网主机数，从而节约了公网地址。

37.4.2　配置 NAPT

NAPT 的配置方法与 Basic NAT 基本相同。

首先要配置一个公网地址池，为私网用户动态分配公网地址和端口，地址池是一些连续的公网 IP 地址集合。地址池的配置通过 **nat address-group** 命令完成。

然后要配置一个 ACL，用于筛选出“需要被 NAT 转换的报文”。

最后要在通向公网的出接口上配置 ACL 与 NAT 地址池的关联。这一步通过如表 37-3 所示的 **nat outbound** 命令实现。

表 37-3　NAPT 配置命令

操　　作	命　　令
配置网络地址转换	**nat outbound** *acl-number* **address-group** *group-number*
取消网络地址转换	**undo nat outbound** *acl-number* **address-group** *group-number*

NAPT 与 Basic NAT 的配置区别在于，前者使用 **nat outbound** 命令时不加 **no-pat** 关键字，表示允许端口转换；而后者加 **no-pat** 关键字，表示禁止端口转换。

一个典型的 NAPT 配置示例如图 37-5 所示。

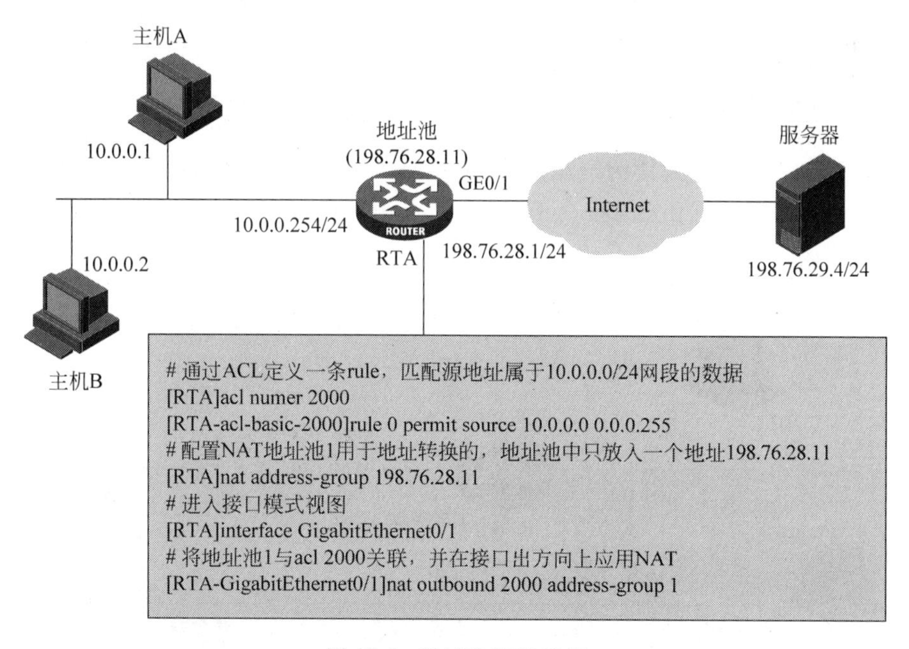

图 37-5　NAPT 配置示例

在本例中，私网客户端主机 A、主机 B 需要访问公网服务器，在 RTA 上配置公网地址池 address-group 1，地址内只有一个公网地址 198.76.28.11，动态为主机 A、主机 B 分配公网地址和协议端口。

主机 A 和主机 B 的源地址都会转换成同一个公网地址 198.76.28.11，不同的源端口号。这样 RTA 在收到服务器始发回程数据流后，就能根据数据流中的目的端口号来区分转换后的目的地址为 10.0.0.1 的还是 10.0.0.2。

37.5 Easy IP

在标准的 NAPT 配置中需要创建公网地址池，也就是必须预先得到确定的公网 IP 地址范围。而在拨号接入这类常见的上网方式中，公网 IP 地址是由运营商方面动态分配的，无法事先确定，标准的 NAPT 无法为其做地址转换。要解决这个问题，就要引入 Easy IP 特性。

Easy IP 也称为基于接口的地址转换。在地址转换时，Easy IP 的工作原理与普通 NAPT 相同，对数据包的 IP 地址、协议类型、传输层端口号同时进行转换。但 Easy IP 直接使用相应公网接口的 IP 地址作为转换后的源地址。由于不必事先配置公网地址池，Easy IP 适用于动态获得 Internet 或公网 IP 地址的场合。

配置 Easy IP 时无须配置地址池，只需配置一个 ACL，用于筛选出"需要被 NAT 转换的报文"，然后在 NAT 设备通向公网的出接口的接口视图下使用如表 37-4 所示的 **nat outbound** 命令，将 ACL 与接口关联起来即可。

表 37-4 Easy IP 配置命令

操　作	命　令
配置网络地址转换	**nat outbound** *acl-number*
取消网络地址转换	**undo nat outbound** *acl-number*

一个典型的 Easy IP 配置例子如图 37-6 所示。在本例中，私网客户端主机 A、主机 B 需要访问公网服务器，使用公网接口 IP 地址动态为主机 A、主机 B 分配公网地址和协议端口。

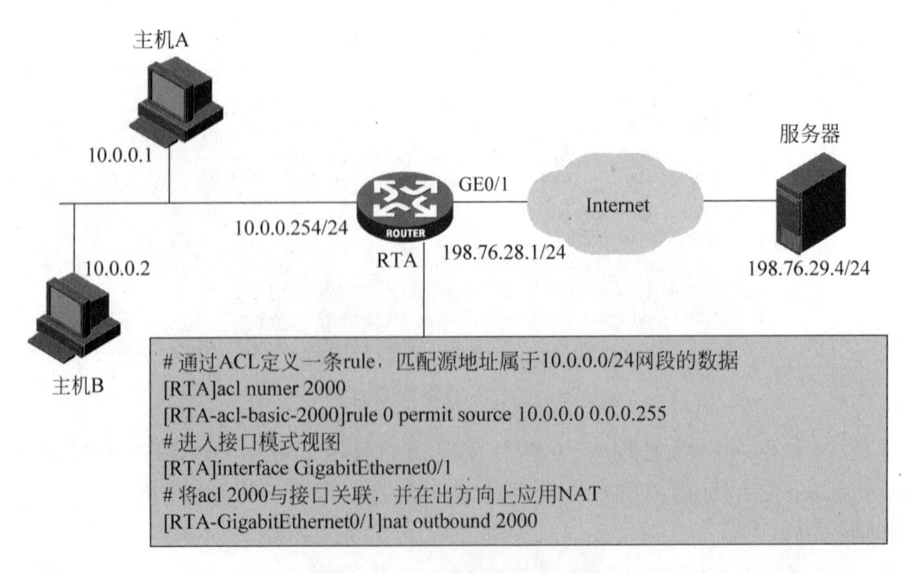

图 37-6 Easy IP 配置示例

注意：在前述的几个例子中，如果公网 Server 端首先发起连接，是无法与私网 Host 端建立通信的，因为此时在 RTA 中并没有生成 NAT 转发表项。必须等待 Host 发起连接，RTA 建立起 NAT 转发表项后，Server 才能主动与 Host 进行通信。

37.6 NAT Server

37.6.1 NAT Server 原理

从 Basic NAT 和 NAPT 的工作原理可见，NAT 表项由私网主机主动向公网主机发起访问而触发建立，公网主机无法主动向私网主机发起连接。因此 NAT 隐藏了内部网络的结构，具有屏蔽内部主机的作用。但是在实际应用中，在使用 NAT 的同时，内部网络可能需要对外提供服务，例如 Web 服务、FTP 服务等，常规的 NAT 就无法满足要求了。

为了满足公网客户端访问私网内部服务器的需求，需要引入 NAT Server 特性，将私网地址/端口静态映射成公网地址/端口，以供公网客户端访问。当然 NAT Server 并不是一种独立的技术，只是 Basic NAT 和 NAPT 的一种具体应用而已。

在图 37-7 中，主机 A 的私网地址为 10.0.0.1，由端口 8080 提供 Web 服务，在对公网提供 Web 服务时要求端口号为 80。配置时应在 NAT 设备上启用 NAT Server，将私网 IP 和端口 10.0.0.1:8080 映射成公网 IP 和端口 198.76.28.11:80，这样公网主机 C 便可以通过 198.76.28.11:80 访问主机 A 的 Web 服务。

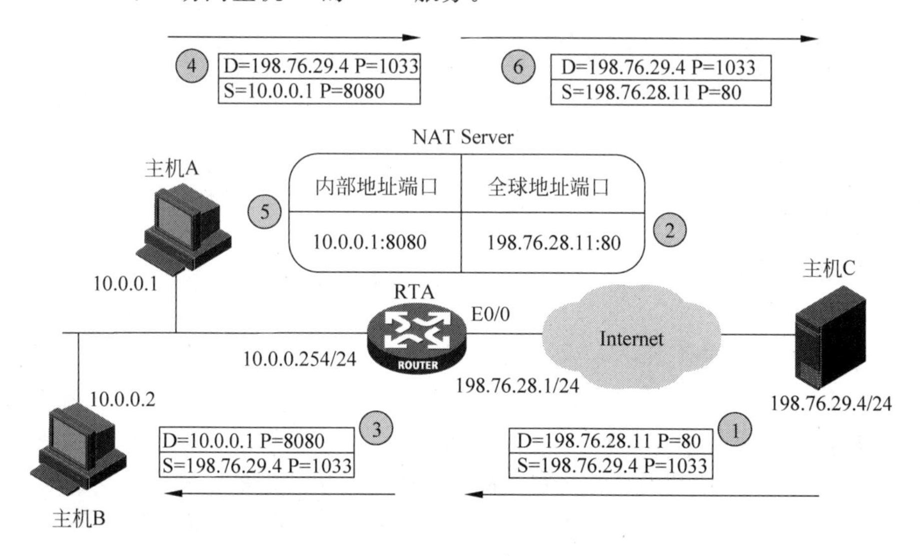

图 37-7 NAT Server 工作原理

37.6.2 配置 NAT Server

配置 NAT Server 时，需要指定协议类型、公网 IP 地址和端口、私网 IP 和端口，这些配置通过在通向公网的出接口的接口视图下使用如表 37-5 所示的 **NAT Server** 命令实现。

表 37-5 NAT Server 配置命令

操　作	命　令
配置一个内部服务器	**nat server protocol** *pro-type* **global** *global-addr* [*global-port*] **inside** *host-addr* [*host-port*]
删除一个内部服务器	**undo nat server protocol** *pro-type* **global** *global-addr* [*global-port*]**inside** *host-addr* [*host-port*]

一个典型的 NAT 服务器配置示例如图 37-8 所示。

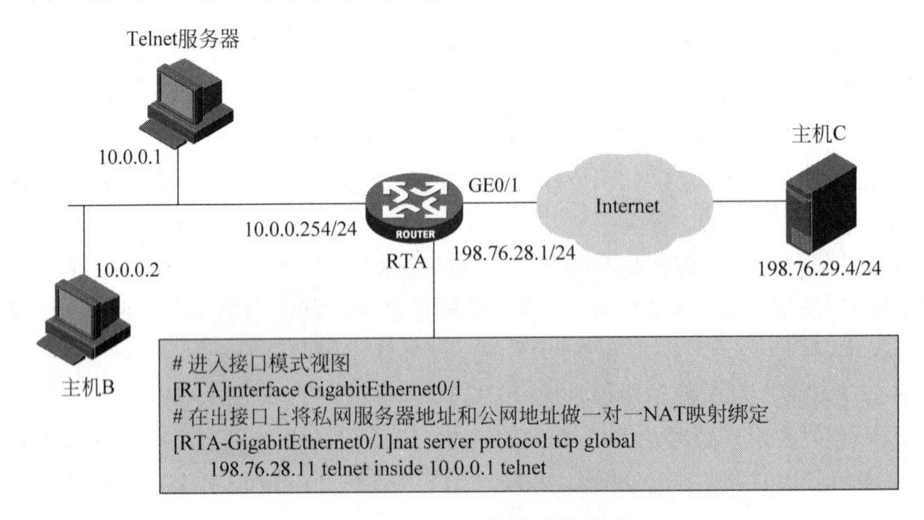

图 37-8 NAT 服务器配置示例

在本例中，主机 A 是一台 Telnet 服务器，私网地址为 10.0.0.1，由端口 23 提供 Telnet 服务，在 RTA 上为 HostA 静态映射公网地址 198.76.28.11 和协议端口。配置如下即可。

```
[RTB]interface Ethernet0/1
[RTB-Ethernet0/1]nat server protocol tcp global 198.76.28.11 telnet inside 10.0.0.1 telnet
```

37.7 NAT ALG

传统 NAT(Basic NAT 和 NAPT)只能识别并修改 IP 报文中的 IP 地址和 TU Port 信息，不能修改报文内部携带的信息，因此对于一些在 IP 报文载荷(Payload)中内嵌网络底层信息(IP 地址或 TU 端口等)的协议——例如 FTP、H.323、SIP 等，是无法正确转换的。

ALG 是传统 NAT 的增强特性。它能够识别应用层协议内嵌的网络底层信息，在转换 IP 地址和 TU Port 的同时，对应用层数据中的网络底层信息进行正确转换。

下面以 FTP 的 Active 模式为例详细说明 ALG 的处理过程。

FTP 是一种基于 TCP 的协议，用于在客户端和服务器间传输文件。FTP 工作时建立两个通道：Control 通道和 Data 通道。Control 用于传输 FTP 控制信息，Data 通道用于传输文件数据。

在图 37-9 中，私网 HostA(10.0.0.1)需要访问公网服务器(198.76.29.4)的 FTP 服务，在 RTA 上配置 NAPT，地址池为 198.76.28.11～198.76.28.20，地址转换过程如下。

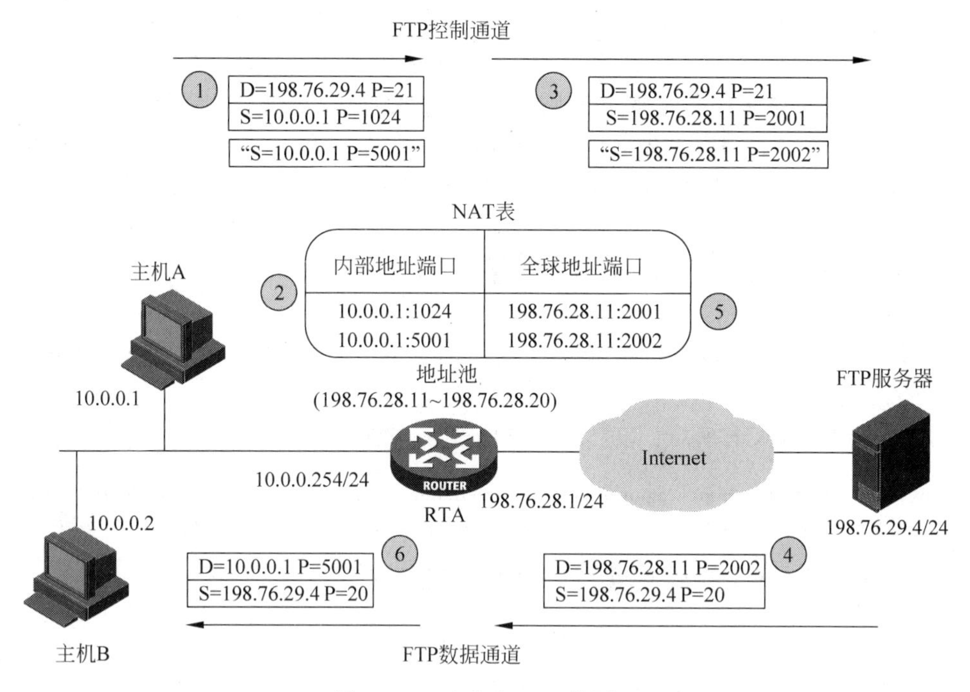

图 37-9 NAT ALG 工作原理

(1) 主机 A 发起到 Server 的 FTP 控制通道建立请求，告诉服务器自己使用 TCP 端口 5001 传输数据，报文源地址/端口为 10.0.0.1:1024，目的地址/端口为 198.76.29.4:21，携带数据"Request command＝PORT IP＝10.0.0.1 port＝5001"。

(2) RTA 收到 FTP 报文，建立映射关系(10.0.0.1:1024→198.76.28.11:2001)，转换源 IP 地址和 TCP 端口，根据目的端口 21，RTA 识别出这是一个 FTP 报文，因此还要检查应用层数据，发现原始数据为"Request command＝PORT IP＝10.0.0.1 port＝5001"，遂为 Data 通道(10.0.0.1:5001)建立第二个映射关系(10.0.0.1:5001→198.76.28.11:2002)，处理后的报文源地址/端口为 198.76.28.11:2001，目的地址/端口为 198.76.29.4:21，携带数据"Request command＝PORT IP＝198.76.28.11 port＝2002"。

(3) 服务器收到 FTP 报文，向客户端回应 command okay 报文，FTP Control 通道建立成功。同时 Server 根据应用层数据确定客户端 Data 通道的网络参数(IP 地址为 198.76.28.11，TCP 端口为 2002)。

(4) 主机 A 需要从 FTP 服务器下载文件，于是发起获取文件请求(RETR file)。服务器收到请求后，发起到主机 A 的数据通道建立请求，IP 报文的源地址/端口为 198.76.29.4:20，目的地址/端口为 198.76.28.11:2002，携带 FTP 数据。

(5) RTA 收到 FTP 数据包，查找地址转换表，根据表项(10.0.0.1:5001→ 198.76.28.11:2002)进行转换，转换后将数据包转发给 HostA，进行 FTP 文件下载。此时的 IP 报文源地址/端口为 198.76.29.4:20，目的地址/端口为 10.0.0.1:5001，携带数据为 FTP 数据。

当然完整的 FTP ALG 过程还涉及很多细节，包括 IP 报文长度、TCP 校验和、TCP 序号调整等，这里不再详述。

NAT 设备 ALG 支持的协议种类是有限的，常见的有 FTP、DNS、H.323、SIP 等。在实际网络环境中,有可能存在诸如 MSN、QQ 等非标准或新出现的应用,在早期的 NAT 实现中并没有集成这些应用的 ALG,从而无法支持这些应用。

ALG 故障的表现通常为大部分应用能够正常使用,而一些应用的部分或全部功能存在问题。如果碰到 ALG 故障,首先应该确定具体应用的种类,然后根据应用类型采取相应的措施。比较常见的应用可以通过升级 NAT 设备软件的方法尝试解决。

37.8 NAT 的信息显示和调试

系统提供的功能强大的显示和调试工具,有助于用户了解 NAT 运行状况,迅速定位相关故障。

在用户视图下输入下列命令,可以查看地址转换状态。

display nat { **address-group** | **aging-time** | **all** | **outbound** | **server** | **statistics** | **session** | [**slot** *slot-number*] | [**source global** *global-addr* | **source inside** *inside-addr*] | [**destination** *ip-addr*] }

在用户视图下输入下列命令,可以调试地址转换过程。

debugging nat { **alg** | **event** | **packet** [**interface** *interface-type interface-number*] }

如果需要立即清除地址转换连接,可使用如下命令:

reset nat session

37.9 本章总结

(1) NAT 可以有限缓解 IPv4 地址短缺,并提高安全性。
(2) Basic NAT 实现私网地址与公网地址一对一转换。
(3) NAPT 实现私网地址与公网地址的多对一转换。
(4) Easy IP 是 NAPT 的一个特例,适用于出接口地址无法预知的场合。
(5) NAT Server 使公网主机可以主动连接私网服务器获取服务。
(6) 对 FTP 等上层应用需要作 ALG 处理。

37.10 习题和解答

37.10.1 习题

1. 以下 NAT 技术中,可以使多个内网主机共用一个 IP 地址的是(　　)。

A. Basic NAT　　B. NAPT　　C. Easy IP　　D. NAT ALG

2. 以下 NAT 技术中,不允许外网主机主动对内网主机发起连接的是(　　)。

A. Basic NAT　　B. NAPT　　C. Easy IP　　D. NAT Server

3. 地址池 2 的地址范围为 202.101.10.7～202.101.10.15,以下命令(　　)在接口 Serial1/0 上配置了 NAT,使 ACL 2001 匹配的地址被转换为地址池 2 内的地址。

A. nat outbound 2001 address-group 2

B. nat outbound 2001 address-group 2 202.101.10.7 202.101.10.15

C. nat outbound acl 2001 address-group 2

D. nat outbound acl 2001 address-group 2 202.101.10.7 202.101.10.15

4. 在配置 NAT 时，确定了(　　)内网主机的地址将被转换。

A. 地址池　　B. NAT Table

C. ACL　　D. 配置 NAT 的接口

5. NAT 的特点包括(　　)。

A. 节约 IP 地址　　B. 提高内网安全性

C. 私网主机不允许使用公网地址　　D. NAT 设备必须具有固定的公网地址

37.10.2 习题答案

1. BC　　2. ABC　　3. A　　4. C　　5. AB

第38章

AAA和RADIUS

AAA(Authentication, Authorization and Accounting,认证、计费、授权)是一个综合的安全架构。和其他一些安全技术配合使用,可以提升网络和设备的安全性。AAA是一种管理框架,它提供了授权部分实体去访问特定的资源,同时可以记录这些实体操作行为的一种安全机制,具有良好的可扩展性,容易实现用户信息的集中管理,目前被广泛使用。

RADIUS(Remote Authentication Dial-In User Service,远程认证拨入用户服务)是AAA架构中常被采用的一种认证协议。本章对AAA架构以及常用的RADIUS认证进行介绍。

38.1 本章目标

学习完本章,应该能够达到以下目标。

(1) 描述AAA的架构。

(2) 描述RADIUS协议的认证流程。

(3) 列举RADIUS协议的主要属性。

(4) 配置AAA和RADIUS。

(5) 配置设备的管理用户通过RADIUS认证。

38.2 AAA架构

AAA是网络安全的一种管理机制,提供了认证、授权、计费三种安全功能。AAA通常采用客户机/服务器(Client/Server, C/S)结构,客户端运行于NAS(Network Access Server,网络接入服务器)上,服务器则集中管理用户信息。

AAA的三种安全功能作用如下。

(1) 认证(Authentication):确认远端访问用户的身份,判断访问者是否为合法的网络用户。

(2) 授权(Authorization):对认证通过的不同用户赋予不同的权限,限制用户可以使用的服务。例如管理用户成功登录设备后,可以根据用户的不同而分配不同的操作权限。

(3) 计费(Accounting):记录用户使用网络服务中的所有操作,包括使用的服务类型、起始时间、数据流量等,它不仅是一种计费手段,也对网络安全起到了监视作用。

AAA 可以通过多种协议来实现，目前常用的是 RADIUS 协议和 TACACS＋。它们都采用客户机/服务器模式，并规定了客户端(NAS)与服务器之间如何传递用户信息；都使用公共密钥对传输的用户信息进行加密；都具有较好的灵活性和扩展性。而不同的是，RADIUS 无法将认证和授权分离，而 TACACS＋则彻底将认证和授权分离，且具有更高的安全性。

H3C 的网络设备实现的 AAA 架构还提供本地认证功能，即将用户信息(包括本地用户名、密码和各种属性)配置在设备上，相当于将 NAS 和服务器集成在同一个设备上。本地认证具有认证速度快，运营成本低的优点。

在 AAA 安全架构应用中，可以根据实际需要来决定认证、授权、计费功是由一个还是多个服务器来承担。其中 NAS 负责把用户的认证、授权、计费信息透传给服务器，服务器则根据用户传递的信息和数据库信息来验证用户，或给用户正确授权和计费。AAA 的认证、授权、计费三项功能互相独立，可以分别采取不同的协议。例如使用 TACACS＋服务器实现认证和授权，同时使用 RADIUS 服务器实现计费。同理，用户也可以只使用 AAA 提供的一种或两种安全服务。

38.3 AAA 的配置

AAA 为了适应大规模网络尤其是 ISP 网络的应用，引入域(Domain)的概念。在同一个 NAS 上可以创建多个域来满足不同的客户需求，在不同的域内则允许分别配置用户信息。各个域的控制相互独立，互不干扰。因此 AAA 的配置重点在于域的配置。而域的配置则包含如下任务。

1. 创建 AAA 的域

AAA 采用域名来区别不同的域(也即不同的客户)，因此创建域的同时必须指定域名。在同一设备上，一个域名唯一地标识了一个域。如果配置命令中指定的域名与已经存在的域名相同，则执行命令仅能进入已经存在的域，而并不创建新的域。其配置命令如下：

domain *domain-name*

2. 配置域的认证方案

创建并进入域后，即可配置此域采用的认证方案。命令中指定的方案是设备已经创建的认证方案。其配置命令如下：

authentication{**default**| **lan-access**| **login**} { **hwtacacs-scheme** *hwtacacs-scheme-name* [**local**] | **local** | **none** | **radius-scheme** *radius-scheme-name* [**local**] }

其中主要关键字和参数如下。

(1) **default**：表示配置的是默认的认证方案，只有当用户的服务类型没有匹配的认证方案时方生效。

(2) **lan-access**：表示配置的是 LAN 接入用户的认证方案，对 LAN 接入用户生效。

(3) **login**：表示配置的是管理用户的认证方案，对 Telnet 等管理用户生效。

(4) **hwtacacs-scheme**：表示配置的认证方案为 TACACS＋方案。

(5) **radius-scheme**：表示配置的认证方案为 RADIUS 方案。

(6) **local**：表示本地认证，此模式需要配合本地用户数据库的配置使用。

(7) **none**：表示不认证，通常不建议使用。

为了满足备份的需求，还允许同时选择 **hwtacacs-scheme** 和 **local**，或者 **radius-scheme** 和 **local**，从而实现远程认证服务器无响应时转本地认证的备份功能。

注意：如果 local 或者 none 作为第一认证方案，那么只能采用本地认证或者不进行计费，不能再同时采用 RADIUS 或 HWTACACS 方案。

3. 配置域的授权方案

域的授权方案的配置命令和认证方案的配置命令类似，仅仅区别在于第一个关键字的不同。其配置命令如下：

authorization { **default** | **lan-access** | **login** } { **hwtacacs-scheme** *hwtacacs-scheme-name* [**local**] | **local** | **none** | **radius-scheme** *radius-scheme-name* [**local**] }

注意：如果第一授权方案为 local 或者 none，那么只能采用本地认证或者不进行计费，不能再同时采用 RADIUS 或 HWTACACS 方案。

4. 配置域的计费方案

域的计费方案的配置命令也和认证方案的配置命令类似，其配置命令如下：

accounting { **default** | **lan-access** | **login** } { **hwtacacs-scheme** *hwtacacs-scheme-name* [**local**] | **local** | **none** | **radius-scheme** *radius-scheme-name* [**local**] }

注意：如果第一计费方案为 local 或 none，那么只能采用本地认证或不进行计费，不能再同时采用 RADIUS 或 HWTACACS 方案。

5. 配置默认域

在 AAA 应用中，系统根据认证用户的域名选择用户认证所在的域。例如，对用户 jack@abc.com 进行认证时，AAA 将根据其域名 abc.com 寻找设备中配置的域，并根据此域的认证方案选择认证服务器。但如果用户发送的用户名不包含域名，网络设备可能无法判断该用户所在的域。为了使不携带域名的用户能够匹配具体的域，网络设备允许指定默认的域。用户无法匹配具体的域时，系统将采用默认的域进行认证。配置默认域的命令如下：

domain default enable *domain-name*

默认情况下，设备的默认域为 system。

38.4 RADIUS

38.4.1 RADIUS 概述

RADIUS 是一种分布式、客户端/服务器结构的信息交互协议，能保护网络不受未授权访问的干扰，常应用在要求较高安全性、又要允许远程用户访问的网络环境中。

RADIUS 最初仅是针对拨号用户的 AAA 协议，后来随着用户接入方式的多样化，RADIUS 也逐渐应用于多种用户接入方式，如以太网接入、管理用户登录等。它通过认证授权来提供接入服务，通过计费来收集、记录用户对网络资源的使用。

RADIUS 的客户端/服务器模式为：

(1) 设备作为 RADIUS 客户端，负责传输用户信息到指定的 RADIUS 服务器上，然后根据从服务器返回的信息进行相应处理，例如，接入/挂断用户等。

(2) RADIUS 服务器负责接收用户连接请求，认证用户，给设备返回所需要的信息等。

RADIUS 客户端与服务器之间认证消息的交互通过使用共享密钥来完成，并且共享密钥不通过网络来传输，增强了信息交互的安全性。在传输过程中，RADIUS 对用户密码进行了加密。RADIUS 服务器支持多种方法来认证用户，如基于 PPP 的 PAP、CHAP 认证等，还可以扩展支持传送 EAP 消息并完成认证。

38.4.2 RADIUS 认证的过程

RADIUS 认证采用 C/S 结构完成用户的认证、授权和计费，其流程参考图 38-1。

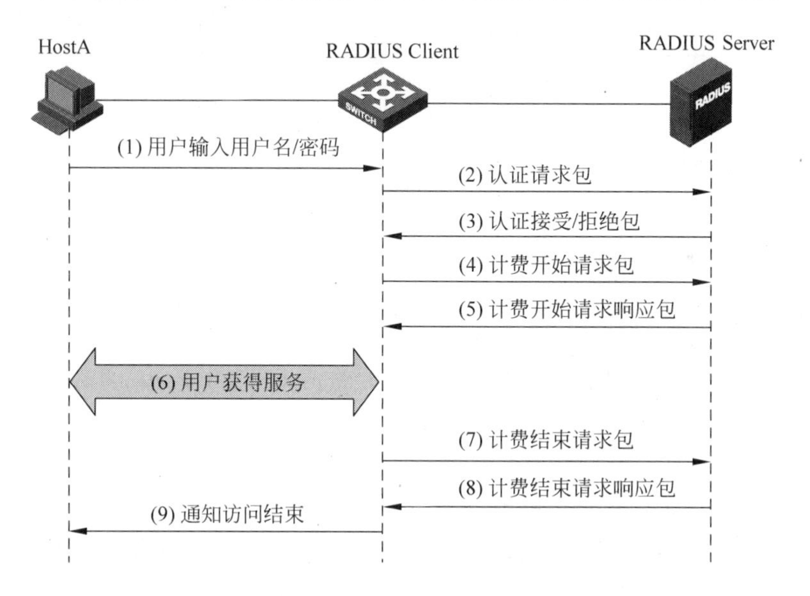

图 38-1 RADIUS 认证流程

具体交互流程如下。

(1) 用户发起连接请求，输入用户名和密码。

(2) RADIUS 客户端(Client)根据获取的用户名和密码，向 RADIUS 服务器(Server)发送认证请求包(Access-Request)，密码在共享密钥的参与下进行加密处理。

(3) RADIUS 服务器对用户名和密码进行认证。如果认证成功，RADIUS 服务器向 RADIUS 客户端发送认证接受包(Access-Accept)，同时也包含用户的授权信息；如果认证失败，则返回认证拒绝包(Access-Reject)。

(4) RADIUS 客户端根据接收到的认证结果接入/拒绝用户。如果允许用户接入，则 RADIUS 客户端向服务器发送计费开始请求包(Accounting-Request)。

(5) RADIUS 服务器返回计费开始响应包(Accounting-Response)，并开始计费。

(6) RADIUS 客户端对用户提供相应的服务。

(7) 用户请求断开连接,RADIUS 客户端向 RADIUS 服务器发送计费停止请求包。

(8) RADIUS 服务器返回计费结束响应包,并停止计费。

(9) 用户结束访问网络资源。

在上述交互流程中,计费步骤是可选的。在计费请求和计费结束之间还可以根据要求进行实时计费报文的交互。

38.4.3 RADIUS 协议报文

RADIUS 协议采用 UDP 为传输协议,且分配端口 1812 和 1813 为认证和计费的端口号。RADIUS 报文体则根据认证和计费的不同封装在不同的 UDP 数据报中。其 RADIUS 报文的结构如图 38-2 所示。

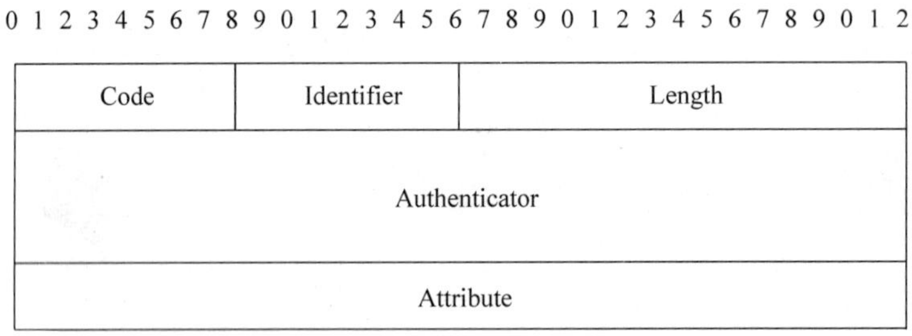

0 1 2 3 4 5 6 7 8 9 0 1 2 3 4 5 6 7 8 9 0 1 2 3 4 5 6 7 8 9 0 1 2

Code	Identifier	Length
Authenticator		
Attribute		

图 38-2 RADIUS 报文结构

其中各字段描述如下。

(1) Code(1B)用于表示报文类型。其中常见的是 1～5 号 Code,具体含义和报文类型参见表 38-1。

(2) Identifier(1B)用于匹配请求包和响应包,以及检测一段时间内重发的请求包。

(3) Length(2B)指明整个 RADIUS 数据包的长度。

(4) Authenticator(16B)用于验证 RADIUS 服务器的应答,以及对用户密码的加密计算。

(5) Attribute(不定长度)携带认证、授权和计费信息,提供请求和响应报文的配置细节,可包括多个属性,为了提高属性的可扩展性,采用 TLV 的三元组形式。

表 38-1 常见 RADIUS 报文类型

Code	报文类型	报文说明
1	Access-Request	Client→Server,Client 将用户信息传输到 Server 以判断是否接入该用户
2	Access-Accept	Server→Client,如果认证通过,则传输该类型报文
3	Access-Reject	Server→Client,如果认证失败,则传输该类型报文
4	Accounting-Request	Client→Server,请求 Server 开始计费,由 Acct-Status-Type 属性区分计费开始请求和计费结束请求
5	Accounting-Response	Server→Client,Server 通知 Client 已经收到计费请求包并已经正确记录计费信息

38.4.4 RADIUS 常见属性

在 RADIUS 报文中，用户属性采用 TLV 的三元组形式描述，便于协议扩展应用。为了便于理解和定位故障，了解常见的 RADIUS 属性是非常必要的。表 38-2 对常见的 RADIUS 属性进行了详细说明。

表 38-2 常见 RADIUS 属性

属性编号	属性名称	描述
1	User-Name	需要进行认证的用户名称
2	User-Password	需要进行 PAP 方式认证的用户密码，在采用 PAP 方式认证时，该属性仅出现在 Access-Request 报文中
3	CHAP-Password	需要进行 CHAP 方式认证的用户密码摘要。在采用 CHAP 方式认证时，该属性出现在 Access-Request 报文中
4	NAS-IP-Address	Server 通过不同的 IP 地址来标识不同的 Client，通常 Client 采用本地一个接口 IP 地址来唯一标识自己，即 NAS-IP-Address。该属性指示当前发起请求的 Client 的 NAS-IP-Address，仅出现在 Access-Request 报文中
5	NAS-Port	用户接入 NAS 的物理端口号
6	Service-Type	用户申请认证的业务类型
8	Framed-IP-Address	为用户所配置的 IP 地址
11	Filter-ID	访问控制列表的名称
15	Login-Service	用户登录设备时采用的服务类型
26	Vendor-Specific	厂商自定义的私有属性。一个报文中可以有一个或多个私有属性，每个私有属性中可以有一个或多个子属性
31	Calling-Station-ID	NAS 用于向 Server 告知标识用户的号码，在厂商设备提供的 LAN-Access 业务中，该字段填充的是用户 MAC 地址，采用的“HHHH-HHHH-HHHH”格式封装

表 38-2 中的 26 号属性 Vender-Specific 是一个非常特殊的属性，定义此特殊属性的目的是为了能够让设备制造商能够根据需要定义自己的私有属性，用于特殊功能的开发和应用。因此各设备制造商都可以利用此属性来开发完成特殊功能。H3C 也定义了相关的私有属性来完成诸如管理员账号的管理级别等特殊功能。其 H3C 目前定义的常见私有属性如表 38-3 所示。

表 38-3 H3C 私有 RADIUS 属性

子属性编号	子属性名称	描述
1	Input-Peak-Rate	用户接入到 NAS 的峰值速率，以 bps 为单位
5	Output-Average-Rate	从 NAS 到用户的平均速率，以 bps 为单位
28	Ftp_Directory	FTP 用户工作目录
29	Exec_Privilege	EXEC 用户优先级
59	NAS_Startup_Timestamp	NAS 系统启动时刻，以秒为单位
60	IP_Host_Addr	认证请求和计费请求报文中携带的用户 IP 地址和 MAC 地址，格式为“A. B. C. D hh:hh:hh:hh:hh:hh”
61	User_Notify	服务器需要传递到客户端的信息

38.5 RADIUS 配置

要在作为 NAS 的网络设备上配置 RADIUS 客户端，主要包括如下配置任务。

1. 创建 RADIUS 方案

RADIUS 方案是被 AAA 的域要引用的认证方案，因此实际上在配置 AAA 域之前，就需要配置 RADIUS 方案。RADIUS 方案的配置命令参见如下：

radius scheme *radius-scheme-name*

2. 配置主备认证服务器和主备计费服务器

为了实现主备备份，RADIUS 方案中允许分别配置主备认证服务器和主备计费服务器。其主备服务器的配置命令参见如下：

primary{**authentication**| **accounting**} *ip-address* [*port-number*]
secondary {**authentication**| **accounting**} *ip-address* [*port-number*]

其中主要关键字和参数含义如下。

(1) **primary**：表示配置主服务器。

(2) **secondary**：表示配置备份服务器。

(3) **authentication**：表示配置认证授权服务器。

(4) **accounting**：表示配置计费服务器。

(5) *ip-address*：要配置的服务器的 IP 地址。

(6) *port-number*：设备收发 RADIUS 报文采用的 UDP 端口号，默认认证报文端口号为 1812，计费报文端口号为 1813。

3. 配置设备的 NAS-IP

为了保证认证的有效性和安全性，认证服务器需要验证 NAS 的 IP 地址，只有在服务器的 NAS-IP 地址列表范围内的认证请求才得以处理，否则将不予处理。其配置命令如下：

nas-ip *ip-address*
radius nas-ip *ip-address*

前者在 RADIUS 方案视图下执行，后者在系统视图下执行。默认情况下，设备未配置 NAS-IP。如果 RADIUS 方案下未指定 NAS-IP，则使用系统视图下指定的 NAS-IP；如果系统视图下未指定 NAS-IP，即以发送报文的接口地址作为 NAS-IP。在设备存在多出口的情况下，强烈建议配置确定的 NAS-IP，避免因为发送接口的变化而导致 NAS-IP 变化。

4. 配置认证计费密钥

RADIUS 服务器为了确保 NAS 的正确性采用了还提供密钥验证的功能，同时采用密钥对用户的密码信息进行机密保护，因此必须保证 NAS 和 RADIUS 服务器配置相同的密钥(key)。其配置命令参见如下：

key { **accounting** | **authentication** } { **cipher** | **simple** } *string*

默认情况下没有密钥。

5. 配置用户名的格式

为了服务器能够区别用户所在的域，大多数情况下都要求 NAS 发送用户名时携带用户的域名。但也存在特殊情况下需要 NAS 发送的用户名不携带域名。因此 RADIUS 方案也可以根据实际需求选择发送的用户名是否携带域名。其配置命令参见如下：

```
user-name-format{ with-domain | without-domain | keep-original}
```

默认情况下，NAS 发送给服务器的用户名携带域名。

6. 配置定时器

NAS 与 RADIUS 服务器之间传送的都是 UDP 报文，为了保证报文的正确可达，他们之间的传送采取超时重传机制。其中包含如下几个定时器来确保不同的报文尽量送达对端。

(1) 服务器响应超时定时器(response-timeout)：如果在 RADIUS 请求报文(认证/授权请求或计费请求)传送出去一段时间后，设备还没有得到 RADIUS 服务器的响应，则有必要重传 RADIUS 请求报文，以保证确实能够得到 RADIUS 服务，这段时间被称为 RADIUS 服务器响应超时时长。

(2) 主服务器恢复激活状态定时器(timer quiet)：当主服务器不可达时，状态变为 block，设备会与已配置了 IP 地址的从服务器交互。若从服务器可达，设备与从服务器通信，并开启超时定时器，在设定的一定时间间隔之后，将主服务器的状态恢复为 active，并尝试与主服务器交互，同时保持从服务器的状态不变。若主服务器功能恢复正常，设备会立即恢复与其通信，而中断与从服务器通信。这段时间被称为 RADIUS 主服务器恢复激活状态时长。

(3) 实时计费间隔定时器(realtime-accounting)：为了对用户实施实时计费，有必要设置实时计费的时间间隔。在设置了该属性以后，每隔设定的时间，交换机会向 RADIUS 服务器发送一次在线用户的计费信息。

上述定时器的配置命令如下：

```
timer response-timeout seconds
timer quiet minutes
timer realtime-accounting minutes
```

默认情况下 response-timeout 定时器的值为 3s，quiet 定时器的值为 5min，realtime-accounting 定制的值为 12min。

7. 配置 RADIUS 报文超时重传的次数

超时重传的机制可以在一定程度上保证 RADIUS 的可靠性，但并不能永无止境地重传下去。因此必须指定 RADIUS 请求报文重传的次数，一旦重传次数达到上限仍未收到响应，则认为本次认证失败。其配置命令如下：

```
retry retry-times
```

默认情况下，报文超时重传次数为 3。即认证请求报文最大可能被传送 3 次。

```
retry realtime-accounting times
```

默认情况下，设备最多允许 5 次实时计费请求无响应，之后将切断用户连接。

38.6 AAA & RADIUS 配置示例

AAA 和 RADIUS 在很多安全方面地得到了应用，如典型的 IEEE 802.1x 认证、PPP 接入、Telnet 管理用户的认证，等等。此处以 Telnet 管理用户的认证为例来说明网络设备上 AAA 及 RADIUS 的配置。

38.6.1 组网需求

管理员的管理终端通过以太网连接一台以太网交换机，以太网交换机通过另一 VLAN 连接 RADIUS 服务器。要求管理员采用 Telnet 服务登录到以太网交换机并具备管理员权限。Telent 的登录认证采用远程 RADIUS 认证。组网连接如图 38-3 所示。

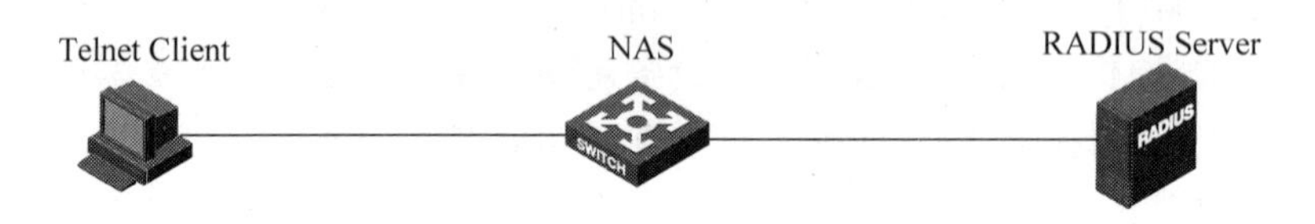

图 38-3 Telnet 认证组网

38.6.2 配置任务

首先是配置 RADIUS Server。RADIUS 服务器的配置根据服务器的不同而不同，在对应的实验指导书将有对应 Server 详细的配置操作指导，此处不再详细描述服务器的配置。但应注意，由于需要给 Telnet 用户分配管理员级别的权限，需要支持 H3C 私有属性。

随后是配置 NAS。本例中的 NAS 就是提供 Telnet 服务的网络设备。其配置步骤如下。

第 1 步：配置 RADIUS 方案即参数。

```
[H3C]radius scheme h3c
[H3C-radius-h3c]primary authentication 10.0.0.2 1812
[H3C-radius-h3c]primary accounting 10.0.0.2 1813
[H3C-radius-h3c]secondary authentication 10.0.0.3 1812
[H3C-radius-h3c]secondary accounting 10.0.0.3 1813
[H3C-radius-h3c]nas-ip 10.0.0.254
[H3C-radius-h3c]key authentication simple h3c
[H3C-radius-h3c]key accounting simple h3c
[H3C-radius-h3c]user-name-format with-domain
```

第 2 步：配置 AAA 的域。

```
[H3C]domain h3c
New Domain added.
[H3C-isp-h3c]authentication default radius-scheme h3c local
[H3C-isp-h3c]authorization default radius-scheme h3c local
[H3C-isp-h3c]accounting default radius-scheme h3c local
[H3C-isp-h3c]quit
[H3C]domain default enable h3c
```

第3步：配置Telnet登录采用远程RADIUS认证。

```
[H3C]line vty 0 63
[H3C-line-vty0-63]authentication-mode scheme
```

此外，还需要执行Telnet客户端的配置。大多数客户端的Telnet都无须特殊配置，即直接使用软件Telnet到NAS即可。

38.6.3 验证和确认

完成RADIUS和NAS的配置之后，在管理工作站采用Windows命令行界面提供的Telnet客户端登录NAS。

```
C:\Users\H3C>telnet 192.168.1.1

*******************************************************************
*
* Copyright (c) 2004-2016 Hangzhou H3C Tech. Co., Ltd. All rights reserved.  *
* Without the owner's prior written consent,                        *
* no decompiling or reverse-engineering shall be allowed.                *
*******************************************************************

Login authentication

Username:admin
Password:
<Center>
%Apr 22 09:27:06:799 2016 Center SHELL/5/LOGIN:- 1 - admin(192.168.1.2) in uni
t1 login
```

上述信息即表明管理用户登录成功，并可以管理此设备。而管理用户的管理权限，可以通过命令 **display users** 查看确认。显示信息如下：

```
[H3C]display users
  Idx  Line    Idle       Time              Pid    Type
  0    CON 0   00:00:00   Jan 02 00:11:26   1134
+ 81   VTY 0   00:00:00   Jan 02 00:19:50   1172   TEL

Following are more details.
VTY 0 :
         User name: test
         Location: 127.0.0.1
 +     : Current operation user.
 F     : Current operation user works in async mode.
```

其中VTY 0的Type对应为TEL即表示是通过telnet登录过来的用户。

38.7 本章总结

(1) AAA是集认证、授权和计费于一体的安全架构。

(2) AAA的配置集中在域的配置。

(3) RADIUS是AAA架构中的认证协议,采用C/S结构并具有灵活扩展能力。

(4) RADIUS的配置集中在方案的配置,且需要保证与服务器的匹配。

38.8 习题和解答

38.8.1 习题

1. AAA中的三个A分别代表________、________、________。

2. RADIUS的认证和授权合一,不独立提供授权功能,因此在AAA的Domain中也可以不用配置授权。上述说法正确吗?( )

A. True B. False

3. 下列RADIUS报文是NAS发送给服务器的是( )。

A. Access-Request B. Access-Accept

C. Access-Reject D. Accounting-Request

E. Accounting-Response

4. RADIUS使用( )两个端口号作为认证和计费的UDP端口。

A. 1645 B. 1646 C. 1812 D. 1813

38.8.2 习题答案

1. 认证、授权、计费 2. B 3. AD 4. CD

第39章

交换机端口安全技术

随着以太网应用的日益普及,以太网安全成为日益迫切的需求。在没有安全技术应用的以太网中,用户只要能连接到交换机的物理端口,就可以访问网络中的所有资源,局域网的安全无法得到保证。以太网交换机针对网络安全问题提供了多种安全机制,包括地址绑定、端口隔离、接入认证等技术。本文将对这些以太网安全技术的原理与技术进行讲解。

39.1 本章目标

学习完本章,应该能够达到以下目标。

(1) 掌握 IEEE 802.1x 基本原理及其配置。

(2) 掌握端口隔离技术及其配置。

39.2 IEEE 802.1x 的基本原理和配置

39.2.1 IEEE 802.1x 概述

传统的远程用户接入基本上是采用单一的远程拨号(PSTN/ISDN)方式,其最主要的问题是带宽的局限性。随着以太网技术在运营商的普及应用,用户通过以太网接入目前正在成为宽带接入的主流技术。但这种大规模的接入应用却带来了如何对接入用户进行验证、授权和计费的问题,因为以太网最初是作为一个局域网的互联技术,并没有考虑到如何对用户接入网络进行控制。

IEEE 802.1x 标准(以下简称 802.1x)是一种基于端口的网络接入控制(Port Based Network Access Control)协议,IEEE 于 2001 年颁布该标准文本并建议业界厂商使用其中的协议作为局域网用户接入认证的标准协议。

如图 39-1 所示,IEEE 802.1x 的提出起源于 IEEE 802.11 标准——无线局域网用户接入协议标准,其最初目的主要是解决无线局域网用户的接入认证问题;但由于它的原理对于所有符合 IEEE 802 标准的局域网具有普适性,因此后来它在有线局域网中也得到了广泛的应用。

在符合 IEEE 802 标准的局域网中,只要与局域网接入控制设备(如交换机)相接,用户

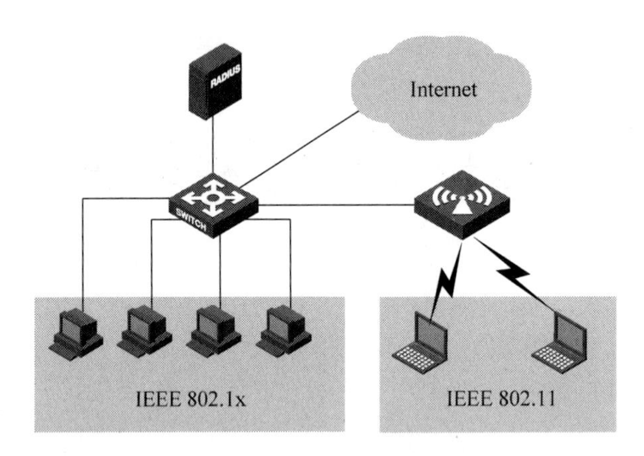

图 39-1 IEEE 802.11 与 IEEE 802.1x

就可以与局域网连接并访问其中的设备和资源。但是对于诸如电信接入、商务局域网(典型的例子是写字楼中的 LAN)以及移动办公等应用场合,局域网服务的提供者普遍希望能对用户的接入进行控制,为此产生了对"基于端口的网络接入控制"的需求。顾名思义,"基于端口的网络接入控制"是指在局域网接入控制设备的端口这一级对所接入的设备进行认证和控制。连接在端口上的用户设备如果能通过认证,就可以访问局域网中的资源;如果不能通过认证,则无法访问局域网中的资源,相当于物理连接被断开。

39.2.2 IEEE 802.1x 体系结构

使用 IEEE 802.1x 的系统为典型的客户端/服务器体系结构,包括 3 个实体,如图 39-2 所示分别为客户端(Supplicant System)、设备端(Authenticator System)以及认证服务器(Authentication Server System)。

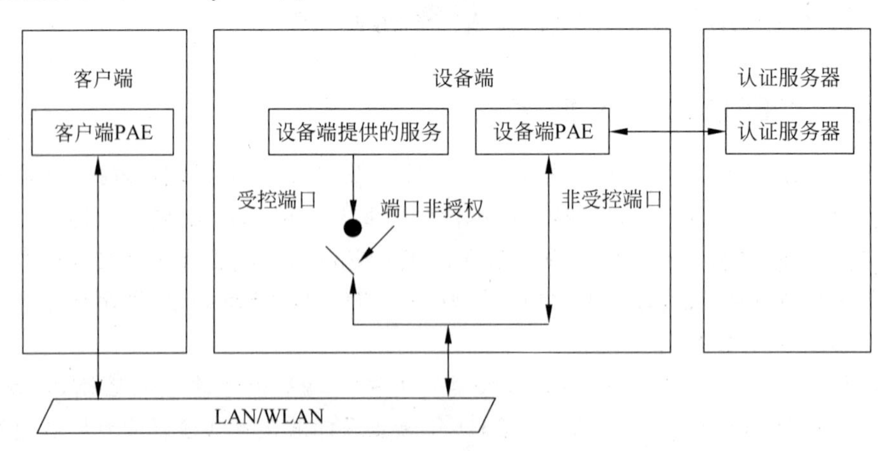

图 39-2 IEEE 802.1x 的体系结构

(1) 客户端: 客户端是位于局域网段一端的一个实体,由另一端的设备端对其进行认证。客户端一般为一个用户终端设备,用户通过启动客户端软件发起 IEEE 802.1x 认证。客户端必须支持 EAPOL(Extensible Authentication Protocol Over LAN,局域网上的可扩展认证协议)。

(2) 设备端：设备端是位于局域网段一端的一个实体，对另一端的实体进行认证。设备端通常为支持 IEEE 802.1x 协议的网络设备，它为客户端提供接入局域网的端口，该端口可以是物理端口，也可以是逻辑端口。

(3) 认证服务器：认证服务器是为设备端提供认证服务的实体。认证服务器用于实现对用户进行认证、授权和计费。

以上 3 个实体涉及端口 PAE 和受控端口这两个概念。

1. 端口 PAE

端口 PAE(Port Access Entity，端口访问实体)为 IEEE 802.1x 系统中，在一个给定的设备端口上执行算法和协议操作的实体对象。设备端 PAE 利用认证服务器对需要接入局域网的客户端执行认证，并根据认证结果相应地控制受控端口的授权/非授权状态。客户端 PAE 负责响应设备端的认证请求，向设备端提交用户的认证信息。客户端 PAE 也可以主动向设备端发送认证请求和下线请求。

2. 受控端口和非受控端口

设备端为客户端提供接入局域网的端口，这个端口被划分为两个逻辑端口：受控端口和非受控端口。

(1) 受控端口在授权状态下处于双向连通状态，用于传递业务报文；在非授权状态下禁止从客户端接收任何报文。

(2) 非受控端口始终处于双向连通状态，主要用来传递 EAPOL 协议帧，保证客户端始终能够发出或接收认证报文。

(3) 受控端口和非受控端口是同一端口的两个部分；任何到达该端口的帧，在受控端口与非受控端口上均可见。

在实际网络中，客户端通常是安装有 IEEE 802.1x 客户端软件(Windows XP 系统自带客户端)的主机；设备端通常是启用了 IEEE 802.1x 功能的接入层交换机；而认证服务器端可以是交换机自带的本地认证，也可以是远程集中认证服务器，如图 39-3 所示。

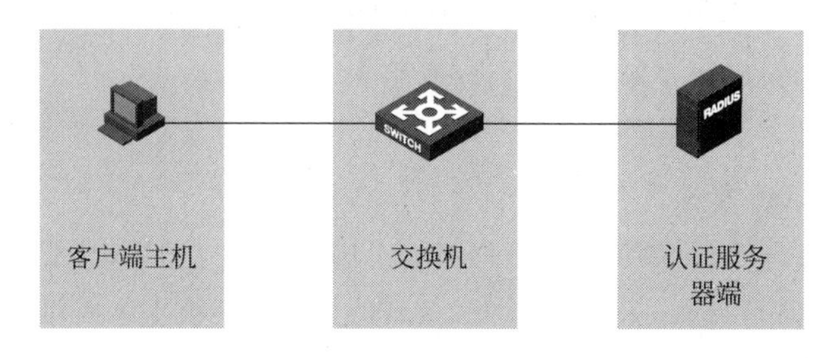

图 39-3 IEEE 802.1x 网络设备组成

认证服务器可分为本地认证服务器和远程集中认证服务器，分别适用于不同场合。

(1) 本地认证服务器通常集成在设备端上。设备端内置的认证服务器对客户端进行认证，认证通过后开放端口。本地认证方式适用于网络规模小，客户端数量不多的情况下；但用户信息数据库分散在设备本地上，维护管理不便。

(2) 远程集中认证服务器通常是一台专门的认证服务器。设备端把客户端信息发送到远程认证服务器，由服务器查找用户信息数据库后返回消息给设备端。在远程集中认证方式下，用户信息数据库能够集中管理，维护管理方便，适用于较大规模网络中。

39.2.3 IEEE 802.1x 工作机制

IEEE 802.1x 认证系统利用 EAP(Extensible Authentication Protocol，可扩展认证协议)，作为在客户端、设备端和认证服务器之间交换认证信息的手段，如图 39-4 所示。

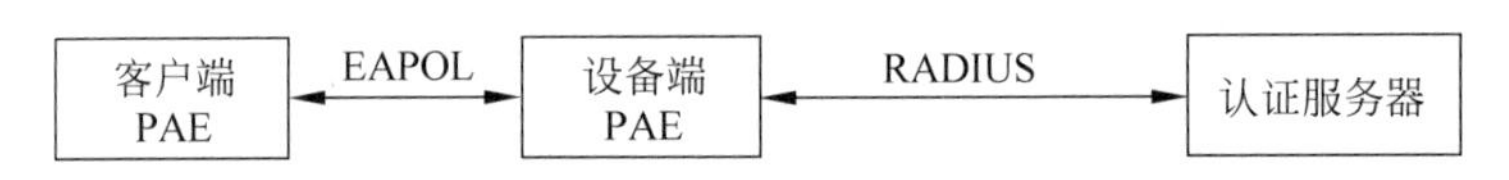

图 39-4 IEEE 802.1x 认证系统的工作机制

在客户端 PAE 与设备端 PAE 之间，EAP 报文使用 EAPOL 封装格式，直接承载于 LAN 环境中。

在设备端 PAE 与 RADIUS 服务器之间，IEEE 802.1x 协议可以使用以下两种方式进行交互。

(1) EAP 中继方式。设备端把 EAP 报文以 EAPOR 封装格式(EAP over RADIUS)，承载于 RADIUS 协议中传送到 RADIUS 服务器。

(2) EAP 终结方式。设备端把 EAP 进行终结，在设备端 PAE 与 RADIUS 服务器之间传送包含 PAP(Password Authentication Protocol，密码验证协议)或 CHAP(Challenge Handshake Authentication Protocol，质询握手验证协议)属性的报文。

认证服务器通常为 RADIUS 服务器，该服务器可以存储有关用户的信息。例如，用户名、密码以及用户所属的 VLAN、CAR 参数、优先级、用户的访问控制列表等。

当用户通过认证后，认证服务器会把用户的相关信息传递给设备端，设备端 PAE 根据 RADIUS 服务器的指示(Accept 或 Reject)决定受控端口的授权/非授权状态。

39.2.4 交换机端口接入控制方式

交换机端口对用户的接入控制方式包括基于 MAC 地址的认证方式和基于端口的认证方式。

1. 基于端口的认证方式

采用基于端口方式时，只要该端口下的第一个用户认证成功后，其他接入用户无须认证就可使用网络资源，但是当第一个用户下线后，其他用户也会被拒绝使用网络。

2. 基于 MAC 地址的认证方式

当采用基于 MAC 地址方式时，该端口下的所有接入用户均需要单独认证，当某个用户下线时，也只有该用户无法使用网络。

在图 39-5 所示网络中，部分主机直接连接交换机的端口，部分主机通过集线器连接交换机的端口。如果需要对每一个主机均认证，则需要在端口 GE0/1 上使用基于 MAC 地址的认证方式；而其他端口可以使用基于端口的认证方式。

默认情况下，IEEE 802.1x 在端口上进行接入控制方式为基于 MAC 地址的认证方式。

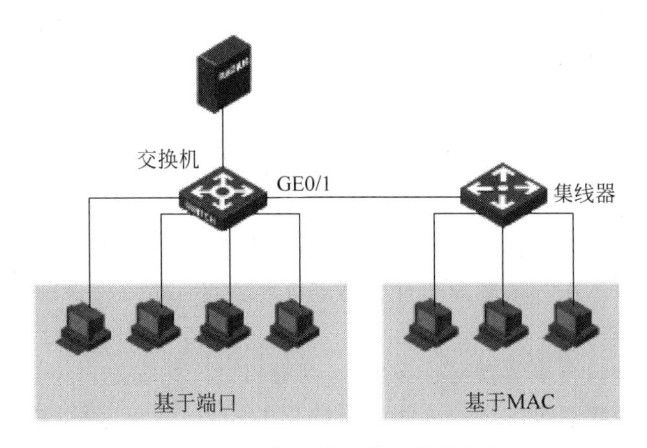

图 39-5　交换机端口接入控制方式

39.2.5　IEEE 802.1x 基本配置

在交换机上配置 IEEE 802.1x 的基本步骤如下。

第 1 步：在系统视图下开启全局的 IEEE 802.1x 特性。其配置命令如下：

```
dot1x
```

第 2 步：在接口视图下开启端口的 IEEE 802.1x 特性。其配置命令如下：

```
dot1x
```

第 3 步：添加本地接入用户并设置相关参数。其配置命令如下：

local-user *user-name*
service-type lan-access
password { **cipher** | **simple** } *password*

注意：必须同时开启全局和端口的 IEEE 802.1x 特性后，IEEE 802.1x 的配置才能在端口上生效。

在图 39-6 中，PC 连接到交换机的端口 GE1/0/1 上。交换机启用 IEEE 802.1x 来对 PC 接入进行认证，认证方式为本地认证。

配置 SWA：

```
[SWA]dot1x
[SWA]interface GigabitEthernet1/0/1
[SWA-GigabitEthernet1/0/1]dot1x
[SWA]local-user localuser class network
[SWA-luser-network-localuser]password simple hello
[SWA-luser-network-localuser]service-type lan-access
```

图 39-6　IEEE 802.1x 本地认证配置

配置完成后，在 PC 上打开 IEEE 802.1x 认证客户端软件，按照提示输入用户名 localuser 和密码 hello 后，PC 就能够接入网络了。

注意：Windows XP 系统自带客户端，无须安装。连接到启用 IEEE 802.1x 的交换机端口后，系统会自动弹出对话框，要求输入用户名和密码。

39.3 端口隔离技术及其配置

为了实现报文之间的二层隔离，可以将不同的端口加入不同的VLAN，如图39-7所示。

采用VLAN来隔离用户会浪费有限的VLAN的资源。VLAN的总数量为4096，但在一个大规模网络中，接入用户的数量可能会远远大于4096，此时用VLAN隔离用户就不现实了。

采用端口隔离特性，可以实现同一VLAN内端口之间的隔离。用户只需要将端口加入隔离组中，就可以实现隔离组内端口之间二层数据的隔离。端口隔离功能为用户提供了更安全、更灵活的组网方案，如图39-8所示。

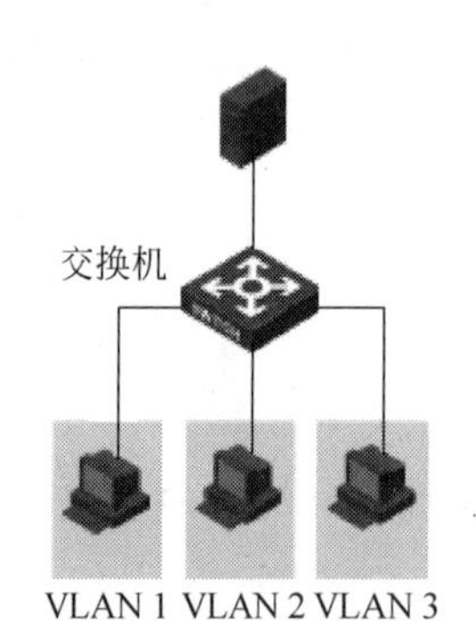

图39-7 VLAN隔离用户

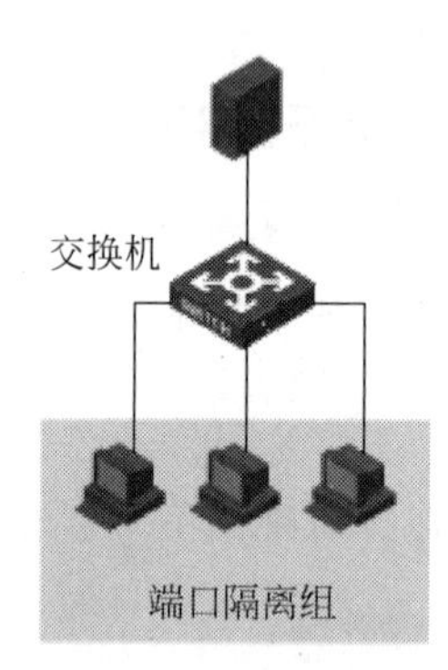

图39-8 端口隔离特性

端口隔离特性与端口所属的VLAN无关。对于属于不同VLAN的端口，二层数据是相互隔离的。对于属于同一VLAN的端口，隔离组内的端口和隔离组外端口二层流量是双向互通的。

用户可以将需要进行控制的端口加入到一个隔离组中，实现隔离组内端口之间二层数据的隔离。

创建端口隔离组在系统试图下完成。配置创建端口隔离组的命令为：

port-isolate group *group-number*

端口隔离的配置在以太网端口视图下完成。配置以太网端口加入隔离组并成为隔离组中普通端口的命令为：

port-isolate enable group *group-number*

注意：系统自动创建了隔离组且其组号为1。

在图39-9所示的网络中，PCA、PCB、PCC分别与交换机SWA的端口GigabitEthernet1/0/2、GigabitEthernet1/0/3、GigabitEthernet1/0/4相连，服务器与端口GigabitEthernet1/0/1相连。在交换机配置端口隔离来使PC间不能互访。

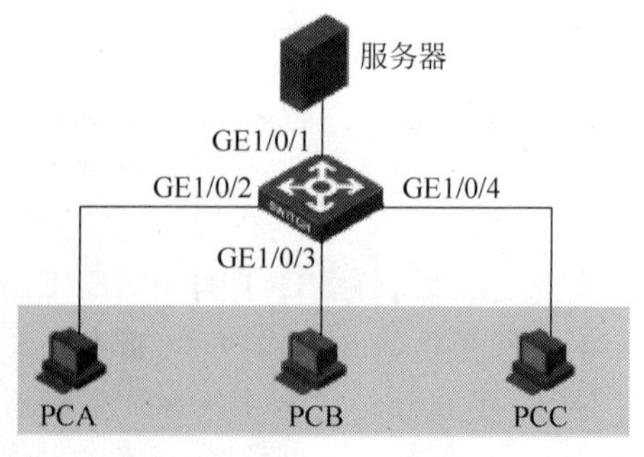

图39-9 端口隔离配置示例

配置交换机 SWA：

```
[SWA] port-isolate group 2
[SWA] interface ethernet1/0/2
[SWA-GigabitEthernet1/0/2] port-isolate enable group 2
[SWA] interface ethernet1/0/3
[SWA-GigabitEthernet1/0/3] port-isolate enable group 2
[SWA] interface ethernet1/0/4
[SWA-GigabitEthernet1/0/4] port-isolate enable group 2
```

配置完成后，网络中 PCA、PCB、PCC 之间被隔离，不能互相访问；但所有的 PC 都能够访问服务器。

39.4 本章总结

(1) IEEE 802.1x 是基于端口的网络接入控制协议，对接入用户进行验证。

(2) 交换机端口隔离技术能够在 VLAN 内隔离端口。

39.5 习题和解答

39.5.1 习题

1. IEEE 802.1x 的系统为典型的客户端/服务器体系结构，包括(　　)实体。
   A. 客户端(Supplicant System)
   B. 设备端(Authenticator System)
   C. 用户端(User System)
   D. 认证服务器(Authentication Server System)
2. 交换机端口对用户的接入控制方式包括(　　)。
   A. 基于端口的认证方式　　B. 基于 MAC 的认证方式
   C. 基于用户的认证方式　　D. 基于 VLAN 的认证方式
3. 配置了端口隔离以后，以下(　　)说法是正确的。
   A. 普通端口之间被二层隔离，不能互通
   B. 上行端口之间被二层隔离，不能互通
   C. 普通端口和上行端口之间被二层隔离，不能互通
   D. 普通端口和上行端口之间可以互通
4. 交换机上配置端口绑定后，当端口接收到报文时，会查看报文中的(　　)与交换机上所配置的静态表项是否一致，以决定是否转发。
   A. 源 MAC　　B. 目的 MAC
   C. 源 IP 地址　　D. 目的 IP 地址
5. 在交换机上配置开启端口的 IEEE 802.1x 特性命令为(　　)。
   A. [SWA] dot1x

B. [SWA-GigabitGigabitEthernet1/0/1] dot1x

C. [SWA-802.1x] dot1x

D. [SWA-802.1x] dot1x interface GigabitEthernet1/0/1

39.5.2 习题答案

1. ABD 2. AB 3. AD 4. AC 5. B

第40章

IPSec

数据在公网上传输时,很容易遭到篡改和窃听。IPSec通过验证算法和加密算法防止数据遭受篡改和窃听等安全威胁。使用IPSec,数据就可以安全地在公网上传输。IPSec提供了两个主机之间、两个安全网关之间或主机和安全网关之间的保护。

40.1 本章目标

学习完本章,应该能够达到以下目标。

(1) 理解IPSec的功能和特点。

(2) 理解IPSec体系构成。

(3) 描述IPSec/IKE的基本特点。

(4) 完成IPSec +IKE预共享密钥隧道的基本配置。

40.2 基本概念和术语

通信安全是一个古老的话题,基于军事、政治、经济甚至是爱情的需求,人们自古以来就希望能够保证通信双方之间所传输的信息的安全。

最初的IP协议,是被设计为在可信任的网络上提供通信服务。IP本身只提供通信服务,不提供安全性。所以当网络不断扩展,越来越不可信任的时候,发生窃听、篡改、伪装等问题的概率就会大大增加。

40.2.1 基本安全性需求

数据的机密性(Confidentiality)是最基本的保密需求之一。所谓保证数据的机密性是指防止数据被未获得授权的查看者理解,从而在存储和传输的过程中,防止有意或无意信息内容泄露,保证信息安全性。

未加密的数据通常称为“明文”,加密后的数据通常称为“密文”。将数据从明文转换为密文的过程,称为“加密”;将数据从密文转换为明文的过程称为“解密”。

完整性(Data Integrity)是另外一个基本的保密需求。所谓保证数据完整性是指防止数据在存储和传输的过程中受到非法的篡改,或者在通信中,至少能判断一份信息是否经过非法的篡改。这种篡改既包括无授权者的篡改,也包括具备有限授权者的越权篡改。一些意外的错误也可能导致信息错误,完整性检查应该能发现这样的错误。

双方传送一份数据时,这份数据是加密的,那么它的内容不能被其他人窃听;同时它又是完整的,所以没有被篡改过;那么,第三个问题——接收者如何知道,对方就是正确的发送者呢?或者说,这份数据是否可能是他人伪造的呢?验证(Authentication)就是要解决这样的问题。通过检查用户的某种印鉴或标识,可以判断一份数据是否源于正确的创建者。

传统上,人们利用手写签名进行身份验证。但是众所周知,手写签名存在很多问题。比如在手写签名签署的文件上,可以额外加入一些其他的内容,从而歪曲签名者的本意;手写签名虽然难以仿造,但是因为经常使用,具有一定技术的人还是可以模仿签名;另外,手写签名每次都不完全一样,所以不但可以伪造,而且真正的签名者还可以对签名过的文件予以否认。

通信中采用的数字签名技术也同样面临这样的问题。假如数字签名每次都是一样的,人人都可以伪造这种签名。因此数字签名技术必须具有无法伪造、无法更改、无法剪裁挪用、防止抵赖等特性。

40.2.2 安全算法介绍

1. 加密算法

数据机密性通常是由加密算法提供的。加密时,算法以明文和密钥(Key)为输入,将明文转换为密文,从而使无授权者不能理解真实的数据内容。解密时,算法以密文和密钥为输入,将密文转换为明文,从而使有授权者能理解数据内容。

加密算法根据其工作方式的不同,可以分为对称加密算法和非对称加密算法两种。

如图 40-1 所示,在对称加密算法中,通信双方共享一个秘密,作为加密/解密的密钥。这个密钥既可以是直接获得的,也可以是通过某种共享的方法推算出来的。所以,对称加密算法也称为单密钥算法。任何具有这个共享密钥的人都可以对密文进行解密,所以,对称加密算法的安全性依赖于密钥本身的安全性。

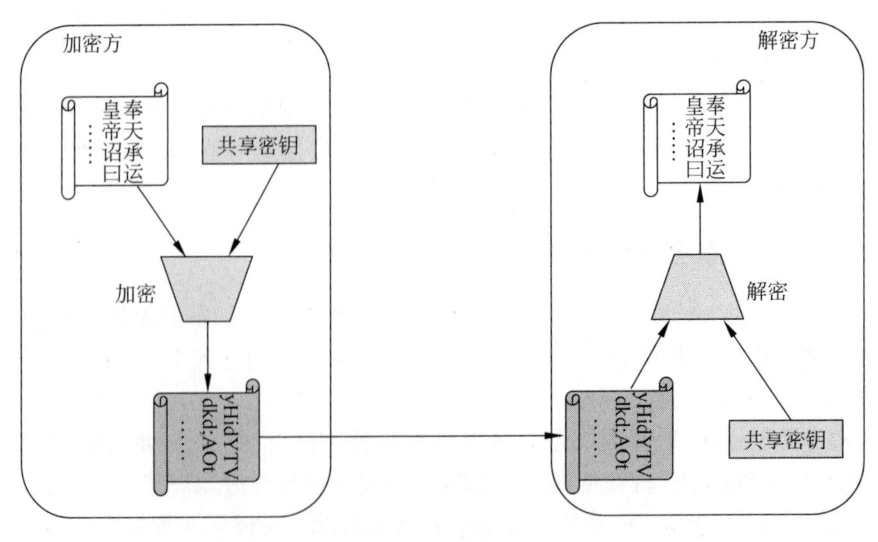

图 40-1 对称加密算法

对称加密算法速度快，效率高，适宜于对大量数据、动态数据流进行加密。IPSec 正是采用对称加密算法的安全体系。常见的 IPSec 加密算法包括强制实施的 DES、对 DES 的增强 3DES 以及 AES 等。

但是对称加密算法的安全性在相当大的程度上依赖于密钥本身的安全性。一旦密钥泄漏，所有算法都形同虚设。静态配置的密钥只能提供暂时的安全性，随着时间的推移，泄漏的可能性也会逐渐增大。如果 N 个人中，任意两个人通信都采用对称加密，就需要 $N(N-1)/2$ 个密钥。记忆所有密钥是不可能的，修改密钥也需要大量开销。凡此种种，都增加了密钥管理的复杂度。

并且，因为双方都知道同一个密钥，因此对称加密算法本身不能提供防止“抵赖”的功能。

为了有效管理密钥，IPSec 采用 IKE(Internet Key Exchange，因特网密钥交换)在通信点之间交换和管理密钥。

非对称加密算法也称为公开密钥算法(Public Key Algorithm，PKA)。此类算法为每个用户分配一对密钥——一个私有密钥和一个公开密钥。私有密钥是保密的，由用户自己保管。公开密钥是公之于众的，其本身不构成严格的秘密。这两个密钥的产生没有相互关系，也就是说不能利用公开密钥推断出私有密钥。

如图 40-2 所示，用两个密钥之一加密的数据，只有用另外一个密钥才能解密。用户发送数据时，用其私有密钥对数据进行加密，接收方用其公开密钥进行解密；准备发送给用户的数据，可以用其公开密钥进行加密，并可以用其私有密钥进行解密。

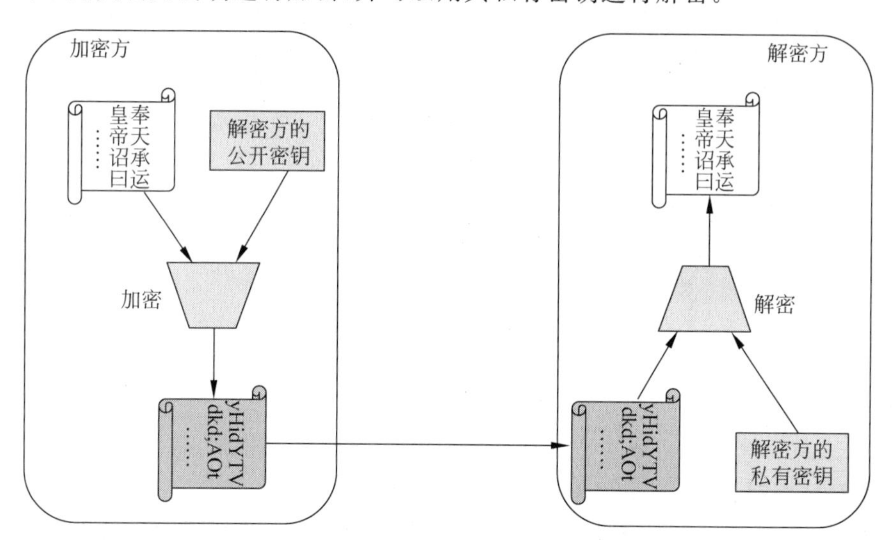

图 40-2 非对称加密算法

通常同时用通信双方的公开和私有密钥进行加密和解密，即发送方用自己的私有密钥和接收方的公开密钥对数据进行加密，接收方只有用发送方的公开密钥和自己私有密钥才能解密，前者说明这个数据必然是发送方发送的无疑，后者则说明这个数据确实是给接收方的。这个过程既提供了机密性保证，也提供了完整性校验。因此，非对称算法也广泛用于数字签名应用。用于提供身份验证、防止篡改和防止“抵赖”的功能。

RSA 是一种最流行的非对称加密算法。它的数学基础是“两个大质数乘积的因数分解”问题的极端困难性。RSA 广泛应用在数字签名领域。

使用非对称加密算法的时候，用户不必记忆大量的共享密钥，只需要知道自己的密钥和对方的公开密钥即可。虽然处于安全目的，仍然需要一定的公开密管理机制，但是在降低密钥管理复杂性方面，非对称算法具有相当的优势。

非对称加密算法的弱点在于其速度非常慢，吞吐量低。因此不适宜于对大量数据的加密。

2. 单向散列算法

为了保证数据的完整性并进行身份验证，通常使用单向散列算法。这是由此类算法的固有特性决定的。

单向散列算法是纯粹的单向函数，如图 40-3 所示。它用一段明文作为输入，产生一小段密文，这段密文也称为“摘要”或者“散列值”。由于转换过程中损失了信息，因此单向散列算法是完全不可逆的。对于设计良好的单向散列算法来说，很难找到具有相同输出的两个输入，因此，当得到一个摘要和一个明文时，就可以确定这个摘要是否是这段明文的。也就是说，可以判断这段明文是否遭受过篡改。

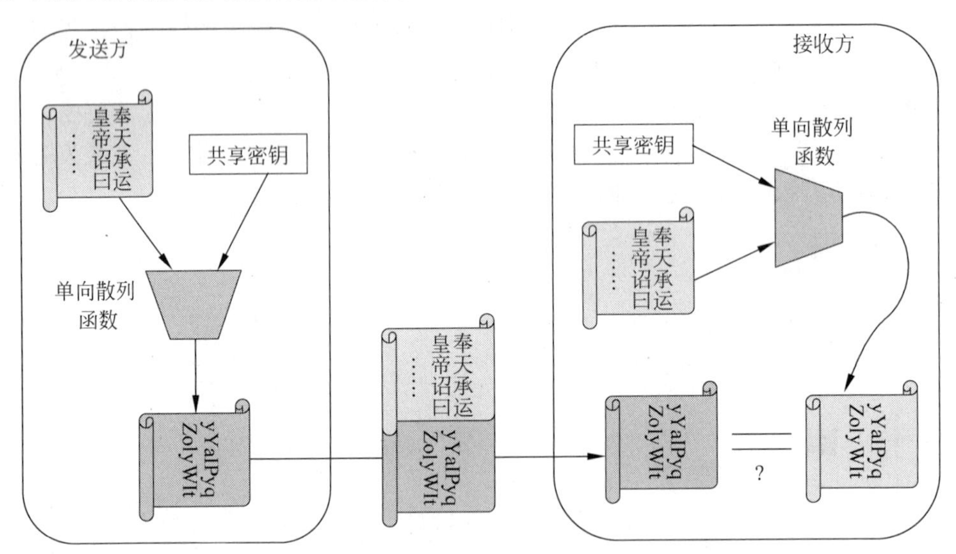

图 40-3 单向散列算法

IPSec 采用的常用散列算法是 HMAC-MD5 和 HMAC-SHA。

3. 密钥和密钥交换

对称加密算法的安全性依赖于密钥的安全性。静态配置的密钥无法保证长期的安全性和扩展性，因此，需要一些特殊的算法在通信双方之间进行密钥交换。

DH 交换(Diffie-Hellman Exchange，Diffie-Hellman 交换)建立在“离散对数”难题上，可以在一个不可信的通信通道上建立一个安全通道，传递秘密信息。利用 DH 交换，可以为对称加密算法提供可靠的密钥，从而实现对称算法的有效应用。IKE 正是使用 DH 交换进行密钥交换的。

DH 交换过程如图 40-4 所示。对这个过程解释如下。

(1) 须进行 DH 交换的双方各自产生一个随机数，如 a 和 b。

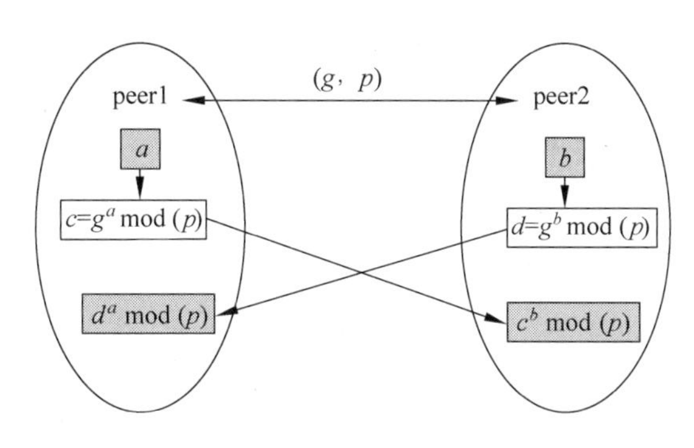

$d^a \bmod (p)=c^b \bmod (p)=g^{ab} \bmod (p)$

图 40-4 DH 交换

（2）使用双方确认的共享的公开的两个参数：底数 g 和模数 p 各自用随机数 a、b 进行幂模运算，得到结果 c 和 d，计算公式如下：

$$c = g^a \bmod (p)$$
$$d = g^b \bmod (p)$$

（3）双方进行模交换。

（4）进一步计算，得到 DH 公有值：

$$d^a \bmod (p) = c^b \bmod (p) = g^{ab} \bmod (p)$$

若网络上的第三方截获了双方的模 c 和 d，那么要计算出 DH 公有值 $g^a \bmod (p)$，还需要获得 a 或 b，a 和 b 始终没有直接在网络上传输过，如果想由模 c 和 d 计算 a 或 b 就需要进行离散对数运算，而 p 为素数，当 p 足够大时（一般为 768 位以上的二进制数），数学上已经证明，其计算复杂度非常高从而认为是不可实现的。所以，DH 交换技术可以保证双方能够安全地获得公有信息。

利用 RSA 的公开密钥—私有密钥加密手段，也可以进行非常简化的密钥交换——只要随便生成一个随机密钥，然后用对方的公开密钥和自己的私有密钥加密并发送给对方即可。

40.3 IPSec VPN 概述

由于 IP 不能保证数据的安全性，IETF 在 RFC2401 中描述了 IP 的安全体系结构——IPSec(IP Security)，以便为 IP 提供安全保障。IPSec 并非单一的协议，而是由一系列的安全开放标准构成。

IPSec 是一种网络层安全保障机制，可以在一对通信节点之间提供一个或多个安全的通信路径。IPSec 可以实现访问控制、机密性、完整性校验、数据源验证、拒绝重播报文等安全功能。IPSec 实现于 OSI 参考模型的网络层，因此，上层的 TCP、UDP 以及依赖这些协议的应用协议均可以受到 IPSec 隧道的保护。IPSec VPN 是利用 IPSec 隧道实现的 L3 VPN。

IPSec 是一个可扩展的体系，它并不受限于任何一种特定算法。IPSec 中可以引入多种开放的验证算法、加密算法和密钥管理机制。

IPSec 可以在主机、路由器或者防火墙上实现。这些实现了 IPSec 的中间设备称为“安全网关”。

40.4 IPSec 体系结构

40.4.1 IPSec 体系概述

IPSec 使用两种安全协议(Security Protocol)来提供通信安全服务。

(1) AH(Authentication Header,验证头):AH 提供完整性保护和数据源验证以及可选的抗重播服务,但是不能提供机密性保护。

(2) ESP(Encapsulating Security Payload,封装安全载荷):ESP 不但提供了 AH 的所有功能,而且可以提供加密功能。AH 和 ESP 不但可以单独使用,还可以同时使用,从而提供额外的安全性。

AH 和 ESP 两种协议并没有定义具体的加密和验证算法,相反,实际上大部分对称算法可以为 AH 和 ESP 采用。这些算法分别在其他的标准文档中定义。为了确保 IPSec 实现的互通性,IPSec 规定了一些必须实现的算法,如加密算法 DES-CBC。

不论是 AH 还是 ESP,都具有两种工作模式。

(1) 传输模式(Transport Mode):用于保护端到端(End-to-End)安全性。

(2) 隧道模式(Tunnel Mode):用于保护站点到站点(Site-to-Site)安全性。

IPSec 的安全保护依赖于相应的安全算法。验证算法和对称加密算法通常需要通信双方拥有相同的密钥。IPSec 通过两种途径获得密钥。

(1) 手工配置:管理员为通信双方预先配置静态密钥。这种密钥不便于随时修改,安全性较低,不易维护。

(2) 通过 IKE 协商:IPSec 通信双方可以通过 IKE 动态生成并交换密钥,获得更高的安全性。

40.4.2 传输模式和隧道模式

如图 40-5 所示,在传输模式中,两个需要通信的终端计算机在彼此之间直接运行 IPSec 协议。AH 和 ESP 直接用于保护上层协议,也就是传输层协议。

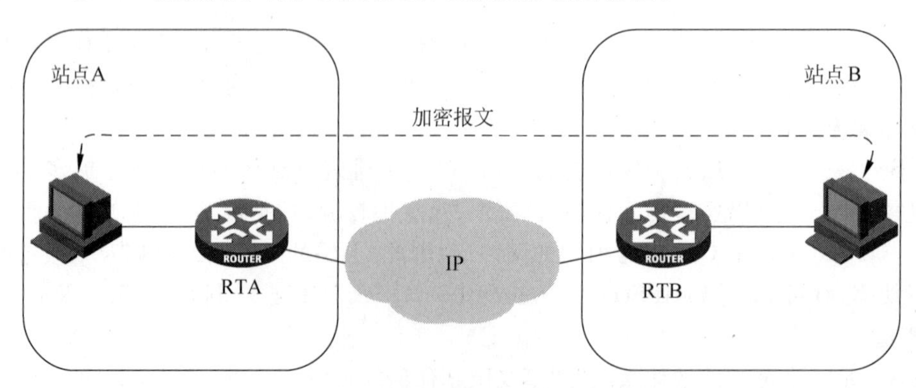

图 40-5 IPSec 传输模式

在使用传输模式时，所有加密、解密和协商操作均由端系统自行完成，网络设备仅执行正常的路由转发，并不关心此类过程或协议，也不加入任何 IPSec 过程。

传输模式的目的是直接保护端到端通信。只有在需要端到端安全性的时候，才推荐使用此种模式。

如图 40-6 所示，在隧道模式中，两个安全网关在彼此之间运行 IPSec 协议，对彼此之间需要加密的数据达成一致，并运用 AH 或 ESP 对这些数据进行保护。

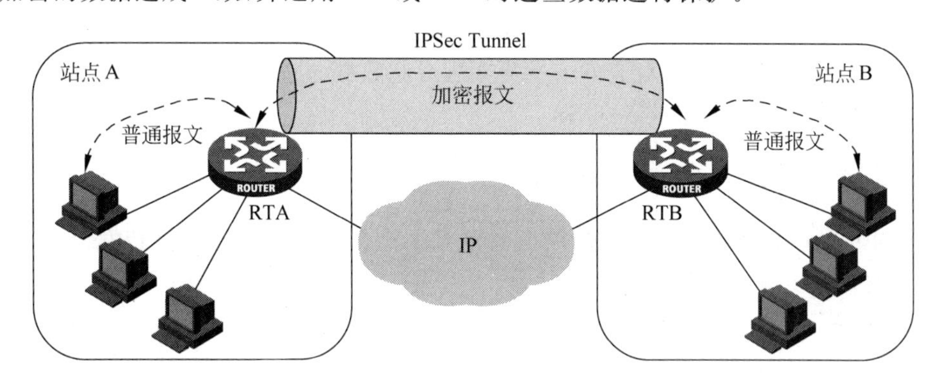

图 40-6 IPSec 隧道模式

用户的整个 IP 数据包被用来计算 AH 或 ESP 头，且被加密。AH 或 ESP 头和加密用户数据被封装在一个新的 IP 数据包中。

隧道模式对端系统的 IPSec 能力没有任何要求。来自端系统的数据流经过安全网关时，由安全网关对其进行保护。所有加密、解密和协商操作均由安全网关完成，这些操作对于端系统来说是完全透明的。

隧道模式的目的是建立站点到站点(Site-to-Site)的安全隧道，保护站点之间的特定或全部数据。

40.4.3 IPSec SA

SA(Security Association，安全联盟)是 IPSec 中的一个基础概念。IPSec 对数据流提供的安全服务通过 SA 来实现。

SA 是通信双方就如何保证通信安全达成的一个协定，它包括协议、算法、密钥等内容，具体确定了如何对 IP 报文进行处理。

SA 是单向的。一个 SA 就是两个 IPSec 系统之间的一个单向逻辑连接，入站数据流和出站数据流由入站 SA 与出站 SA 分别处理。

一个 SA 由一个三元组(SPI、IP 目的地址、安全协议标识符)唯一标识。

(1) SPI(Security Parameter Index，安全参数索引)是一个 32 比特的数值，在每一个 IPSec 报文中都携带该值。

(2) IP 目的地址是 IPSec 协议对方的地址。

(3) 安全协议标识符是 AH 或 ESP。

SA 可通过手工配置和自动协商两种方式建立。手工建立 SA 的方式是指用户通过在两端手工设置一些参数，在两端参数匹配和协商通过后建立 SA。自动协商方式由 IKE 生成和维护，通信双方基于各自的安全策略库经过匹配和协商，最终建立 SA 而不需要用户的干预。在手工配置 SA 时,需要手工指定 SPI 的取值。为保证 SA 的唯一性,必须使用不同的 SPI 来配置 SA;使用 IKE 协商产生 SA 时,SPI 将随机生成。

IPSec 设备把类似“对哪些数据提供哪些服务”这样的信息存储在 SPD(Security Policy Database,安全策略数据库)中。而 SPD 中的项指向 SAD(Security Association Database,安全联盟数据库)中的相应项。一台设备上的每一个 IPSec SA 都在 SAD 有对应项。该项定义了与该 SA 相关的所有参数。

例如,对一个需要加密的出站数据包来说,系统会将它与 SPD 中的策略相比较。若匹配其中一项,系统会使用该项对应的 SA 及算法对此数据包进行加密。如果此时不存在一个相应的 SA,系统就需要建立一个 SA。

40.4.4 IPSec 包处理流程

如图 40-7 所示,在出站数据包被路由器从某个配置了 IPSec 的接口转发出去之前,需要经以下的处理步骤。

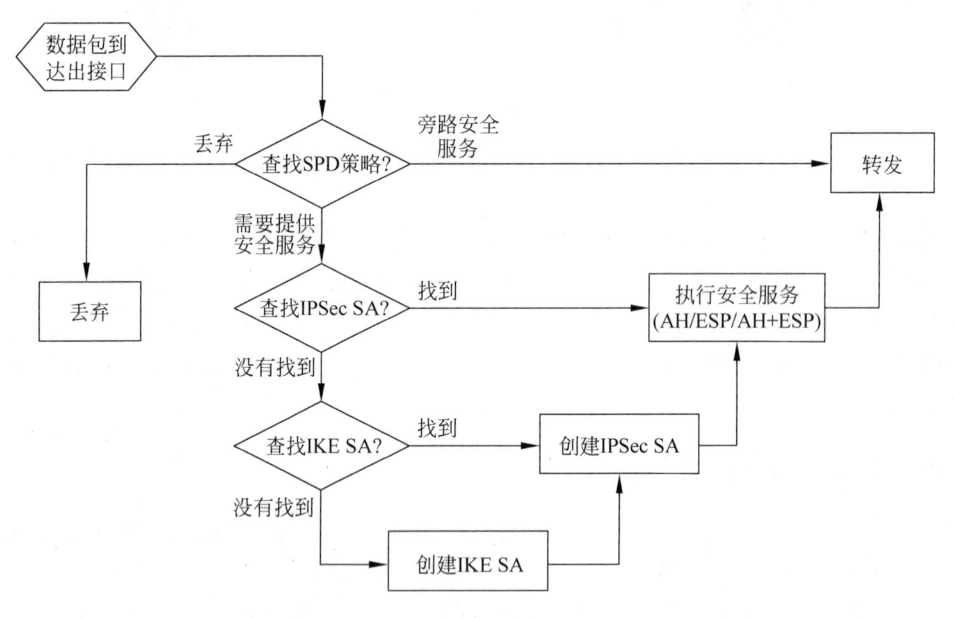

图 40-7 IPSec 出站包处理流程

(1) 首先查找 SPD。得到的结果可能有“丢弃”“旁路安全服务”“提供安全服务”3 种。如果是第一种,直接丢弃此包;如果是第二种,则直接转发此包;如果是第三种,则系统会转下一步——查找 IPSec SA。

(2) 系统从 SAD 中查找 IPSec SA。如果找到,则利用此 IPSec SA 的参数对此数据包提供安全服务,并进行转发;如果找不到相应的 SA,则系统就需要为其创建一个 IPSec SA。

(3) 系统转向 IKE 协议数据库,试图寻找一个合适的 IKE SA,以便为 IPSec 协商 SA。如果找到,则利用此 IKE SA 协商 IPSec SA,否则,系统需要启动 IKE 协商进程,创建一个 IKE SA。

对一个入站并且目的地址为本地的 IPSec 数据包来说,系统会提取其 SPI、IP 地址和协议类型等信息,查找相应的 IPSec SA,然后根据 SA 的协议标识符,选择合适的协议(AH 或

ESP)解封装,获得原始 IP 包,再进一步根据原始 IP 包的信息进行处理,如图 40-8 所示。

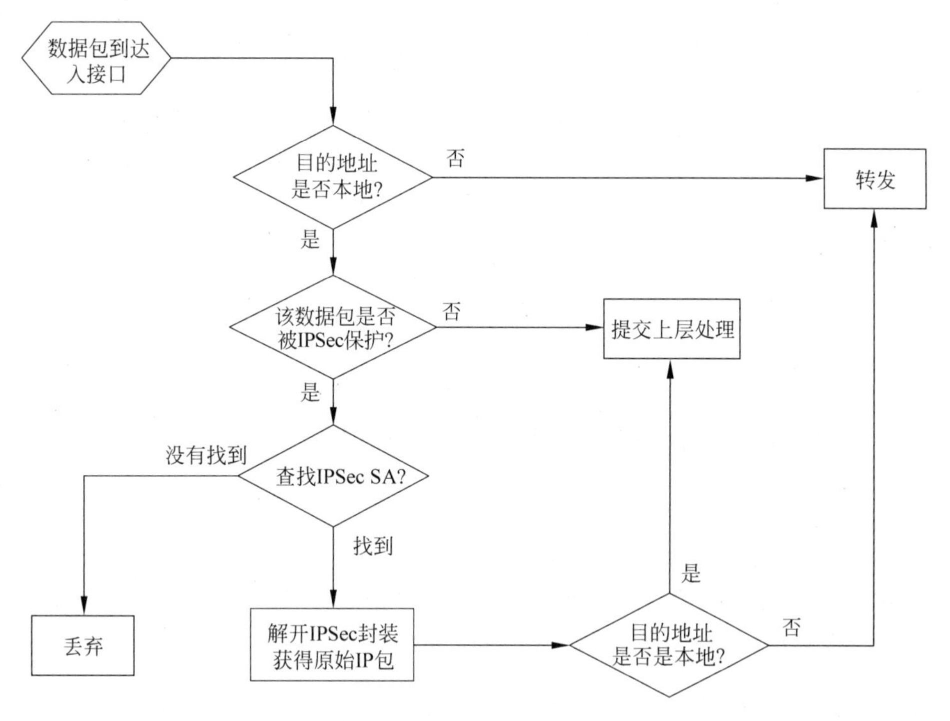

图 40-8 IPSec 入站包处理流程

40.4.5 AH 介绍

规范于 RFC2402 的 AH(Authentication Header,验证头)是 IPSec 的两种安全协议之一。它能够提供数据的完整性校验和源验证功能,同时也能提供一些有限的抗重播服务。AH 不能提供数据加密功能,因此不能保证机密性。

AH 被当作一种 IP 协议对待。紧贴在 AH 头之前的 IP 头,以协议号 51 标识 AH 头。例如,对 IPv4 来说,其 Protocol 字段值将为 51;而对 IPv6 来说,其 Next Header 字段值将为 51。

AH 可以工作于两种模式——传输模式和隧道模式。

而在隧道模式中,AH 保护的是整个 IP 包,如图 40-9 所示。

整个原始 IP 包将会以 AH 载荷的方式加入新建的隧道数据包。同时,系统根据隧道起点和终点等参数,建立一个隧道 IP 头,作为隧道数据包的 IP 头。AH 头夹在隧道 IP 头和原始 IP 包之间。

40.4.6 ESP 介绍

RFC2406 为 IPSec 定义了安全协议 ESP。ESP 协议将用户数据进行加密后封装到 IP 包中,以保证数据的机密性。同时作为可选项,用户可以选择使用带密钥的哈希算法保证报文的完整性和真实性。ESP 的隧道模式提供了对于报文路径信息的隐藏。ESP 可以提供一定的抗重播服务。

ESP 与 AH 封装格式有所区别。它不但具有一个 ESP 头,而且有一个包含有用信息的

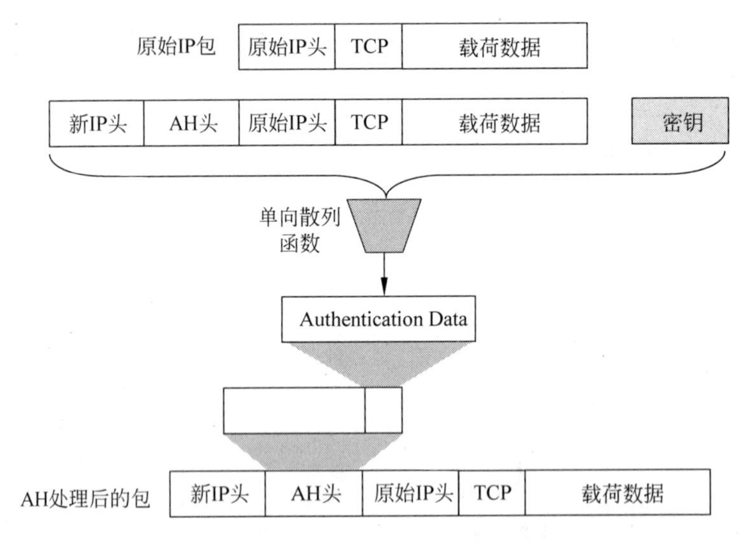

图 40-9　隧道模式 AH 封装

ESP 尾。

ESP 被当作一种 IP 协议对待。紧贴在 ESP 头之前的 IP 头，以协议号 50 标识 ESP 头。例如，对 IPv4 来说，其 Protocol 字段值将为 50；而对 IPv6 来说，其 Next Header 字段值将为 50。

ESP 可以工作于两种模式——传输模式和隧道模式。

在隧道模式中，ESP 保护的是整个 IP 包，如图 40-10 所示。

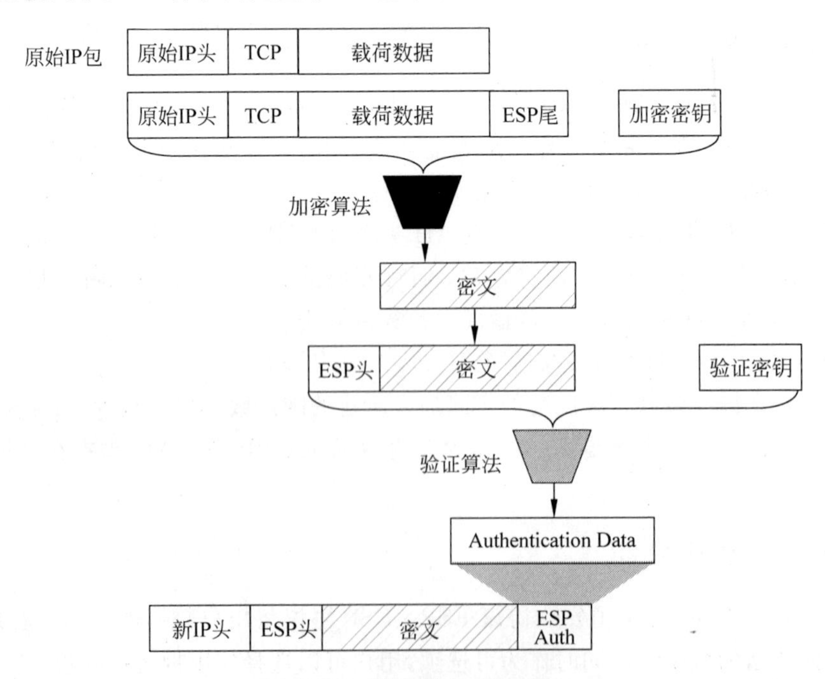

图 40-10　隧道模式 ESP 封装

整个原始 IP 包将会以 ESP 载荷的方式加入新建的隧道数据包。同时，系统根据隧道起点和终点等参数，建立一个隧道 IP 头，作为隧道数据包的 IP 头。ESP 头夹在隧道 IP 头和原始 IP 包之间,并后缀 ESP 尾。如果 ESP 提供加密服务,则原始 IP 包和 ESP 尾将以密文的形式出现。

40.4.7 IKE 介绍

不论是 AH 还是 ESP,其对一个 IP 包执行操作之前,首先必须建立一个 IPSec SA。IPSec SA 既可以手工建立,也可以动态协商建立。RFC2409 描述的 IKE 就是用于这种动态协商的协议。IKE 采用了 ISAKMP(Internet Security Association and Key Management Protocol,RFC2408)所定义的密钥交换框架体系,工作于 IANA 为 ISAKMP 指定的 UDP 端口 500 上。

IKE 为 IPSec 提供了自动协商交换密钥、建立 SA 的服务,能够简化 IPSec 的使用和管理,大大简化 IPSec 的配置和维护工作。

如图 40-11 所示,IKE 具有一套自保护机制,可以在不安全的网络上安全地分发密钥,验证身份,建立 IPSec SA。IKE 并不在网络上直接传送密钥,而是通过 Diffie-Hellman 算法进行一系列数据的交换,最终计算出双方共享的密钥,即使第三者截获了双方用于计算密钥的所有交换数据,也不足以计算出真正的密钥。IKE 可以定时更新 SA,定时更新密钥,提供完善的前向安全性(Perfect Forword Security,PFS),允许 IPSec 提供抗重播服务。

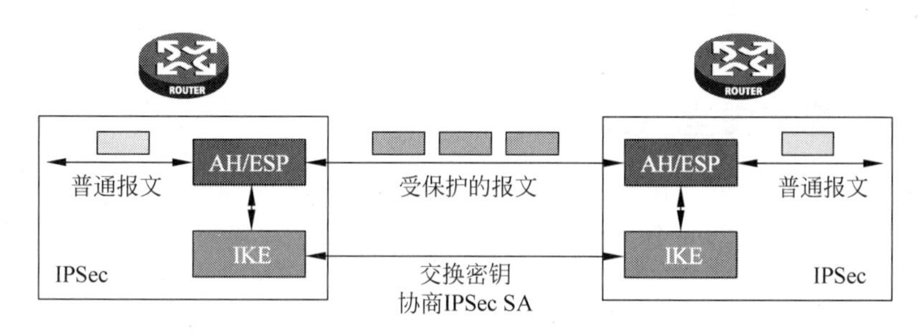

图 40-11 IKE 与 IPSec 的关系

IPSec 利用 SPD 判断一个数据包是否需要安全服务。当其需要安全服务时,就会去 SAD 查找相应的 IPSec SA。IPSec SA 有两种来源,一种是管理员手工配置的;另一种就是通过 IKE 自动协商生成的。

通过 IKE 交换,IPSec 通信双方可以协商并获得一致的安全参数,建立共享的密钥,建立 IPSec SA。IPSec 安全网关根据 SA,选择适当的安全协议,对数据包提供相应的安全服务。

IKE 不仅用于 IPSec。实际上它是一个通用的交换协议,可以用于交换任何的共享秘密。例如,它可以用于为 RIP、OSPF 这样的协议提供安全协商服务。

IKE 也使用 SA——IKE SA。与 IPSec SA 不同,IKE SA 是用于保护一对协商节点之间通信的密钥和策略的一个集合。它描述了一对进行 IKE 协商的节点如何进行通信,负责为双方进一步的 IKE 通信提供机密性、消息完整性以及消息源验证服务。IKE SA 本身也经过验证。IKE 协商的对方也就是 IPSec 的对方节点。

40.5 IPSec 隧道基本配置

IPSec 配置比较复杂，本节仅讲解在路由器上配置 IPSec＋IKE 预共享密钥隧道的方法。

40.5.1 IPSec 隧道配置任务

IPSec 的基本配置任务如下。

(1) 配置安全 ACL：Comware 使用 ACL 的条件定义并匹配需获得安全服务的数据包，因此首先需配置一个 ACL 供 IPSec 使用。

(2) 配置安全提议：配置 IPSec 安全网关期望使用的安全参数，包括创建安全提议，选择安全协议，选择安全算法和选择工作模式等。

(3) 配置安全策略：安全策略允许安全网关为各种数据流提供复杂而截然不同的安全服务。安全策略包括手工配置参数的安全策略和通过 IKE 协商参数的安全策略等。本节只讲解后者的配置。

(4) 在接口上应用安全策略组：要想使安全策略生效，必须将其所在安全策略组应用于适当的接口上，以便使穿过此接口的相应数据包获得安全服务。

(5) 配置 IKE：要使隧道两端点能自动协商安全参数，必须配置 IKE。本节只讲解 IKE 预共享密钥方式的配置方法。

40.5.2 配置安全 ACL

Comware 使用 ACL 的条件定义并匹配需获得安全服务的数据包，这种 ACL 也称为安全 ACL。对于发送方来说，安全 ACL 许可(permit)的包将被保护，安全 ACL 拒绝(deny)的包将不被保护。

在建立 IPSec 隧道的两个安全网关上定义的 ACL 必须是相对称的，即一端的安全 ACL 定义的源 IP 地址要与另一端安全 ACL 的目的 IP 地址一致。配置安全 ACL 如图 40-12 所示。

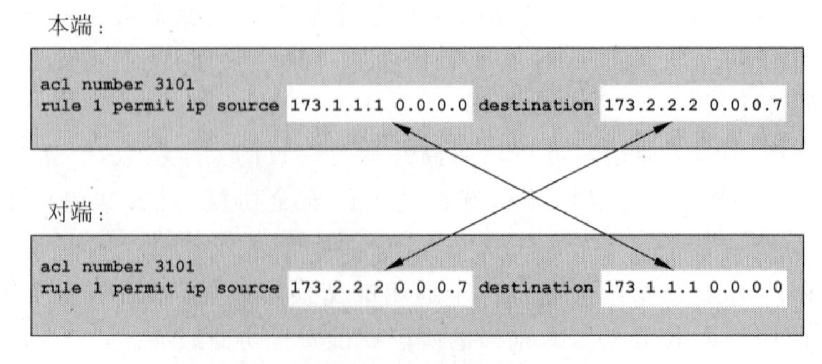

图 40-12 配置安全 ACL

40.5.3 配置安全提议

安全提议保存 IPSec 提供安全服务时准备使用的一组特定参数，包括安全协议、加密/验证算法、工作模式等，以便 IPSec 通信双方协商各种安全参数。IPSec 安全网关必须具有相同的安全提议才可以就安全参数达成一致。

一个安全策略通过引用一个或多个安全提议来确定采用的安全协议、算法和报文封装形式。在安全策略引用一个安全提议之前,这个安全提议必须已经建立。安全提议的配置内容如下所述。

(1) 创建安全提议,并进入安全提议视图。

[H3C] **ipsec transform-set** *transform-set-name*

默认情况下没有任何安全提议存在。

(2) 选择安全协议。

[H3C-ipsec-transform-set-tran1] protocol { ah | ah-esp | esp }

在安全提议中需要选择所采用的安全协议。可选的安全协议有 AH 和 ESP,也可指定同时使用 AH 与 ESP。安全隧道两端所选择的安全协议必须一致。默认情况下采用 ESP 协议。

(3) 选择工作模式。

在安全提议中需要指定安全协议的工作模式,安全隧道的两端所选择的模式必须一致。默认情况下采用隧道模式。

[H3C-ipsec- transform -tran1] encapsulation-mode { transport | tunnel }

(4) 选择安全算法。

不同的安全协议可以采用不同的验证算法和加密算法。目前,AH 支持 MD5 和 SHA-1 验证算法;ESP 协议支持 MD5、SHA-1 验证算法以及 DES、3DES、AES 加密算法。

设置 ESP 协议采用的加密算法。

[H3C-ipsec- transform-tran1] esp encryption-algorithm { 3des | des | aes }

设置 ESP 协议采用的验证算法。

[H3C-ipsec- transform -tran1] esp authentication-algorithm { md5 | sha1 }

设置 AH 协议采用的验证算法。

[H3C-ipsec- transform -tran1] ah authentication-algorithm { md5 | sha1 }

在安全隧道的两端设置的安全策略所引用的安全提议必须设置成采用同样的验证算法和/或加密算法。默认情况下,ESP 协议采用的加密算法是 DES,采用的验证算法是 MD5;AH 协议采用的验证算法是 MD5。

40.5.4 配置 IKE 协商参数的安全策略

安全策略规定了对什么样的数据流采用什么样的安全提议。一条安全策略由“名字”和“顺序号”共同唯一标识。若干名字相同的安全策略构成一个安全策略组。

安全策略包括手工配置参数的安全策略和通过 IKE 协商参数的安全策略两类。前者要求用户手工配置密钥、SPI、安全协议和算法等参数,在隧道模式下还需要手工配置安全隧道两个端点的 IP 地址。后者由 IKE 自动协商生成密钥、SPI、安全协议和算法等参数。

如果数据包匹配了一个通过 IKE 协商参数的安全策略所引用的 ACL,则使用这条安全策略定义的参数通过 IKE 协商安全参数,建立 SA,并据此对数据包提供安全服务。如果 IKE 协商失败,则丢弃此数据包。

一条安全策略最多可以引用 6 个安全提议。IKE 对等体之间将交换这些安全提议,并搜索能够完全匹配的安全提议。如果找到互相匹配的安全提议,即使用其参数建立 SA。如果 IKE 在两端找不到完全匹配的安全提议,则 SA 不能建立,需要被保护的报文将被丢弃。

通过 IKE 协商参数的安全策略主要配置内容如下所述。

(1) 创建一条安全策略,并进入安全策略视图。

[H3C] ipsec policy *policy-name seq-number* **isakmp**

(2) 配置安全策略引用的 ACL。

[H3C-ipsec-policy-isakmp-map1-10] security acl *acl-number*

(3) 配置安全策略所引用的安全提议。

[H3C-ipsec-policy-isakmp-map1-10] transform-set *transform-name* & < 1-6 >

通过 IKE 协商建立 SA 时,一条安全策略最多可以引用 6 个安全提议。

(4) 在安全策略中引用 IKE 对等体。

[H3C-ipsec-policy-isakmp-map1-10] ike-profile *ike-profile-name*

使用 **ike-profile** 命令可以将一条安全策略与一个 IKE 对等体关联起来。一旦有数据包匹配此安全策略,系统将使用此 IKE 对等体指定的参数与指定的设备协商 IPSec 隧道的安全参数。

40.5.5 在接口上应用安全策略

为使定义的 SA 生效,应在每个要加密的数据流和要解密的数据流所在的接口上应用一个安全策略组,以对数据进行保护。当取消安全策略组在接口上的应用后,此接口便不再具有 IPSec 的安全保护功能。IPSec 安全策略除了可以应用到串口、以太网口等实际物理接口上之外,还能够应用到 Tunnel、Virtual Template 等虚接口上。要在接口上应用安全策略组,使用如下命令。

[H3C-Serial1/0] ipsec apply policy *policy-name*

一个接口只能应用一个安全策略组。通过 IKE 方式创建的安全策略可以应用到多个接口上,通过手工创建的安全策略只能应用到一个接口上。

40.5.6 IPSec 的信息显示与调试维护

要显示所配置的安全策略的信息,使用如下命令。

[H3C] display ipsec policy [*policy*-**name** [*seq-number*]]

其中,使用 **name** 关键字显示指定安全策略的详细信息。

要显示安全联盟的相关信息，使用如下命令。

[H3C] display ipsec sa [**brief** | **count** | **policy** *policy-name* [*seq-number*] | **remote** *ip-address*]

其中，使用 **brief** 关键字显示所有的安全联盟的简要信息；使用 **count** 关键字显示 IPSec sa 的个数；使用 **policy** 关键字显示由指定安全策略创建的安全联盟的详细信息。

要清除已经建立的安全联盟，使用如下命令。

< **H3C** > **reset ipsec sa** [**parameters** *dest-address protocol spi* | **policy** *policy-name* [*seq-number*] | **remote** *ip-address*]

40.5.7 IKE 的配置

IKE 默认使用预共享密钥方式。配置预共享密钥方式的 IKE 之前，需提前确定 IKE 交换过程中安全保护的强度，主要包括身份验证方法、加密算法、验证算法等。

IKE 的主要配置任务如下。

(1) 配置 IKE 提议：包括创建 IKE 提议、选择 IKE 提议的加密算法、选择 IKE 提议的验证算法等。

(2) 配置 IKE Keychain：配置域共享密钥。

(3) 配置 IKE Profile：引用 IKE Keychain、配置 IKE Profile 引用的 IKE 提议、配置匹配对端身份的规则。

在安全网关之间执行 IKE 协商之初，双方首先协商保护 IKE 协商本身的安全参数，这一协商通过交换 IKE 提议实现。IKE 提议描述了期望在 IKE 协商过程中使用的安全参数，包括验证方法、验证算法、加密算法、DH 组以及用于 IKE 协商的 ISAKMP SA 生存时间等。双方查找出互相匹配的 IKE 提议，用其参数建立 ISAKMP SA 并保护 IKE 交换时的通信。

IKE 提议配置命令如下所述。

(1) 创建 IKE 提议，并进入 IKE 提议视图。

[H3C] ike proposal *proposal-number*

proposal-number 参数指定 IKE 提议序号，取值范围为 1～100。该序号同时表示一条提议的优先级，数值越小，优先级越高。在进行 IKE 协商的时候，会从序号最小的 IKE 提议进行匹配，如果匹配则直接使用，否则继续查找。

(2) 选择 IKE 提议所使用的加密算法。

[H3C-ike-proposal-10] encryption-algorithm { **3des-cbc** | **aes-cbc** [*key-length*] | **des-cbc** }

默认情况下，IKE 提议使用 CBC 模式的 56 位 DES 加密算法。

(3) 选择 IKE 提议所使用的验证算法。

[H3C-ike-proposal-10] authentication-algorithm { **md5** | **sha** }

默认情况下，IKE 提议使用 SHA-1 验证算法。

1. 配置 IKE Keychain

IKE 对等体的配置命令如下述。

(1) 创建一个 IKE Keychain,并进入 IKE Keychain 视图。

```
[H3C]ike keychain keychain-name
```

(2) 配置采用预共享密钥验证时所用的密钥和匹配条件。

```
[H3C-ike-keychain-keychain1] pre-shared-key address { ipv4-address [ mask | mask-length]} key
{ cipher cipher-key | simple simple-key }
```

配置预共享密钥的同时,还通过参数 address 和 hostname 指定了使用该预共享密钥的匹配条件,即与哪些 IP 地址或哪些主机名的对端协商时,才可以使用该预共享密钥。

2. 配置 IKE Profile

IKE Profile 配置步骤如下。

(1) 创建一个 IKE Profile 并进入 IKE Profile 视图。

```
[H3C]ike profile profile-name
```

(2) 配置采用预共享密钥认证时,所使用的 Keychain。

```
[H3C-ike-profile-profile1]keychain keychain-name
```

(3) 配置 IKE Profile 引用的 IKE 提议。

```
[H3C-ike-profile-profile1]proposal proposal-name
```

(4) 配置匹配对端身份的规则。

```
[H3C-ike-profile-profile1] match remote { certificate policy-name | identity { address { { ipv4-address
[ mask | mask-length ] | range low-ipv4-address high-ipv4-address } } [ vpn-instance vpn-name ] |
fqdn fqdn-name | user-fqdn user-fqdn-name } }
```

3. IKE 的显示信息与维护命令

要显示 IKE 提议配置信息,使用命令:

```
[H3C] display ike proposal
```

要显示当前 ISAKMP SA 的信息,使用命令:

```
[H3C] display ike sa [ verbose [ connection-id connection-id | remote-address remote-address ] ]
```

要清除 IKE 建立的安全隧道,使用命令:

```
[H3C] reset ike sa [ connection-id ]
```

40.6 IPSec 隧道配置示例

如图 40-13 所示,RTA 和 RTB 之间建立 IPSec 隧道,为站点 A 局域网 10.1.1.0/24 和站点 B 局域网 10.1.2.0/24 之间的通信提供安全服务。本例采用预共享密钥方式,通过 IKE 协商建立 IPSec SA。

图 40-13　IPSec＋IKE 预共享密钥配置示例组网图

RTA 的关键配置如下：

```
[RTA] acl number 3001
[RTA-acl-adv-3001] rule permit ip source 10.1.1.0 0.0.0.255 destination 10.1.2.0 0.0.0.255
[RTA] ip route-static 10.1.2.0 255.255.255.0 202.38.160.2
[RTA] ipsec tranform-set tran1
[RTA-ipsec-tranform-set-tran1] encapsulation-mode tunnel
[RTA-ipsec-tranform-set-tran1] protocol esp
[RTA-ipsec-tranform-set-tran1] esp encryption-algorithm des
[RTA-ipsec-tranform-set-tran1] esp authentication-algorithm sha1
[RTA-ipsec-tranform-set-tran1] quit
[RTA] ike keychain keychanin1
[RTA-keychain-keychain1] pre-share-key adress 202.38.160.2 32 key simple abcde
[RTA] ike profile profile1
[RTA-profile-profile1] keychain keychain1
[RTA-profile-profile1] match remote identity address 202.38.160.2 32
[RTA] ipsec policy map1 10 isakmp
[RTA-ipsec-policy-isakmp-map1-10] tranform-set tran1
[RTA-ipsec-policy-isakmp-map1-10] security acl 3001
[RTA-ipsec-policy-isakmp-map1-10] ike-profile profile1
[RTA-ipsec-policy-isakmp-map1-10] quit
[RTA] interface serial0/0
[RTA-Serial0/0] ip address 202.38.160.1 255.255.255.0
[RTA-Serial0/0] ipsec apply policy map1
```

RTB 的关键配置如下：

```
[RTB] acl number 3001
[RTB-acl-adv-3001] rule permit ip source 10.1.2.0 0.0.0.255 destination 10.1.1.0 0.0.0.255
[RTB] ip route-static 10.1.1.0 255.255.255.0 202.38.160.1
[RTB] ipsec tranform-set tran1
[RTB-ipsec-tranform-set-tran1] encapsulation-mode tunnel
[RTB-ipsec-tranform-set-tran1] protocol esp
[RTB-ipsec-tranform-set-tran1] esp encryption-algorithm des
[RTB-ipsec-tranform-set-tran1] esp authentication-algorithm sha1
[RTB-ipsec-tranform-set-tran1] quit
[RTB]ike keychain keychanin1
[RTB-keychain-keychain1] pre-share-key adress 202.38.160.1 32 key simple abcde
[RTB] ike profile profile1
[RTB-profile-profile1] keychain keychain1
[RTB-profile-profile1] match remote identity address 202.38.160.1 32
[RTB] ipsec policy map1 10 isakmp
[RTB-ipsec-policy-isakmp-map1-10] tranform-set tran1
[RTB-ipsec-policy-isakmp-map1-10] security acl 3001
```

```
[RTB-ipsec-policy-isakmp-map1-10] ike-profile profile1
[RTB-ipsec-policy-isakmp-map1-10] quit
[RTB] interface serial0/0
[RTB-Serial0/0] ip address 202.38.160.1 255.255.255.0
[RTB-Serial0/0] ipsec apply policy map1
```

以上配置完成后,RTA 和 RTB 之间如果有子网 10.1.1.0/24 与子网 10.1.2.0/24 之间的报文通过,将触发 IKE 协商,建立 IPSec SA。IKE 协商成功并创建了 SA 后,两子网之间的数据流将被加密传输。

40.7 本章总结

(1) IPSec 可提供 IP 通信的机密性、完整性和数据源验证服务。

(2) AH 可提供数据源验证和完整性保证,ESP 还可提供机密性保证。

(3) IPSec 通过 SA 为数据提供安全服务。

(4) IKE 为 IPSec 提供了安全的密钥交换手段。

40.8 习题和解答

40.8.1 习题

1. 可以保证数据机密性的是(　　)。

A. DES　　B. AES　　C. MD5　　D. SHA

2. 可以保证数据完整性的是(　　)。

A. DES　　B. AES　　C. MD5　　D. SHA

3. IPSec 的安全协议包括(　　)。

A. DES　　B. ESP　　C. SHA　　D. IKE

4. IPSec 可以工作于(　　)。

A. 隧道模式　　B. 传输模式　　C. 主模式　　D. 野蛮模式

5. 要设定 IPSec 使用的加密算法,应修改(　　)配置。

A. 安全 ACL　　B. 安全提议　　C. IKE 提议　　D. IKE 对等体

40.8.2 习题答案

1. AB　　2. CD　　3. B　　4. AB　　5. B

第41章

EAD

随着网络技术的发展，网络的规模日益扩大，结构更加复杂。目前，在企业网络中，用户的终端计算机不及时升级系统补丁和病毒库、私设代理服务器、私自访问外部网络、滥用企业禁用软件的行为比比皆是，脆弱的用户终端一旦接入网络，就等于给潜在的安全威胁敞开了大门，使安全威胁在更大范围内快速扩散，进而导致网络使用行为的"失控"。保证用户终端的安全、阻止威胁入侵网络，对用户的网络访问行为进行有效的控制，是保证企业网络安全运行的前提，也是目前企业急需解决的问题。

为了解决现有网络安全管理中的不足，应对网络安全威胁，H3C 推出了 EAD(End user Admission Domination，终端准入控制)解决方案。该方案从用户终端准入控制入手，整合网络接入控制与终端安全产品，通过安全客户端、iMC EAD 服务器、网络设备以及防病毒软件产品、系统补丁管理产品、桌面管理产品的联动，对接入网络的用户终端强制实施企业安全策略，严格控制终端用户的网络使用行为，可以加强用户终端的主动防御能力，大幅度提高网络安全。

在用户接入网络前，EAD 通过统一管理的安全策略强制检查用户终端的安全状态，并根据对用户终端安全状态的检查结果实施接入控制策略，对不符合企业安全标准的用户进行"隔离"，并强制用户进行病毒库升级、系统补丁升级等操作；在保证用户终端具备自防御能力并安全接入的前提下，EAD 还可以通过动态分配 ACL、VLAN 等方式，合理控制用户的网络权限，从而提升网络的整体安全防御能力。

同时，EAD 引入资产管理、软件分发、USB 监控等功能，提供企业内网 PC 集中管理运维的方案，以高效率的管理手段和措施，协助企业 IT 部门及时盘点内网资产、掌控内网资产变更情况。

41.1 本章目标

学习完本章，应该能够达到以下目标。

(1) 理解 EAD 的实现原理。

(2) 理解 EAD 方案中各元素的功能。

(3) 描述 iMC EAD 产品的功能。

(4) 描述 iNode 智能客户端的功能。

41.2 EAD实现原理

如图41-1所示,在对终端接入用户进行身份合法性认证的基础上对接入用户进行安全认证,实现对其安全状态的准入控制。针对不同检查项的检查结果,H3C EAD产品支持下线、隔离、提醒、监控等多种控制方式;支持安全状态评估、网络中安全威胁定位、安全事件感知及保护措施执行等;预防操作系统补丁、防病毒软件、ARP攻击、异常流量、敏感软件安装/运行、系统服务的启动状态等因素可能带来的安全威胁。这些功能从端点接入上保证每一个接入网络的终端的安全,从而保证整个网络安全。

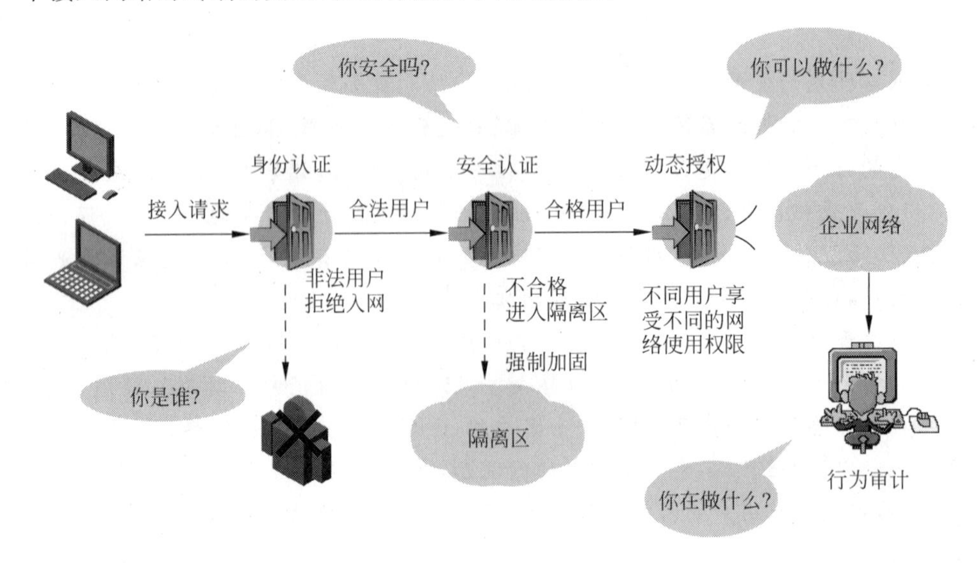

图41-1 EAD原理模型

可以说,EAD解决方案的实现原理就是通过将网络接入控制和用户终端安全策略控制相结合,以用户终端对企业安全策略的符合度为条件,控制用户访问网络的接入权限,从而降低病毒、非法访问等安全威胁对网络带来的危害。

41.3 EAD方案组网模型

图41-2显示了EAD系统的组网模型。

从图41-2中可以看出,EAD系统模型包含以下4个元素。

(1) iMC EAD服务器:安装了H3C iMC EAD软件的服务器,负责给客户端下发安全策略,接收客户端安全策略检查结果并进行审核,向安全联动设备发送网络访问的授权指令。它要求与安全联动设备路由可达。

(2) 安全联动设备:是指用户网络中的交换机、路由器、VPN网关等设备。EAD提供了灵活多样的组网方案,安全联动设备可以根据需要灵活部署在各层,如网络接入层和汇聚层。

(3) iNode智能客户端:是指安装了H3C iNode智能客户端软件的用户接入终端,负

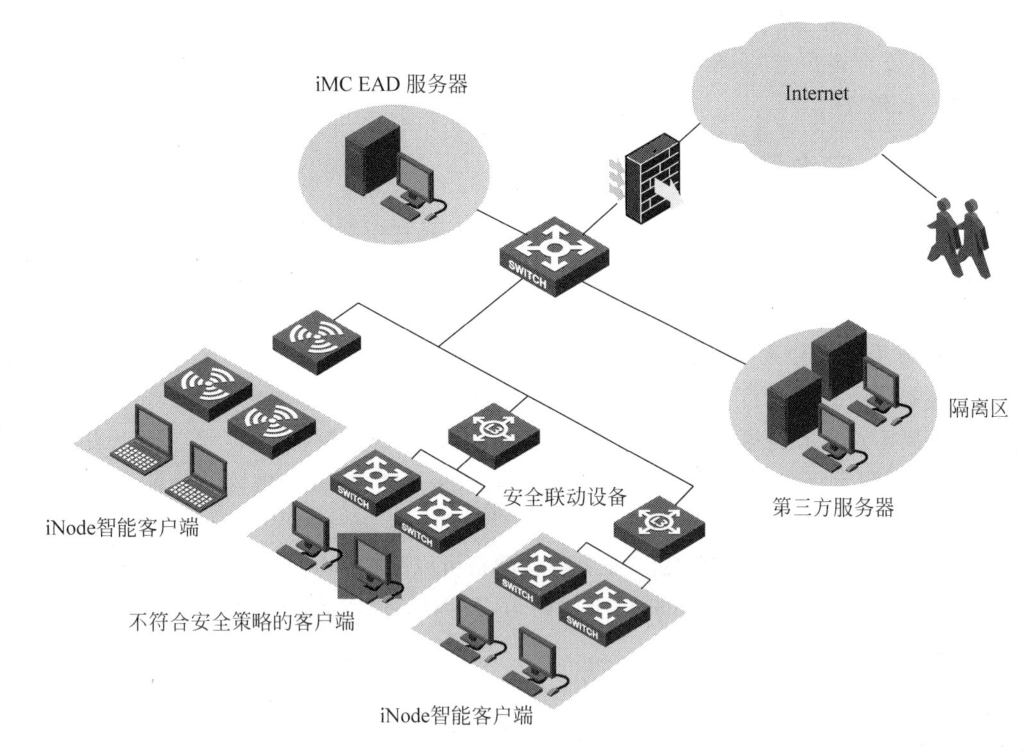

图 41-2 EAD 系统的组网模型

责身份认证的发起和安全策略的检查。

(4) 第三方服务器：是指补丁服务器、病毒服务器，被部署在隔离区中。当用户通过身份认证但安全认证失败时，将被隔离到隔离区，此时用户仅能访问隔离区中的服务器，通过第三方服务器进行自身安全修复，直到满足安全策略要求。

各环节各司其职，由 iMC EAD 服务器的安全策略中心协调，共同完成对网络接入终端的安全准入控制。

41.4 EAD 方案各环节详细说明

41.4.1 iMC EAD 服务器

EAD 方案的核心是整合与联动，而 iMC EAD 服务器是 EAD 方案中的管理与控制中心，兼具安全策略管理、用户管理、安全联动控制等功能。

(1) 安全策略管理。iMC EAD 服务器定义了对用户终端进行准入控制的一系列策略，包括用户终端安全状态评估配置、补丁检查项配置、安全策略配置、终端修复配置以及对终端用户的隔离方式配置等。

(2) 用户管理。企业网中，不同的用户、不同类型的接入终端可能要求不同级别的安全检查和控制。iMC EAD 服务器可以为不同用户提供基于身份的个性化安全配置和网络服务等级，方便管理员对网络用户制定差异化的安全策略。

(3) 安全联动控制。iMC EAD 服务器负责评估安全客户端上报的安全状态，控制安全联动设备对用户的隔离与开放，下发用户终端的修复方式与安全策略。通过 iMC EAD 服务器的控制，安全客户端、安全联动设备与第三方服务器才可以协同工作，配合完成端到端的安全准入控制。

41.4.2 安全联动设备

安全联动设备是企业网络中安全策略的实施点，起到强制用户准入认证、隔离不合格终端、为合法用户提供网络服务的作用。根据应用场合的不同，安全联动设备可以是交换机或 BAS 设备，分别实现不同认证方式(如 IEEE 802.1x 或 Portal)的端点准入控制。不论是哪种接入设备或采用哪种认证方式，安全联动设备均具有以下功能。

(1) 强制用户终端进行身份认证和安全状态评估。

(2) 隔离不符合安全策略的用户终端。联动设备接收到 iMC EAD 服务器下发的隔离指令后，可以通过动态 ACL 方式限制用户的访问权限；同样，收到解除用户隔离的指令后也可以在线解除对用户终端的隔离。

(3) 提供基于身份的网络服务。安全联动设备可以根据 iMC EAD 服务器下发的策略，为用户提供个性化的网络服务，如提供不同的 ACL、VLAN 等。

41.4.3 iNode 智能客户端

H3C iNode 智能客户端是安装在用户终端系统上的软件，是对用户终端进行身份认证、安全状态评估以及安全策略实施的主体，其主要功能如下。

(1) 提供 IEEE 802.1x、Portal 等多种认证方式，可以与交换机、BAS 网关等设备配合实现接入层、汇聚层的端点准入控制。

(2) 检查用户终端的安全状态，包括操作系统版本、系统补丁、共享目录、已安装的软件、已启动的服务等用户终端信息；同时提供与防病毒客户端联动的接口，实现与第三方防病毒软件客户端的联动，检查用户终端的防病毒软件版本、病毒库版本以及病毒查杀信息。这些信息将被传递到 iMC EAD 服务器，执行端点准入的判断与控制。

(3) 安全策略实施，接收 iMC EAD 服务器下发的安全策略并强制用户终端执行，包括设置安全策略(是否监控邮件、注册表)、系统修复通知与实施(自动或手工升级补丁和病毒库)等功能。不按要求实施安全策略的用户终端将被限制在隔离区。

(4) 实时监控系统安全状态，包括是否更改安全设置、是否发现新病毒等，并将安全事件定时上报到 iMC EAD 服务器，用于事后进行安全审计。

41.4.4 第三方服务器

在 EAD 方案中，H3C iMC EAD 服务器可以和第三方提供的防病毒服务器、补丁服务器或用户自行架设的文件服务器共同联动。此类服务器通常放置于网络隔离区中，用于终端进行自我修复。防病毒服务器提供病毒库升级服务，允许防病毒客户端进行在线升级。补丁服务器则提供系统补丁升级服务，用户终端的系统补丁不能满足安全要求时，用户终端可连接至补丁服务器进行补丁下载和升级。

EAD 解决方案与微软 WSUS 产品可以无缝集成，能够实现系统补丁检查和自动升级。同时 EAD 解决方案与瑞星、金山、江民、诺顿、卡巴斯基等防病毒软件可以实现联动病毒检查,强制终端用户进行入网前的病毒检查。

41.5 H3C iMC EAD 产品功能详解

H3C iMC 产品实现了 EAD 解决方案中 EAD 服务器的相关功能。

41.5.1 iMC 智能管理中心介绍

iMC 是 H3C 推出的下一代业务智能管理软件。它融合当前多个产品,以统一风格提供与网络相关的各类管理、控制、监控等功能,同时以全开放的、组件化的架构原型,向平台及其承载业务提供分布式、分级式交互管理特性,并为业务软件的下一代产品提供最可靠的、可扩展的、高性能的业务平台。

如图 41-3 所示,iMC 智能管理中心提供了基于平台的组件化结构,并提供基础网管功能,包括网元管理、资源管理、告警管理、性能管理等功能模块。各个组件用于提供特定的业务功能,可根据实际需求灵活选配。所有组件的安装必须基于平台。其中 EAD 组件即可实现 EAD 方案中 EAD 服务器的功能。

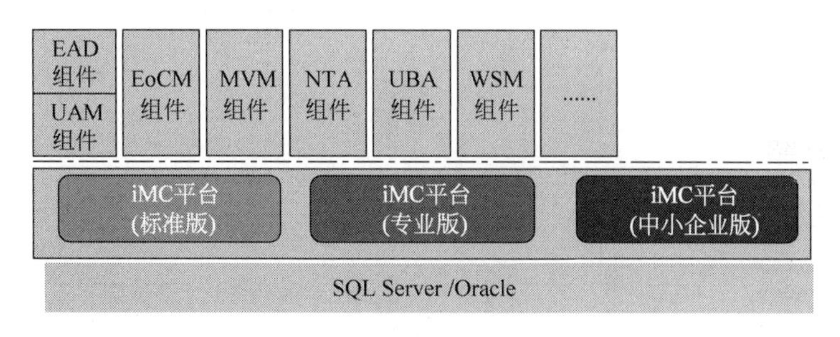

图 41-3 iMC 智能管理中心结构图

iMC 智能管理中心支持 Windows 2000/2003、SUN Solaris 等多种操作系统平台,以适应不同级别的用户和不同规模的网络。iMC 平台分为专业版、标准版和中小企业版,各版本之间的在功能特性上有一定区别。

41.5.2 iMC EAD 组件功能介绍

iMC 智能管理中心平台可以实现对网络的基础管理,包括拓扑管理、告警管理、性能管理等,用户还可以根据需要灵活选用其他功能组件,有效地实现网管。在 iMC 平台组件之上可以安装部署 EAD 组件来实现 EAD 的相关功能。下面对 iMC EAD 组件的主要功能进行介绍。

1. 安全级别管理

安全级别管理主要用于配置当各个安全检查项不符合安全策略要求时的安全模式,包括下线模式、隔离模式、提醒模式和监控模式。安全检查项包括安全检查是否异常、防病毒软件、检查可控软件组、检查软件补丁、检查注册表监控策略、检查操作系统密码。每项检查都可以设置安全模式。安全模式决定了对没有通过该项检查的用户采取的处理方式。当配置完安全级别后,就可以在增加安全策略时选择使用。

(1) 下线模式：安全检查不合格时，系统对用户进行下线操作，并记录安全日志。

(2) 隔离模式：安全检查不合格时，系统对用户进行隔离操作和提醒/修复操作，并记录安全日志。

(3) 提醒模式：安全检查不合格时，系统对用户进行提醒/修复操作，并记录安全日志，但不进行隔离操作。

(4) 监控模式：安全检查不合格时，系统仅记录安全日志，不进行隔离操作和提醒操作。

2. 流量监控策略管理

如图 41-4 所示，流量监控功能通过审计 iNode 客户端所在主机的 IP 流量、二层广播报文数量、流经认证网卡的所有报文数量和 TCP/UDP 连接数来判断用户网络是否出现异常。当流量、报文数、连接数超过所设置的阈值时，iMC EAD 服务器认为用户网络状况异常，并按照预先设置的安全策略进行处理。

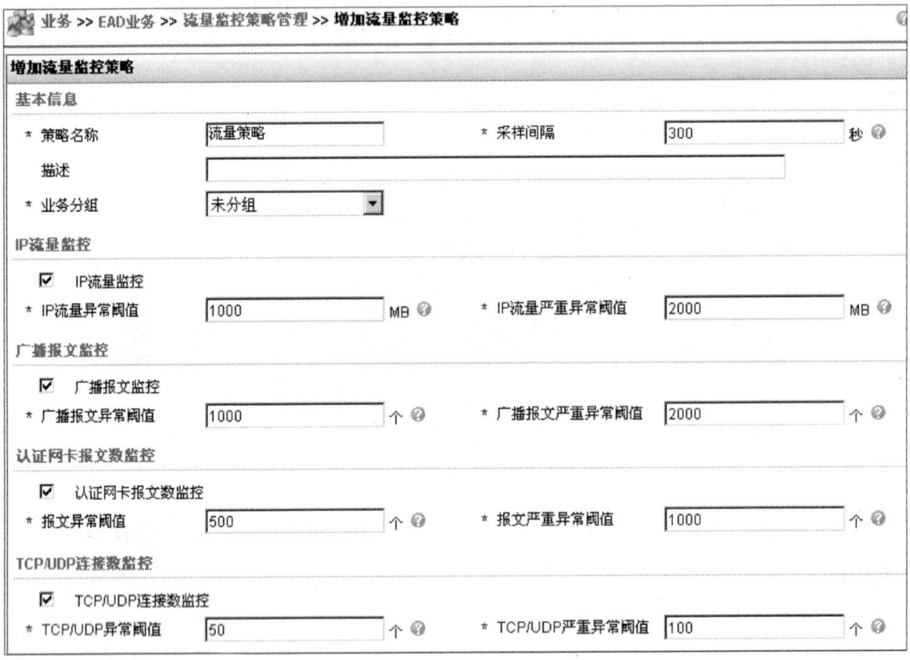

图 41-4 流量监控策略管理

3. 防病毒软件管理

防病毒软件管理可以对 iMC EAD 支持的防病毒软件进行集中管理，如图 41-5 所示。

(1) 可以设置是否启用客户端对防病毒软件的支持。

(2) 可以调整防病毒软件的优先级顺序。

(3) 可以检查和限制防病毒软件的病毒库和杀毒引擎版本。

4. 软件补丁管理

如图 41-6 所示，EAD 业务可以对客户端所在计算机的 Windows 操作系统的补丁进行管理。当用户通过 iNode 智能客户端进行认证时，iMC EAD 服务器可以按照指定的安全策略对用户计算机进行检查，如果发现计算机未安装要求的软件补丁，将按照安全策略的设置进行隔离、强制安装、升级等处理。

业务 >> EAD业务 >> 防病毒软件管理　　加入收藏　帮助

防病毒软件列表

刷新

共有11条记录。

防病毒软件名称	联动方式	检查项	检查方式	检查限制	启用	优先级	修改
金山毒霸网络版	高级联动	☑检查杀毒引擎版本 ☑检查病毒库版本	自适应 自适应	自适应顺延天数：30 自适应顺延天数：7	☑	⇧ ⇩	
瑞星杀毒软件网络版	高级联动	☑检查杀毒引擎版本 ☑检查病毒库版本	自适应 自适应	自适应顺延天数：30 自适应顺延天数：7	☑	⇧ ⇩	
江民杀毒软件网络版	高级联动	☑检查杀毒引擎版本 ☑检查病毒库版本	指定版本 自适应	杀毒引擎最低版本：9.00.505 自适应顺延天数：7	☑	⇧ ⇩	
赛门铁克	基本联动	☑检查杀毒引擎版本 ☑检查病毒库版本	指定版本 自适应	杀毒引擎最低版本：4.1.0.15 自适应顺延天数：7	☑	⇧ ⇩	
趋势	基本联动	☑检查杀毒引擎版本 ☑检查病毒库版本	指定版本 指定版本	杀毒引擎最低版本：7.100.1003 病毒库最低版本：2.343.00	☑	⇧ ⇩	
McAfee	基本联动	☑检查杀毒引擎版本 ☑检查病毒库版本	指定版本 自适应	杀毒引擎最低版本：4.4.00 自适应顺延天数：7	☑	⇧ ⇩	
安博士	基本联动	☑检查杀毒引擎版本 ☐检查病毒库版本	指定版本	杀毒引擎最低版本：2004-05-27	☑	⇧ ⇩	
北信源	基本联动	☐检查杀毒引擎版本 ☑检查病毒库版本	指定版本	病毒库最低版本：2005-12-23	☑	⇧ ⇩	
KILL安全胄甲	基本联动	☑检查杀毒引擎版本 ☐检查病毒库版本	指定版本	杀毒引擎最低版本：23.43.3	☑	⇧ ⇩	
卡巴斯基	基本联动	☐检查杀毒引擎版本 ☑检查病毒库版本	指定版本	病毒库最低版本：2005-12-23	☑	⇧ ⇩	
NOD32	基本联动	☐检查杀毒引擎版本	指定版本	病毒库最低版本：2005-12-23	☑	⇧ ⇩	

图 41-5　防病毒软件管理

业务 >> EAD业务 >> 软件补丁管理　　加入收藏　帮

补丁列表

增加　　软件定义

共有2条记录，当前第1 - 2，第 1/1 页。　　每页显示：8 [15] 50 100 20

补丁名称	用户提示信息	适用软件	补丁级别	修改	删
KB674967349234		Windows 2000 Service Pack 1;Windows 2000 Service Pack 3;Windows Server 2003;Windows Server 2003 Service Pack 1;Windows Server 2003 Service Pack 2;Windows Starter 2007;Windows Vista Enterprise;Windows Vista Home Basic;Windows Vista Home N;Windows Vista Home Premium;Windows Vista Small Business;Windows Vista Starter;Windows Vista Ultimate;Windows XP;Windows XP Service Pack 1;Windows XP Service Pack 2;Windows XP Service Pack 3	紧急补丁		✖
KB873497613		Windows 2000 Service Pack 3;Windows Server 2003;Windows Server 2003 Service Pack 1;Windows Server 2003 Service Pack 2;Windows Vista Home Basic;Windows Vista Home N;Windows Vista Home Premium;Windows Vista Small Business;Windows Vista Starter;Windows XP;Windows XP Service Pack 1;Windows XP Service Pack 2;Windows XP Service Pack 3	紧急补丁		✖

图 41-6　软件补丁管理

5. 可控软件组管理

如图 41-7 所示，可控软件组定义了需要检测的软件/进程/服务。对软件/进程/服务具体检测的内容如下。

(1) 软件：检测软件的安装情况。

(2) 进程：检测进程的运行情况。

(3) 服务：检测服务的运行情况。

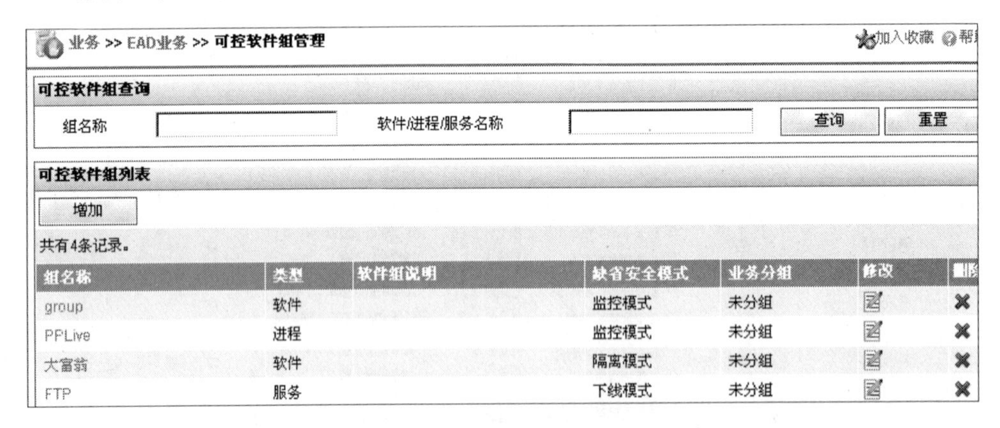

图 41-7　可控软件组管理

定义了可控软件组后，可控软件组将与安全级别、安全策略配合使用。

在安全策略中定义软件必须安装或禁止安装状态、进程的必须运行或禁止运行状态、服务的必须运行或禁止运行状态。

6. 注册表监控策略管理

如图 41-8 所示，注册表监控是指监控终端的注册表信息。已定义的注册表监控策略与安全级别、安全策略配合使用。在安全策略中配置要检查的注册表监控策略，在安全级别中定义注册表不符合安全策略时采取的措施(如监控、提醒、隔离和下线)。

业务 >> EAD业务 >> 注册表监控策略管理 >> 增加注册表监控策略

增加注册表监控策略

基本信息

* 注册表监控策略名：reg
* 注册表监控项路径：HKEY_LOCAL_MACHINE\SOFTWARE\Microsoft\Windows\CurrentVersion\Run

描述

检查不合格提示信息

* 缺省安全模式：下线模式
* 业务分组：未分组

注册表监控项信息

注册表监控项列表

增加

共有1条记录。

键名	键值类型	键值	检查条件	适合操作系统	修改	删除
gina	REG_SZ(字符串值)	0	键值须符合	Win2000; WinXP; Win2003; WinVista		

图 41-8　注册表监控策略管理

7. 操作系统密码监控管理

如图 41-9 所示，操作系统密码监控是指监控客户端操作系统的登录密码，并判断密码是否安全。如果客户端检测到用户操作系统密码与上传的密码词典文件中列出的弱密码相同或者与 iNode 客户端内置的弱密码相同，则认为密码不安全。操作系统密码监控与安全级别、安全策略配合使用。在安全策略中配置是否检查操作系统密码，在安全级别中定义操作系统密码不符合安全策略时采取的措施(如监控、提醒、隔离和下线)。

图 41-9　操作系统密码监控管理

8. 桌面资产管理

桌面资产管理提供了对资产全方位的管理和监控的功能。这里所涉及的资产是指接入网络的各类终端，如 PC、服务器等。基于获取的资产软硬件信息，桌面资产管理实现了对资产软硬件使用情况、变更情况的监控；基于对资产的配置和软件分发，桌面资产管理实现了对资产的有效管理；桌面资产管理还提供了多元化的统计报表，让网络管理员对资产的监控数据分析的更加充分。

桌面资产管理支持的主要业务特性如下。

(1) 自动扫描资产信息：定时自动获取网络管理员关心的资产信息(如资产编号、资产的责任人、资产分组和型号等)，保证了数据的有效性，减轻了管理员工作的负担。

(2) 监控资产的软硬件使用和变更情况：如图 41-10 所示，通过自动或手动扫描，可以及时获取资产变更情况并采取应对措施。

业务 >> 桌面资产业务 >> 计算机 H04984(192.168.1.100) >> 资产硬件变更详细信息

网卡变更信息

变更前信息

标题	物理ID	网关	IP地址	MAC地址	动态分配IP
Broadcom NetXtreme 57xx Gigabit Controller	PCI\VEN_14E4&DEV_167...	192.168.1.1	192.168.1.100	00:15:C5:0B:A4:96	否
H3C ARP FILTER	ROOT\MS_PASSTHRUMP\0...			02:50:F2:00:00:02	否
H3C ARP FILTER	ROOT\MS_PASSTHRUMP\0...				否
H3C ARP FILTER	ROOT\MS_PASSTHRUMP\0...			C6:0D:20:52:41:53	否
H3C ARP FILTER	ROOT\MS_PASSTHRUMP\0...			00:15:C5:0B:A4:96	否
H3C ARP FILTER	ROOT\MS_PASSTHRUMP\0...			C6:0D:20:52:41:53	否
H3C VPN Virtual NIC	ROOT\NET\0000		0.0.0.0	02:50:F2:00:00:02	是

变更后信息

标题	物理ID	网关	IP地址	MAC地址	动态分配IP
Broadcom NetXtreme 57xx Gigabit Controller	PCI\VEN_14E4&DEV_167...	60.191.99.1	60.191.99.141	00:15:C5:0B:A4:96	否

图 41-10　资产变更信息

(3) 监控资产的 USB 使用情况：如图 41-11 所示，作为使用频率很高的硬件设备，USB 的滥用也最容易产生问题。通过此功能可以实现对 USB 的高度监控。

(4) 对所管理的资产进行多种方式的软件分发：对于大量的资产要统一安装相同的软件，使用此业务特性不但能保证软件的安装质量，而且能大大地减轻网络管理员的负担。

业务 >> 桌面资产业务 >> USB监控 >> USB拷贝文件信息

USB拷贝文件信息

责任人	liyongjun	资产名称	H3C-90C3718004A
资产编号	123456	逻辑盘符	G
USB插入时间(客户端)	2008-06-24 16:41:03	USB拔出时间(客户端)	2008-06-24 16:41:53
USB插入时间(服务端)	2008-06-24 16:41:01	USB拔出时间(服务端)	2008-06-24 16:42:04
文件数量	4	文件总大小(字节)	27661852

USB拷贝文件列表

共有4条记录，当前第1 - 4，第 1/1 页。 每页显示：8 [15] 50 100

文件名	操作类型	文件大小(字节)	操作时间(客户端)	操作时间(服务端)
G:\交换机信息\配置信息.log	写入	13499	2008-06-24 16:41:47	2008-06-24 16:42:04
G:\交换机信息\配置信息.log	写入	13499	2008-06-24 16:41:47	2008-06-24 16:42:04
G:\交换机信息\诊断信息.txt	写入	27634854	2008-06-24 16:41:47	2008-06-24 16:42:04
G:\交换机信息\诊断信息.txt	写入	0	2008-06-24 16:41:40	2008-06-24 16:42:04

图 41-11 USB 监控

9. 安全策略管理

完成 EAD 安全认证功能的关键步骤是操作员针对各类用户配置不同的安全策略并下发。如图 41-12 所示，安全策略是由基本信息、防病毒软件联动、可控软件组、软件补丁、注册表监控策略、定时检查 6 部分组成，通过配置安全策略达到对用户的安全认证进行控制。配置完安全策略，通过绑定服务的方法进行策略下发。当接入用户申请了包含安全策略的服务后，便被纳入该安全策略定义的 EAD 安全防护体系之中。

业务 >> EAD业务 >> 安全策略管理 >> 增加安全策略

基本信息

* 安全策略名：我的安全检查策略　* 业务分组：未分组
* 安全级别：隔离模式
安全ACL：　隔离ACL：

防病毒软件联动

安全检查
* 防病毒联动模式：只使用基本联动软件
升级杀毒引擎及病毒库：手动　病毒服务器地址：192.168.100.119
病毒检查不合格提示：您电脑的病毒检查不合格,请修复!

可控软件组

☑ 检查可控软件组

	可控软件组名称	类型	检查类型		可控软件组名称	类型	检查类型
☐	group	软件	禁止安装	☑	大富翁	软件	禁止安装
☑	PPLive	进程	禁止运行	☑	FTP	服务	禁止运行

软件组检查不合格提示：

软件补丁

☑ 检查软件补丁 ⦿ 通过微软服务器检查 ○ 手动配置检查
* 服务器地址：192.168.100.120
补丁检查不合格提示：您电脑的补丁检查不合格,请修复!

注册表监控策略

☑ 检查注册表监控策略

	注册表监控策略名	注册表监控策略名
☑	reg	

注册表检查不合格提示：

图 41-12 安全策略管理

41.6 iNode 智能客户端功能介绍

如果在 iMC EAD 服务器端配置了安全策略，则在通过身份认证之后系统还会对客户端自动进行安全认证。如果安全认证通过，则连接视图中的连接图标将变为绿色，表示身份认证和安全认证均通过，并且开始上网计时。

在图 41-13 所示的认证信息窗口会显示安全认证的检查结果，包括病毒检查、操作系统补丁检查、软件安装与运行检查，最后会显示安全认证的最终结果，提示诸如“安全检查合格，您可以正常上网了！”等信息。

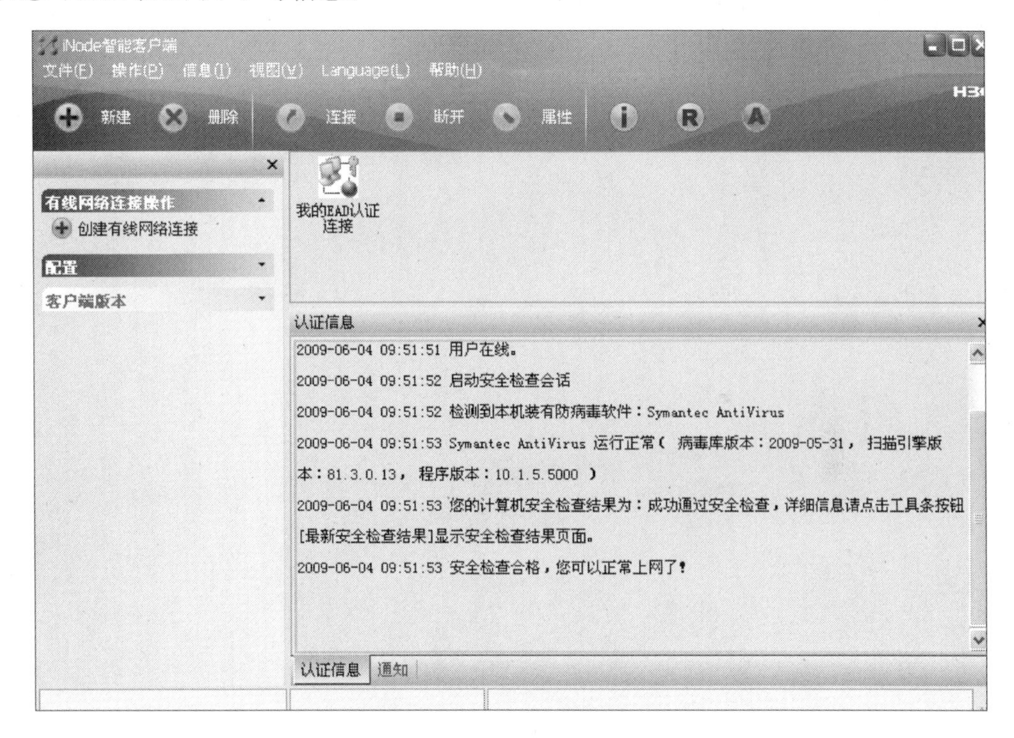

图 41-13　iNode 智能客户端

根据在 iMC EAD 服务器上配置的安全策略，当某个安全检查项不符合要求时则安全认证失败。安全认证失败后，连接视图中的连接图标将变为红色，表示通过了身份认证但安全检查不合格。此时不允许访问网络资源。

41.7 本章总结

(1) EAD 解决方案模型中包含 iMC EAD 服务器、安全联动设备、iNode 智能客户端和第三方服务器等元素。

(2) EAD 解决方案通过 iMC EAD 服务器、安全联动设备、iNode 智能客户端以及第三方服务器共同配合，实现对终端用户的身份和安全检查，从而降低病毒、非法访问等安全威胁对网络带来的危害。

41.8　习题和解答

41.8.1　习题

1. 简述 EAD 方案模型中各环节的功能。

2. EAD 解决方案与微软________产品可以无缝集成，能够实现系统补丁检查和自动升级。

41.8.2　习题答案

1. 略　　　　2. WSUS

第10篇

网络优化和管理基础

第42章

提高网络可靠性

网络为人们的工作和生活带来了种种便利，而网络一旦瘫痪，也会随之带来巨大的影响。因此，保证网络的不间断服务十分必要。

本章将对网络可靠性设计做初步探讨，并介绍几种典型的提高网络可靠性的方法。

42.1 本章目标

学习完本章，应该能够达到以下目标。

(1) 理解可靠性的含义。

(2) 列举可靠性设计的主要考虑因素。

(3) 列举能增强可靠性的主要技术。

(4) 掌握链路可靠性技术及其配置。

(5) 掌握设备可靠性技术及其配置。

42.2 可靠性设计

42.2.1 什么是可靠性

网络可靠性也称为可用性，指网络提供服务的不间断性。可靠性的衡量指标是正常运行时间(Uptime)或故障时间(Downtime)。这是一对相反的指标，正常运行时间越高，故障时间越低，可靠性也就越高。通常，当网络的可用性达到或超过99.999%时，即可将其归入高可靠性网络。

网络由许许多多的组件构成，包括路由器、交换机、服务器、计算机、线缆、无线电波、软件和协议等。要保证网络的可靠性就必须保证以上这些组件的可靠性。

由于任何一个网络组件都可能出现故障，因此网络可靠性通常需要通过一定的冗余来实现。通信网络中最主要的组件是网络设备和链路，因此其可靠性的提高主要通过设备冗余和链路冗余来保证。通过为设备或链路提供一到多个备份设备或者链路，可保证在主用设备或链路出现故障时能快速切换到备用设备或链路，减少甚至避免网络中断。因此，在设计网络时就要充分考虑关键设备和链路的冗余，在配置网络时则需要采用相应的技术和适当的参数来提高网络可靠性。

设计任何网络，都需要首先详细分析用户需求，了解用户的投资计划、业务重点、功能需求等。作为网络设计的一部分，可靠性设计应重点关注以下方面。

(1) 设备和链路的可靠性：单一设备和链路的可靠性是网络可靠性的基础，因此应尽可能采用可靠性较高的设备和链路。在设备方面，可以采用具有多引擎、多电源的设备提高设备本身的可靠性。在链路方面，可以根据带宽要求、运营商服务品质、电磁干扰、温度湿度、作业场所类型等各种因素选择适当的链路技术。

(2) 关键应用对可靠性的需求：客户网络上运行着众多应用和服务，一些应用对可靠性有着严格的要求，而另一些应用的要求则较为宽松。例如，与实时交互式应用相比，基于TCP的文件传输应用通常对网络可靠性要求略低。

(3) 可靠性之外的其他需求：提高可靠性的要求常常与其他方面的需求互相矛盾或互相牵制。例如，用户往往希望尽可能提高现有链路的利用效率，同时要求提高可靠性。但是对现有链路过高的利用率不仅容易导致丢包，而且在故障发生时将没有足够的带宽资源保证网络可用性。

(4) 网络故障的代价：设计网络时应考虑网络发生故障时对用户造成的损失，从而确定用户对故障时间的容忍度。这种代价可能是经济代价，也可能是非经济的代价；既可能是明确的损失，也可能是一种存在于概率中的风险。只有了解了用户能为网络故障付出代价的底线，才能设计可靠性符合其要求的网络。

(5) 用户投资计划：较高的可靠性要求较高的冗余度，也意味着较高的投资。因此用户的建设预算和维护预算直接影响着网络可靠性的设计。用户投资也同时受到故障代价的影响。设计网络时应该在用户投资额以内尽可能满足其对可靠性的要求，降低其可能为网络故障付出的代价。

在IP网络中，可靠性的提高一般通过下列方面来实现。

(1) 提高设备的可靠性：在设计网络时要充分考虑关键设备本身的可靠性，这是保证网络可靠性的第一步。

(2) 提高通信线路的可靠性：即加强每一链路的可靠性，或实现链路冗余备份。

(3) 使用具有较强冗余路径管理能力的通信协议和软件：选择基于Comware系统的H3C网络设备，可以通过配置先进的协议及时发现故障并切换到新的路径，或通过先进的体系架构和高级的转发技术尽可能降低故障时间。

42.2.2　用户投资计划

用户投资计划是网络设计时的主要考虑因素之一。在设计网络时，必须要在用户有限的投资范围内，满足其对网络的各种需求。

用户对网络的支出主要包括固定支出和变动支出。

固定支出可能包括以下内容。

(1) 设备采购支出。

(2) 线路部署支出。

(3) 网络管理系统和工具支出。

变动支出可能包括以下内容。

(1) 线路租用和维护支出。

(2) 技术支持和设备维修支出。

(3) 网络管理人员支出。

要提高网络可靠性,就必须增加网络冗余性,这势必增加冗余设备、冗余链路的固定和变动支出。由此可见,网络可靠性是以各种投入为代价实现的,并不是越高越好。理论上,可以为每台网络设备和每条链路提供多重备份,在任意两个节点之间都部署直接连接,这样网络的可靠性无疑是最好的,但这种配置需要极高的固定和变动支出。

在实际网络设计中,设计者需要在投资计划、网络可靠性以及其他所有用户需求之间做出权衡。在用户投资规模既定的情况下,可以首先对网络的关键设备和链路提供备份,若有余力再考虑次关键的设备和链路,从而最大限度地保证网络的可靠性。

42.2.3 设备和链路可靠性设计

现代网络设计普遍采用了分层设计的思想,每一层执行特定的功能,层次之间隔离不需要的流量。理论上,即使目前最大规模的网络,其网络设计也不超过3个层次;小型或者中型网络可以分为一层或二层。下面介绍一下大型网络设计的三层模型,小型或者中型网络设计可以根据情况合并某些层次的功能,来减少网络层次。

分层网络设计模型将计算机网络分为以下3层。

(1) 接入层:这一层提供丰富的端口,负责接入工作组用户,使其可以获得网络服务。接入层还可以对用户实施接入控制。

(2) 汇聚层:这一层通过大量的链路连接接入层设备,将接入层数据汇集起来。同时,这一层依据复杂的策略对数据、信息等实施控制。其典型行为包括路由聚合和访问控制等。

(3) 核心层:这一层是网络的骨干,主要负责对来自汇聚层的数据进行尽可能快速的交换。

图42-1给出了网络设计的三层结构模型。

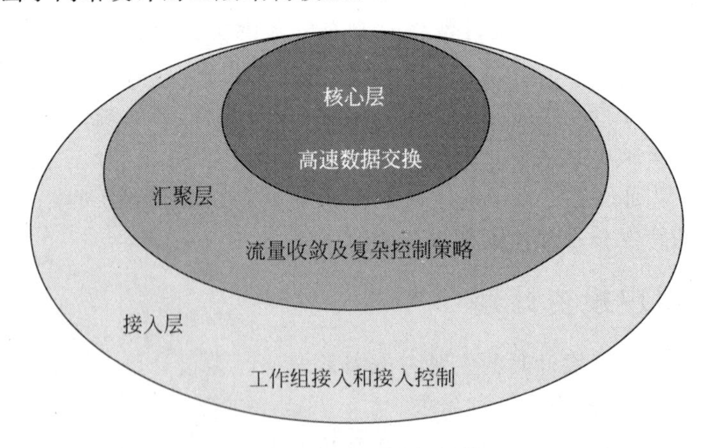

图42-1 层次化网络设计模型

从分层模型可以看出,核心层处于网络的中心,网络中大量数据流量需通过核心层设备进行交换,核心层设备一旦发生故障,整个网络就面临瘫痪。因此在选择核心层设备时,不仅要求其具有强大的数据交换能力,而且要求其具有很高的可靠性。为了保证核心层设备的可靠性,在园区网络设计中,通常应选择高端网络设备作为核心层设备。这不仅是因为高端设备的数据处理能力强,转发速度高,也是因为高端设备本身通常具有高可靠性设计。高端网络设备的主要组件通常都采用冗余设计，例如，采用互为主备的双处理板、互为主备的双交换网板，甚至多个电源，确保设备不易宕机。

为了确保核心网络的可靠性，可以对核心层设备和链路实现双冗余甚至多冗余，即对核心层设备和链路一律增加一个以上的备份，一旦主用设备整机或主用链路出现故障，立即切换到备用设备或备用链路，确保核心层的高度可靠性。

汇聚层处于三层结构的中间，汇聚层设备是各个接入层设备的集中点，负责汇集来自接入层的数据，并对数据和控制信息进行基于策略的控制。如果不采用冗余设计，则某台汇聚层设备的失效将导致其下面连接的接入层设备用户无法访问网络。因此，汇聚层设备的可靠性也较为重要。考虑到成本因素，汇聚层往往采用中端网络设备，并采用冗余链路提高网络可靠性。必要时也可以对汇聚层设备采用设备冗余的形式提高可靠性。

接入层设备处于网络的最底层，负责接入终端用户。一方面，如果接入层设备出现故障，只会对设备接入的用户造成影响，影响范围较小；另一方面，接入层设备和连接数量相对较多，用户设备数量也比较多，不便于一一实现设备和链路冗余。因此，通常不考虑接入层设备的冗余性。当然，如果接入层设备接入了 VIP 用户或重要服务器，可以采用链路或设备冗余来提高其可靠性。

层级化网络及其各层次的功能和可靠性要求只是个一般性的参考模型，对网络设计只能提供一般性的指导。在设计具体的网络时，还必须依据用户的实际需求进行具体分析。例如，某些用户的全部业务都非常关键，不允许长时间停顿，这就要求在整个网络中所有可能的位置都实现冗余；而某些用户的业务并不严格依赖于网络，可靠性要求不高，则整个网络中的所有环节可能都无须实现冗余。

42.2.4　关键业务可靠性设计

对于用户而言，在其所有应用之中，有一些是要求最严格，最无法容忍其发生故障的，这些应用也称为关键业务。网络设计者必须首先了解哪些应用对用户是最关键的，并想方设法在现实的条件下和给定的预算内满足关键业务的可靠性需求。

当今的 IP 网络承载着各种各样的业务和应用，例如，Web、FTP、文件共享、数据库、VoIP、视频服务以及 E-mail 等。不同的服务对网络的要求有很大差别。例如，视频会议要求具有低延迟、高带宽，是一种实时性业务；而 E-mail 对实时性要求较低，只需在一定时间内可靠送达即可。

影响可靠性设计的并非只有应用类型，也包括网络的位置和功能。例如，由于大部分应用采用客户机/服务器模式，现代网络建设多将服务器集中放置在数据中心，因此数据中心网络的可靠性就成为首要考虑因素之一。可以考虑采用服务器备份、链路备份或者网络设备备份的方法来确保数据中心可靠性。此外，一些用户可能建设两套网络，一套为普通业务使用，另一套为关键业务使用，在此种情况下，两套网络的可靠性要求是截然不同的。

42.3　LAN 链路和设备备份

42.3.1　用生成树协议实现 LAN 备份

生成树协议不但可以避免局域网中的环路问题，而且可以实现对于局域网链路和设备的备份。

如图 42-2 所示,该局域网使用了 4 台以太网交换机 SWA、SWB、SWC 和 SWD,全部起动了生成树协议。其中 SWB、SWC 和 SWD 3 台交换机之间通过物理线路两两互连。这样,从 SWB 到 SWD 之间就形成了两条冗余路径。

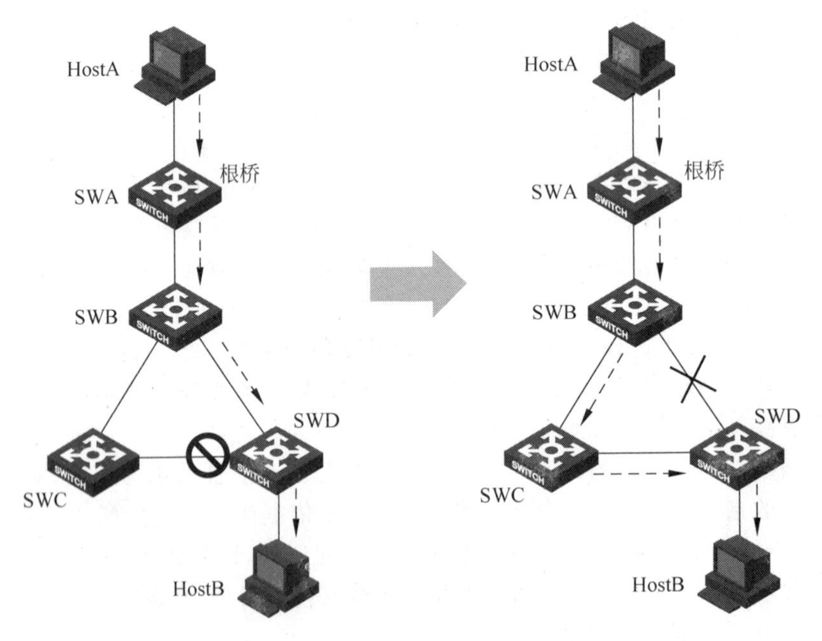

图 42-2 STP 协议局域网链路备份

交换机上运行的生成树协议避免了环路的出现。正常情况下,生成树协议网络的所有交换机最终会确定一台交换机作为统一的根桥,并计算到达每个节点的无环路路径,阻断某些冗余连接,确保网络无环路。由图 42-2 可知,在本例中,SWA 被选举为根桥,而 SWC 与 SWD 之间的链路被生成树协议阻塞,避免了 SWB—SWC—SWD—SWB 的环路出现。

如果某条链路出现故障,生成树会重新计算,生成新的树形结构。假定 SWB 和 SWD 之间的链路出现故障,使 SWC 和 SWD 之间的链路从阻塞状态转换为转发状态,实现了链路之间的相互备份。

利用生成树固然可以达到提高网络可靠性的目的,但是其所阻塞的链路带宽无法被充分利用,导致线路带宽资源的浪费。

42.3.2 用链路聚合实现链路备份

交换机支持的链路聚合(Link Aggregation)功能也可以被用于实现局域网链路备份。

链路聚合功能可以将多条特性相同的局域网线路进行汇聚,形成一条逻辑链路,汇聚后的线路负载分担传输数据。一个链路聚合中的一条链路发生故障时,其他链路仍然可以继续工作并分担负载数据,并不会发生全部中断的情况,如图 42-3 所示。

根据这一特性,可以在重要的节点之间部署多条物理链路,并将它们聚合在一起,在线路之间既实现了负载均衡,又实现了互为冗余,从而提高了节点间数据传输的可靠性。

利用链路聚合虽然可以充分利用多条冗余链路的带宽资源,但若负责聚合的设备本身

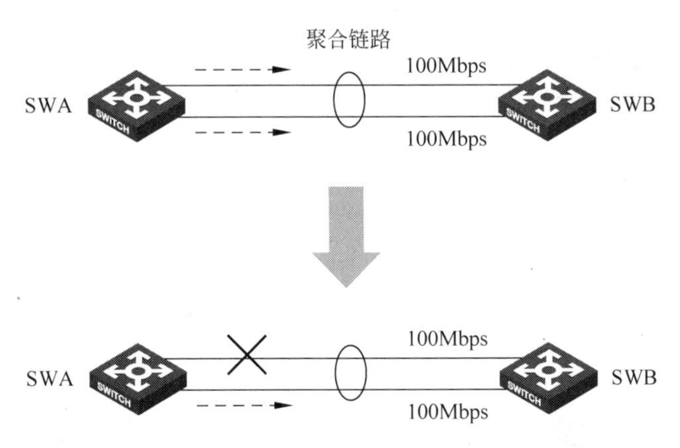

图 42-3 链路汇聚实现局域网链路备份

出现故障,则其聚合的所有链路都将失效,这从另一方面降低了网络的可靠性。

42.4 用备份中心实现 WAN 链路备份

42.4.1 备份中心简介

备份中心(Backup Center)是 Comware 中管理备份功能的模块,它可以为路由器的接口提供备份,主要用于对 WAN 接口的备份。

运用备份中心后,当主接口上的线路发生故障后,备份中心将启动备份接口上的线路进行通信,数据传输又可以继续进行了。运用备份中心可以提高网络的可靠性,增强网络的可用性。

备份中心将接口角色分为主接口和备份接口。

(1) 主接口:即被备份的接口。数据传输通常由主接口承担。路由器上的绝大部分三层物理接口或逻辑接口都可以作为主接口。

(2) 备份接口:即为主接口作提供备份的接口。备份接口通常处于空闲状态,仅在主接口故障时承担数据传输。路由器上的绝大部分三层物理接口或逻辑接口都可以作为备份接口。

当 Comware 备份中心察觉一个主接口出现故障时,会继续等待一个延迟时间,若此延迟时间期满而主接口仍未恢复正常工作,则 Comware 备份中心会启用其备份接口进行转发。

一个主接口可以拥有多个备份接口。当主接口出现故障时,这些备份接口可以根据配置的优先级来决定接替顺序。

图 42-4 给出了一个备份中心技术应用的示意图。在图中,两台路由器通过两条链路互连,其中 PPP 链路被配置为主链路,而以帧中继链路作为 PPP 链路的备用链路。在 PPP 链路正常时,RTA 与 RTB 之间的数据通过 PPP 链路传递;而当 RTA 和 RTB 察觉到 PPP 链路出现故障后,会启用帧中继链路继续通信。

备份中心技术主要用于提供链路备份,也就是接口级备份。如果设备本身出现故障,则其所连接的所有链路将全部失效。例如,在图 42-4 中,若 RTA 宕机,则 PPP 链路和帧中继

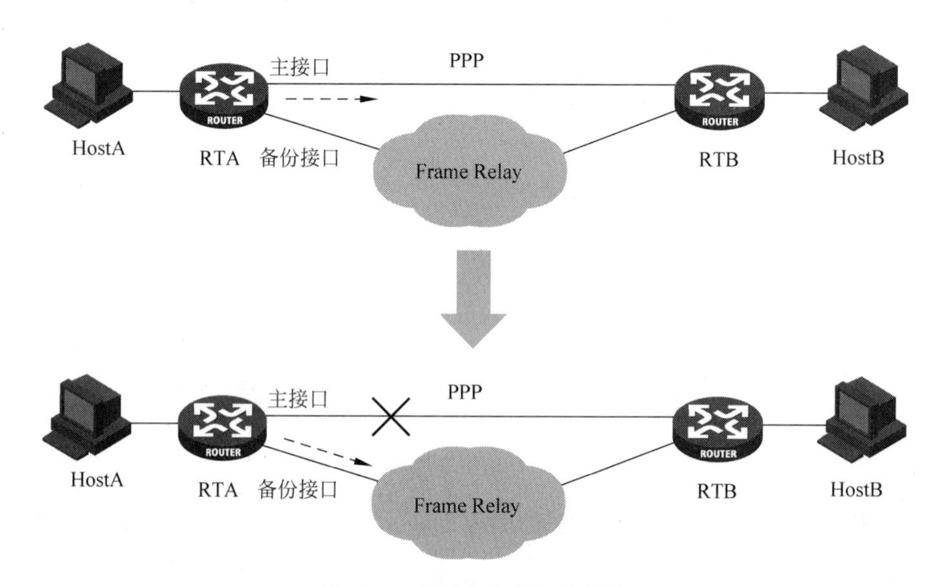

图 42-4 备份中心应用示意图

链路均失效,RTA 所连接的终端用户 HostA 将无法访问 HostB。

42.4.2 备份中心的基本配置

备份中心的配置较为简单,只需进入将被备份的主接口视图,指定主接口使用的备份接口及其优先级,即可完成基本配置任务。

路由器的任意一个物理接口、子接口都可以作为主接口。首先在系统视图下输入以下命令,进入主接口视图。

interface *interface-type interface-number*

在进入主接口配置视图以后,就可以指定主接口的备份接口及其优先级了。主接口的备份接口可以是任何物理接口、子接口或者隧道接口。

指定物理接口、子接口作为备份接口的配置命令如下:

backup interface *interface-type interface-number* [*priority*]

参数 *priority* 用于指定备份接口的优先级。当一个主接口有多个备份接口时,如果主接口故障,根据备份接口的优先级高低来判断应首先启用哪一个备份接口。该参数取值范围为 0～255,默认值为 0。该数值越大表示优先级越高。

配置备份中心时还有一些其他的可选配置参数,具体如下。

(1) 设置主备接口切换的延时。

(2) 配置主备接口的路由。

当主接口的状态由 UP 转为 DOWN 之后,系统并不立即切换到备份接口,而是等待一个预先设置好的延时。若超过这个延时后主接口的状态仍为 DOWN,系统才切换到备份接口;若在延时时间段中,主接口状态恢复正常,则不进行切换。

当主接口的状态由 DOWN 转为 UP 后,系统需要重新切换到主接口(因为在可靠性设计中,主接口的链路性能往往优于备份接口),但是系统同样并不立即执行这一切换,而是等待一个预先设置好的延时。若超过这个延时后主接口的状态仍为 UP，系统才切换回主接口；若在延时时间段中，主接口状态再次转为 DOWN，则不进行切换。在主接口配置视图下使用以下命令设置主接口与备份接口相互切换的延时。

backup timer delay *enable-delay disable-delay*

参数 *enable-delay* 指定主接口切换到备份接口的延时秒数，取值范围为 0～65535，默认情况下值为 0（表示立即切换）；参数 *disable-delay* 指定备份接口切换到主接口的延时秒数，取值范围为 0～65535，默认情况下值为 0（表示立即切换）。

在配置备份中心时，另一个需要注意的要点是，不仅要为主接口的转发配置路由，而且要为备份接口配置路由。否则，一旦主接口故障切换到备份接口，却缺乏相应的路由而无法转发，网络当然无法连通，也就失去了配置备份接口的意义。

可为备份接口配置静态路由或动态路由。建议配置静态路由，因为在主接口故障切换到备份接口时，静态路由可以立即生效。而如果配置动态路由，在切换到备份接口后路由协议需要花费一定时间来学习路由，从而延长了网络中断时间。

配置备份中心后，要了解主接口和备份接口的状态，可在任意视图下使用 display interface-backup state 命令。

该命令的一个显示例子如下：

```
<Sysname> display interface-backup state
Interface: GE2/0/1
  UpDelay: 10 s
  DownDelay: 5 s
  State: UP
  Backup interfaces:
    GE2/0/2          Priority: 30    State: STANDBY
    GE2/0/3          Priority: 20    State: STANDBY
```

其中 Interface、UpDelay、DownDelay 等主要状态的说明如表 42-1 所示。

表 42-1　display interface-backup state 命令显示信息描述表

字　段	描　述
Interface	主接口名称
UpDelay	接口延时 UP 超时时间，单位为秒
DownDelay	接口延时 DOWN 超时时间，单位为秒
State	主接口状态。 UP：UP 状态； DOWN：DOWN 状态； UP_DELAY：延时 UP 状态； DOWN_DELAY：延时 DOWN 状态
Backup interfaces	主接口关联的所有备份接口

要查看主接口的流量统计数据，可在任意视图下使用 **display interface-backup statistics** 命令。

42.4.3 多接口主备备份配置示例

本例组网如图 42-5 所示。在 RTA 上有如下要求。

(1) 接口 G2/0/1 配置为主接口,接口 G2/0/2 和 G2/0/3 配置为 G2/0/1 的备份接口。

(2) 优先使用备份接口 G2/0/2。

(3) 配置主接口与备份接口相互切换的延时。

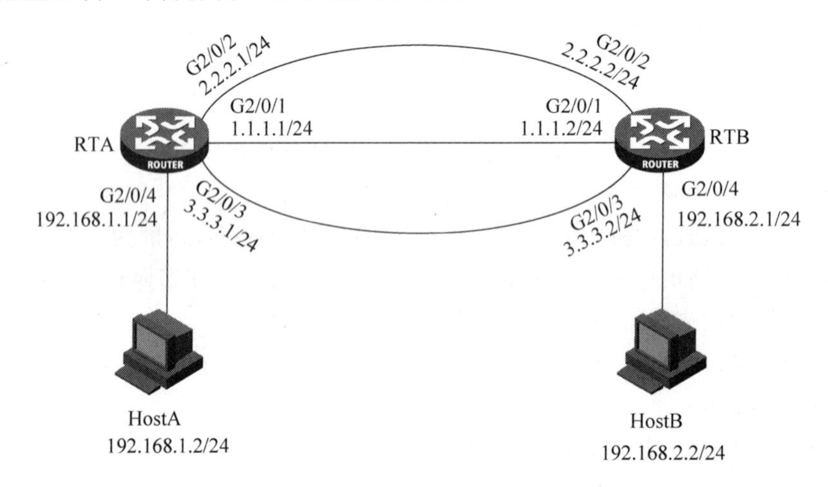

图 42-5 多接口主备备份示意图

按照图 42-5 配置各接口的 IP 地址和子网掩码,具体配置过程略。

在 RTA 上配置到 HostB 所在网段 192.168.2.0/24 的静态路由。

```
<RTA> system-view
[RTA] ip route-static 192.168.2.0 24 gigabitethernet2/0/1
[RTA] ip route-static 192.168.2.0 24 gigabitethernet2/0/2
[RTA] ip route-static 192.168.2.0 24 gigabitethernet2/0/3
```

在 RTB 上配置到 HostA 所在网段 192.168.1.0/24 的静态路由。

```
<RTB> system-view
[RTB] ip route-static 192.168.1.0 24 gigabitethernet2/0/1
[RTB] ip route-static 192.168.1.0 24 gigabitethernet2/0/2
[RTB] ip route-static 192.168.1.0 24 gigabitethernet2/0/3
```

把 G2/0/2 和 G2/0/3 分别配置为 G2/0/1 的备份接口,其优先级分别为 30 和 20。

```
[RTA] interface gigabitethernet2/0/1
[RTA-GigabitEthernet2/0/1] backup interface gigabitethernet2/0/2 30
[RTA-GigabitEthernet2/0/1] backup interface gigabitethernet2/0/3 20
```

配置主备接口相互切换的延时均为 10s。

```
[RTA-GigabitEthernet2/0/1] backup timer delay 10 10
```

配置完成后,在 RTA 上查看主接口与备份接口的状态,可以看到主接口 G2/0/1 处于 UP 状态,两个备份接口都处于备用状态。

```
[RTA-GigabitEthernet2/0/1] display interface-backup state
Interface: GE2/0/1
  UpDelay: 10s
  DownDelay: 10s
  State: UP
  Backup interfaces:
    GE2/0/2                Priority: 30   State: STANDBY
    GE2/0/3                Priority: 20   State: STANDBY
```

手工关闭主接口 G2/0/1。

```
[RTA-GigabitEthernet2/0/1] shutdown
```

关闭主接口 10s 后,接口备份启用优先级较高的备份接口 G2/0/2,此时查看主接口与备份接口的状态,可以看到主接口 G2/0/1 处于 DOWN 状态,备份接口 G2/0/2 处于 UP 状态,备份接口 G2/0/3 仍然处于备用状态。

```
[RTA-GigabitEthernet2/0/1] display interface-backup state
Interface: GE2/0/1
  UpDelay: 10s
  DownDelay: 10s
  State: DOWN
  Backup interfaces:
    GE2/0/2                Priority: 30   State: UP
    GE2/0/3                Priority: 20   State: STANDBY
```

42.5 路由备份

42.5.1 静态路由备份

静态路由的 Metric 不可配置,但其 Preference(优先级)值可以配置。在几条目的网段相同的静态路由中,Preference 值最小的一条将进入路由器并用于转发,而 Preference 值较大的则无法进入路由表。

静态路由是否生效,还有一个影响因素,即出接口状态。当一条静态路由的相应出接口状态为 UP 时,静态路由才能进入路由表;出接口状态为 DOWN 时,静态路由将被从路由表中删除。

利用静态路由的这两个特性,可以通过调整 Preference 值来实现路由备份。

图 42-6 所示为利用浮动静态路由实现路由备份的例子。在本例中,路由器 RTA 上配置了两条去往 40.0.0.0/24 网段的静态路由。其中出接口为 G1/0 的静态路由 Preference 值为默认的 60,小于出接口为 S2/0 的另一条路由,因而进入路由表,而另一条路由无法进入路由表。RTA 将去往 40.0.0.0/24 网段的数据包通过出接口 G1/0 传递给下一跳 30.0.0.1。

当 RTA 的 G1/0 接口链路出现故障时,G1/0 接口状态变为 DOWN,相应的静态路由失效,此时出接口为 S2/0 的另一条路由生效并进入路由表。此后 RTA 将去往 40.0.0.0/24 网段的数据包通过出接口 S2/0 传递给下一跳。

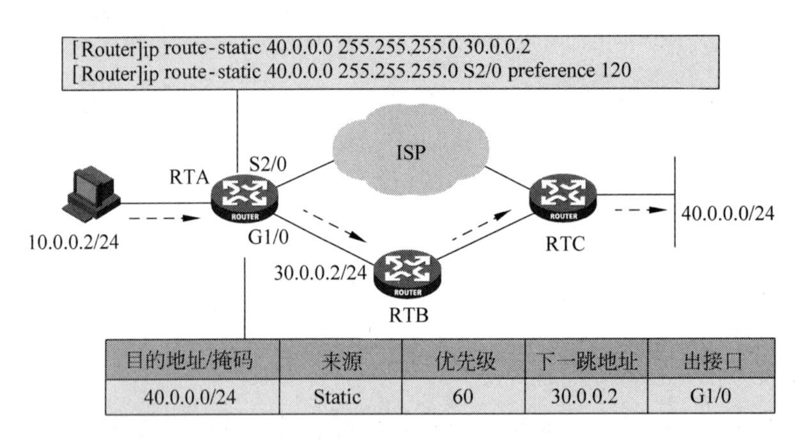

图 42-6 浮动静态路由

不难发现，如果 RTA 与 RTB 之间的链路正常而 RTB 与 RTC 之间的链路出现故障，RTA 无法发觉，静态路由也不会切换，从 RTA 去往 40.0.0.0/24 的数据包将被 RTB 丢弃。这是由静态路由的固有缺陷造成的。

42.5.2 动态路由备份

路由协议计算生成的路由称为动态路由。路由协议能够自动发现和计算路由，并生成路由表；在网络发生故障时，路由协议可以重新计算路由并生成新的路由表。

路由协议的特性决定了它也可以用于链路备份和设备备份。在一个具有冗余路径的网络中，根据路由协议的原理，路由协议会把所发现的到达目的地的最佳路由添加到路由表中。如果由于链路或设备故障，这条最佳路由不再可用，路由协议会将其删除，那么路由协议会重新计算到达目的地的路由并将其加入路由表。这样，后续的数据包就会使用路由协议重新计算得来的路由到达目的地，从而保证网络不中断，达到备份的目的。

如图 42-7 所示的是一个由 3 台路由器组成的环形网络，路由器全部运行 RIP 路由协议，IP 地址如图，串口均封装 PPP 协议。正常工作时路由表如下：

```
[RTA]display ip routing-table
Routing Tables:
Destination/Mask   Proto    Pre    Cost     NextHop      Interface
1.1.1.0/24         Direct   0      0        1.1.1.2      Serial0/0
1.1.1.1/32         Direct   0      0        127.0.0.1    LoopBack0
1.1.1.2/32         Direct   0      0        1.1.1.2      Serial0/0
2.0.0.0/8          RIP      100    1        1.1.1.2      Serial0/0
                                            3.3.3.3      Serial0/1
3.3.3.0/24         Direct   0      0        3.3.3.2      Serial0/1
3.3.3.1/32         Direct   0      0        127.0.0.1    LoopBack0
3.3.3.2/32         Direct   0      0        3.3.3.2      Serial0/1
10.0.0.0/8         RIP      100    1        3.3.3.2      Serial0/1
127.0.0.0/8        Direct   0      0        127.0.0.1    LoopBack0
127.0.0.1/32       Direct   0      0        127.0.0.1    LoopBack0
```

从输出信息看出，RTA 到目的网段 10.0.0.0/8 有一条路由，经过 RTC 到达网段 10.0.0.0/8。

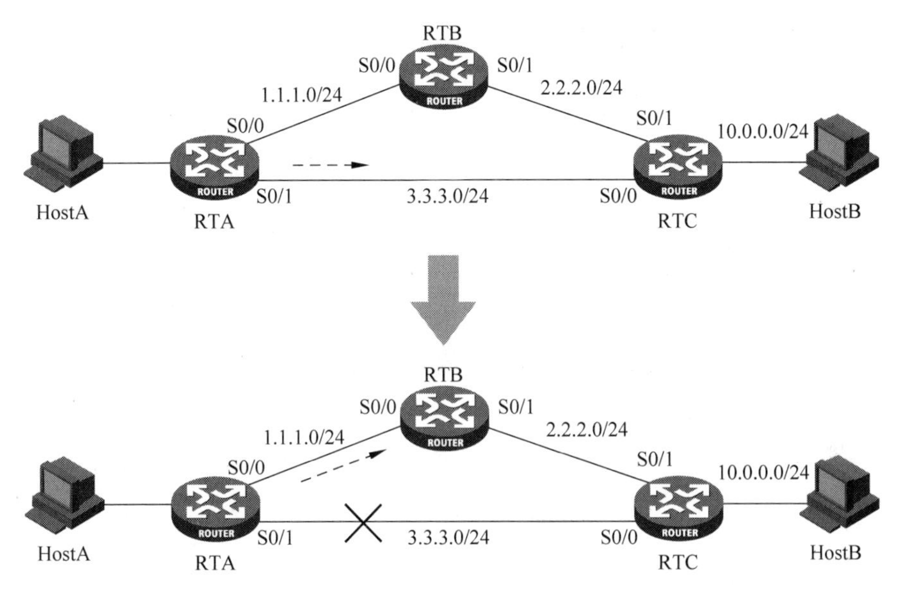

图 42-7 路由协议备份机制

这时关闭 RTA 和 RTC 之间的链路，模拟网络出现故障。

```
[RTA-Serial0/1]shutdown
```

RIP 将重新计算路由，结果如下：

```
[RTA]display ip routing-table
Routing Tables:
Destination/Mask    Proto    Pre    Cost    NextHop      Interface
1.1.1.0/24          Direct   0      0       1.1.1.2      Serial0/0
1.1.1.1/32          Direct   0      0       127.0.0.1    LoopBack0
1.1.1.2/32          Direct   0      0       1.1.1.2      Serial0/0
2.0.0.0/8           RIP      100    1       1.1.1.2      Serial0/0
10.0.0.0/8          RIP      100    2       1.1.1.2      Serial0/0
127.0.0.0/8         Direct   0      0       127.0.0.1    LoopBack0
127.0.0.1/32        Direct   0      0       127.0.0.1    LoopBack0
```

可见，到网段 10.0.0.0/8 的路由经由 RTB，而不是 RTC，从而达到备份的目的，保证了网络可靠性。

路由协议可广泛用于各种网络。但是网络运行路由协议可能会带来一些问题。例如，路由协议通过广播、组播发送的更新报文带来较大的带宽开销，网络设备处理路由协议报文也会带来一定的处理开销，这些影响在小带宽低性能的网络中尤其明显。此外，网络发生故障后，路由协议感知故障并重新计算路由需要一定的延迟，这加长了故障造成的暂时性网络中断时间。

42.6 用 VRRP 实现设备备份

42.6.1 VRRP 概述

通常，同一网段内的所有主机都设置一条以某一路由器(或三层交换机)为下一跳的默认路由,即以此路由器作为其默认网关。主机发往其他网段的报文将通过默认路由发往默认网关,再由默认网关进行转发,从而实现主机与外部网络的通信。当默认网关发生故障时,所有主机都无法与外部网络通信。

如图 42-8 所示,一个局域网络内的所有主机都设置了默认网关 10.100.10.1,即以三层交换机 SWA 作为默认网关。这样,主机通过 SWA 与外部网络通信。而当 SWA 宕机时,本网段内所有以 SWA 为默认网关的主机将中断与外部的通信。

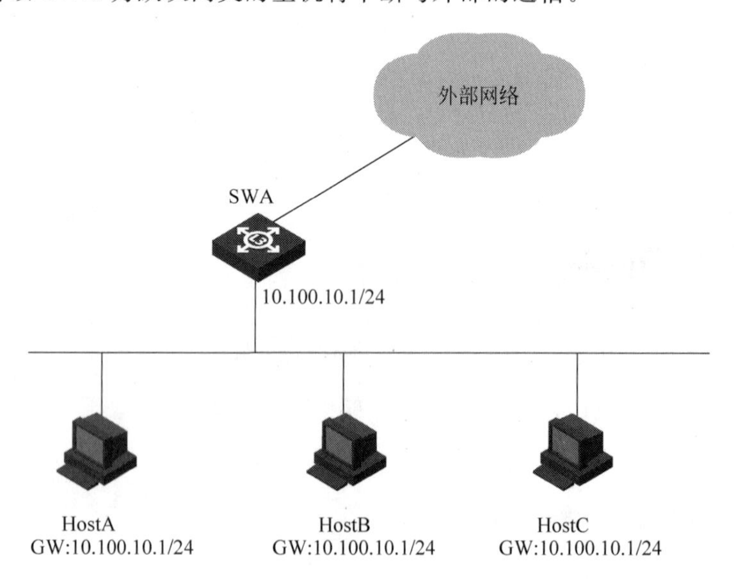

图 42-8 单一默认网关的局域网

要提高默认网关的可靠性,就要设法为默认网关提供设备备份,增加冗余性。RFC2338 规定的 VRRP(Virtual Router Redundancy Protocol,虚拟路由器冗余协议)就是为这一目的而设计的。

VRRP 是一种容错协议,通过物理设备和逻辑设备的分离,很好地解决了局域网网关的冗余备份问题。在具有组播或广播能力的局域网(如以太网)中配置 VRRP,能在某台网关出现故障时仍提供高可靠的备份网关,有效避免单一设备或链路发生故障后网络中断的问题。

VRRP 将局域网内的一组路由器(或三层交换机)组织成一个备份组,生成一台虚拟的路由器,使用一个虚拟的 IP 地址为局域网内的主机提供默认网关服务。实际上任意时间只有一台路由器负责执行虚拟路由器的任务。这样,备份组中任意一台路由器宕机均不影响虚拟路由器的工作,局域网内的主机只需要将虚拟路由器配置为默认网关,即可保持正常通信,避免单一设备或链路发生故障后网络中断的问题。

VRRP 协议的实现有 VRRPv2 和 VRRPv3 两个版本。其中,VRRPv2 基于 IPv4,VRRPv3 基于 IPv6。

注意:路由器和三层交换机均可支持 VRRP 功能。本章中如无特别声明,所称之路由器均代表"具有路由功能的设备",包括路由器和三层交换机。

VRRP 将局域网内的一组路由器划分在一起,称为一个备份组。备份组由一个 Master 路由器和多个 Backup 路由器组成,功能上相当于一台虚拟路由器。

VRRP 备份组具有以下特点。

(1) 虚拟路由器具有 IP 地址。局域网内的主机仅需要知道这个虚拟路由器的 IP 地址,并将其设置为其默认网关。

(2) 网络内的主机通过这个虚拟路由器与外部网络进行通信。

(3) 备份组内的路由器根据优先级选举出 Master 路由器承担默认网关功能。

(4) 当备份组内承担网关功能的 Master 路由器发生故障时,其余的路由器将取代它继续履行网关职责,从而保证网络内的主机继续与外部网络进行通信。

VRRP 的作用如图 42-9 所示的例子。三层交换机 SWA 和 SWB 在局域网中的地址为 10.100.10.2 和 10.100.10.3。SWA 和 SWB 运行 VRRP,构成一个备份组,生成一个虚拟网关 10.100.10.1。局域网内的主机并不需要了解 SWA 和 SWB 的存在,而仅仅将虚拟网关 10.100.10.1 设置为其默认网关。假定正常情况下,备份组内的 VRRP 选举确定 SWA 为 Master,负责执行虚拟网关的功能,而 SWB 为 Backup。这样,所有主机与外部网络的通信名义上通过虚拟网关 10.100.10.1 进行,实际上的数据转发却通过 SWA 进行。

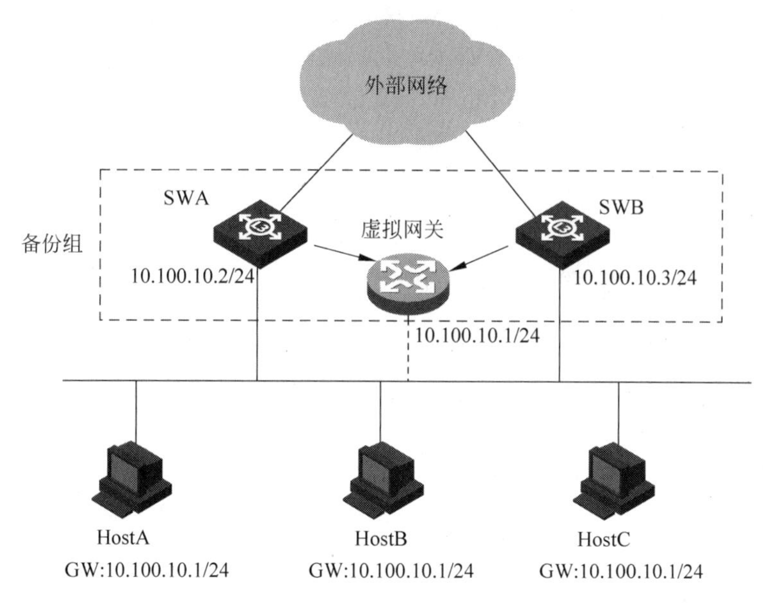

图 42-9 VRRP 功能示意图

如果备份组内处于 Master 角色的 SWA 宕机,处于 Backup 角色的 SWB 将会接替它,成为新的 Master,继续向网络内的主机提供路由服务。网络内的主机不必变更其默认网关或默认路由配置,即可继续与外部网络进行通信。

一台路由器可以属于多个备份组,各个备份组独立进行选举,互不干扰。假定在如图 42-9 所示的网络中,三层交换机 SWA 和 SWB 上配置了另一个备份组,在这个备份组中 SWB 为 Master,SWA 为 Backup,虚拟 IP 地址不变。这样网络中有两个备份组,每台三层交换机既是一个备份组的 Master,又是另一个备份组的 Backup,局域网中的一半主机以 10.100.10.1 为默认网关,另一半主机以 10.100.10.3 为默认网关,从而既实现了两台三层交换机互为备份,又实现了局域网流量的负载分担。这也是目前最常用的 VRRP 协议解决方案。

42.6.2 VRRP 原理

VRRP 中只定义了一种报文——VRRP 报文，这是一种 IP 组播报文。使用 VRRP 报文可以传递备份组的各种参数，还可以用于 Master 的选举。

VRRP 中定义了 3 种状态——初始状态(Initialize)、活动状态(Master)和备份状态(Backup)，其中只有处于活动状态的交换机可以为到虚拟 IP 地址的转发请求提供服务。

VRRP 根据配置的优先级选择 Master，优先级最大的成为 Master；若优先级相同，则比较接口的主 IP 地址，主 IP 地址大的就成为 Master。由它提供实际的路由服务。其他路由器作为 Backup，随时监测 Master 的状态。

当 Master 正常工作时，它会每隔一段时间发送一个 VRRP 组播报文，以向组内的 Backup 宣告 Master 处于正常工作状态。

如果组内的 Backup 长时间没有接收到来自 Master 的报文，则将自己状态转为 Master。如果组内有多台 Backup，此时将有可能产生多个 Master。这时每一个 Master 都会发送 VRRP 报文进行重新选举。每个 Master 都会比较 VRRP 报文中的优先级和自己本地的优先级，如果本地的优先级小于 VRRP 中的优先级，则将自己的状态转为 Backup，否则保持自己的状态不变。如果优先级相同，同样将依据 IP 地址决定选举结果。通过这样一个过程，就会将优先级最大的路由器选成新的 Master，完成 VRRP 的备份功能。

从上述过程可以看到，对于网络中的主机来说，它并没有做任何额外的更改和处理，但是它的对外通信不会因为一台交换机损坏而中断。

42.6.3 VRRP 配置

在 S3610 交换机上配置 VRRP 的主要内容包括创建备份组并配置虚拟 IP 地址、设置备份组中的优先级、设置备份组中的抢占方式和延迟时间、设置验证方式和验证字和设置备份组的定时器。

1. 创建备份组并配置虚拟 IP 地址

将一个本网段的虚拟 IP 地址指定给一个备份组。在 VLAN 接口视图下执行以下命令。

vrrp vrid *virtual-router-id* **virtual-ip** *virtual-address*

参数 *virtual-router-id* 定义了备份组号。备份组号范围从 1 到 255，虚拟 IP 地址可以是备份组所在网段中未被分配的 IP 地址，也可以是备份组中某设备的接口 IP 地址。接口 IP 地址与虚拟 IP 地址相同的路由器被称为“IP 地址拥有者”。当指定第一个虚拟 IP 地址到一个备份组时，系统会创建这个备份组，以后再指定虚拟 IP 地址到这个备份组时，系统仅将这个地址添加到这个备份组的虚拟 IP 地址列表中。这条命令需要在备份组的所有成员路由器的接口上配置，并且参数相同。

2. 设置备份组中的优先级

要配置备份组的优先级，在 VLAN 接口视图下使用如下命令。

vrrp vrid *virtual-router-id* **priority** *priority-value*

优先级的取值范围为 0～255(数值越大表明优先级越高)，但是可配置的范围是 1～

254。优先级 0 为系统保留给特殊用途来使用，255 则是系统保留给 IP 地址拥有者的。默认情况下，优先级的取值为 100。

VRRP 根据优先级来确定备份组中每台路由器的地位，备份组中优先级最高的路由器将成为 Master。

优先级是可选参数，如果没有配置优先级，VRRP 将选举备份组接口 IP 地址较大的路由器为 Master。

3. 设置备份组中的抢占方式

请在 VLAN 接口视图下进行下列配置，命令如下：

vrrp vrid *virtual-router-id* **preempt-mode** [**timer delay** *delay-value*]

默认方式是允许抢占，延迟时间为 0s。

一旦备份组中的某台路由器成为 Master，只要它没有出现故障，其他新加入的路由器即使拥有更高的优先级，也不会成为 Master，除非被设置抢占方式。路由器如果设置为抢占方式，它一旦发现自己的优先级比当前的 Master 的优先级高，就会成为 Master，原来的 Master 将会变成 Backup。

在设置抢占的同时，还可以设置延迟时间。这样可以使得 Backup 延迟一段时间成为 Master。如果没有延迟时间，在性能不够稳定的网络中，如果 Backup 没有按时收到来自 Master 的报文，就会立即成为 Master。导致 Backup 收不到报文的原因很可能是网络堵塞、丢包而非 Master 无法正常工作，这样可能导致频繁的 VRRP 状态转换。如果设置了一定的延迟时间，Backup 在延迟时间内可以继续等待来自 Master 的报文，从而避免了频繁的状态切换。延迟时间以秒计，范围为 0～255。

4. 设置验证方式及验证字

VRRP 协议提供了 3 种验证方式，分别是无验证、简单字符验证（Simple）和 MD5 验证。

采用无验证方式时，发送 VRRP 报文的路由器不对要发送的报文进行任何验证处理，而接收 VRRP 报文的路由器也不对接收到的报文进行任何验证。在这种情况下，用户不需要设置验证字。

将验证方式设置为 Simple 后，发送 VRRP 报文的路由器就会将验证字以明文方式填入到 VRRP 报文中；而接收 VRRP 报文的路由器会将接收到的 VRRP 报文中的验证字和本地配置的验证字进行比较，如果验证字相同，路由器就认为接收到的报文是真实而合法的 VRRP 报文，否则认为接收到的报文是非法的报文，并将其报文丢弃。在这种情况下，用户应当设置长度为不超过 8 位的验证字。

将验证方式设置为 MD5 后，路由器就会利用 MD5 算法来对 VRRP 报文进行验证。在这种情况下，用户应当设置长度不超过 16 位的验证字。对于没有通过验证的报文，路由器会将其丢弃。

在 VLAN 接口视图下进行下列配置，命令如下：

vrrp vrid *virtual-router-id* **authentication-mode** { **md5** | **simple** } *key*

默认验证方式为无验证。注意要把 VRRP 备份组内所有路由器接口的验证方式和密码设为一样。

5. 设置 VRRP 定时器

在 VLAN 接口视图下进行下列配置,命令如下:

vrrp vrid *virtual-router-id* **timer advertise** *adver-interval*

参数 *adver-interval* 的单位为秒,默认情况下值是 3。

VRRP 备份组中的 Master 路由器通过定时(周期为 *adver-interval*)发送 VRRP 报文来向组内的路由器通知自己工作正常。如果 Backup 超过一定时间(*master-down-interval*)没有收到 Master 发送来的 VRRP 报文,则认为它已经无法正常工作,同时就会将自己的状态转变为 Master。

用户可以通过设置定时器的命令来调整 Master 发送 VRRP 报文的间隔时间 *adver-interval*,而 Backup 的 *master-down-interval* 的间隔时间则是 *adver-interval* 的 3 倍。由于网络流量过大或者不同路由器上的定时器差异等因素,可能导致 *master-down-interval* 异常到时而导致状态转换。对于这种情况,可以通过延长 *adver-interval* 时间和设置延迟时间的办法来解决。

42.6.4 VRRP 配置示例

下面给出一个 VRRP 单备份组配置实例。如图 42-10 所示,主机 A 把 SWA 和 SWB 组成的 VRRP 备份组作为自己的默认网关,访问 Internet 上的主机。

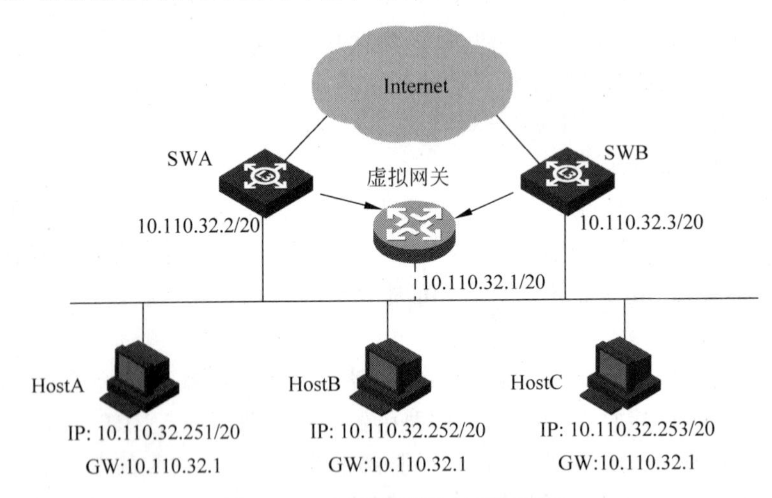

图 42-10 VRRP 配置示例组网图

要求虚拟 IP 地址为 10.110.32.1/20,SWA 为 Master,SWB 为 Backup,允许抢占。配置如下述。

配置 SWA:

```
[SWA-VLAN-interface2]vrrp vrid 1 virtual-ip 10.110.32.1
[SWA-VLAN-interface2]vrrp vrid 1 priority 120
```

配置 SWB:

```
[SWB-VLAN-interface2]vrrp vrid 1 virtual-ip 10.110.32.1
```

配置完成，备份组配置后不久就可以使用，主机 A 应将默认网关设为 10.110.32.1。正常情况下，SWA 优先级高，成为 Master，执行网关工作。当 SWA 关机或出现故障时，SWB 将接替其执行网关工作。设置抢占方式的目的是当 SWA 恢复工作后，能够重新成为 Master 执行网关工作。由于路由器默认就是抢占方式，不用额外配置。

在本例中，也可以配置多个备份组设置，实现负载分担。考虑将 SWA 作为备份组 1 的 Master，同时又兼做备份组 2 的 Backup，而 SWB 作为备份组 2 的 Master，并兼做备份组 1 的 Backup。一部分主机使用备份组 1 的虚拟 IP 地址作网关；另一部分主机使用备份组 2 的虚拟 IP 地址作网关。这样可以达到分担数据流，而又相互备份的目的。配置如下。

首先配置 SWA，创建一个备份组 1，并设置 SWA 优先级使其成为 Master，创建备份组 2，采用默认优先级，使其作为备份组 2 的 Backup。

```
[SWA-VLAN-interface2]vrrp vrid 1 virtual-ip 10.110.32.1
[SWA-VLAN-interface2]vrrp vrid 1 priority 120
[SWA-VLAN-interface2]vrrp vrid 2 virtual-ip 10.110.32.5
```

然后配置 SWB，使其成为备份组 1 的 Backup 和备份组 2 的 Master。

```
[SWB-VLAN-interface2]vrrp vrid 1 virtual-ip 10.110.32.1
[SWB-VLAN-interface2]vrrp vrid 2 virtual-ip 10.110.32.5
[SWB-VLAN-interface2]vrrp vrid 2 priority 120
```

配置完成。

42.7 用 DCC 实现 WAN 链路备份

42.7.1 什么是 DCC

DCC(Dial Control Center，拨号控制中心)是指路由器之间通过公用交换网(PSTN 和 ISDN)进行互联时所采用的路由技术，可以提供按需拨号服务。

所谓“按需拨号”是指根据数据发送的需求建立连接。跨公用交换网相连的路由器之间不预先建立连接，当它们之间有特定的数据需要传送时，DCC 才以拨号的方式建立连接，使信息得以传送；当链路再次空闲时，DCC 会自动断开连接。

在某些场合下，路由器之间仅在一些特定时间或情形下有数据需要传送，或者仅需要为另一条主链路可能意外发生的故障提供临时的备份，此时租用专线或分组交换虚电路显得过于昂贵。DCC 恰好为此种应用提供了灵活、经济、高效的解决方案。DCC 主要应用在如下场合。

(1) DCC 链路用做主链路的备份：在实际网络应用中，出于对网络应用安全的考虑，通常都会给主链路备份一条链路，而备份链路只在主链路不可用的情况下启用，使用 DCC 连接方式作为备用链路是比较高效而经济的方式。

(2) 远程终端接入：一个典型的例子是 POS(Point of Sale，销售点)终端接入。在 POS 刷卡业务中，刷卡终端并非永远在线，只在刷卡的时候才会占用链路资源。这种应用需求恰恰是 DCC 的长处，因此在 POS 刷卡业务中普遍采用 DCC 连接方式。

(3) 远程临时办公：一些偏远地区的分支机构缺乏诸如宽带、专线等接入方式，或者只需要短期、临时的网络连接。DCC 的网络连接是基于 PSTN 和 ISDN 网络的,允许用户通过 PSTN 或 ISDN 电话网络方便灵活地从临时建立的办公地点连接到互联网或企业网络。

DCC 的主要特点可归纳如下。

(1) DCC 只在有需要的时候建立连接,当呼叫结束后,可以断开连接,在不需要长期通信的情况下可以节约费用。

(2) DCC 可以通过几乎无所不在的 PSTN 或 ISDN 电话网实现,因而可以随时随地实现网络连接。

(3) DCC 能适应各种网络拓扑结构,包括点对点、点对多点、多点对多点、多点对单点等,部署灵活。

(4) DCC 支持多种链路层封装,包括 PPP、帧中继等。

(5) DCC 支持丰富的路由协议,包括静态路由、RIP、OSPF 等。

42.7.2 DCC 拨号工作流程

DCC 拨号的工作流程,大体可以总结为如下所述。

第 1 步: 符合条件的数据包触发拨号。

并非经过设备的所有数据包都可以触发拨号,只有符合一定条件的数据包才能触发拨号,这种数据包称为感兴趣的包(Interesting Packet)。DCC 利用 ACL 判断数据包是否为感兴趣的包。当数据包需要由拨号接口转发出去时,DCC 将其与 ACL 设定的条件相比较,如果存在感兴趣的包,允许其触发拨号,否则不触发拨号。

第 2 步: 拨号模块查询拨号相关信息。

如果需要触发拨号,拨号模块查询路由器上配置的拨号信息,如查询该拨号使用哪个物理接口,要拨哪个号码等,使用哪个地址以及是否设置了拨号等待时间等。

第 3 步: 拨号链路建立,开始数据转发。

查询到拨号信息后,DCC 用相应的物理接口建立拨号连接,然后即可在这条 DCC 链路上传送数据。

第 4 步: 链路空闲后断开链路。

如果数据已经传送完毕,并且经过一定的 Idle 时间后 DCC 链路上依然没有感兴趣的包传送,那么 DCC 就会中断此连接。

42.7.3 轮询 DCC 和共享 DCC

DCC 用于拨号的接口分为两类。

(1) 物理接口: 实际存在的接口,如 Serial、Bri、Async 等接口。

(2) Dialer 接口: 为便于配置 DCC 参数而设置的逻辑接口。Dialer 接口的实际连接仍然要通过所绑定的物理接口实现,而物理接口则通过绑定的 Dialer 接口继承配置信息。

通常所说的"拨号接口"是对用于拨号连接的物理接口和逻辑接口的泛称,可以是 Dialer 接口,也可以是捆绑到 Dialer 接口的物理接口,或者是直接配置 DCC 参数的物理接口。

DCC 接入方式包括轮询 DCC(Circular DCC,C-DCC)和共享 DCC(Resource-Shared DCC,RS-DCC),如图 42-11 所示。DCC 接入方式是本地有效的,在应用时呼叫双方可以配

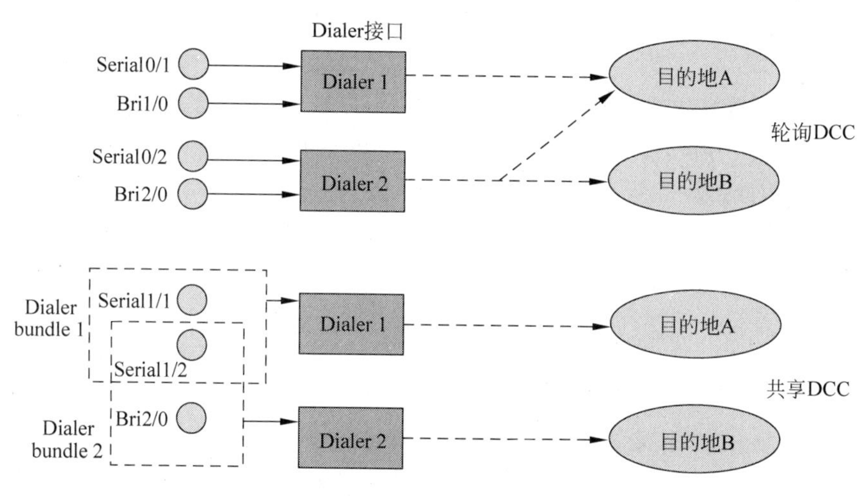

图 42-11 轮询 DCC 和共享 DCC

置不同的方式，例如，一端采用轮询 DCC，另一端采用共享 DCC。

轮询 DCC 有以下特点。

(1) 一个逻辑 Dialer 接口可以有多个物理接口为它服务；而任意一个物理接口只能属于一个 Dialer 接口，即一个物理接口只能为一种拨号应用提供服务。

(2) 物理接口既可以借助 Dialer Circular Group(拨号循环组)绑定到 Dialer 接口来继承 DCC 参数，又可以直接配置 DCC 参数。

(3) 服务于同一个 Dialer Circular Group 的所有物理接口都继承同一个 Dialer 接口的属性。

(4) 一个 Dialer 接口可以通过配置多个 **dialer route** 命令对应多个呼叫目的地址，也可以配置 **dialer number** 命令对应单个呼叫目的地址。

轮询 DCC 具有功能强大、应用广泛的优势，但是相对缺乏伸缩性、扩展性。由于实现了逻辑配置和物理配置的相互分离，共享 DCC 比轮询 DCC 简单，并具有良好的灵活性。具体来说，共享 DCC 有以下特点。

(1) 将物理接口的配置与呼叫的逻辑配置分开进行，再将两者动态地捆绑起来，从而实现一个物理接口为多种不同拨号应用提供服务。

(2) 一个 Dialer 接口只对应一个呼叫目的地址，由命令 **dialer number** 来指定。

(3) 每个 Dialer 接口可以有多个物理接口为它提供服务，任意一个物理接口也可服务于多个 Dialer 接口。

(4) 共享 DCC 使用共享属性集(RS-DCC Set)来描述拨号属性，去往同一个目的网络的所有呼叫使用同一个共享属性集(包括 Dialer 接口、dialer bundle 和物理接口等参数)。

(5) 在物理接口上不能直接配置共享 DCC 参数，物理接口必须通过绑定到 Dialer 接口才能实现共享 DCC 拨号功能。

42.7.4 DCC 拨号配置任务

在路由器上配置 DCC 拨号包括如下几个任务。

(1) 确定拨号接口，配置拨号路由：确定用哪个接口进行拨号。拨号接口既可以是物理接口,也可以是Dialer接口。拨号路由使数据包可以由拨号接口发出,这是触发拨号的先决条件。

(2) 设定触发拨号连接的感兴趣的包:DCC用拨号ACL过滤流经拨号接口的各种数据包,根据数据包是否符合拨号ACL的允许(permit)或拒绝(deny)条件来判断该数据包是否感兴趣的包,因此必须配置拨号ACL并与相应的拨号接口相绑定。

(3) 设置拨号属性:主要包括配置拨号号码、拨号目的地址、通往目的地址的路由以及绑定ACL的dialer-group等拨号相关参数。如果采用轮询方式,还可能配置Dialer Circular Group。

42.7.5 ISDN DCC基本配置示例

如图42-12所示,本例要求在RTA所连的局域网段有对外的IP访问要求时触发路由器RTA的拨号,建立广域网连接。典型的ISDN拨号配置可以使用轮询拨号方式。

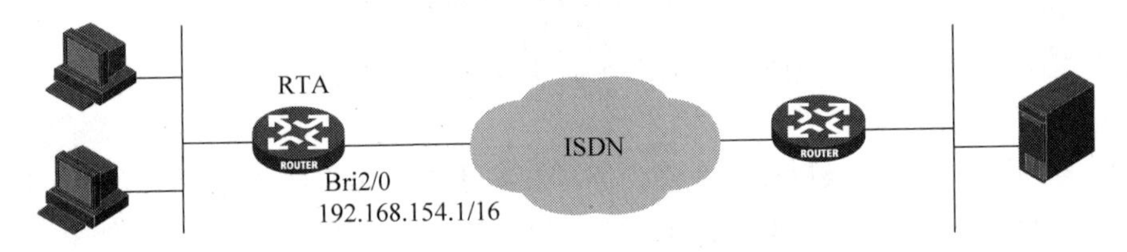

图42-12 ISDN DCC基本配置示例

首先,配置拨号控制列表,定义触发ISDN拨号的感兴趣包。命令 **dialer-rule 1 ip permit** 表示任意IP报文均可触发拨号。配置如下:

```
[RTA] dialer-rule 1 ip permit
```

然后,在ISDN Bri接口(物理接口)下配置IP地址。这里使用的是静态IP地址。当然也可以使用PPP协商IP地址,由核心站点路由器通过PPP为分支站点路由器分配IP地址在ISDN拨号应用中也很常用。配置如下:

```
[RTA] interface bri2/0
[RTA-Bri2/0] ip address 192.168.154.1 255.255.0.0
```

接着,在ISDN Bri接口下启动轮询拨号,配置到目的地址192.168.154.2的拨叫号码串。配置 **dialer-group** 与 **dialer-rule** 关联,所以dialer-group的 *group-number* 参数必须与作为触发条件的 **dialer-rule** 的 *group-number* 参数相同。在本例中 *group-number* 为1。配置如下:

```
[RTA-Bri2/0] dialer enable-circular
[RTA-Bri2/0] dialer route ip 192.168.154.2 8810154
[RTA-Bri2/0] dialer-group 1
```

最后,配置指向拨号接口的静态路由,否则报文无法转发到拨号接口,也就没有办法触发拨号。配置如下:

```
[RTA] ip route-static 10.10.10.0 255.0.0.0 Bri2/0
```

42.7.6 ISDN DCC 备份配置示例

实际网络应用中，出于对网络应用安全的考虑，通常都会给主用链路配置一条备用链路。本例介绍以 ISDN 拨号链路作为备用链路的配置，其中 DCC 采用轮询方式。

如图 42-13 所示，本例要求以 ISDN Bri2/0 接口作为连接专线的 S1/0 接口的备份，一旦专线出现故障，ISDN Bri2/0 接口即可拨号接通。

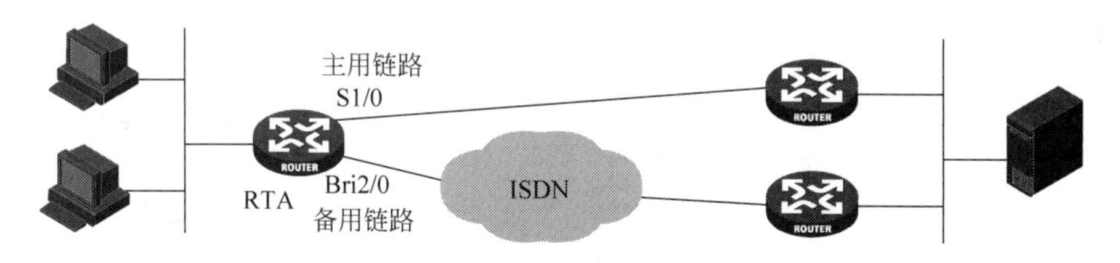

图 42-13 ISDN DCC 备份配置示例

在路由器 RTA 上的关键配置如下：

```
[RTA] dialer-rule 1 ip permit
[RTA] interface bri2/0
[RTA-Bri2/0] ip address 192.168.154.1 255.255.0.0
[RTA-Bri2/0] dialer enable-circular
[RTA-Bri2/0] dialer route ip 192.168.154.2 8810154
[RTA-Bri2/0] dialer-group 1
[RTA-Bri2/0] ppp chap user routera
[RTA-Bri2/0] ppp chap password simple hello
[RTA] ip route-static 10.10.10.0 255.0.0.0 serial1/0
[RTA] ip route-static 10.10.10.0 255.0.0.0 Bri2/0 preference 100
```

由上述配置可见，ISDN 拨号的配置和 ISDN 作为主用链路时的配置基本相同。当然，本例中还配置了 CHAP 验证，这些验证信息必须与被拨叫设备的验证配置相匹配。在上述配置中为主用和备用两条链路配置了静态路由。备份路由的 Preference 配置为 100，主用路由的 Preference 使用默认值为 60。

在主用链路正常时备用路由无效，所有去往 10.10.10.0/24 网络的 IP 包都由 S1/0 接口发出，因此 Bri2/0 接口不发起拨号连接。当主用链路故障时接口 S1/0 状态变为 DOWN，主用路由将失效，备用路由会被启用，试图将 IP 包从 Bri2/0 接口转发，从而触发 Bri2/0 接口发起拨号。

42.8 本章总结

(1) 可靠性设计不仅要关注设备和链路可靠性、关键应用需求等技术因素，也要关注用户投资计划、网络故障的代价以及可靠性需求与其他需求之间的关系。

(2) 提高可靠性主要通过提高设备可靠性、提高通信线路可靠性以及使用具有较强冗余路径管理能力的通信协议和软件来实现。

(3) 生成树协议可用于实现二层交换式局域网内的设备和链路备份。

(4) 备份中心和 DCC 可用于实现广域网链路备份。

(5) VRRP 可用于实现局域网内的设备备份。

(6) 静态路由和路由协议均可实现路由备份。

42.9 习题和解答

42.9.1 习题

1. 网络设计分层模型包括下列(　　)。

   A. 网络接口层　　B. 接入层　　C. 汇聚层　　D. 核心业务层

2. 以下接口可以用作备份接口的有(　　)。

   A. 运行帧中继的串口　　B. 运行 PPP 的串口

   C. 快速以太口　　D. 快速以太口的一个子接口

3. 局域网设备和链路备份通常采用(　　)技术。

   A. DCC　　B. 链路聚合　　C. 生成树协议　　D. VRRP

4. 要在一个拥有 20 台路由器和 50 台交换机的网络中实现路由备份,应使用(　　)。

   A. 备份中心　　B. VRRP　　C. 生成树协议　　D. 路由协议

5. 下列关于 VRRP 协议的描述,正确的是(　　)。

   A. 优先级影响虚拟路由器的选举结果

   B. 路由器如果设置为抢占方式,它一旦发现自己的优先级比当前的 Master 的优先级高,就会成为 Master

   C. 发送 VRRP 报文的周期越小越好,因为这样可以迅速感知故障,降低故障恢复时间

   D. 发送 VRRP 报文的周期越大越好,因为这样可以避免偶然性丢包等带来的不必要切换

42.9.2 习题答案

1. BC　　2. ABCD　　3. BCD　　4. D　　5. AB

第43章

网络管理

随着网络技术的发展,网络的规模日益扩大,结构更加复杂,支持更多的用户以及提供更多的服务,人们越来越意识到网络管理的重要性。与早期设备类型单一、应用简单的小型网络的分布式管理不同,网络管理提供了对复杂网络的集中维护,远程监控等功能,对大型网络中的设备提供统一管理的平台。SNMP(Simple Network Management Protocol,简单网络管理协议)和相关的RMON(Remote Network Monitoring,远程网络监视)规范就是在网络管理的需求下产生的标准,各个厂家通过这些标准完成网络管理软件的开发和应用。

本章从网络管理技术概述出发,首先介绍网络管理的基本概念和功能;然后介绍网络管理系统的组成和实现,重点介绍SNMP协议;为了使读者掌握网络管理的实际运用,在此基础上介绍了H3C的网络管理产品和应用;最后对网络管理的发展趋势进行了介绍。

43.1 本章目标

学习完本章,应该能够达到以下目标。

(1) 描述网络管理的定义。

(2) 描述SNMP协议的特点和功能。

(3) 描述H3C网络管理系统。

43.2 网络管理概述

43.2.1 网络管理功能

在网络规模较小的时候,网络管理员承担着网络管理的角色,负责完成网络中设备的配置维护,网络故障的排除,网络的扩展和优化。随着网络规模的增大和网络中设备种类的日益增多,如何有效地保证网络中设备可靠运行,如何使得网络的性能达到用户的满意程度,网络管理者工作的范围和复杂程度也不断增长,需要对大量的网络信息进行管理等。为了网络管理者更好地完成这些工作,逐渐出现了网络管理系统的概念,即网络的管理工作不再是全部由网络管理员完成,通过网络管理系统的运行,可以极大地提高网络维护的效率,实现智能化的网络管理。

网络管理系统由一组软件组成。不同的网络设备厂商通过开发网络管理系统完善客户对设备可管理性的要求。随之也带来了一个问题,即对不同厂商网络设备的管理互操作性的需求。因此各设备厂商在增强对网络管理有关标准支持的同时,提供一些开放的管理接口,部分的实现对第三方厂商产品的管理和与其他管理系统交换管理信息。在本章的第4节将重点介绍H3C的网络管理产品及其兼容性。

各设备厂商按照网络管理的标准协议进行网络管理系统的开发。当前网络管理标准化活动主要基于国际标准化组织(International Organization for Standardization,ISO)定义的OSI网络管理框架,划分了5个网络管理的功能区域,即网络管理实现5个基本功能,分别如下。

1. 故障管理

网络故障的发生,将影响网络不能达到正常的运行指标。故障管理即是对网络环境中的问题和故障进行定位的过程。网络管理提供的故障管理功能通过检测异常事件来发现故障,通过日志记录故障情况,根据故障现象采取相应的跟踪、诊断和测试措施。网络管理者通过该功能,可以快速地发现问题、定位问题和解决问题。

网络管理系统执行监控过程和周期性地生成异常报告,从而帮助网络管理员了解网络运行状态,及时发现故障。如通过预设门限动态监控状态变化,预测潜在的故障,常见的有监视线路利用率和网络拥塞情况,监控受管设备的温度等。有的网络管理系统可以启动诊断测试程序,同时还可以以日志的形式记录告警、诊断和处理结果。

2. 配置管理

配置管理的主要作用是它可以增强网络管理者对网络配置的能力。通过它,网络管理者可以很方便地查询网络当前的配置信息,并且根据需要方便地修改配置,实现对设备的配置功能。

3. 安全管理

安全管理提供安全策略,通过该策略,确保只有授权的合法用户可以访问受限的网络资源。如规定什么样的用户可以接入网络,哪些信息可以被用户获取等。

安全管理功能主要包括防止非法用户访问,在敏感的网络资源和用户之间建立映射关系;提供对数据链路加密和密钥的分配管理功能,同时可以记录安全日志信息,提供审计跟踪和声音报警方法,提醒管理者预防潜在的安全性破坏;良好的安全管理措施可以预防病毒,提供灾难恢复功能。

4. 性能管理

性能管理功能包括选择网络中测量的对象和方式,收集和分析统计数据,并根据统计结果和分析进行调整,以控制网络性能。测量的对象可以是硬件、软件和媒体的性能;测量的项目可能有吞吐量、利用率、错误率和响应时间等。网络管理者通过这些数据分析网络的运行趋势,保证网络性能控制在一个可接受的水平。如网络管理者通过性能分析可以获得网络在不同时间段的利用率,从而可以选择在合适的时间安排大量的数据传输。

5. 计费管理

计费管理负责监视和记录用户对网络资源的使用,对其收取合理的费用。其主要功能包括收集计费记录,计算用户账单,提供运行和维护网络的相关费用的合理分配,同时可以帮助管理者进行网络经营预算,考察资费变更对网络运营的影响。

43.2.2 网络管理系统模型

可以把一个网络中的网络设备看作被管理的对象，网络中有一台主机用来作为网络管理主机或管理者，在管理者和被管理者上都运行网络管理软件，通过两者之间的接口建立通信连接，实现网络管理信息的传递和处理。这些包含网络管理软件的设备称为NME（Network Management Entity，网络管理实体），一般被管理系统的NME被认为是代理模块（Agent Module），或简称代理（Agent），管理者和被管理系统的通信通过应用程序级别的网络管理协议来实现的。图43-1示意了网络管理系统的管理模型。

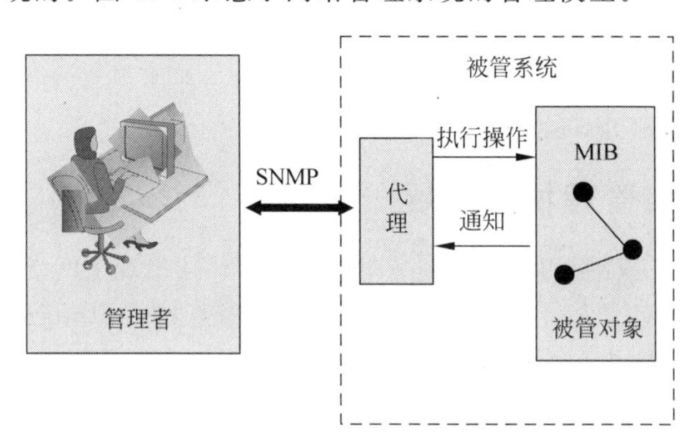

图43-1 网络管理系统模型

从图43-1中可以看出，网络管理模型包含以下一些主要元素。

（1）管理者。

（2）管理代理。

（3）管理信息库MIB。

（4）网络管理协议。

管理者可以是工作站、微机等，一般位于网络的主干或接近主干的位置，它是网络管理员到网络管理系统的接口。它应该具有网络管理应用软件，同时负责发出管理操作的命令，并接收来自代理的信息。

代理位于被管理设备的内部，把来自管理者的命令或信息请求转换为本被管理设备特有的指令，完成管理者的指示，或返回它所在设备的信息。另外，代理也可以把自身系统中发生的事件主动通知给管理者。

管理者将管理要求通过指令传送给位于被管理系统中的代理，代理则直接管理被管理设备。代理也可能因为某种原因，如安全，拒绝管理者的指令。

从图43-1中可以看到管理者和代理之间的信息交换是双向的，通过简单网络管理协议来实现它们的信息交换。

有一点需要明确的是一个管理者可以和多个代理进行信息交换，而一个代理也可以接受来自多个管理者的管理操作，但在这种情况下，代理需要处理来自多个管理者的多个操作之间的协调问题。

网络管理需要通过访问一个MIB（Management Information Base，管理信息库）来完成，MIB是表征网络特征的对象的集合，这些对象被标准化。它也是网络管理协议的一个重要组成部分。管理者通过获取 MIB 对象的值来执行监视功能。关于网络管理协议和 MIB 的内容将在下一节重点讨论。

43.3 网络管理协议

前面讲过,网络管理中一般采用管理者—代理模型,如果各个厂商提供的管理者和代理之间的通信方式各不相同,将会大大地影响网络管理系统的通用性,影响不同厂商设备间的互联。因此需要制定一个管理者和代理之间通信的标准,这就是网络管理协议。如一个网络中有多个厂家的设备,则分别由各厂家的网络管理平台进行管理,采用统一的标准协议之后,多个厂家的设备可以在一个统一的平台下进行管理。在这一节,首先介绍网络管理协议的发展,重点介绍 SNMP 协议。

43.3.1 网络管理协议发展

在 TCP/IP 协议的发展历程中,直到 20 世纪 80 年代才出现了网络管理协议。在 20 世纪 70 年代后期,网络管理人员可以使用互联网控制信息协议(Internet Control Message Protocol,ICMP)来检测网络运行的状况,Ping(Packet Internet Groups)即是其中的一个典型应用。随着网络复杂性的增长,促进了网络管理标准化协议的产生。1987 年 11 月推出的 SGMP(Simple Gateway Management Protocol,简单网关管理协议)是 1988 年 8 月发布的被广泛使用的 SNMP 协议的基础,与 SNMP 相比较,由 ISO 开发的 OSI 网络管理的协议未能得到广泛使用。不论是 SNMP 还是 OSI 网络管理协议都定义了一种 SMI(Structure of Management Information,管理信息结构)和 MIB(Management Information Base,管理信息库),要求在所有被管理的设备中使用同样的监视控制变量和格式。

RMON(Remote Monitoring,远程监视)规范定义了对 SNMP MIB 的补充,RMON 使网络管理员可以把子网视为一个整体来监视,使得 SNMP 的功能得到了十分重要的增强。

后来针对 SNMP 协议的缺陷,SNMP 协议在新版本中做了改进,目前,SNMP 有 V1、V2 和 V3 这 3 个版本。在下一节中对 SNMP 协议进行一个简单的介绍,深入的协议内容可以参考其他关于网络管理的书籍。

43.3.2 SNMP 协议

1. SNMP 操作模型

目前,计算机网络中应用得最广泛的网络管理协议是简单网络管理协议(SNMP)。图 43-2 简单示意了 SNMP 协议的操作模型。

从图 43-2 中可以看出,SNMP 的结构分为 NMS 和 Agent 两部分,NMS 向 Agent 发请求,Agent 是驻留在被管设备上的一个进程或任务,它负责处理来自 NMS 的请求报文,进行解码分析,然后从设备上的相关模块中取出管理变量的值,生成 Response 报文,编码返送回 NMS。代理通过 Trap 报文主动向管理站报告网络异常情况,如接口故障或阈值告警等。

SNMP 固定承载在 UDP 协议之上,占用 161 和 162 两个端口号进行信息传输。代理

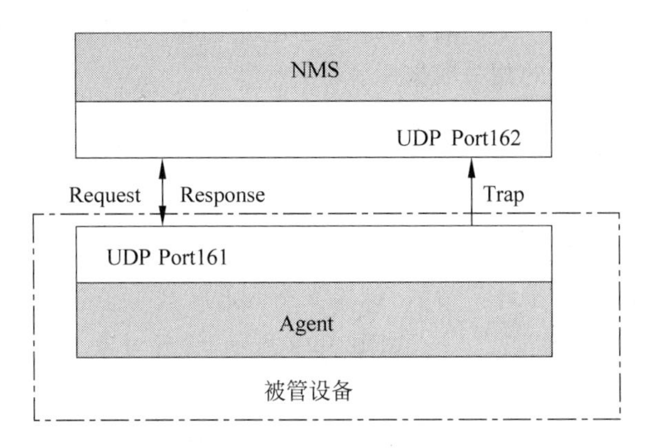

图 43-2 SNMP 协议操作模型

在 161 端口侦听 Request 消息，管理站在 162 端口侦听传来的 Trap 报文。前面介绍过 UDP 是无连接的不可靠的传输协议，所以在网络管理站和网络管理代理之间不需要保持连接来传输消息，这样降低了连接断开和建立所引起的系统开销。

图 43-3 进一步详细描述了 SNMP 的内容。从图 43-3 中可以看出，SNMP 使用 Get/Set 报文对管理信息变量进行操作，所谓管理变量，是在标准 MIB 库中定义的。MIB 是一个树型结构的数据库，是各种管理变量的集合，它反映了被管理对象在系统中的状态。通过读取 MIB 中对象的值，网络管理站完成网络监视，也通过修改这些值来控制系统中的资源。关于 MIB 的结构在后面进行比较详细的介绍。

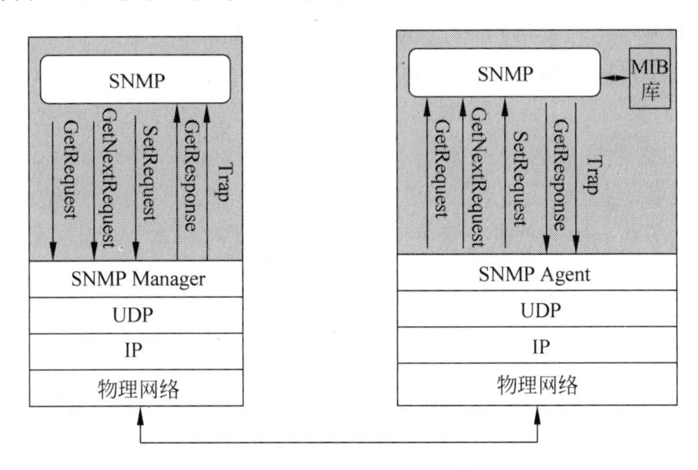

图 43-3 SNMP 协议框架

在 SNMP 中，网络管理站和网络管理代理中传递 5 种报文实现对变量的操作，具体如下。

(1) GetRequest 报文：用于管理站从代理获取指定管理变量的值。

(2) GetNextRequest 报文：用于管理站从代理连续获取一组管理变量的值。

(3) GetResponse 报文：用于代理响应管理站的请求，返回请求值或错误类型等。

(4) SetRequest 报文：用于管理站设置代理中的指定的管理变量的值。

(5) Trap 报文：用于代理向管理站发送非请求的管理变量的值。

当 SNMP 管理站接收到 Trap 后，可产生相应的动作，如轮询检测(Polling)来诊断故障，采取恢复措施，修改网管的相关数据库。

2. SNMP MIB 库

最初在 RFC1156 中定义了 SNMP 管理信息库的第一个版本 MIB-1，目前已经被在 RFC1213 中定义的 MIB-2 所取代。MIB-2 是 MIB-1 的补充，它增加了一些对象和组。如前面所述，MIB 库是一个树型结构的数据库，它定义了被管理对象的各种管理变量。每个被管对象对应树形结构的一个叶子节点，称为一个 object 或一个 MIB。

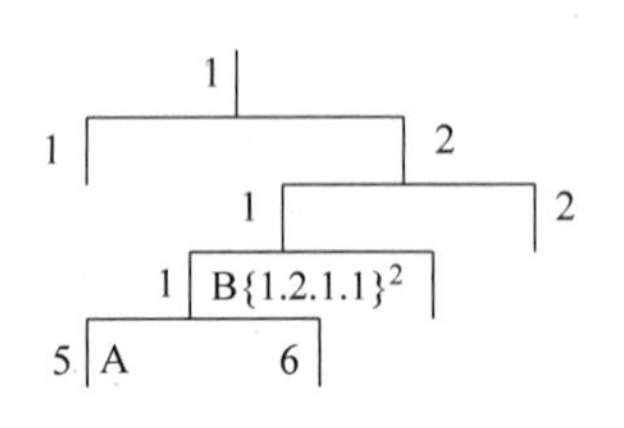

图 43-4 MIB 数据库结构示意图

如图 43-4 所示，管理对象 B 可以用一串数字唯一确定{1.2.1.1}，这串数字是管理对象的 Object Identifier(对象标识符)。通过 Object Identifier 可确定从根到 B 的一条路径。管理对象 A 的 Object Identifier 是{1.2.1.1.5}，或{B 5}，后一种表示方法表明 A 是 B 的第 5 棵子节点。在 Agent 中这棵树是用较复杂的数据结构来实现的，幸运的是，建树这个工作可由 MIB 编译器完成。在树的叶节点中，存放有访问函数的指针，Agent 就是通过调用这些函数来从相关模块取得管理变量的值的。管理变量则表示管理对象类型在某一时刻的值(或称该类型的实例)，SNMP 以管理变量作为操作对象。

管理变量的表示方法是这样规定的：形如 x.y，其中 x 是管理对象的 Object Identifier。y 是能唯一确定对象类型值的一组数字，在非表型变量中为 0，在表型变量中是这个表的索引，如接口表中的接口号或路由表中的目的网络地址等。如在 MIB 文件里定义了 ipAdEntNetMask 这一管理对象，其 Object Identifier 为 1.3.6.1.1.5.6.1.3，它是个路由表中的一项，它的一个实例就是路由表中某一行的子网掩码，如果这行的索引、目的网络地址为 129.102.1.0，则这个变量名是 1.3.6.1.1.5.6.1.3.129.102.1.0。

驻留在被管设备上的 Agent 从 UDP 端口 161 接受来自网络管理站的串行化报文，经解码、团体名验证、分析，得到管理变量在 MIB 树中对应的节点，从相应的模块中得到管理变量的值，再形成响应报文，编码发送回管理站；管理站得到响应报文后，再经同样的处理，最终显示结果。

3. 远程网络监视

由于 SNMP 使用轮询机制采集设备数据，也就是说，使用 SNMP，必须发出请求以取得响应。这种类型的轮询将产生大量的网络管理报文，一方面可能导致网络拥塞；另一方面也可能引起网管工作站的崩溃。

另外，SNMP 还有一些众所周知的缺点：它只具有一般的验证功能，无法提供可靠的安全保证；不支持分布式管理，而采用集中式管理。这使得数据采集和数据分析完全由网管工作站承担，所以网管工作站的处理能力可能成为瓶颈。

RMON 可以较好地解决 SNMP 在日益扩大的分布式网络中面临的局限性，可以提高传送管理报文的有效性、减少网管工作站的负载、满足网络管理员监控子网性能的需求。RMON 的优势促进了它在网络管理中的大量应用，从而使之真正成为众多厂家支持的标准网络监控规范。RMON 本质上是 IETF 定义的一组管理信息库，是对 MIB-2 的重要增强，所以经常被叫作 RMON MIB，它包含以下 9 组数据。

(1) 统计组(Statistics):统计组信息反映设备上每个监控接口的统计值,包括数据包丢弃、数据包发送、广播数据包、CRC错误、大小块、冲突以及计数器的数据包。包长度范围覆盖64~128字节、128~256字节、256~512字节、512~1024字节以及1024~1518字节范围。

(2) 历史组(History):历史组信息记录了那些被周期性地收集统计的样本,为了便于日后处理,这些样本被暂时存储起来,包括统计的周期、间隔等。它提供有关网络流量、错误包、广播包、利用率以及碰撞次数等其他统计信息的历史数据。

(3) 告警组(Alarm):告警组信息反映了那些周期性地从监视器的变量中选取出来的统计值。将这些值与阈值相比较,以确定是否产生告警。告警信息包括告警类型、间隔、阈值上限、阈值下限。

(4) 主机组(Host):主机组信息反映了网络上发现的与每个主机相关的统计值。它包括主机地址、数据包、接收字节、传输字节、广播传送等。

(5) 最高主机组(Host Top N):最高主机组信息反映了准备描述主机的按照统计值排序列表。它包括统计值、主机、周期的开始和结束、速率基值、持续时间。

(6) 矩阵组(Matrix):矩阵组信息反映了某特定子网上两个主机之间流量的信息,该信息以矩阵形式存储起来。它包括源地址和目的地址对、数据包、字节和每一对的错误。

(7) 过滤组(Filter):过滤组信息反映了监视器观测与指定的过滤器匹配的数据包。它包括字节过滤器类型、过滤器表达式等。

(8) 包捕获组(Capture):捕获组信息反映了数据流过特定信道之后被捕获的信息。它包括所有通过过滤器的数据包或简单地记录基于这些数据包的统计。

(9) 事件组(Event):事件组信息反映了所有关于RMON代理所产生的事件列表。它包括事件类型、描述、事件最后一个发送时间。

RMON允许有多个监控者,它可以使用两种方法收集数据。

第一种方法是通过专门的RMON Probe探测仪。网管站直接从RMON探测仪获取管理信息并控制网络资源,这种方式可以获取RMON MIB的全部信息,但实现成本较高。

第二种方法是网络设备实现RMON Agent的,使它们成为带RMON Probe功能的网络设施,显然RMON Agent将成为网络设备的一个进程。网管站利用SNMP的基本命令与设备进行数据信息交换,收集网络管理信息,但这种方式受设备资源限制,一般不能获取RMON MIB的所有数据,大多数只收集4个组的信息。这4个组是告警信息、事件信息、历史信息和统计信息。实现成本低廉。

H3C的路由器和以太网交换机设备均以第二种方法实现RMON。网络设备运行内置的支持RMON的SNMP Agent进程,网管站可以获得这些被管网络设备端口相连的网段上的整体流量、错误统计和性能统计等信息,实现对网络的远程管理。

标准MIB仅提供被管对象大量的关于端口的原始数据,而RMON MIB提供的是一个子网的统计数据和计算结果,主要由一组统计数据和分析数据组成。RMON的9个信息组提供不同的数据以满足网络管理和监控的实际需要,每个组有自己的控制表和数据表,控制表可读写,定义数据表存放数据的格式,数据表可读,存放统计和分析数据。

43.4 H3C 网络管理产品

在了解了实现网络管理的基本协议和其操作方式之后，可以确切地知道网络管理系统是由实现这些协议的网络管理软件和运行这些软件的主机和设备组成的，完成故障管理、配置管理、安全管理、性能管理等功能，并提供图形化的用户界面，这样的网络管理系统一般称为网络管理平台。各个设备厂商都按照标准协议开发网络管理平台，完善产品的可维护性和管理性的需求。由于大规模的网络中通常包括多个厂商的设备，所以各厂商的网络管理平台还应提供对其他厂商产品的管理和交换信息的功能，满足兼容性的需求。也有一些厂商提供公共的标准的网络管理平台，其他厂商可以在其基础之上完成自己网络管理软件的开发，HP 公司的 OpenView、IBM 公司的 NetView 就是标准的网络管理平台。

43.4.1 iMC 智能管理中心介绍

iMC(Intelligent Management Center，智能管理中心)是 H3C 推出的下一代业务智能管理产品。它融合了当前多个产品，以统一风格提供与网络相关的各类管理、控制、监控等功能；同时以全开放的、组件化的架构原型，向平台及其承载业务提供分布式、分级式交互管理特性；并为业务软件的下一代产品提供最可靠的、可扩展的、高性能的业务平台。

如图 43-5 所示，作为网管整体解决方案之一，iMC 智能管理中心提供了基于平台的组件化结构，并提供基础网管功能，包括网元管理、资源管理、告警管理、性能管理等功能模块。各个组件用于提供特定的业务功能，可根据实际需求灵活选配。所有组件的安装必须基于平台。

图 43-5 iMC 智能管理中心结构图

iMC 智能管理中心支持 Windows 2000/2003、SUN Solaris 等多种操作系统平台，以适应不同级别的用户、不同规模的网络。iMC 平台分为专业版、标准版和中小企业版，各版本之间的在功能特性上有一定区别。

43.4.2 iMC 平台简介

iMC 智能管理中心平台可以实现对网络的基础管理，包括拓扑管理、告警管理、性能管理等，用户还可以根据需要灵活选用其他功能组件，有效地实现网管。下面对 iMC 平台的主要功能进行介绍。

1. 网络拓扑管理

拓扑管理用于构造并管理整个数据通信网络的网络拓扑结构。通过对网络设备进行定时(根据用户设定的每一设备的状态与配置轮询间隔时间)的轮循监视与设备上报 TRAP 处理,保证显示网络视图与实际网络拓扑相一致,用户可通过浏览网络视图来实时了解整个网络的运行情况。主要体现在以下几个方面。

(1) 网络集中监视

① 全网设备的统一拓扑视图,如图 43-6 所示。

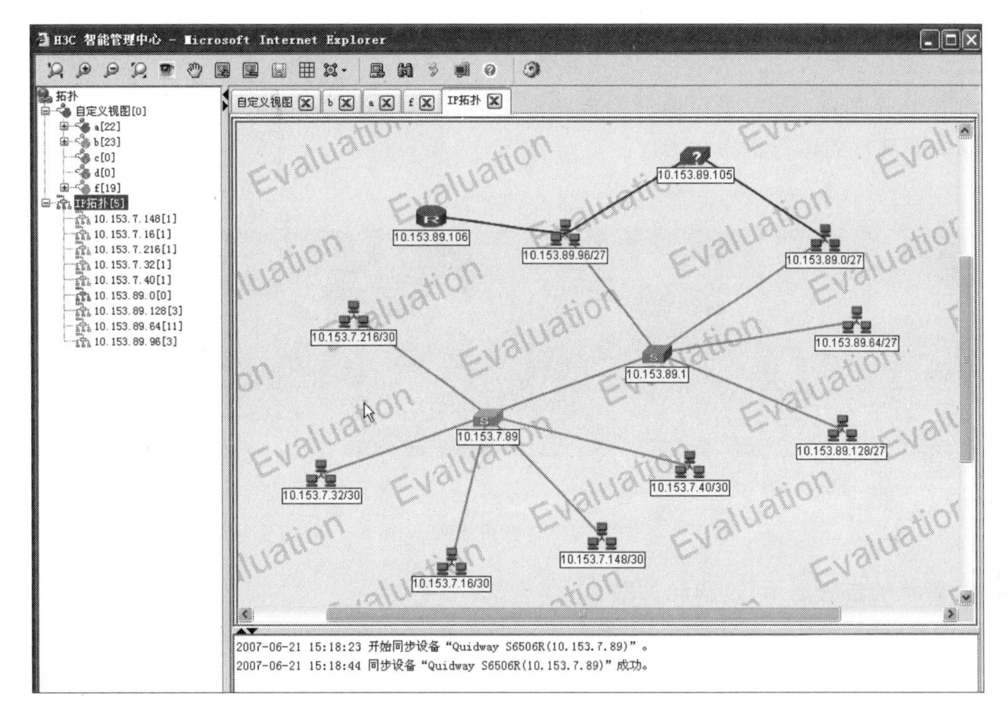

图 43-6 网络拓扑图

② 拓扑自动发现,拓扑结构动态刷新。

③ 可视化操作方式:拓扑视图节点直接点击进入设备操作面板。

④ 在网络、设备状态改变时,改变节点颜色,提示用户。

⑤ 对网络设备进行定时(轮询间隔时间可配置)的轮循监视和状态刷新并表现在网络视图上。

(2) 管理多厂商设备

① iMC 平台可管理所有支持标准 SNMP 网管协议的网络设备,为多厂商设备共存的网络提供了统一的管理方式。

② 支持根据设备厂商的 sysoid 值自定义标识不同厂商的设备。

③ 拓扑图自动发现多厂商设备。

④ 可以对设备进行性能监视,包括接口的流量监视、利用率监视等。

⑤ 可以接收设备告警,并进行告警信息显示。

(3) 服务器监视管理

① 服务器是企业 IP 架构中的重要组成部分,通过 iMC 平台实现服务器与设备的统一管理。

② 支持对 CPU、内存资源消耗的监视。

③ 支持对硬盘使用情况的监视。

④ 支持运行进程的资源监视。

⑤ 支持对服务的资源监视。

2. 简便直观的设备管理

iMC 平台向用户提供了网元管理功能，通过逼真的面板图片，直观地反映了设备运行情况。

如图 43-7 所示，iMC 平台通过面板图标，直观地反映设备的框、架、槽、卡、风扇、CPU、端口等关键部件的运行状态。

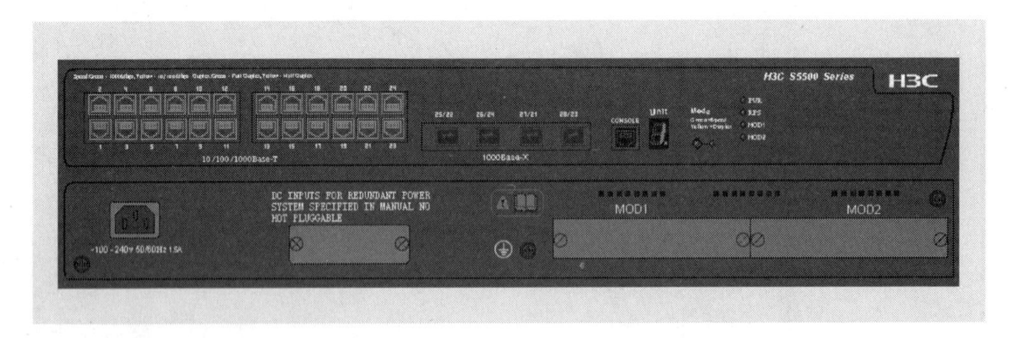

图 43-7 打开设备面板图

3. 智能的告警显示、过滤和关联

在设备或网络中存在异常时，告警是实时反映网络设备运行情况有效途径。有效的告警管理可第一时间了解网络中可能存在的问题，快速定位问题来源，并根据告警信息提供的维护经验和修复建议来快速解决问题。告警管理既是整个网络运行情况的指示灯，也是快速修复网络故障的金钥匙，如图 43-8 所示。

实时未确认告警　　加入收藏　帮助

实时未确认告警

确认　删除

最近50条未确认告警。新到2条未确认告警。　显示 最近 50 条告警　刷新时间间隔 10秒

	告警级别	告警来源	告警信息	确认状态	告警时间
□	重要	fff_1.S24a (10.153.89.111)	EGP邻居丢失。	未确认	2007-06-25 15:34:29
□	次要	fff_1.S24a (10.153.89.111)	设备fff_1.S24a(10.153.89.111)收到了包含错误团体字的SNMP请求消息。	未确认	2007-06-25 15:34:29
□	警告	NMS(127.0.0.1)	网管服务器内存使用比率的当前值为90.79，超过阈值90.00。	未确认	2007-06-25 15:33:24
□	重要	WLAN111 (10.153.89.103)	性能任务（设备响应时间，性能指标：设备响应时间（ms））中设备（WLAN111）实例（[.0]）超过阈值100，当前值为120。	未确认	2007-06-25 15:32:45

图 43-8 浏览实时告警

主要告警功能如下。

(1) 实时未确认告警：实时监控网络中的告警。

(2) 存在故障的设备：展示了存在警告级别以上告警的设备，从整体上展示当前网络

中设备的运行状态。

（3）浏览告警：提供简单和高级两个层次的查询，为准确定位告警提供方便。

（4）过滤规则设置：滤除不必要的告警，提高了系统的性能并方便了告警的浏览。

（5）通知与转发设置：提供丰富的通知和转发告警功能，可以通过 E-mail 邮箱、移动电话接收符合特定条件的告警，或将告警转发到其他的网管服务器以便监控。

4. 直观的性能监控

性能监视提供了统一采集和查看设备性能数据的功能，操作员可以查看设备当前的运行状况，也可以查看设备运行状况的历史数据。通过对性能历史数据的采集分析，可观察到网络性能的变化趋势，了解网络运行的基本情况和性能状态，找出影响性能的瓶颈，为规划和调整网络提供参考。

如图 43-9 所示，主要性能监控功能如下。

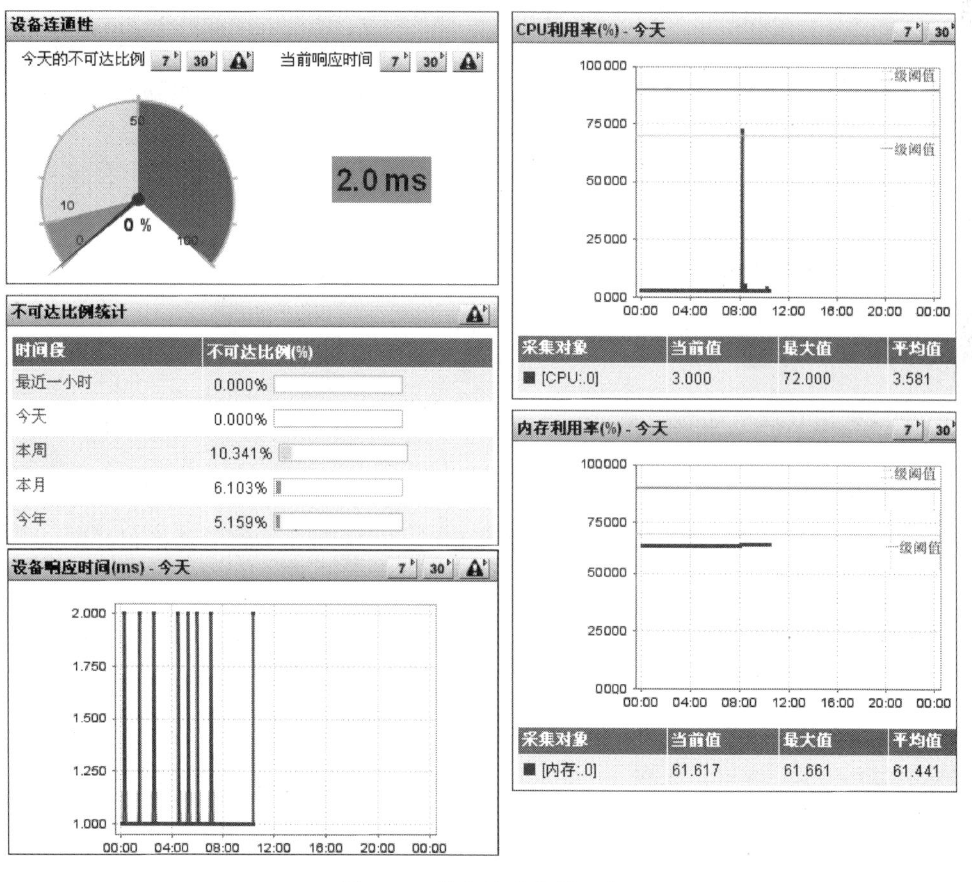

图 43-9 设备性能数据一览

（1）查看网管中所有设备性能指标的 TOPN 数据。

（2）展示了系统当前监视的监视设备一览表。操作员可批量地增加和取消监视设备，批量修改监视设备的性能监视指标；同时，操作员还可以查看单个设备的性能数据一览，设置单个设备的性能指标阈值。

（3）设备性能数据一览。

(4) 指标全局阈值一览表。

(5) 以折线图方式展示性能监视指标在一定时间范围内的历史数据,并以表格方式列出汇总数据和数据明细。操作员可方便地查看不同时间范围的历史趋势,导出数据明细到指定格式的文件以及打印报表。

43.5 本章总结

(1) 网络管理系统提供故障管理、配置管理、安全管理、性能管理和计费管理五大功能。

(2) 网络管理系统采用管理站和代理的模型,通过网络管理协议实现管理站和代理的通信。

(3) SNMP 协议是目前最广泛应用的网络管理协议,目前有 V1、V2 和 V3 版本。

(4) SNMP 协议包括 Get、Set 和 Trap 3 种操作,共 5 种类型报文。

(5) SNMP 的标准 MIB 包含了丰富的对于管理数据网络的信息,采用树型结构。

(6) RMON 是对于 SNMP 的增强,它定义了一组支持远程监视功能的管理对象,RMON MIB 包括 9 个组。

(7) H3C 提供适合各类用户网络管理的网管系统 iMC 智能管理中心。

43.6 习题和解答

43.6.1 习题

1. 简述网络管理系统的功能。
2. 简述 SNMP 协议的模型结构。
3. 简述 H3C iMC 平台的基本功能。
4. 当网络出现异常,SNMP 代理将主动发出________报文向网管站汇报异常。

43.6.2 习题答案

1. 略　　2. 略　　3. 略　　4. Trap

第44章

堆叠技术

在全面推行IT信息化的过程中,企业的用户数量往往随着业务开展与日俱增。设备端口密度即使越来越大,仍然与用户数量的增加不匹配,因此网络设备数量也会急剧增加,随之带来管理工作的加重。随着信息化的全面应用,企业网络也不再仅提供简单的IP传送服务,高可靠性业务的开展进一步要求网络的健壮性,设备的高可靠、高冗余需求被提上议事日程。面临如此多的需求和压力,势必产生相应的技术来满足上述需求,堆叠技术在很大程度上解决了上述问题。

44.1 本章目标

学习完本章,应该能够达到以下目标。

(1) 理解堆叠技术的产生背景和应用。

(2) 熟悉堆叠技术的工作原理。

(3) 配置堆叠设备。

(4) 收集堆叠设备的运行状态信息。

(5) 对堆叠设备进行故障排除。

44.2 IRF堆叠

44.2.1 IRF堆叠概述

IRF通过精心设计的协议将一组设备融合成一个完美的联合体,此联合体在网络中的对外表现行为如同一个独立网络设备一样,而联合体内各设备相互备份,实现1∶N的冗余备份,因此它具备更强的可靠性和稳定性,同时提高了端口接入密度。

IRF主要具有以下优点。

(1) 简化管理。IRF形成之后,用户通过任意成员设备的任意端口都可以登录IRF系统,对IRF内所有成员设备进行统一管理。

(2) 1∶N备份。IRF由多台成员设备组成,其中,主设备负责IRF的运行、管理和维护,从设备在作为备份的同时也可以处理业务。一旦主设备故障,系统会迅速自动选举新的主设备,以保证业务不中断,从而实现了设备的1∶N备份。

(3) 跨成员设备的链路聚合。IRF和上、下层设备之间的物理链路支持聚合功能，并且不同成员设备上的物理链路可以聚合成一个逻辑链路，多条物理链路之间可以互为备份也可以进行负载分担，当某个成员设备离开IRF，其他成员设备上的链路仍能收发报文，从而，提高了聚合链路的可靠性。

(4) 强大的网络扩展能力。通过增加成员设备，可以轻松自如地扩展IRF的端口数、带宽。因为各成员设备都有CPU，能够独立处理协议报文、进行报文转发，所以IRF还能轻松自如地扩展处理能力。

IRF堆叠的拓扑结构常以环形拓扑和链形拓扑出现，但在实际应用中推荐采用环形拓扑，以保证堆叠链路的冗余备份或者负载分担，更大程度地保障堆叠的可靠性。

44.2.2 IRF基本概念

IRF虚拟化技术涉及如下基本概念。

1. 角色

IRF中每台设备都称为成员设备。成员设备按照功能不同，分为两种角色。

(1) 主用设备(简称为主设备)：负责管理整个IRF。

(2) 从属设备(简称为从设备)：作为主设备的备份设备运行。当主设备故障时，系统会自动从设备中选举一个新的主设备接替原主设备工作。

主设备和从设备均由角色选举产生。一个IRF中同时只能存在一台主设备，其他成员设备都是从设备。

2. IRF端口

一种专用于IRF成员设备之间进行连接的逻辑接口，每台成员设备上可以配置两个IRF端口，分别为IRF-Port1和IRF-Port2。它需要和物理端口绑定之后才能生效。

3. IRF物理端口

与IRF端口绑定，用于IRF成员设备之间进行连接的物理接口。

4. IRF域

IRF域是一个逻辑概念，一个IRF对应一个IRF域。

为了适应各种组网应用，同一个网络里可以部署多个IRF，IRF之间使用域编号(Domain ID)来以示区别。

44.2.3 IRF配置

堆叠形成过程中，由于默认的member-id相同，因此各成员设备必须重新分配member-id，否则由于member-id相同无法形成堆叠。因此，IRF提供手工配置member-id的方法。其配置命令如下：

irf member *member-id* **renumber** *new-member-id*

其中主要参数如下。

(1) *member-id*：设备当前的成员编号，即当前数码管显示的数字。

(2) *new-member-id*：将要修改的目标成员编号，此表好在设备重启后生效。

注意：此配置必须重启设备才能生效。

用户可以通过 display irf configuration 命令查看设备当前的编号和重启后将使用的编号。

在堆叠中以成员编号标志设备，在堆叠的配置文件中也使用设备编号来区分不同成员设备上的端口配置，所以，修改设备成员编号可能导致设备配置发生变化或者丢失，请慎重配置。

在堆叠形成过程中除了 member-id 的分配确认外，还需要选举堆叠的 Master。在堆叠形成选举过程中，成员优先级越高将被选举为 Master，其余成员设备为 Slave。为了确保指定的成员设备能够成为 Master，可以事前给设备配置成员优先级。配置成员优先级的命令如下：

irf member *member-id* **priority** *priority*

其中主要参数如下。

(1) *member-id*：设备当前的成员编号，即当前数码管显示的数字。

(2) *priority*：设备的成员优先级，默认情况下设备的成员优先级为 1。

IRF 端口是一个逻辑的概念，只有配置 IRF 端口(即将 IRF 端口与 IRF 物理端口绑定)之后，设备的 IRF 功能才能使能。其配置命令如下：

irf-port *member-id*/*port-number*
port group interface *interface-type interface-number*

IRF 物理线缆连接好，并将 IRF 物理端口添加到 IRF 端口后，必须通过该命令手工激活 IRF 端口的配置才能形成 IRF。

irf-port-configuration active

堆叠形成之后，即可登录堆叠进行整个堆叠的管理了。IRF 支持分布式管理，因此从任何一个成员设备的管理串口登录都可以管理整个堆叠，或者通过任何链路远程登录到堆叠的管理 IP 也可管理整个堆叠。但默认情况下，管理员登录的实际上都是堆叠的 Master，管理员所做的操作都由 Master 执行或同步给 Slave 执行。

44.2.4 IRF 的显示和维护

IRF 提供如下显示和维护命令，便于管理员查看堆叠的运行状况及相关配置信息。

用 **display irf** 命令可显示本堆叠的相关概要信息，便于管理员了解整个堆叠的情况。具体信息参考如下：

```
<Sysname> display irf
MemberID  Role     Priority  CPU-Mac          Description
   1      Slave    1         00e0-fcbe-3102   F1Num001
 *+2      Master   5         00e0-fcb1-ade2   F1Num002
-------------------------------------------------------

 * indicates the device is the master.
 + indicates the device through which the user logs in.

 The Bridge MAC of the IRF is: 00e0-fc00-1000
```

```
Auto upgrade              : yes
Mac persistent            : always
Domain ID                 : 30
```

用 **display irf topology** 命令可显示本堆叠的拓扑信息，主要描述各成员设备之间的链接关系，有助于管理员掌握堆叠的拓扑结构。具体信息参考如下：

```
<Sysname> display irf topology
                              Topology Info
 -------------------------------------------------------------------------
              IRF-Port1                  IRF-Port2
 MemberID    Link      neighbor      Link      neighbor      Belong To
 1           DOWN      --            UP        2             000f-cbb8-1a82
 2           UP        1             UP        3             000f-cbb8-1a82
 3           UP        2             DIS       —             000f-cbb8-1a82
```

用 **display irf configuration** 命令可显示堆叠中所有设备的预配置信息，预配置信息都需要重启才能生效；此命令辅助管理员对堆叠重启后的状态进行评估和判断。具体信息参考如下：

```
<Sysname> display irf configuration
 MemberID  NewID   IRF-Port1                      IRF-Port2
 2         2       Ten-GigabitEthernet2/0/25      Ten-GigabitEthernet2/0/26
 5         5       Ten-GigabitEthernet5/0/25      Ten-GigabitEthernet5/0/26
                   Ten-GigabitEthernet5/0/27
                   Ten-GigabitEthernet5/0/28
 10        10      Ten-GigabitEthernet10/0/25     Ten-GigabitEthernet10/0/26
                                                  Ten-GigabitEthernet10/0/27
                                                  Ten-GigabitEthernet10/0/28
```

44.2.5　IRF 堆叠配置举例

如图 44-1 所示，两台设备组成堆叠，SWA 和 SWB 通过聚合堆叠口连接。配置如下堆叠成员设备，确保堆叠成功后堆叠编号与图 44-1 所示保持一致，而且 member 1 被选举为 Master。

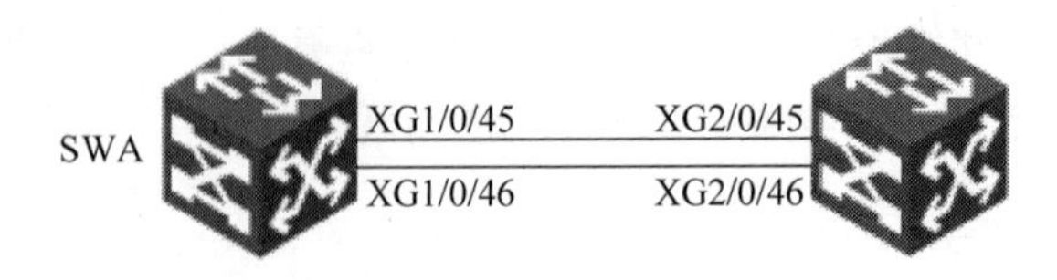

图 44-1　IRF 堆叠配置组网

在实际配置堆叠之前请断开各设备之间的堆叠连接，并给两台设备分别加电，并按如下步骤完成配置。

SWA 上的配置：

```
<SWA> system-view
[SWA] interface range Ten-Gigabitethernet1/0/45 to Ten-Gigabitethernet1/0/46
[SWA-if-range] shutdown
```

```
[SWA-if-range] quit
[SWA] irf-port 1/1
[SWA-irf-port1/1] port group interface Ten-Gigabitethernet1/0/45
[SWA-irf-port1/1] port group interface Ten-Gigabitethernet1/0/46
[SWA-irf-port1/1] quit
[SWA] interface range Ten-Gigabitethernet1/0/45 to Ten-Gigabitethernet1/0/48
[SWA-if-range] undo shutdown
[SWA-if-range] quit
[SWA] save
[SWA] irf-port-configuration active
```

SWB 上的配置：

```
<SWB> system-view
[SWB] irf member 1 renumber 2
Renumbering the member ID may result in configuration change or loss. Continue?
[Y/N]:y
[SWB] quit
<SWB> reboot
[SWB] interface range Ten-Gigabitethernet2/0/45 to Ten-Gigabitethernet2/0/46
[SWB-if-range] shutdown
[SWB-if-range] quit
[SWB] irf-port 2/2
[SWB-irf-port2/2] port group interface Ten-Gigabitethernet2/0/45
[SWB-irf-port2/2] port group interface Ten-Gigabitethernet2/0/46
[SWB-irf-port2/2] quit
[SWB] interface range Ten-Gigabitethernet2/0/45 to Ten-Gigabitethernet2/0/48
[SWB-if-range] undo shutdown
[SWB-if-range] quit
[SWB] save
[SWB] irf-port-configuration active
```

44.3 本章总结

(1) 堆叠的产生源于简化管理。但随着网络需求的发展，更高地要求也体现在堆叠特性中，如高可靠性、高密度、可扩展性等。

(2) IRF 在实现简化管理的基础上，进一步满足了高密度接入、易扩展、高可靠性等需求，而且配置维护简单。

44.4 习题和解答

44.4.1 习题

1. 堆叠的主要功能包括(　　)。

A. 简化管理　　B. 增加端口接入密度

C. 提高设备可靠性　　D. 减低成本

2. IRF 堆叠支持的拓扑结构有(　　)。

A. 环型拓扑　　　　B. 链型拓扑

C. 新型拓扑　　　　D. 树型拓扑

3. IRF 堆叠中 Master 的编号肯定为 0，slave 的编号肯定为 1。上述说法正确吗？(　　)

A. True　　　　B. False

44.4.2 习题答案

1. ABC　　2. AB　　3. B

第45章

网络故障排除基础

随着网络规模的日益增大，网络应用越来越复杂，网络中的故障种类繁多且难以排查。掌握常见的故障排除手段和方法，是对网络维护人员的基本要求。本章将对网络故障进行分类，介绍网络故障排除的步骤，常见的故障排除工具，并给出一些故障排除的方法和建议。

45.1 本章目标

学习完本章，应该能够达到以下目标。

(1) 描述故障排除的基本方法和步骤。

(2) 掌握故障排除常用工具软件的使用。

(3) 分析处理基本的网络故障问题。

45.2 网络故障排除综述

计算机网络的成功部署需要支持众多协议，例如，局域网协议、广域网协议、TCP/IP 协议、路由协议以及安全可靠性协议等实现某种特性的协议。计算机网络的传输介质也多种多样，如同轴电缆、各类双绞线、光纤、无线电波等。同时网络的规模也不断扩张，从基于简单协议的网络和使用点到点连接的校园网络到高度复杂的、大型的甚至跨国广域网络。而且现代的互联网络要求支持更广泛的应用，从过去的数据传输服务到现在的包括数据、语音、视频的基于 IP 的集成传输。相应地，新业务的应用对网络带宽和网络传输技术也提出了更高要求，导致网络带宽不断增长，新网络协议不断出现。例如，十兆以太网向百兆、千兆以太网和万兆以太网的演进；MPLS、组播和 QoS 等技术的出现。新技术的应用同时还要兼顾传统的技术。例如，传统的 SNA 体系结构仍在金融证券领域得到了广泛使用，为了实现 TCP/IP 协议和 SNA 架构的兼容，DLSW 作为通过 TCP/IP 承载 SNA 的一种技术而被应用。可以说，当今的计算机网络互连环境是十分复杂的。

网络环境越复杂，意味着网络故障发生的可能性越大。网络中采用的协议、技术越多，则引发故障的原因也就越多。同时，由于人们越来越多地依赖网络处理日常的工作和事务，一旦网络故障不能及时修复，所造成的损失可能很大甚至是灾难性的。

能够正确地维护网络，并确保出现故障之后能够迅速、准确地定位问题并排除故障，对网络维护人员和网络管理人员来说是个挑战，这不但要求他们对相关网络协议和技术有着深入的理解,更重要的是要建立一个系统化的故障排除思想并合理应用于实践中,以将一个复杂的问题隔离、分解或缩减排错范围,从而及时修复网络故障。

45.2.1 网络故障的分类

根据网络故障对网络应用的影响程度,网络故障一般分为连通性故障和性能故障两大类。连通性故障是指网络中断,业务无法进行,它是最严重的网络故障;性能故障指网络的性能下降,传输速率变慢,业务受到一定程度的影响,但并未中断。

不同的网络故障类型具有不同的故障原因。

1. 连通性故障

连通性故障的表现形式主要有以下几种。

(1) 硬件、介质、电源故障。硬件故障是引起连通性故障的最常见原因。网络中的网络设备是由主机设备、板卡、电源等硬件组成,并由电缆等介质所连接起来的。如果设备遭到撞击,安装板卡时有静电,电缆使用错误,都可能会引起硬件损坏,从而导致网络无法连通。另外,人为性的电源中断,如交换机的电源线连接松脱,也是引起硬件连通性故障的常见原因。

(2) 配置错误。设备的正常运行离不开软件的正确配置。如果软件配置错误,则很可能导致网络连通性故障。目前网络协议种类众多且配置复杂。如果某一种协议的某一个参数没有正确配置,都很有可能导致网络连通性问题。

(3) 设备间兼容性问题。计算机网络的构建需要许多网络设备,从终端 PC 到网络核心的路由器、交换机,同时网络也很可能是由多个厂商的网络设备组成。这时,网络设备的互操作性显得十分必要。如果网络设备不能很好兼容,设备间的协议报文交互有问题,也会导致网络连通性故障。

2. 性能故障

也许网络连通性没有问题,但是可能某一天网络维护人员突然发现,网络访问速度慢了下来,或者某些业务的流量阻塞,而其他业务流量正常。这时,则意味着网络就出现了性能故障。一般来说,计算机网络性能故障主要原因如下。

(1) 网络拥塞:如果网络中某一个节点的性能出现问题,都会导致网络拥塞。这时需要查找到网络的瓶颈节点,并进行优化,解决问题。

(2) 到目的地不是最佳路由:如果在网络中使用了某种路由协议,但在部署协议时并没有仔细规划,则可能会导致数据经次优路线到达目的网络。

(3) 供电不足:确保网络设备电源达到规定的电压水平,否则会导致设备处理性能问题,从而影响整个网络。

(4) 网络环路:交换网络中如果有物理环路存在,则可能引发广播风暴,降低网络性能。而距离矢量路由协议也可能会产生路由环路。因此在交换网络中,一定要避免环路的产生,而在网络中应用路由协议时,也要选择没有路由环路的协议或采取措施来避免路由环路发生。

网络故障发生时,维护人员首先要判断是连通性故障还是性能故障。然后根据故障类型进行相应的检查。连通性故障首先检查网络设备的硬件,看电源是否正常,电缆是否正确等。如果是性能问题,则重点从以上几个方面来考虑,查找具体的故障原因。

45.2.2 网络故障的一般解决步骤

前面基本了解了计算机网络故障的大致种类，那么，如何排除网络故障呢？建议采用系统化故障排除思想。故障排除系统化是合理地、一步一步地找出故障原因，并解决故障的总体原则。它的基本思想是系统的，将可能的故障原因所构成的一个大集合缩减（或隔离）成几个小的子集，从而使问题的复杂度迅速下降。

故障排除时，有序的思路有助于解决所遇到的任何困难，图 45-1 给出了一般网络故障排除流程。

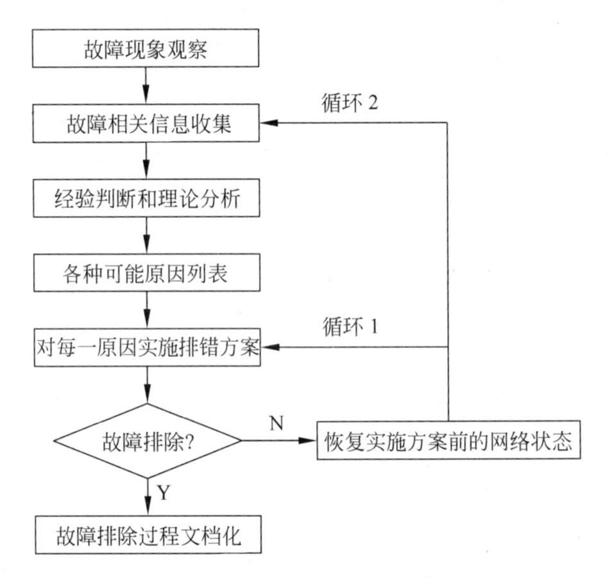

图 45-1 网络故障排除基本步骤

第 1 步：故障现象观察。

要想对网络故障做出准确的分析，首先应该能够完整清晰地描述网络故障现象，标示出故障发生时间地点，故障所导致的后果，然后才能确定可能产生这些现象的故障根源或症结。因此，准确观察故障现象，对网络故障做出完整、清晰的描述是重要的一步。

第 2 步：故障案例相关信息收集。

本步骤是收集有助于查找故障原因的更详细的信息，主要有 3 种途径。

（1）向受影响的用户、网络人员或其他关键人员提出问题。

（2）根据故障描述性质，使用各种工具收集情况，如网络管理系统、协议分析仪、相关 display 和 debugging 命令等。

（3）测试目前网络性能，将测试结果与网络基线进行比较。

第 3 步：经验判断和理论分析。

利用前两个步骤收集到的数据，并根据自己以往的故障排除经验和所掌握的网络设备和协议的知识，来确定一个排错范围。通过范围的划分，就只需注意某一故障或与故障情况相关的那一部分产品、介质和主机。

第 4 步：各种可能原因列表。

根据潜在症结制定故障的排除计划，依据故障可能性高低的顺序，列出每一种认为可能的故障原因。从最有可能的症结入手,每次只做一次改动,然后观察改支的效果。之所以每次只做一次改动,是因为这样有助于确定针对特定故障的解决方法。如果同时做了两处或更多处改动,也许能够解决故障,但是难于确定最终是哪些改动消除了故障的症状,而且对日后解决同样的故障也没有太大的帮助。

第5步:对每一原因实施排错方案。

根据制订的故障排除计划,对每一个可能故障原因,逐步实施排除方案。在故障排除过程中,如果某一可能原因经验证无效,务必恢复到故障排除前的状态,然后再验证下一个可能原因。如果列出的所有可能原因都验证无效,那么就说明没有收集到足够的故障信息,没有找到故障发生点,则返回到第2步,继续收集故障相关信息,分析故障原因,再重复此过程,直到找到故障原因并且排除网络故障。

第6步:观察故障排除结果。

当对某一原因执行了排错方案后,需要对结果进行分析,判断问题是否解决,是否引入了新的问题。如果问题解决,那么就可以直接进入文档化过程;如果没有解决问题,那么就需要再次循环进行故障排除过程。

第7步:循环进行故障排除过程。

当一个方案的实施没有达到预期的排错目的时,进入到该步骤。这是一个努力缩小可能原因的故障排除过程。

在进行下一循环之前必须做的事情就是将网络恢复到实施上一方案前的状态。如果保留上一方案对网络的改动,很可能导致新的问题,例如:假设修改了访问列表但没有产生预期的结果,此时如果不将访问列表恢复到原始状态,就会导致出现不可预期的结果。

循环排错可以有两个切入点。

(1) 当针对某一可能原因的排错方案没有达到预期目的,循环进入下一可能原因制定排错方案并实施。

(2) 当所有可能原因列表的排错方案均没有达到排错目的,重新进行故障相关信息收集以分析新的可能故障原因。

第8步:故障排除过程文档化。

当最终排除了网络故障后,那么排除流程的最后一步就是对所做的工作进行文字记录。文档化过程绝不是一个可有可无的工作,原因如下。

(1) 文档是排错宝贵经验的总结,是"经验判断和理论分析"这一过程中最重要的参考资料。

(2) 文档记录了这次排错中网络参数所做的修改,这也是下一次网络故障应收集的相关信息。

文档记录主要包括以下几个方面。

(1) 故障现象描述及收集的相关信息。

(2) 网络拓扑图绘制。

(3) 网络中使用的设备清单和介质清单。

(4) 网络中使用的协议清单和应用清单。

(5) 故障发生的可能原因。

(6) 对每一可能原因制定的方案和实施结果。

(7) 本次排错的心得体会。

(8) 其他。如排错中使用的参考资料列表等。

说明：该流程是网络维护人员所能够采用的排错模型中的一种。如果根据自己的经验和实践总结了其他的排错模型，并证明它是行之有效的，请继续使用它。网络故障解决的处理流程是可以变化的，但故障排除有序化的思维模式是不变的。

45.3　故障排除常用方法

45.3.1　分层故障排除法

基本所有的网络技术模型是分层的。当模型的所有低层结构工作正常时，它的高层结构才能正常工作。层次化的网络故障分析方法有利于快速及准确进行故障定位。

例如，在一个帧中继网络中，由于物理层的不稳定，帧中继链路经常出现间歇性中断。这个问题的直接表象是到达远程端点的路由总是出现间歇性中断。这使得维护人员第一反应是路由协议出问题了，然后凭借着这个感觉来对路由协议进行大量故障诊断和配置，其结果是可想而知的。如果能够从OSI模型的底层逐步向上来探究原因的话，维护人员将不会做出这个错误的假设，并能够迅速定位和排除问题。

在使用分层故障排除法进行故障排除时，具体每一层次的关注点有所不同。

(1) 物理层：物理层负责通过某种介质提供到另一设备的物理连接，包括端点间的二进制流的发送与接收，完成与数据链路层的交互操作等功能。

物理层需要关注电缆、连接头、信号电平、编码、时钟和组帧，这些都是导致端口处于DOWN状态的因素。

(2) 数据链路层：数据链路层负责在网络层与物理层之间进行信息传输；规定了介质如何接入和共享；站点如何进行标识；如何根据物理层接收的二进制数据建立帧。封装的不一致是导致数据链路层故障的最常见原因。当使用display interface命令显示端口和协议均为UP时，基本可以认为数据链路层工作正常；而如果端口为UP而协议为DOWN，那么数据链路层存在故障。

链路的利用率也和数据链路层有关，端口和协议是好的，但链路带宽有可能被过度使用，从而引起间歇性的连接中断或网络性能下降。

(3) 网络层：网络层负责实现数据的分段封装与重组以及差错报告，更重要的是它负责信息通过网络的最佳路径的选择。

地址错误和子网掩码错误是引起网络层故障最常见的原因；网络地址重复是网络故障的另一个可能原因；另外，路由协议是网络层的一部分，也是排错重点关注的内容。

排除网络层故障的基本方法是沿着从源到目的地的路径查看路由器上的路由表，同时检查那些路由器接口的IP地址是否正确。如果所需路由没有在路由表中出现，就应该检查路由器上相关配置，然后手工添加静态路由或排除动态路由协议的故障以使路由表更新。

(4) 传输层、应用层：传输层负责端到端的数据传输；应用层是各种网络应用软件工作的地方。如果确保网络层以下没有出现问题，而传输层或应用层出现问题，那么很可能就是网络终端软件出现故障，这时应该检查网络中的计算机、服务器等网络终端，确保应用程序正常工作，终端设备软硬件运行良好。

45.3.2 分块故障排除法

H3C 系列路由器和交换机等网络设备的配置文件中包括如下部分。

(1) 管理部分(路由器名称、口令、服务、日志等)。

(2) 端口部分(地址、封装、cost、认证等)。

(3) 路由协议部分(静态路由、RIP、OSPF、BGP、路由引入等)。

(4) 策略部分(路由策略、策略路由、安全配置等)。

(5) 接入部分(主控制台、Telnet 登录或哑终端、拨号等)。

(6) 其他应用部分(语言配置、VPN 配置、QoS 配置等)。

上述分类给故障定位提供了一个原始框架，当出现一个故障案例现象时，可以把它归入上述某一类或某几类中，从而有助于缩减故障定位范围。

例如，使用 display ip routing-table 命令时，输出结果只显示了直连路由，没有其他路由。那么问题可能发生在哪里呢？查看配置文件分类，其中与路由相关的有 3 部分：路由协议、策略、端口。如果没有配置路由协议或配置不当，路由表就可能为空；如果访问列表配置错误，就可能妨碍路由的更新；如果端口的地址、掩码或认证配置错误，也可能导致路由表错误。

45.3.3 分段故障排除法

当一个故障涉及的范围较大，可以通过分段故障排除法来将故障范围缩小。例如，如果两个路由器跨越电信部门提供的线路而不能相互通信时，可以按照如下分段，依次进行故障排除。

(1) 主机到路由器 LAN 接口的一段。

(2) 路由器到 CSU/DSU 接口的一段。

(3) CSU/DSU 到电信部门接口的一段。

(4) WAN 电路。

(5) CSU/DSU 本身问题。

(6) 路由器本身问题。

45.3.4 替换法

这是检查硬件是否存在问题最常用的方法。例如，当怀疑是网线问题时，更换一根确定是好的网线试一试；当怀疑是接口模块有问题时，更换一个其他接口模块试一试。

在实际网络故障排错时，可以先采用分段法确定故障点，再通过分层或其他方法排除故障。

45.4 常用诊断工具介绍

H3C 系列路由器提供了一套完整的命令集，可以用于监控网络互联环境的工作状况和解决基本的网络故障。主要包括以下命令。

(1) ping 命令。

(2) tracert 命令。

(3) display 命令。

(4) reset 命令。

(5) debugging 命令。

45.4.1 ping 命令

ping 命令可用于验证了两个节点间 IP 层的可达性。在 H3C 系列路由器上，ping 命令的格式如下：

ping [**ip**] [**-a** *source-ip* | **-c** *count* | **-f** | **-h** *ttl* | **-i** *interface-type interface-number* | **-m** *interval* | **-n** | **-p** *pad* | **-q** | **-r** | **-s** *packet-size* | **-t** *timeout* | **-tos** *tos* | **-v** | **-vpn-instance** *vpn-instance-name*] *host*

其中重要参数如下。

(1) -**c**：ping 报文的个数，默认值为 5。

(2) -**t**：设置 ping 报文的超时时间，单位为毫秒，默认值为 2000。

(3) -**s**：设置 ping 报文的大小，以字节为单位，默认值为 56。

例如，向主机 10.15.50.1 发出两个 8100 字节的 ping 报文。

```
<H3C> ping -c 2 -s 8100 10.15.50.1
 PING 10.15.50.1: 8100  data bytes, press CTRL_C to break
    Reply from 10.15.50.1: bytes=8100 Sequence=0 ttl=123 time = 538 ms
    Reply from 10.15.50.1: bytes=8100 Sequence=1 ttl=123 time = 730 ms

  --- 10.15.50.1 ping statistics ---
    2 packets transmitted
    2 packets received
    0.00% packet loss
    round-trip min/avg/max = 538/634/730 ms
```

在基于 Windows 操作系统为平台的 PC 或服务器上，ping 命令的格式如下：

ping [**-n** *count*] [**-t**] [**-l** *size*] *ip-address*

其中重要参数如下。

(1) **-n**：ping 报文的个数。

(2) **-t**：持续地发送 ping 报文。

(3) **-l**：设置 ping 报文所携带的数据部分的字节数，设置范围从 0 至 65500。

例如，向主机 10.15.50.1 发出两个数据部分大小为 3000 Bytes 的 ping 报文。

```
C:\> ping -l 3000 -n 2 10.15.50.1
Pinging 10.15.50.1 with 3000 bytes of data
Reply from 10.15.50.1: bytes=3000 time=321ms TTL=123
Reply from 10.15.50.1: bytes=3000 time=297ms TTL=123
Ping statistics for 10.15.50.1:
    Packets: Sent = 2, Received = 2, Lost = 0 (0% loss),
Approximate round trip times in milli-seconds:
    Minimum = 297ms, Maximum =  321ms, Average =  309ms
```

以下是利用 ping 命令进行故障排除的两个案例。

案例 1：连通性问题还是性能问题？

工程师小 L 在配置完一台路由器之后执行 ping 命令检测链路是否通畅。发现 5 个报文都没有 ping 通，于是检查双方的配置命令并查看路由表，却一直没有找到错误所在。最后又重复执行了一遍相同的 ping 命令，发现这一次 5 个报文中有 1 个 ping 通了——原来是线路质量不好存在比较严重的丢包现象。

工程师小 L 又配置了一台路由器，然后执行 ping 命令访问 Internet 上某站点的 IP 地址，但没有 ping 通。有了上次的教训小 L，再一次 ping 了 20 个报文，仍旧没有响应。于是小 L 断定是网络故障。但是在费尽周折检查了配置链路之后仍没有发现任何可疑之处，最后小 L 采取逐段检测的方法对链路中的网关进行逐级测试，发现都可以 ping 通，但是响应的时间越来越长，最后一个网关的响应时间在 1800ms 左右。会不会是由于超时而导致显示为 ping 不通呢？受此启发，小 L 将 ping 命令报文的超时时间改为 4000ms，这次成功 ping 通了，显示所有的报文响应时间都在 2200ms 左右。

真的是 ping 不通吗？这个问题需要定位清楚，因为连通性问题和性能问题排错的关注点是不一样的——问题定位错误必然会导致排错过程的周折。使用一般的 ping 命令，默认是发送 5 个报文的，超时时长是 2000ms。如果 ping 超时情况发生，最好能够再用带参数 -c 和-t 的 ping 命令再执行一遍，如 ping -c 20 -t 4000 ip-address，即连续发送 20 个报文，每个报文的超时时长为 4000ms，这样一般可以判断出到底是连通性问题还是性能问题。

案例 2：A 能 ping 通 B，B 就一定能 ping 通 A 吗？

网络拓扑如图 45-2 所示。

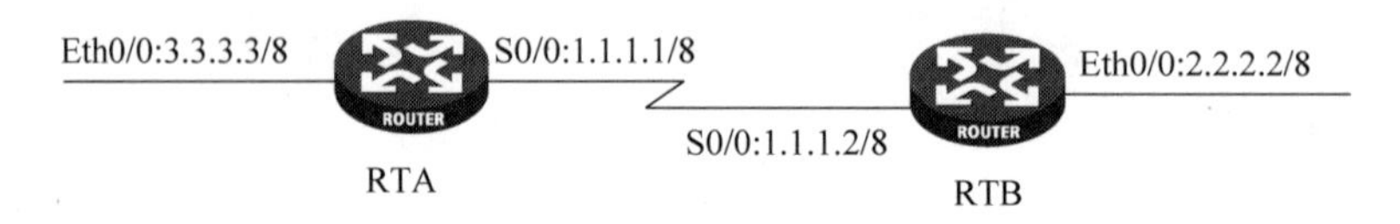

图 45-2 案例 2 的网络拓扑

在 RTA 上配置一条指向 2.0.0.0/8 的静态路由。

```
[RTA]ip route-static 2.0.0.0 255.0.0.0 1.1.1.2
```

在 RTA 上 ping 路由器 RTB 的以太网地址 2.2.2.2，显示可以正常 ping 通；但是在 RTB 上 ping 路由器 RTA 的以太网地址 3.3.3.3，却无法 ping 通。

分析一下，发现由于在 RTB 上没有配置到 3.0.0.0/8 的路由，所以从 RTB 上 ping 不通 RTA 的以太网口 3.3.3.3。

但是为何在 RTA 上可以 ping 通 2.2.2.2 呢？同样是没有回程路由呀？打开路由器上的 IP 报文调试开关发现，原来从 RTA 上发出的 ICMP Request 报文的源地址填写的是 1.1.1.1 而不是 3.3.3.3，由于两台路由器的 S0/0 口处于同一网段，所以 Request 报文可以顺利到达 RTB，而 RTB 同样可以发现到 1.1.1.1 的直连路由，这样 RTB 发出的 Echo Reply 报文就可以顺利到达 RTA。

A 能够 ping 通 B 则 B 一定能够 ping 通 A(不考虑防火墙的因素)，这句话的对错取决于 A 和 B 到底是指主机还是指路由器。

（1）如果是指两台主机，那么这句话就是正确的。

（2）如果是指两台路由器那就是错误的，因为路由器通常会有多个 IP 地址。现在就有如下问题：当从一台路由器上执行 ping 命令，它发出的 ICMP Echo 报文的源地址究竟选择哪一个呢？一般情况下，路由器选择发出报文的接口 IP 地址作为 ICMP 报文的源地址。

45.4.2 tracert 命令

tracert 命令用于测试数据报文从发送主机到目的地所经过的网关，主要用于检查网络连接是否可达，以及分析网络什么地方发生了故障。在 H3C 系列路由器上，tracert 命令的格式如下：

tracert [**-a** *ip-address*] [**-f** *first_TTL*] [**-m** *max_TTL*] [**-p** *port*][**-q** *nqueries*] [**-w** *timeout*] *host*

其中重要参数如下。

（1）**-a**：指定一个发送 UDP 报文的源地址。

（2）**-f**：指定初始报文的 TTL 大小，默认值为 1。

（3）**-m**：指定最大 TTL 大小，默认值为 30。

（4）**-p**：目的主机的端口号，默认值为 33434。

（5）**-q**：每次发送的探测报文的个数，默认值为 3。

（6）**-w**：指明 UDP 报文的超时时间，单位为毫秒，默认值为 5000。

例如，查看到目的主机 10.15.50.1 中间所经过的网关。

```
[H3C] tracert 10.15.50.1
 traceroute to 10.15.50.1(10.15.50.1) 30 hops max,40 bytes packet
 1 10.110.40.1          14 ms   5 ms   5 ms
 2 10.110.0.64          10 ms   5 ms   5 ms
 3 10.110.7.254         10 ms   5 ms   5 ms
 4 10.3.0.177           175 ms  160 ms  145 ms
 5 129.9.181.254        185 ms  210 ms  260 ms
 6 10.15.50.1           230 ms  185 ms  220 ms
```

在基于 Windows 平台的 PC 或服务器上，tracert 命令的格式如下：

tracert [**-d**] [**-h** *maximum_hops*] [**-j** *host-list*] [**-w** *timeout*] *host*

其中重要参数如下。

（1）**-d**：不解析主机名。

（2）**-h**：指定最大 TTL 大小。

（3）**-j**：设定松散源地址路由列表。

（4）**-w**：用于设置 UDP 报文的超时时间，单位为毫秒。

例如，查看到目的节点 10.15.50.1 路径所经过的前两个网关。

```
C:\> tracert -h 2 10.15.50.1
Tracing route to 10.15.50.1 over a maximum of 2 hops:
  1    3 ms    2 ms    2 ms   10.110.40.1
  2    5 ms    3 ms    2 ms   10.110.0.64
Trace complete.
```

以下是使用 tracert 命令进行故障排除的两个案例。

案例 3：使用 tracert 工具定位配置不当的网络点。

某校园网络拓扑如图 45-3 所示。

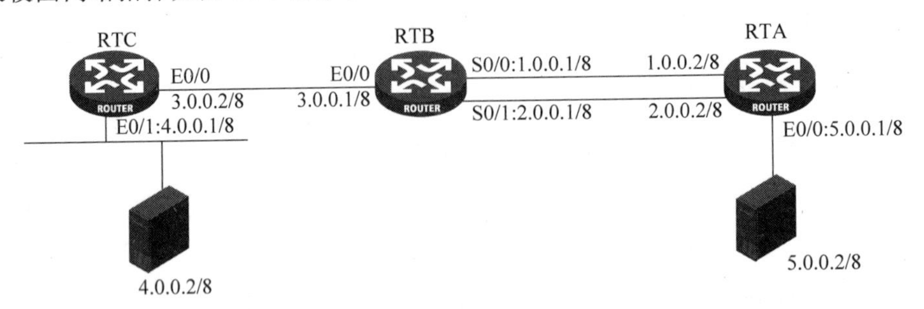

图 45-3 使用 tracert 命令定位不当的网络配置点

主机 4.0.0.2 访问数据库服务器 5.0.0.2 时，用户抱怨访问性能差。

登录到 RTC，使用带参数的 ping 命令，ping 远端路由器 RTA 的接口 IP 地址 5.0.0.1，显示如下：

```
[RTC]ping -c 10 -s 4000 -t 6000 5.0.0.1
  PING 5.0.0.1: 4000  data bytes, press CTRL_C to break
        Reply from 5.0.0.1: bytes=4000 Sequence=1 ttl=254 time=539 ms
        Reply from 5.0.0.1: bytes=4000 Sequence=2 ttl=254 time=34 ms
        Reply from 5.0.0.1: bytes=4000 Sequence=3 ttl=254 time=540 ms
        Reply from 5.0.0.1: bytes=4000 Sequence=4 ttl=254 time=34 ms
        Reply from 5.0.0.1: bytes=4000 Sequence=5 ttl=254 time=539 ms
        Reply from 5.0.0.1: bytes=4000 Sequence=6 ttl=254 time=34 ms
        Reply from 5.0.0.1: bytes=4000 Sequence=7 ttl=254 time=539 ms
        Reply from 5.0.0.1: bytes=4000 Sequence=8 ttl=254 time=34 ms
        Reply from 5.0.0.1: bytes=4000 Sequence=9 ttl=254 time=540 ms
    Reply from 5.0.0.1: bytes=4000 Sequence=10 ttl=254 time=34 ms
```

上面的 ping 输出显示出一个规律：序列号为偶数的报文返回时间很短，而奇数报文返回时间很长(是偶数报文的 10 倍多)。可以初步判断奇数报文和偶数报文是通过不同的路径传输的。现在需要使用 tracert 命令来追踪这些不同的路径。在 RTC 上，tracert 远端服务器的 IP 地址 5.0.0.2。

```
<RTC>tracert -q 8 5.0.0.2
 traceroute to 5.0.0.2(5.0.0.2) 30 hops max,40 bytes packet, press CTRL_C to break
 1   3.0.0.1 <1 ms <1 ms 1 ms 1 ms <1 ms <1 ms 1 ms 1 ms
 2   2.0.0.2 17 ms 1.0.0.2 1 ms 2.0.0.2 17 ms 1.0.0.2 2 ms 2.0.0.2 17 ms 1.0.0.2 1 ms 2.0.0.2 17 ms
1.0.0.2 1 ms
…
```

从上面的显示可看到，至 3.0.0.1，ICMP 探测报文的返回时长都基本一致；而到 RTB 和 RTA 之间，则发生明显变化，呈现到 2.0.0.2 的报文时间长，到 1.0.0.2 的报文时间短的现象。于是判断，问题发生在 RTB 和 RTA 之间。

通过询问该段网络的管理员，得知这两路由器间有一主一备两串行链路，主链路为 2.048Mbps(S0/0 口之间)，备份链路为 128Kbps(S0/1 口之间)。网络管理员在此两路由器间配置了静态路由。

RTB 上配置如下：

```
[RTB]ip route-static 5.0.0.0 255.0.0.0 1.0.0.2
[RTB]ip route-static 5.0.0.0 255.0.0.0 2.0.0.2
```

RTA 上配置如下：

```
[RTA]ip route-static 0.0.0.0 0.0.0.0 1.0.0.1
[RTA]ip route-static 0.0.0.0 0.0.0.0 2.0.0.1
```

于是问题原因就找到了。由于管理员配置时没有给出静态路由的优先级，这两条路由项的优先级就同为默认值 60，于是就同时出现在路由表中，实现了负载分担，而不是主备的目的。

针对以上问题原因，可以有两种处理方法来解决故障。

(1) 继续使用静态路由，进行配置更改。

RTB 上进行如下更改。

```
[RTB]ip route 5.0.0.0 255.0.0.0 1.0.0.2(主链路仍使用默认优先级 60)
[RTB]ip route 5.0.0.0 255.0.0.0 2.0.0.2 100(备份链路的优先级降低至 100)
```

RTA 上进行如下更改。

```
[RTA]ip route-static 0.0.0.0 0.0.0.0 1.0.0.1(主链路仍使用默认优先级 60)
[RTA]ip route-static 0.0.0.0 0.0.0.0 2.0.0.1 100(备份链路的优先级降低至 100)
```

这样，只有当主链路发生故障，备份链路的路由项才会出线在路由表中，从而接替主链路完成报文转发，实现主备目的。

(2) 在两路由器上运行 OSPF 动态路由协议，但不要运行 RIP 协议(因为 RIP 协议以跳数作为度量值)。

本案例的目的不是为了解释网络配置问题，而是用来展示如何使用 ping 命令和 tracert 命令的相互配合来找到网络问题的发生点。尤其在一个复杂或规模较大的网络环境中，维护人员可能无法沿着转发路径逐个排除，此时，能够迅速定位出故障点的位置就非常重要了。

案例 4：使用 tracert 命令发现路由环路。

网络拓扑如图 45-4 所示。

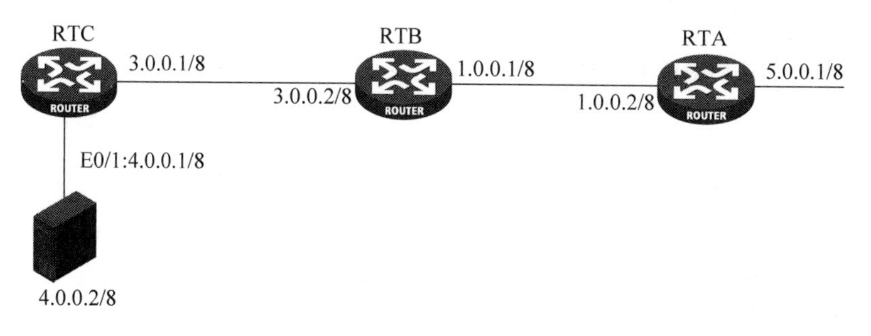

图 45-4 使用 tracert 命令发现路由环路

3台路由器均配置静态路由。在RTA上ping主机4.0.0.2,发现不通。

```
[RTA]ping -c 6 -t 5000 4.0.0.2
  PING 4.0.0.1: 56   data bytes, press CTRL_C to break
    Request time out
    Request time out
    Request time out
```

接着执行tracert操作,命令如下:

```
[RTA]tracert 4.0.0.2
  traceroute to 4.0.0.2(4.0.0.2) 30 hops max,40 bytes packet
 1 1.0.0.1 6 ms   4 ms   4 ms(RTB)
 2 1.0.0.2 8 ms   8 ms   8 ms(RTA)
 3 1.0.0.1 12 ms   12 ms   12 ms(RTB)
 4 1.0.0.2 16 ms   16 ms   16 ms(RTA)
...
```

从上面的tracert命令输出可以发现,在RTA和RTB间产生了路由环路。由于配置了静态路由,所以基本可以断定是RTA或RTB的静态路由配置错误。

检查RTA的路由表,配置的是默认静态路由ip route 0.0.0.0 0.0.0.0 1.0.0.1,没有问题。

检查RTB的路由表,配置到4.0.0.0网络的静态路由为ip route-static 4.0.0.0 255.0.0.0 1.0.0.2。其下一跳配置的是1.0.0.2,而不是3.0.0.1。这正是错误所在。

原因找到了,处理方法就很容易了。修改RTB的配置如下:

```
[RTB] undo ip route-static 4.0.0.0 255.0.0.0 1.0.0.2
[RTB] ip route-static 4.0.0.0 255.0.0.0 3.0.0.1
```

故障排除了。

使用tracert命令能够发现路由环路等潜在问题。当路由器A认为路由器B知道到达目的地的路径,而路由器B也认为路由器A知道目的地时,就是路由环路发生了。使用ping命令只能知道接收端出现超时错误,而tracert能够立即发现环路所在。

当通过tracert发现路由环路后,检查相关路由协议配置。常见的情况有以下几种。

(1) 如果配置了静态路由,则几乎可以肯定是配置错误,如本案例所示。

(2) 如果配置了动态路由,如OSPF协议等,则很可能是路由聚合产生的问题。

(3) 如果配置了多个路由协议,则注意检查是否路由引入不当而产生环路。

45.4.3 display命令

display命令是用于了解路由器的当前状况、检测相邻路由器、从总体上监控网络、隔离因特网络中故障的最重要的工具之一。几乎在任何故障排除和监控场合,display命令都是必不可少的。

下面介绍最常用的、全局性的display命令。与各协议相关的display命令,在相应的各协议章节中有详细介绍。

1. display version命令

display version命令是最基本的命令之一,它用于显示路由器硬件和软件的基本信息。

对于网络设备来说，不同的硬件和软件版本有不同的特征，实现的功能也不完全相同，所以，查看硬件和软件的信息是解决问题的重要一步。在进行故障排除时，通常从这个命令开始收集数据。该命令将帮助用户收集下列信息。

(1) Comware 软件版本。

(2) 设备系列名称。

(3) 处理器的信息。

(4) RAM 的容量。

(5) 配置寄存器的设置。

(6) 硬件的版本。

(7) 引导程序的版本。

例如：

```
<H3C> display version
H3C Comware Software, Version 7.1.059, Alpha 7159
Copyright (c) 2004-2014 Hangzhou H3C Tech. Co., Ltd. All rights reserved.
H3C MSR36 uptime is 0 weeks, 0 days, 0 hours, 1 minute
Last reboot reason: User reboot
Boot image: flash:/msr36-cmw710-boot-a5901.bin
Boot image version: 7.1.059, Alpha 7159
  Compiled Sep 24 2014 16:10:27
Boot image: flash:/msr36-cmw710-system-a5901.bin
Boot image version: 7.1.059, Alpha 7159
  Compiled Sep 24 2014 16:10:27

CPU ID: 0x2
512M bytes DDR3 SDRAM Memory
1024M bytes Flash Memory
PCB                    Version:  2.0
CPLD                   Version:  1.0
Basic     BootWare Version:  1.42
Extended BootWare Version:  1.42
```

2. display current-configuration 和 display saved-configuration 命令

display current-configuration 用于查看当前的配置信息。

display saved-configuration 用于显示 NVRAM、Flash 等存储介质中的路由器配置文件，即路由器下次启动时所用的配置文件。

注意：current-configuration 是路由器目前正在运行的配置文件，当更改某一配置时，current-configuration 会立即改变；如果不使用 save 命令将改变后的配置信息保存到启动配置文件 saved-configuration 中，路由器重启时该改动将丢失。因此请注意，修改运行配置并验证正确后，应当保存到启动配置文件中。

设备的配置文件为文本格式，另外还有如下特点。

(1) 文件中的语句以命令格式保存。

(2) 为节约空间，只保存非默认的参数命令；相关的命令组织成节，节间以注释行隔开(以“#”开始的语句为注释行)。

(3) 系统视图相关命令在文件的开始,然后是接口视图命令、协议视图命令等。

(4) 文件以 return 为结束。

示例如下:

```
[RTA]display current-configuration
#
 sysname H3C
#
interface Aux0
 async mode flow
 link-protocol ppp
#
interface Ethernet0/0
#
interface Ethernet1/0
#
interface Serial0/0
 clock DTECLK1
 link-protocol ppp
#
interface NULL0
#
user-interface con 0
user-interface aux 0
user-interface vty 0 4
#
return
```

强烈建议网络维护或管理人员保存一份启动配置文件的备份,存放到路由器以外的其他设备上,这有如下几点好处。

(1) 这将使维护人员能够迅速配置一个替代的路由器。

(2) 这个保存在外部的文本文件,也可以按上述规定的格式编辑,然后使用命令加载到路由器上。

(3) 可以将配置文件发给其他技术支持人员以帮助定位配置问题。

3. display interface 命令

display interface 命令可以显示所有接口的当前状态,如果只是想查看特定接口的状态,请在该命令后输入接口类型和接口号,例如,display interface serial0/0 命令将查看串口0/0 的运行状态和相关信息。

45.4.4 reset 命令

reset 命令的作用是清空当前的统计信息以排除以前积累的数据的干扰。

reset 命令中最主要的是 reset counters interface 和 reset ip counters 命令。reset counters interface 命令用于清空二层数据帧收发计数器的统计信息;而 reset ip counters 用于清空三层报文收发计数器的统计。

reset 命令经常和 display interface 命令结合起来使用。一般情况下,首先使用 reset 命令清空统计值，排除以前积累数据干扰，然后使用 ping 命令使路由器端口收发报文，最后使用 display 命令来查看统计值。

display interface 命令可用来查看接口收发二层数据帧的统计信息；display ip interface 命令来查看接口收发三层数据报文的统计信息。另外，display 命令所输出的统计值是自从路由器运行以来（或上次 reset 后）的统计值。

例如，通过 display interface e0/0 观察到端口 E0/0 有如下统计数据。

```
10 input errors, 5 CRC, 1 frame errors
0 overrunners, 0 aborted sequences, 0 input no buffers
```

从以上信息得知，端口收到了错误帧。为了确认这些错误帧的产生时间，可用 reset counters interface e0/0 来进行刷新，再通过 ping 命令发出 ICMP 报文，最后再使用 display interface e0/0 看结果统计。如果仍然显示发生错误，那么就需要分析原因进行故障排除了。

45.4.5　debugging 命令

1. debugging 命令概述

H3C 系列路由器提供大量的 debugging 命令，可以帮助用户在网络发生故障时获得路由器中交换的报文和数据帧的细节信息，这些信息对网络故障的定位是至关重要的。

在 Comware 中，debugging 信息及其他提示信息的输出是由信息中心（Info-center）来统一管理的。因此，用户要查看调试信息，需要先开启信息中心，然后再打开相应的调试命令并将信息在终端上打印出来，如下所示。

第 1 步：开启 Info-center 功能。

```
[H3C]info-center enable
```

第 2 步：打开相应的调试开关。

例如，打开 IP packet 调试开关的命令为：

```
<H3C>debugging ip packet
```

第 3 步：打开相应的终端显示命令。

```
<H3C>terminal debugging
<H3C>terminal monitor
```

2. debugging 命令使用注意事项

由于调试信息的输出在 CPU 处理中赋予了很高的优先级，debugging 命令会占用大量的 CPU 运行时间，在负荷高的路由器上运行可能引起严重的网络故障（如网络性能迅速下降）。但 debugging 命令的输出信息对于定位网络故障又是如此的重要，是维护人员必须使用的工具。因此，维护人员在使用 debugging 命令时，要注意以下要点。

（1）应当使用 debugging 命令来查找故障，而不是用来监控正常的网络运行。

（2）尽量在网络使用的低峰期或网络用户较少时使用，以降低 debugging 命令对系统的影响性。

（3）在没有完全掌握某 debugging 命令的工作过程以及它所提供的信息前，不要轻易使用该 debugging 命令。

(4) 尽量使用某些特定的 debugging 命令，以减少无用信息的输出，降低网络设备资源的占用率。

(5) 在使用 debugging 命令获得足够多的信息后，应立即以 undo debugging 命令终止 debugging 命令的执行。

可以使用 display debugging 命令查看当前已打开哪些调试开关，使用相应命令关闭；使用 undo debugging all 命令关闭可以所有调试开关。

3. display 命令和 debugging 命令的配合使用

display 命令能够提供某个时间点的设备运行状况，而 debugging 命令能够展示一段时间内设备运行的变化情况(动态)。因此，要在故障排除时了解系统运行的总体情况，必须同时使用这两个命令。例如，当进行 OSPF 协议的故障排除时，需要使用 display ip routing-table 命令来了解路由器当前有哪些路由表项，需要使用 debugging ospf event 命令来了解路由表是如何更新的。debugging 命令并不能直接显示设备已知道的信息，而 display 命令则不能告诉路由表的变化情况，两者的配合使用，才能全面了解正在发生的事情。

一般来说，display 命令不会影响系统的运行性能，而 debugging 命令则会对系统性能造成影响。因此在故障排除时，首先使用相关的 display 命令查看设备当前的运行状况，分析可能原因，缩减故障到适当范围，然后打开某个特定的 debugging 命令观察变化情况，以定位和排除问题。

45.5 故障排除案例

某校园网中有 3 个局域网段，其中 10.11.0.0/16 为一个用户网段，但这个用户网段有一台日志服务器 10.11.56.118/16；129.9.0.0/16 是另外一个用户网段；10.15.0.0/16 是一个集中了很多应用服务器的网段。

某天，用户报告，日志服务器与 10.15.0.0/16 网段的备份服务器间备份发生问题，如图 45-5 所示。

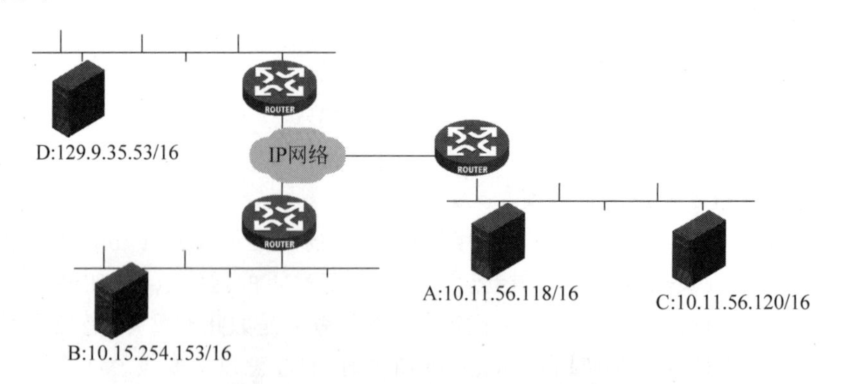

图 45-5 服务器 FTP 业务传输速度慢

1. 故障现象观察

如上述案例，“日志服务器与 10.15.0.0/16 网段的备份服务器间备份发生问题”就是一个不完整不清晰的故障现象描述。因为这个描述没有讲述清楚下列问题。

(1) 这个问题是连续出现,还是间断出现的?

(2) 是完全不能备份,还是备份的速度慢(即性能下降)?

(3) 哪些局域网服务器受到影响,地址是什么?

对实际的故障现象较好的描述是:

在网络的高峰期,日志服务器 10.11.56.118 到集中备份服务器 10.15.254.153 之间进行备份时,FTP 传输速度很慢,大约是 0.6Mbps。

2. 故障案例相关信息收集

如上述案例,可以向用户提问或自行收集下列相关信息。

(1) 网络结构或设备配置是否最近修改过,即问题出现是否与网络变化有关?

(2) 是否有用户访问受影响的服务器时服务器没有问题?

(3) 在非高峰期日志服务器和备份服务器间 FTP 传输速度是多少?

通过该步骤,收集到了下面一些相关信息。

(1) 最近 10.11.0.0/16 网段的客户机不断在增加。

(2) 129.9.0.0/16 网段的机器与备份服务器间进行 FTP 传输时速度正常为 7Mbps,与日志服务器间进行 FTP 传输时速度慢,只有 0.6Mbps。

(3) 在非高峰期日志服务器和备份服务器间 FTP 传输速度正常,大约为 6Mbps。

3. 经验判断和理论分析

如上述案例,现在能够确定是一个网络性能下降问题。那么,是网段 10.11.0.0/16 的性能问题?是中间网络的性能问题?还是 10.15.0.0/16 网段的性能问题呢?

由于 129.9.0.0/16 网段的机器与备份服务器间进行 FTP 传输时正常速度为 7Mbps,所以可以排除掉 10.15.0.0/16 网段的性能问题。

4. 各种可能原因列表

如上述案例,网段 10.11.0.0/16 的性能问题,其原因可能如下。

(1) 网络 10.11.0.0/16 到网络 10.15.0.0/16 的路由不是最佳路由。

(2) 日志服务器 A 的性能问题。

(3) 10.11.0.0/16 网络的网关性能问题。

(4) 10.11.0.0/16 网络本身的性能问题。

5. 对每一原因实施排错方案

如上述案例,在列出了可能原因列表后,开始制定方案进行故障排除。

可能原因 1:网络 10.11.0.0/16 到网络 10.15.0.0/16 的路由不是最佳路由。

测试方案:在 10.11.0.0/16 网段的网关上使用 ping 10.15.254.153 命令,发现探测报文返回时长仅为 10ms,表明该可能原因并不是造成故障的原因,进入循环排错过程。

可能原因 2:日志服务器 A 的性能问题。

测试方案:测试同一网段的主机 C(10.11.56.120)和日志服务器(10.11.56.118)间的 FTP 传输速度是 6Mbps(正常)。可见问题与服务器 A 无关。

可能原因 3:10.11.0.0/16 网络的网关性能问题。

测试方案:测试主机 C 和备份服务器 B(10.15.254.153)间 FTP 传输速度是 7Mbps(正常)。排除了网关因素,因为 B、C 在不同网段上而速度正常。

可能原因 4：10.11.0.0/16 网络本身的性能问题。

测试方案：在网段 10.11.0.0 的以太网交换机上使用命令 display mac-address，输出如下：

```
Port     Rcv-Unicast        Rcv-Multicast       Rcv-Broadcast
-------- ------------------ ------------------- ---------------
6/32      10317812               0               8665

Port     Xmit-Unicast       Xmit-Multicast      Xmit-Broadcast
-------- ------------------ ------------------- ---------------
6/32       6667987            286652             2474038

Port      Rcv-Octet          Xmit-Octet
-------- ------------------ ----------------------------------
6/32             14094829358              1516443041
```

可见其发送的广播与单播报文之比约为 1∶3，比例太大。

在网段 10.15.0.0/16 上的以太网交换机上使用命令 display mac-address，输出如下：

```
Port     Rcv-Unicast        Rcv-Multicast       Rcv-Broadcast
-------- ------------------ ------------------- -------------
6/36     55780287                0              285

Port     Xmit-Unicast       Xmit-Multicast      Xmit-Broadcast
-------- ------------------ ------------------- -------------
6/36     27879749             190257         119430

Port     Rcv-Octet          Xmit-Octet
-------- ------------------ ------------------------------
6/36     67172587081        4998816809
```

可见其发送的广播与单播报文之比约为 1∶270，比例处于正常范围。

由此知道，网段 10.11.0.0/16 上广播包和单播包比例为 1∶3，确实太大了。再次询问用户该网段主要运行的业务是什么，从而得出了故障最终原因如下：10.11.0.0/16 是普通用户网段，由于业务原因每个用户需要发送大量广播包和组播包，随着近期越来越多的用户接入该网络，在这个网段上的服务器需要花费更多的资源来处理越来越多的广播和组播包，因此其服务的传输速度自然减慢。

由于这是一个网络布局不恰当的问题，于是重新安排服务器的位置，将服务器移到 10.15.0.0/16 网段后，故障排除。

6. 故障排除过程文档化

当最终排除了网络故障后，最后一步就是对所做的工作进行文字记录。文档记录主要包括以下几个方面。

(1) 故障现象描述及收集的相关信息。

(2) 网络拓扑图绘制。

(3) 网络中使用的设备清单和介质清单。

(4) 网络中使用的协议清单和应用清单。

(5) 故障发生的可能原因。

(6) 对每一可能原因制定的方案和实施结果。

(7) 本次排错的心得体会。

(8) 其他。如排错中使用的参考资料列表等。

请对照上述案例完成文档记录工作。

45.6 本章总结

(1) 网络故障排除的一般步骤。

(2) 网络排错方法有分层故障排除法、分段故障排除法、分块故障排除法和替换法等。

(3) 熟悉使用故障排除常见工具。

(4) 通过案例分析和实验,初步掌握网络设备常见故障现象的排除方法。

45.7 习题和解答

45.7.1 习题

1. 一般来说,如下( )原因可能会导致计算机网络性能故障。

   A. 网络拥塞 B. 网络环路 C. 非最佳路由 D. 电源中断

2. 网络故障的一般解决步骤包括( )。

   A. 现象观察与信息收集 B. 可能原因列表

   C. 排障方案实施 D. 排障经验文档化

3. 下列( )信息能够在设备上通过 display version 命令来收集。

   A. 处理器与内存 B. 引导程序版本

   C. 协议配置 D. 设备名称

4. 当怀疑硬件如线缆损坏时,可以用( )来进行排障。

   A. 分块故障排除法 B. 分段故障排除法

   C. 替换法 D. 分层故障排除法

5. 以下( )命令可用于故障信息收集及排除。

   A. ping B. tracert

   C. display D. debugging

45.7.2 习题答案

1. ABC 2. ABCD 3. ABD 4. C 5. ABCD

附　录

课程实验

实验11　FTP/TFTP
实验12　以太网交换基础
实验13　VLAN
实验14　生成树协议
实验15　链路聚合
实验16　直连路由和静态路由
实验17　RIP
实验18　OSPF
实验19　ACL包过滤
实验20　网络地址转换
实验21　AAA/SSH
实验22　交换机端口安全技术
实验23　IPSec
实验24　VRRP
实验25　链路备份和路由备份
实验26　网络管理
实验27　综合组网

实验11

FTP/TFTP

11.1　实验内容与目标

完成本实验,应该能够达到以下目标。

(1) 掌握 FTP 和 TFTP 的操作。

(2) 掌握 FTP 和 TFTP 的工作原理。

11.2　实验组网图

本实验按照实验图 11-1 进行组网。

实验图 11-1　实验组网图

11.3　实验设备与版本

本实验所需的主要设备器材如实验表 11-1 所示。

实验表 11-1　实验设备器材

名称和型号	版　　本	数　量	描　　述
MSR36-20	Version 7.1	1	
PC	Windows 系统均可	1	安装有报文分析软件
Console 串口线	—	1	
第 5 类 UTP 以太网连接线	—	1	

11.4　实验过程

实验任务 1　FTP 操作与分析

本实验将路由器配置为 FTP 服务器,PC 作为 FTP 客户端连接到路由器,利用 FTP 协议在 PC 与路由器之间传输文件。期间通过报文分析软件对 FTP 协议的连接建立和文件传输过程进行观察，从而掌握 FTP 协议的工作原理。

步骤 1：建立物理连接。

按照图 11-1 进行连接，并检查设备的软件版本及配置信息，确保各设备软件版本符合要求，所有配置为初始状态。如果配置不符合要求，在用户模式下擦除设备中的配置文件，然后重启设备以使系统采用默认的配置参数进行初始化。

以上步骤可能会用到以下命令。

```
<RTA> display version
<RTA> reset saved-configuration
<RTA> reboot
```

步骤 2：IP 地址配置。

本实验的 IP 地址列表如实验表 11-2 所示。

实验表 11-2　IP 地址列表

设备名称	接　口	IP 地址	网　关
PCA	—	10.0.0.2/24	10.0.0.1
RTA	G0/0	10.0.0.1/24	—

按实验表 11-2 所示在 PC 及路由器上配置 IP 地址。

步骤 3：报文分析软件配置。

因为在本实验中，需要对 PC 与路由器间的 FTP 协议交互报文进行观察，所以要首先会使用报文分析软件进行相应的报文截获。报文分析软件有多种，较多使用的有 Wireshark(Ethereal)、Sniffer 等。本实验以较常用的开源软件 Wireshark(Ethereal)为例，简单描述相关配置。

首先从网站上获取相关软件，安装在 PC 上。然后打开软件，按照下述步骤操作。

(1) 在主菜单下选择“捕获”命令，在弹出的下拉式菜单中单击“选项”命令，系统会弹出一个配置界面。

(2) 在“捕获接口”对话框中选择使用当前的网卡，然后单击“开始”。软件开始进行报文截获。

(3) 截获到所需报文后，单击“停止”以停止截获，然后查看报文的详细信息。

熟悉软件操作后，先关闭软件。

说明：本实验以 Wireshark 的 Version 2.0.2 为例来说明操作过程，不同版本可能会有差异，以软件本身的说明为主。

步骤 4：FTP 服务器端配置。

在路由器 RTA 的系统视图下，使能路由器的 FTP 服务器功能，并在下面的空格中写出完整的命令。

____

然后在路由器上创建本地用户并设置相应的密码、服务类型等参数，并在下面的空格中写出完整的命令。

____

____

____

____

配置完成后要注意保存。

步骤 5：使用 FTP 下载文件。

在 PCA 的 Windows 操作系统上执行“开始”命令，单击“命令提示符”，在弹出的对话框中输入命令“CMD”，进入命令行界面下。同时，按照步骤 2 中的方法，将报文分析软件打开，并开始进行报文捕获。

在命令行界面下，键入命令“ftp 10.0.0.1”连接到 FTP 服务器。按照系统的提示来输入相应的用户名和密码。

用户名：______________________

密码：______________________

正常情况下，PCA 现在已经通过 FTP 协议连接到 RTA 上。现在需要把 RTA 上的文件下载到 PCA 上。在命令行下输入命令“ls”来查看 RTA 上的文件名，并在下面的空格中写出看到的后缀名称为.cfg 的文件名。

____

____

____

说明：此处可能会有多个文件。

将上述后缀名称为.cfg 的文件下载到本地。在下面的空格中写出所使用的命令。

____

待系统提示下载完成后，退出 FTP 命令行会话。在下面的空格中写出所使用的命令。

____

步骤 6：TCP 及 FTP 协议分析。

停止报文分析软件 Ethereal，然后查看所截获报文的详细信息。在实验表 11-3 中填入所截获的前三个 TCP 报文的相关信息。

实验表 11-3 TCP 报文信息表

报文序号	源 IP	目的 IP	源端口	目的端口	标志位 (Flag)	序列号 (Sequence number)	确认号 (Acknowledgement number)	Window Size
1								
2								
3								

根据实验表 11-3 中的内容，思考并回答以下问题。

在 TCP 连接中，第一个报文的标志位是________，表示________；确认号是________，表示________。

第二个报文的标志位是________，表示________；Acknowledgement number 是________，表示________。

在 TCP 建立完成后，客户端与服务器端之间建立 FTP 连接并开始传输文件。观察 FTP 报文，并在下面的空格中填入以下结果。

PCA 上的 FTP 客户端端口号：________________

RTA 上的 FTP 服务器端端口号：________________

FTP 文件传输模式是：____________________

FTP 数据传输方式是：____________________

实验任务 2　TFTP 操作与分析实验

本实验通过将 PC 配置为 TFTP 服务器端，然后在路由器上使用 TFTP 客户端连接到 TFTP 服务器并传输文件。期间通过报文分析软件对 TFTP 协议的连接建立和文件传输过程进行观察，从而掌握 TFTP 协议的工作原理。

步骤 1：TFTP 服务器软件配置。

本实验中需要用到 TFTP 服务器。TFTP 服务器软件有多种，本实验以较常用的 3CDaemon 软件为例，简单描述相关配置。

首先从网站上下载 3CDaemon 并安装。安装成功后，打开 3CDaemon 软件，其默认界面如实验图 11-2 所示。

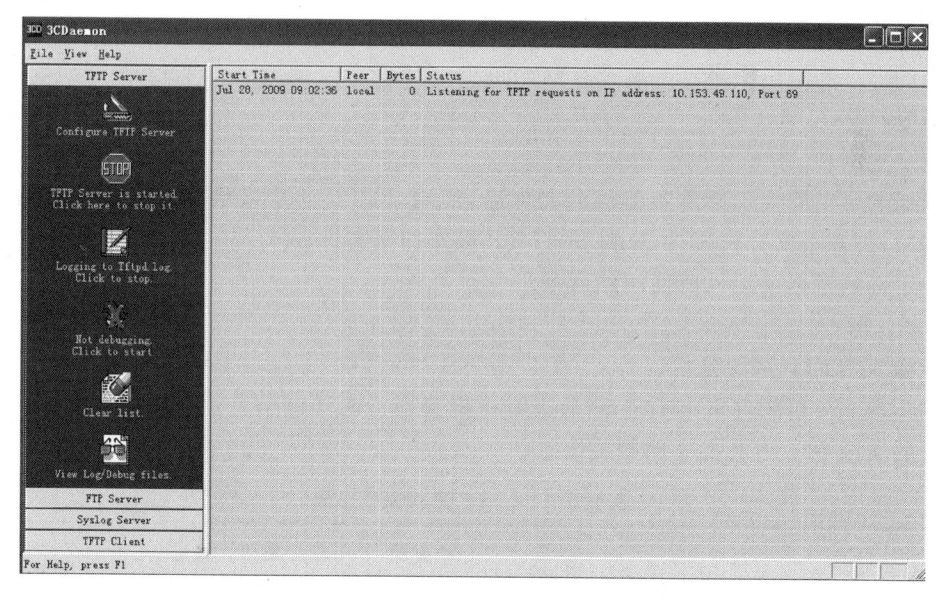

实验图 11-2　3CDaemon 默认界面

界面的左边是状态栏，表示所能配置的服务器，默认就是 TFTP 服务器。单击状态栏中的“Configure TFTP Server”，弹出如实验图 11-3 所示界面。

此界面上主要配置 TFTP 服务器的参数。在“Upload/Download”对话框输入所需要上传或下载文件的目录，或单击右边的图标，在弹出的菜单中进行目录选择。

将所需要上传或下载的文件放置于目录中，以备后续操作。考虑到路由器的存储空间有限，文件不宜太大。在下面的空格中填入所放置的文件名称。

____

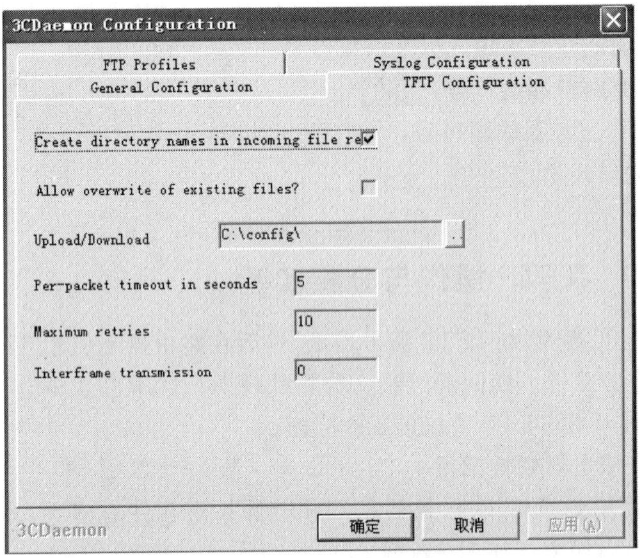

实验图 11-3 TFTP 服务器配置界面

步骤 2：使用 TFTP 下载文件。

在路由器的用户视图下，使用命令来查看路由器中的存储空间。在下面的空格中填入所使用的命令和输出所显示的剩余存储空间。

命令：________________________________

剩余空间：____________________________

确保剩余空间大于所需要下载的文件后，使用 TFTP 命令来将文件下载到路由器中。与此同时，打开报文分析软件，来截获 TFTP 操作的报文。

在下面的空格中填入所使用的命令。

____

步骤 3：TFTP 协议分析。

停止报文分析软件 Ethereal，然后查看所截获报文的详细信息。在实验表 11-4 中填入所截获的前三个 TFTP 报文的相关信息。

实验表 11-4 TFTP 报文信息表

报文序号	源 IP	目的 IP	源端口	目的端口	块编号 (Block)	确认块编号 (Acknowledgement Block)	数据块大小
1							
2							
3							

根据 TFTP 报文信息表中内容，思考并回答以下问题。

在 TFTP 传输中，第一个报文是________，表示________。

第二个报文的块编号是________，表示________。

第三个报文的确认块编号是________，表示________。

在 TFTP 传输中，报文数据块的大小是________。

另外，最后一个 TFTP 报文块的大小是________。

11.5　实验中的命令列表

本实验命令列表如实验表 11-5 所示。

实验表 11-5　命令列表

命　　令	描　　述
ftp server enable	启动 FTP 服务器功能
local-user *user-name* [**class** { **manage** | **network** }]	创建本地用户
password { **hash** | **simple** } *password*	设置当前本地用户的密码
service-type { **ftp** | { **ssh** | **telnet** | **terminal** } }	设置服务类型
tftp *tftp-server* { **get** | **put** | **sget** } *source-filename* [*destination-filename*] [**vpn-instance** *vpn-instance-name*] [**dscp** *dscp-value* | **source** { **interface** *interface-type interface-number* | **ip** *source-ip-address* }]	配置路由器作为 TFTP 客户端

11.6　思考题

1. 在 TCP 传输中，窗口大小(Window Size)的作用是什么?

答：表示接收端期望一次性接收的字节，最大为 65535 字节。在 TCP 的传输过程中，双方通过交换窗口的大小来表达自己剩余的缓冲区空间，以及下一次能够接受的最大的数据量，避免缓冲区的溢出。

2. 在 FTP 数据传输中，服务器端所侦听的端口号在何种情况下不是 20?

答：当数据传输方式是被动方式(PASV)时，服务器端会使用一个临时端口号来传输数据，此时端口号不是 20。

实验12

以太网交换基础

12.1 实验内容与目标

完成本实验,应该能够达到以下目标。

(1) 掌握以太网交换机 MAC 地址学习机制。

(2) 掌握以太网交换机数据帧转发过程。

(3) 理解以太网交换机 MAC 地址表。

12.2 实验组网图

本实验按照实验图 12-1 进行组网。

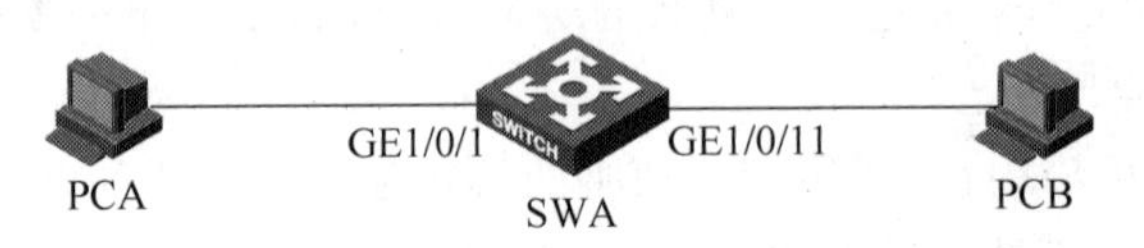

实验图 12-1 实验组网图

12.3 实验设备与版本

本实验所需的主要设备器材如实验表 12-1 所示。

实验表 12-1 实验设备器材

名称和型号	版　本	数　量	描　述
S5820V2	CMW 7.1.035-R2311	1	
PC	Windows XP SP2	2	
Console 串口线	—	1	
第 5 类 UTP 以太网连接线	—	2	

12.4 实验过程

实验任务 MAC 地址学习

本实验的主要任务是掌握 MAC 地址学习机制并理解 MAC 地址表。

步骤 1：运行超级终端并初始化交换机配置。

将 PC(或终端)的串口通过标准 Console 电缆与交换机的 Console 口连接。电缆的 RJ-45 头一端连接交换机的 Console 口；9 针 RS-232 接口一端连接计算机的串行口。

检查设备的软件版本及配置信息，确保各设备软件版本符合要求，所有配置为初始状态。如果配置不符合要求，在用户视图下擦除设备中的配置文件，然后重启设备以使系统采用默认的配置参数进行初始化。

步骤 2：连接 PC 并查看 MAC 地址表。

按照实验组网图先将 PCA 与交换机连接，然后在交换机上通过 display mac-address 命令查看地址表项；然后再将 PCB 与交换机连接，再次在交换机上通过 display mac-address 命令查看地址表项。然后根据此输出结果补充实验表 12-2 内容。

实验表 12-2　MAC 地址表

MAC ADDR	VLAN ID	STATE	PORT INDEX	AGING TIME(s)

从实验表 12-2 中可以看到，MAC 地址对应的 port index 表示为____。

那么此时，如果 PCA 要给 PCB 发送一个数据包，其转发流程为____。

步骤 3：配置静态 MAC 地址。

在交换机上将 PCA 的 MAC 地址配置为静态 MAC 地址表项，在空格中补充完整的配置命令。

____

配置完成后，在 SWA 上查看 MAC 地址表项，可以看到 PCA 的 MAC 地址表项中 State 项为________，Aging time 项为________，port index 项为________。

此时将 PCA 连接 SWA 的网线断开，将 PCA 连接到 SWA 的 GigabitEthernet1/0/15 端口上，然后再次在 SWA 上查看 MAC 地址表项，此时看到的地址表项 State 项为________，Aging time 项为________，port index 项为________；可以看到 PCA 的 MAC 地址没有学习到端口 GigabitEthernet1/0/15 上，造成这种情况的原因是____。

12.5　实验中的命令列表

本实验命令列表如实验表 12-3 所示。

实验表 12-3 命令列表

命 令	描 述
mac-address { **dynamic** | **static** } *mac-address* **vlan** *vlan-id*	接口模式下添加/修改 MAC 地址表项
mac-address { **dynamic** | **static** } *mac-address* **interface** *interface-type interface-number* **vlan** *vlan-id*	全局模式下添加/修改 MAC 地址表项
mac-address timer{ **aging** *seconds* | **no-aging** }	配置动态 MAC 地址动态表的老化时间
display mac-address [*mac-address* [**vlan** *vlan-id*] | [**dynamic** | **static**] [**interface** *interface-type interface-number*] [**vlan** *vlan-id*] [**count**]]	显示 MAC 地址表信息
display mac-address aging-time	显示 MAC 地址表动态表项的老化时间

12.6 思考题

如果在 SWA 上配置了动态 MAC 地址表项的老化时间为 500s,那么此时将 PCA 连接 SWA 的网线断开,那么 SWA 上的 MAC 地址表项会有如何变化?

答: SWA 的 MAC 地址表项会立即把 PCA 的 MAC 地址表项删除掉,而不是等待 500s,因为 SWA 检测到端口物理层 down。

实验13

VLAN

13.1 实验内容与目标

完成本实验,应该能够达到以下目标。

(1) 掌握 VLAN 的基本工作原理。

(2) 掌握 Access 链路端口的基本配置。

(3) 掌握 Trunk 链路端口的基本配置。

(4) 掌握 Hybrid 链路端口的基本配置。

13.2 实验组网图

本实验按照实验图 13-1 进行组网。

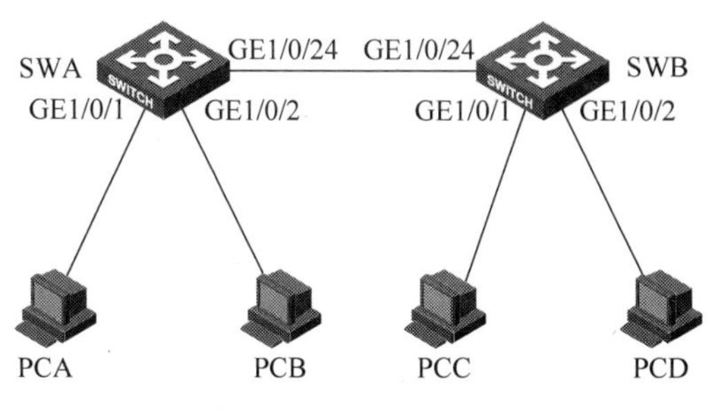

实验图 13-1 实验组网图

13.3 实验设备与版本

本实验所需的主要设备器材如实验表 13-1 所示。

实验表 13-1 实验设备器材

名称和型号	版 本	数 量	描 述
S5820V2	CMW 7.1.035-R2311	2	
PC	Windows XP SP2	4	
Console 串口线	—		
第 5 类 UTP 以太网连接线	—	5	

13.4 实验过程

实验任务1 配置 Access 链路端口

本实验任务通过在交换机上配置 Access 链路端口使 PC 处于不同 VLAN，隔离 PC 间的访问，从而加深对 Access 链路端口的理解。

步骤 1：建立物理连接并运行超级终端。

将 PC(或终端)的串口通过标准 Console 电缆与交换机的 Console 口连接。电缆的 RJ-45 头一端连接交换机的 Console 口；9 针 RS-232 接口一端连接计算机的串行口。

检查设备的软件版本及配置信息，确保各设备软件版本符合要求，所有配置为初始状态。如果配置不符合要求，在用户视图下擦除设备中的配置文件，然后重启设备以使系统采用默认的配置参数进行初始化。

步骤 2：观察默认 VLAN。

可以在________视图下通过________命令查看交换机上的 VLAN 相关信息。

从以上输出可知，交换机上的默认 VLAN 是________。

执行合适的命令以查看默认 VLAN 的信息，并在下面的空格中写出完整的命令。

____

步骤 3：配置 VLAN 并添加端口。

分别在 SWA 和 SWB 上创建 VLAN 2，并将 PCA 和 PCC 所连接的端口 GigabitEthernet1/0/1 添加到 VLAN 2 中。

(1) 配置 SWA

执行合适的命令创建 VLAN 2 并将端口 GigabitEthernet1/0/1 添加到 VLAN 2 中，在下面的空格中写出完整的命令。

____

____

(2) 配置 SWB

执行合适的命令创建 VLAN 2 并将端口 GigabitEthernet1/0/1 添加到 VLAN 2 中，在下面的空格中写出完整的命令。

____

____

在交换机上查看有关 VLAN 以及 VLAN 2 的信息。

在 SWA 上查看配置的 VLAN 信息，在下面空格中填写完整的命令。

____

在 SWA 上查看 VLAN 2 的信息，在下面空格中填写完整的命令。

____

步骤 4：查看物理端口链路类型。

执行合适的命令查看交换机的物理端口 GigabitEthernet1/0/1 的信息，在下面的空格中写出完整命令。

____

执行上述命令，从命令的输出信息中可以发现，端口 GigabitEthernet1/0/1 的 PVID 是________，端口 GigabitEthernet1/0/1 的链路类型是________，该端口 Tagged VLAN ID 是________，该端口 Untagged VLAN ID 是________。

步骤 5：测试 VLAN 间的隔离。

在 PC 上配置 IP 地址，通过 ping 命令来测试处于不同 VLAN 间的 PC 能否互通。

按实验表 13-2 所示在 PC 上配置 IP 地址。

实验表 13-2　IP 地址列表

设备名称	IP 地址	网　关
PCA	172.16.0.1/24	—
PCB	172.16.0.2/24	—
PCC	172.16.0.3/24	—
PCD	172.16.0.4/24	—

配置完成后，在 PCA 和 PCC 上用 ping 命令来测试到其他 PC 的互通性。其结果应该是 PCA 与 PCB ________（能/不能）互通，PCC 和 PCD ________（能/不能）互通。

实验任务 2　配置 Trunk 链路端口

本实验任务是在交换机间配置 Trunk 链路端口，来使同一 VLAN 中的 PC 能够跨交换机访问。通过本实验，应该能够掌握 Trunk 链路端口的配置及作用。

步骤 1：跨交换机 VLAN 互通测试。

在上个实验中，PCA 和 PCC 表面上都属于 VLAN 2，从整个网络环境考虑，它们并不在一个广播域，即本质上不在一个 VLAN 中，因为两个交换机上的 VLAN 目前只是各自在本机起作用，还没有发生关联。在 PCA 上用 ping 命令来测试与 PCC 能否互通。其结果应该是不能互通。

PCA 与 PCC 之间不能互通。因为交换机之间的端口 GigabitEthernet1/0/24 是________链路端口，且属于 VLAN ________，不允许 VLAN ________的数据帧通过。

步骤 2：配置 Trunk 链路端口。

在 SWA 和 SWB 上配置端口 GigabitEthernet1/0/24 为 Trunk 链路端口并设置允许需要的 VLAN 数据帧通过。

配置 SWA 上端口 GigabitEthernet1/0/24 的 Trunk 相关属性。

```
[SWA]interface GigabitEthernet1/0/24
[SWA-GigabitEthernet1/0/24]port link-type ________
```

在如上空格中补充完整的配置命令并说明该配置命令的含义。

____

```
[SWA-GigabitEthernet1/0/24]port trunk permit vlan all
```

在空格处说明该配置命令的含义。

____

完成 SWB 上端口 GigabitEthernet1/0/24 的 Trunk 相关配置，在下面空格中填写完整的命令。

____

____

____

步骤 3：查看 Trunk 相关信息。

在 SWA 上执行________命令可以查看端口 GigabitEthernet1/0/24 的信息，通过执行该命令后的输出的信息显示可以看到，端口的 PVID 值是________，端口类型是________，允许 VLAN ________(VLAN 号)通过。

在 SWA 上执行________命令可以查看 VLAN 2 的相关信息，通过执行该命令后的输出的信息显示可以看到 VLAN 2 中包含了端口 GigabitEthernet1/0/24，且数据帧是以________(tagged/untagged)的形式通过端口的。

步骤 4：跨交换机 VLAN 互通测试。

在 PCA 上用 ping 命令来测试与 PCC 能否互通。其结果应该是________。

实验任务 3　配置 Hybrid 链路端口

本实验任务是利用 Hybrid 端口的特性——一个端口可以属于多个不同的 VLAN，来完成分属不同 VLAN 内的同网段 PC 机的访问需求。通过本实验，应该能够掌握 Hybrid 链路端口的配置及作用。

步骤 1：配置 PC 属于不同的 VLAN。

保持实验一中配置的 PC 的 IP 地址不变，在实验二的基础上，修改 PCA、PCB、PCC、PCD 分别属于 VLAN 10、VLAN 20、VLAN 30、VLAN 40，同时保持设置端口 GigabitEthernet1/0/24 为 Trunk 链路端口并设置允许所有的 VLAN 数据帧通过。然后在 PC 上使用 PING 测试 PCA、PCB、PCC、PCD 之间的互通性，发现四台 PC 之间________互通(能/不能)。

然后在 SWA、SWB 上增加如下配置。

```
[SWA]vlan 30
[SWA]vlan 40
[SWB]vlan 10
[SWB]vlan 20
```

如上配置命令的作用是为后面配置 hybrid 属性做准备，因为只有在本机存在的 VLAN，在配置端口 hybrid 属性时才能配置该 VLAN 的 tagged 或者 untagged 属性。

步骤 2：配置 Hybrid 链路端口。

在 SWA 上配置 PCA 所连接的端口 GigabitEthernet1/0/1 为 Hybrid 端口，并允许 VLAN 30、VLAN 40 的报文以 untagged 方式通过，在下面空格中填写完整的命令。

```
[SwitchA]interface GigabitEthernet1/0/1
[SwitchA-GigabitEthernet0/1]port link-type ________
```

在如上空格中补充完整的配置命令并说明该配置命令的含义。

____

[SwitchA-GigabitEthernet0/1] port hybrid vlan ________ untagged

在空格处说明该配置命令的含义。

____

在SWA上配置PCB所连接的端口GigabitEthernet1/0/2为Hybrid端口，并允许VLAN 30、VLAN 40的报文以untagged方式通过，在下面空格中填写完整的命令。

____

____

____

在SWB上配置PCC所连接的端口GigabitEthernet1/0/1为Hybrid端口，并允许VLAN 10、VLAN 20、VLAN 40的报文以untagged方式通过，在下面空格中填写完整的命令。

____

____

____

在SWB上配置PCD所连接的端口GigabitEthernet1/0/2为Hybrid端口，并允许VLAN 10、VLAN 20、VLAN 30的报文以untagged方式通过，在下面空格中填写完整的命令。

____

____

____

步骤3：查看Hybrid相关信息。

在SWA上执行________命令可以查看VLAN 10的相关信息，通过执行该命令后的输出的信息显示可以看到VLAN 10中tagged的端口为________，untagged的端口为________。

在SWA上执行________命令可以查看VLAN 20的相关信息，通过执行该命令后的输出的信息显示可以看到VLAN 20中tagged的端口为________，untagged的端口为________。

在SWA上执行________命令可以查看VLAN 30的相关信息，通过执行该命令后的输出的信息显示可以看到VLAN 30中tagged的端口为________，untagged的端口为________。

在SWA上执行________命令可以查看VLAN 40的相关信息，通过执行该命令后的输出的信息显示可以看到VLAN 40中tagged的端口为________，untagged的端口为________。

在SWB上执行如上同样的命令查看相关的VLAN信息。

在SWA上执行________命令可以查看端口GigabitEthernet1/0/1的信息，通过执行该命令后的输出的信息显示可以看到，端口的PVID值是________，端口类型是________，Tagged VLAN ID号是________，Untagged VLAN ID号是________。

在SWA上执行________命令可以查看端口GigabitEthernet1/0/2的信息，通过执行该命令后的输出的信息显示可以看到，端口的 PVID 值是________，端口类型是________，Tagged VLAN ID 号是________，Untagged VLAN ID 号是________。

在 SWB 上执行________命令可以查看端口 GigabitEthernet1/0/1 的信息，通过执行该命令后的输出的信息显示可以看到，端口的 PVID 值是________，端口类型是________，Tagged VLAN ID 号是________，Untagged VLAN ID 号是________。

在 SWB 上执行________命令可以查看端口 GigabitEthernet1/0/2 的信息，通过执行该命令后的输出的信息显示可以看到，端口的 PVID 值是________，端口类型是________，Tagged VLAN ID 号是________，Untagged VLAN ID 号是________。

步骤 4：检查不同 VLAN 之间的互通性。

完成步骤 3 的配置后，在 PC 上通过 PING 检测 PC 之间的互通性，检查发现：

PCA 和 PCB ________互通。

PCA 和 PCC ________互通。

PCA 和 PCD ________互通。

PCB 和 PCC ________互通。

PCB 和 PCD ________互通。

PCC 和 PCD ________互通。

13.5 实验中的命令列表

本实验命令列表如实验表 13-3 所示。

实验表 13-3 命令列表

命 令	描 述
vlan ***vlan-id***	创建 VLAN 并进入 VLAN 视图
port *interface-list*	向 VLAN 中添加一个或一组 Access 端口
port link-type{ **access** | **hybrid** | **trunk** }	设置端口的链路类型
port trunk permit vlan{ *vlan-id-list* | **all** }	允许指定的 VLAN 通过当前 Trunk 端口
display vlan	显示交换机上的 VLAN 信息
display interface [*interface-type* [*interface-number*]]	显示指定接口当前的运行状态和相关信息
display vlan *vlan-id*	显示交换机上的指定 VLAN 信息

13.6 思考题

1. 在实验任务 2 中，还可以使用哪种链路端口类型而使交换机端口 E1/0/24 允许 VLAN 2 的数据帧通过？

答：可以使用 Hybrid 链路端口。

2. 在实验任务 2 中，如果配置 SWA 的端口 E1/0/24 为 Trunk 类型，PVID 为 1，SWB 的端口 E1/0/24 为 Access 类型，PVID 也为 1，则 PCB 与 PCD 能够互通吗？

答：可以。链路端口类型只定义了数据帧进入和离开端口时的行为。交换机并不知道也不关心对端端口的链路类型。

实验14

生成树协议

14.1 实验内容与目标

完成本实验,应该能够达到以下目标。

(1) 了解 STP 的基本工作原理。

(2) 掌握 STP 的基本配置方法。

14.2 实验组网图

本实验按照实验图 14-1 进行组网。

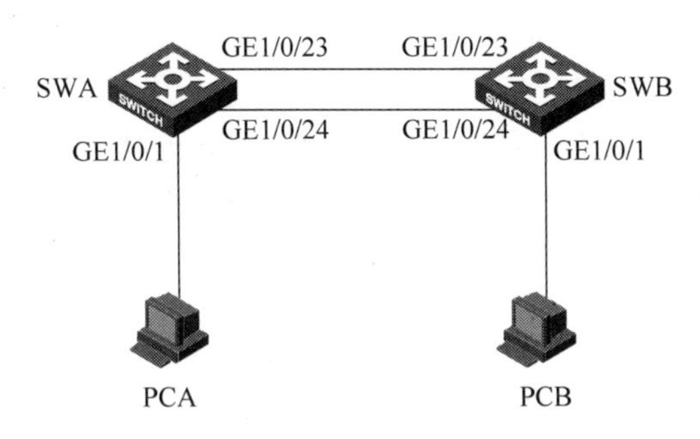

实验图 14-1 实验组网图

14.3 实验设备与版本

本实验所需的主要设备器材如实验表 14-1 所示。

实验表 14-1 实验设备器材

名称和型号	版 本	数 量	描 述
S5820V2	CMW 7.1.035-R2311	2	
PC	Windows XP SP2	2	
Console 串口线	—	1	
第 5 类 UTP 以太网连接线	—	4	

14.4 实验过程

实验任务 STP基本配置

本实验通过在交换机上配置STP根桥及边缘端口，使学员掌握STP根桥及边缘端口的配置命令和查看方法。然后通过观察端口状态迁移，来加深了解RSTP/MSTP协议的快速收敛特性。

步骤1：连接配置电缆。

将PC(或终端)的串口通过标准Console电缆与交换机的Console口连接。电缆的RJ-45头一端连接交换机的Console口；9针RS-232接口一端连接计算机的串行口。

检查设备的软件版本及配置信息，确保各设备软件版本符合要求，所有配置为初始状态。如果配置不符合要求，在用户模式下擦除设备中的配置文件，然后重启设备以使系统采用默认的配置参数进行初始化。

步骤2：配置STP。

首先配置SWA。在系统视图下启动STP，并添加如下配置命令。

```
[SWA] stp priority 0
[SWA] interface GigabitEthernet1/0/1
[SWA-GigabitEthernet1/0/1] stp edged-port
```

其中第一条配置命令的含义和作用是＿＿＿＿＿＿＿＿＿＿，第二条、第三条配置命令的含义是＿＿＿＿＿＿＿＿＿＿＿＿。

然后配置SWB。在SWB上启动STP并设置SWB的优先级为4096；并且配置连接PC的端口为边缘端口。在下面的空格中写出完整的配置命令。

＿＿＿＿＿＿＿＿＿＿＿＿＿＿＿＿＿＿＿＿＿＿＿＿＿＿＿＿＿＿＿＿＿＿＿＿

＿＿＿＿＿＿＿＿＿＿＿＿＿＿＿＿＿＿＿＿＿＿＿＿＿＿＿＿＿＿＿＿＿＿＿＿

＿＿＿＿＿＿＿＿＿＿＿＿＿＿＿＿＿＿＿＿＿＿＿＿＿＿＿＿＿＿＿＿＿＿＿＿

步骤3：查看STP信息。

在SWA上执行＿＿＿＿命令查看STP信息，执行＿＿＿＿命令查看STP简要信息，依据该命令输出的信息，可以看到SWA上所有端口的STP角色是＿＿＿＿，都处于＿＿＿＿状态。

在SWB上执行＿＿＿＿命令查看STP信息，执行＿＿＿＿命令查看STP简要信息，依据该命令输出的信息，可以看到SWB端口GE1/0/23的STP角色是＿＿＿＿端口，处于＿＿＿＿状态，端口GE1/0/24的STP角色是＿＿＿＿端口，处于＿＿＿＿状态；连接PC的端口GE1/0/1的STP角色是＿＿＿＿端口，处于＿＿＿＿状态。

从上可以得知，STP能够发现网络中的环路，并有选择地对某些端口进行阻塞，最终将环路网络结构修剪成无环路的树型网络结构。

步骤4：STP冗余特性验证。

分别配置PCA、PCB的IP地址为172.16.0.1/24、172.16.0.2/24，配置完成后，在PCA上执行命令“ping 172.16.0.2 -t”，以使PCA向PCB不间断发送ICMP报文。

然后依据步骤3查看的SWB上看STP端口状态，确定交换机间端口________处于转发状态。在SWB上将交换机之间处于STP转发状态端口的电缆断开，然后再次在SWB上查看STP端口状态，查看发现SWB端口________转发状态。

通过如上操作以及显示信息可以看出，STP不但能够阻断冗余链路，并且能够在活动链路断开时，通过激活被阻断的冗余链路而恢复网络的连通。

步骤5：端口状态迁移查看。

在交换机SWA上断开端口GE1/0/1的电缆，再重新连接，并且在SWA上查看交换机输出信息，命令如下：

```
[SWA]
...
 GigabitEthernet1/0/1: link status is UP
%Apr 26 14:04:53:880 2000 SWA MSTP/2/PFWD:Instance 0's GigabitEthernet1/0/1 has been set
to forwarding state!
```

可以看到，端口在连接电缆后马上成为转发状态。出现这种情况的原因是____。

为了清晰观察端口状态，在连接PC的端口GE1/0/1上取消边缘端口配置，在如下空格中填写完整的配置命令。

```
[SWA]interface GigabitEthernet1/0/1
[SWA-GigabitEthernet1/0/1] ________
```

配置完成后，断开端口GE1/0/1的电缆，再重新连接，并且在SWA上通过命令display stp brief查看端口GE1/0/1的状态。注意每隔几秒钟执行命令查看一次，以能准确看到端口状态的迁移过程。可知，端口GE1/0/1从________状态先迁移到________状态，最后到________状态。从以上实验可知，取消边缘端口配置后，STP收敛速度变________（快/慢）了。

14.5 实验中的命令列表

本实验命令列表如实验表14-2所示。

实验表14-2 命令列表

命　令	描　述
stp global { **enable** | **disable** }	开启或关闭全局或端口的STP特性
stp mode { **stp** | **rstp** | **mstp** }	设置MSTP的工作模式
stp [**instance** *instance-id*] **priority** *priority*	配置设备的优先级
stp edged-port	将当前的以太网端口配置为边缘端口
display stp [**instance** *instance-id*] [**interface** *interface-list*] [**brief**]	显示生成树的状态信息与统计信息

14.6 思考题

实验中,交换机 SWB 选择端口 GE1/0/23 作为根端口,转发数据。能否使交换机选择另外一个端口 GE1/0/24 作为根端口?

答:可以。默认情况下,端口的 Cost 值是 200(100Mbps 端口的默认值),如果调整端口 GE1/0/24 的 Cost 值为 100,SWB 从端口 GE1/0/24 到达 SWA 的开销小于从端口 GE1/0/23 到达 SWA 的开销,则 STP 会选择端口 GE1/0/24 作为根端口。

链 路 聚 合

15.1 实验内容与目标

完成本实验,应该能够达到以下目标。

(1) 了解以太网交换机链路聚合的基本工作原理。

(2) 掌握以太网交换机静态链路聚合的基本配置方法。

15.2 实验组网图

本实验按照实验图 15-1 进行组网。

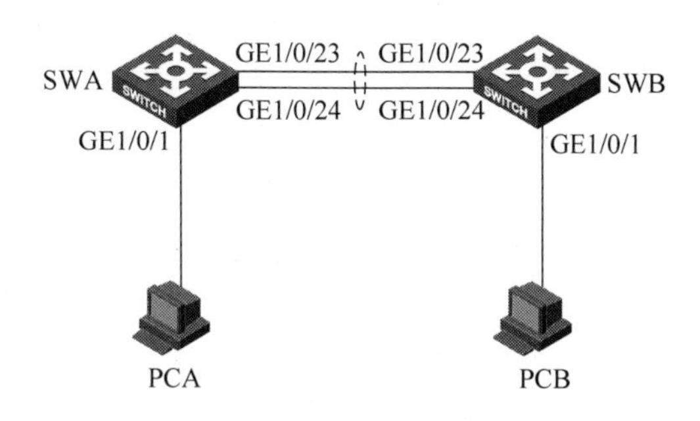

实验图 15-1 实验组网图

15.3 实验设备与版本

本实验所需的主要设备器材如实验表 15-1 所示。

实验表 15-1 实验设备器材

名称和型号	版 本	数 量	描 述
S5820V2	CMW 7.1.035-R2311	2	
PC	Windows XP SP2	2	
Console 串口线	—	1	
第 5 类 UTP 以太网连接线	—	4	

15.4 实验过程

实验任务 交换机静态链路聚合配置

本实验通过在交换机上配置静态链路聚合，使学员掌握静态链路聚合的配置命令和查看方法。然后通过断开聚合组中的某条链路并观察网络连接是否中断，来加深了解链路聚合所实现的可靠性。

步骤1：连接配置电缆。

将PC(或终端)的串口通过标准Console电缆与交换机的Console口连接。电缆的RJ-45头一端连接路由器的Console口；9针RS-232接口一端连接计算机的串行口。

检查设备的软件版本及配置信息，确保各设备软件版本符合要求，所有配置为初始状态。如果配置不符合要求，在用户模式下擦除设备中的配置文件，然后重启设备以使系统采用默认的配置参数进行初始化。

步骤2：配置静态聚合。

链路聚合可以分为静态聚合和动态聚合，本实验任务是验证静态聚合。

在SWA上完成如下配置。

```
[SWA] interface bridge-aggregation 1
```

如上配置命令的含义是____________________。

```
[SWA] interface GigabitEthernet1/0/23
[SWA-GigabitEthernet1/0/23] port link-aggregation group ________
```

补充如上空格中的配置命令并说明该命令的含义。

____

```
[SWA] interface GigabitEthernet1/0/24
[SWA-GigabitEthernet1/0/24] port link-aggregation group ________
```

配置SWB，将端口GE1/0/23和端口GE1/0/24进行聚合，在如下空格中补充完整的配置命令。

____

____

____

____

____

____

步骤3：查看聚合组信息。

分别在SWA和SWB上通过________命令查看二层聚合端口所对应的聚合组摘要信息，通过________命令查看二层聚合端口所对应聚合组的详细信息。

通过查看聚合组摘要信息，可以得知该聚合组聚合端口类型是________，聚合模式是________，负载分担类型是________，Select Ports数是________，Unselect Ports数是________。

步骤 4：链路聚合组验证。

按实验表 15-2 所示在 PC 上配置 IP 地址。

实验表 15-2 IP 地址列表

设备名称	IP 地址	网　关
PCA	172.16.0.1/24	—
PCB	172.16.0.2/24	—

配置完成后，在 PCA 上执行 ping 命令，以使 PCA 向 PCB 不间断发送 ICMP 报文。

注意观察交换机面板上的端口 LED 显示灯，闪烁表明________。将聚合组中 LED 显示灯闪烁的端口上电缆断开，观察 PCA 上发送的 ICMP 报文________(有/无)丢失。

如上测试说明聚合组中的两个端口之间是________的关系。

15.5 实验中的命令列表

本实验命令列表如实验表 15-3 所示。

实验表 15-3 命令列表

命　令	描　述
interface bridge-aggregation *interface-number*	创建聚合端口
port link-aggregation group *number*	将以太网端口加入聚合组中
display link-aggregation summary	查看链路聚合的概要信息

15.6 思考题

实验中，如果交换机间有物理环路产生广播风暴，除了断开交换机间链路外，还有什么处理办法？

答：可以在交换机上用命令 stp enable 来在交换机上启用生成树协议，用生成树协议来阻断物理环路。

实验16

直连路由和静态路由

16.1 实验内容与目标

完成本实验,应该能够达到以下目标。

(1) 掌握路由转发的基本原理。

(2) 掌握静态路由、默认路由的配置方法。

(3) 掌握查看路由表的基本命令。

16.2 实验组网图

本实验按照实验图 16-1 进行组网。

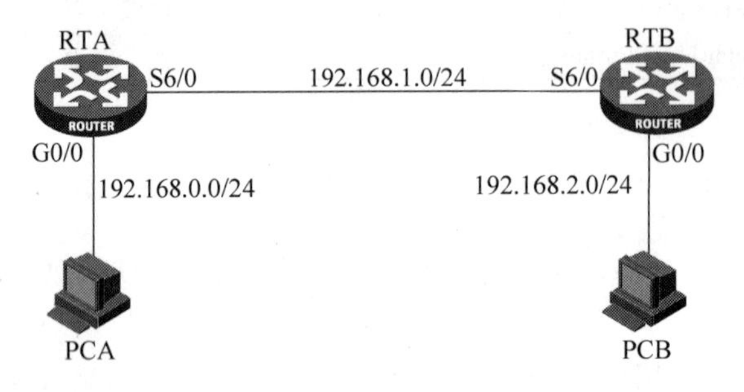

实验图 16-1　实验组网图

16.3 实验设备与版本

本实验所需的主要设备器材如实验表 16-1 所示。

实验表 16-1　实验设备器材

名称和型号	版　　本	数　量	描　　述
MSR36-20	Version 7.1.049，Release 0106P15	2	
PC	Windows XP SP2	2	
V.35 DTE 串口线	—	1	
V.35 DCE 串口线	—	1	
Console 串口线	—	1	
第 5 类 UTP 以太网连接线		2	交叉线

16.4　实验过程

本实验主要是通过在路由器上查看路由表，观察路由表中的路由项。通过本次实验，能够掌握如何使用命令来查看路由表，以及了解路由项中各要素的含义。

实验任务1　直连路由与路由表查看

步骤1：建立物理连接并运行超级终端。

将PC(或终端)的串口通过标准Console电缆与路由器的Console口连接。电缆的RJ-45头一端连接路由器的Console口；9针RS-232接口一端连接计算机的串行口。

检查设备的软件版本及配置信息，确保各设备软件版本符合要求，所有配置为初始状态。如果配置不符合要求，在用户视图下擦除设备中的配置文件，然后重启设备以使系统采用默认的配置参数进行初始化。

步骤2：在路由器上查看路由表。

首先，在路由器的________视图下通过执行________命令查看路由器全局路由表，执行该命令，从输出信息可知，目前路由器共有8条路由，分别为________、________、________、________、________、________、________、________。

按实验表16-2所示在路由器接口上分别配置IP地址。

实验表16-2　IP地址列表

设备名称	接　口	IP地址	网　关
RTA	S6/0	192.168.1.1/24	—
	G0/0	192.168.0.1/24	—
RTB	S6/0	192.168.1.2/24	—
	G0/0	192.168.2.1/24	—
PCA	—	192.168.0.2/24	192.168.0.1
PCB	—	192.168.2.2/24	192.168.2.1

配置完成后，再次通过________查看RTA路由表，从该命令的输出信息可以看出，路由表中的路由类型为________，这种类型的路由是由链路层协议发现的路由，链路层协议UP后，路由器会将其加入路由表中。如果我们关闭链路层协议，则________。

在RTA上通过在________视图下执行________命令关闭接口GigabitEthernet0/0，然后再次查看RTA路由表，可以看到与该接口网段相关的路由________(存在/消失)。

继续在RTA上在________视图下执行________命令开启接口GigabitEthernet0/0，然后再次查看RTA路由表，可以看到与该接口网段相关的路由________(存在/消失)。

实验任务2　静态路由配置

本实验主要是通过在路由器上配置静态路由，从而使PC之间能够互访。通过本次实验，能够掌握静态路由的配置，加深对路由环路产生原因的理解。

步骤 1：配置 PC IP 地址。

按实验表 16-2 所示在 PC 上配置 IP 地址和网关。配置完成后，在 PC 上用 ping 命令来测试可达性。

在 PCA 上测试到网关(192.168.0.1)的可达性，ping 的结果是________。

在 PCA 上用 ping 命令测试到 PCB 的可达性，ping 的结果是________，造成该结果的原因是____________________。

步骤 2：静态路由配置规划。

要解决步骤 1 中出现的 PCA 与 PCB 之间可达性的问题，需要规划配置静态路由：

(1) 规划 RTA 上的静态路由，RTA 上应该配置一条目的网段为________，下一跳为________的静态路由。

(2) 规划 RTB 上的静态路由，RTB 上应该配置一条目的网段为________，下一跳为________的静态路由。

步骤 3：配置静态路由。

依据步骤 2 的规划，在 RTA 上配置如下静态路由。

____

在 RTB 上配置如下静态路由。

____

配置完成后，分别在 RTA 和 RTB 上查看路由表，可以看到路由表中有一条________为 static ________为 60 的静态路由，表明路由配置成功。

再次测试 PC 之间的可达性，在 PCA 上用 ping 命令测试到 PCB 的可达性，结果是________。

要查看 PCA 到 PCB 的数据报文的传递路径，可以在 PCA 上通过________命令来查看，查看结果是报文沿 PCA→________→________ PCB 的路径被转发。

步骤 4：路由环路观察。

为了人为在 RTA 和 RTB 之间造成环路，可以在 RTA 和 RTB 上分别配置一条默认路由，该路由的下一跳互相指向对方，因为路由器之间是用串口点到点相连的，所以________(可以/不可以)配置下一跳为本地接口。

在 RTA 上配置该路由。

```
[RTA]ip route-static ________ ________ S6/0
```

在 RTB 上配置该路由。

```
[RTB]ip route-static ________ ________ S6/0
```

配置完成后，在路由器上查看路由表。

在 RTA 上查看路由表，可以看到一条优先级为________，协议类型为________的默认路由。

在 RTB 上查看路由表，可以看到一条优先级为________，协议类型为________的默认路由。

可知，默认路由配置成功。

然后在 PCA 上用________命令追踪到目的 IP 地址 3.3.3.3 的数据报文的转发路径，

由以上输出可以看到，到目的地址 3.3.3.3 的报文匹配了________路由，报文在________和________之间循环转发。造成该现象的原因是____。

16.5　实验中的命令列表

本实验命令列表如实验表 16-3 所示。

实验表 16-3　命令列表

命　　令	描　　述
interface GigabitEthernet *x/y*	进入某个以太网接口视图
interface Serial *x/y*	进入某个串口接口视图
ip address *x.x.x.x n*	配置某个接口 IP 地址及掩码
ip route-static *dest-address* { *mask-length* | *mask* } { *interface-type interface-number* [*next-hop-address*] | *next-hop-address* }	配置静态路由目的网段(包括子网长度)及下一跳
display ip routing-table *ip-address* [*mask* | *mask-length*]	显示 IP 路由表摘要信息或显示匹配某个目的网段或地址的路由
ipconfig	在 Windows 系统上查看 IP 配置

16.6　思考题

1. 在实验任务 2 中，如果仅在 RTA 上配置静态路由，不在 RTB 上配置，那么 PCA 发出的数据报文能到达 PCB 吗？PCA 能够 ping 通 PCB 吗？

答：PCA 发出的数据报文能够到达 PCB。因为 RTA 有路由，从而转发到 RTB，而 RTB 上有直连路由到 PCB 所在网段，所以能够将报文转发到 PCB。但是 PCA 不能 ping 通 PCB，因为 RTB 上没有到 PCA 的回程路由，而 ping 报文是双向的，从 PCB 返回的 ping 报文在 RTB 被丢弃。

在实际应用中，从一个网段到另一个网段的单通意义不大。因为基本所有常用应用(HTTP、FTP、E-mail 等)都是基于 TCP 的，都需要三次握手，也就是需要互相可达才能建立连接。

2. 路由器和 PC 之间会形成路由环路吗？

答：不会，正常情况下 PC 不具备转发功能，因此当路由器将数据报文转发给 PC 时，如果目的地址不是该 PC，报文会被丢弃而不是继续转发。

实验17

RIP

17.1 实验内容与目标

完成本实验,应该能够达到以下目标。

(1) 加深 RIP 协议原理的理解。

(2) 了解 RIP 实现运行机制。

(3) 熟悉 RIP 路由配置。

(4) 熟悉 RIP 路由维护。

17.2 实验组网图

本实验按照实验图 17-1 进行组网。

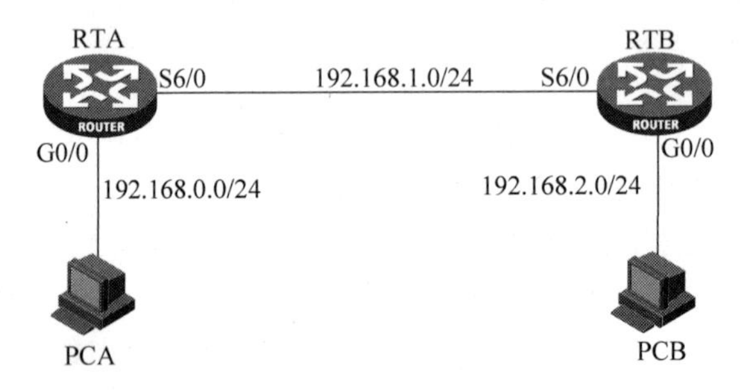

实验图 17-1 实验组网图

17.3 实验设备与版本

本实验所需的主要设备器材如实验表 17-1 所示。

实验表 17-1 实验设备器材

名称和型号	版 本	数 量	描 述
MSR36-20	Version 7.1.049, Release 0106P15	2	
PC	Windows XP SP2	2	
Console 串口线	—	1	
V.35 DTE 串口线		1	
V.35 DCE 串口线		1	
第 5 类 UTP 以太网连接线	—	2	交叉线

17.4 实验过程

实验任务1 配置 RIPv1

本实验主要通过在路由器上配置 RIPv1 协议，达到 PC 之间能够互访的目的。通过本次实验，应能够掌握 RIPv1 协议的基本配置。

步骤 1：建立物理连接并运行超级终端。

将 PC(或终端)的串口通过标准 Console 电缆与路由器的 Console 口连接。电缆的 RJ-45 头一端连接路由器的 Console 口；9 针 RS-232 接口一端连接计算机的串行口。

检查设备的软件版本及配置信息，确保各设备软件版本符合要求，所有配置为初始状态。如果配置不符合要求，在用户视图下擦除设备中的配置文件，然后重启设备以使系统采用默认的配置参数进行初始化。

步骤 2：在 PC 和路由器配置 IP 地址。

按实验表 17-2 所示在 PC 上配置 IP 地址和网关。配置完成后用 ping 命令测试网络的可达性。

实验表 17-2 IP 地址列表

设备名称	接 口	IP 地址	网 关
RTA	S6/0	192.168.1.1/24	—
	G0/0	192.168.0.1/24	—
RTB	S6/0	192.168.1.2/24	—
	G0/0	192.168.2.1/24	—
PCA	—	192.168.0.2/24	192.168.0.1
PCB	—	192.168.2.2/24	192.168.2.1

在 PCA 上用 ping 命令测试到网关 192.168.0.1 的可达性，测试结果是________。

在 PCA 上用 ping 命令测试到 PCB 的可达性，测试结果是________，产生该结果的原因是______________________________。

步骤 3：启用 RIP 协议。

在 RTA 上配置 RIP 相关命令如下：

```
[RTA]rip
```

如上配置命令的含义是________。

```
[RTA-rip-1]network 192.168.0.0
```

如上命令提示符中数字 1 的含义是______________________________。

如上配置命令的含义是______________________________。

```
[RTA-rip-1]network 192.168.1.0
```

在 RTB 上创建 RIP 进程并在 RTB 的两个接口上使能 RIP，在如下的空格处填写具体命令。

____

____

____

步骤 4：查看路由表并检测 PC 之间互通性。

完成步骤 3 后，在路由器上通过________命令查看路由表。

在 RTA 上可以看到________条目的网段为________优先级为________的 RIP 路由。

在 RTB 上可以看到________条目的网段为________优先级为________的 RIP 路由。

在 PCA 上通过 ping 命令检测 PC 之间的互通性，其结果是________。

步骤 5：查看 RIP 的运行状态。

在 RTA 上通过命令 display rip 查看 RIP 运行状态，从其输出信息可知，目前路由器运行的是________，自动聚合功能是________(打开/关闭)的；路由更新周期(Update time)是________秒，network 命令所指定的网段是________。

打开 RIP 的 debugging，观察 RIP 收发协议报文的情况，看到如下 debugging 信息。

```
<RTA> terminal debugging
<RTA> terminal monitor
<RTA> debugging rip 1 packet
<RTA>
*Nov  7 13:30:55:467 2015 RTA  RIP/7/RIPDEBUG: RIP 1 : Sending response on interface GigabitEthernet0/0 from 192.168.0.1 to 255.255.255.255
*Nov  7 13:30:55:467 2015 RTA  RIP/7/RIPDEBUG:  Packet: version 1, cmd response, length 44
*Nov  7 13:30:55:467 2015 RTA  RIP/7/RIPDEBUG:  AFI 2, destination 192.168.1.0, cost 1
*Nov  7 13:30:55:467 2015 RTA  RIP/7/RIPDEBUG:  AFI 2, destination 192.168.2.0, cost 2
*Nov  7 13:30:55:467 2015 RTA  RIP/7/RIPDEBUG: RIP 1 : Sending response on interface Serial6/0 from 192.168.1.1 to 255.255.255.255
*Nov  7 13:30:55:467 2015 RTA  RIP/7/RIPDEBUG:  Packet: version 1, cmd response, length 24
*Nov  7 13:30:55:467 2015 RTA  RIP/7/RIPDEBUG:  AFI 2, destination 192.168.0.0, cost 1
*Nov  7 13:31:03:277 2015 RTA  RIP/7/RIPDEBUG: RIP 1 : Receiving response from 192.168.1.2 on Serial6/0
*Nov  7 13:31:03:277 2015 RTA  RIP/7/RIPDEBUG:  Packet: version 1, cmd response, length 24
*Nov  7 13:31:03:277 2015 RTA  RIP/7/RIPDEBUG:  AFI 2, destination 192.168.2.0, cost 1
*Nov  7 13:31:03:277 2015 RTA  RIP/7/RIPDEBUG: RIP 1 : Failed to find receiving interface for source address 192.168.2.1.
```

由以上输出可知，RTA 在接口 GigabitEthernet0/0 上发送的路由更新以及在接口 Serial6/0 上发送的路由更新，目的地址都为________也即是以________方式发送的，同时可以看到发送以及接收的路由更新网段信息都没有携带掩码。

分析以上的路由更新，可以发现，RTA 在接口 Serial6/0 上收到路由 192.168.2.0，而不会再把此路由从接口 Serial6/0 上发出去。原因是____。

步骤 6：查看水平分割与毒性逆转。

在 RTA 上添加如下配置。

```
[RTA-Serial6/0]undo rip split-horizon
```

如上配置命令的含义是在________，配置完成后，看到如下 debugging 信息。

```
* Nov  7 13:40:51:968 2015 RTA  RIP/7/RIPDEBUG: RIP 1 : Sending response on interface Serial6/0 from 192.168.1.1 to 255.255.255.255
* Nov  7 13:40:51:968 2015 RTA  RIP/7/RIPDEBUG:  Packet: version 1, cmd response, length 64
* Nov  7 13:40:51:968 2015 RTA  RIP/7/RIPDEBUG:  AFI 2, destination 192.168.0.0, cost 1
* Nov  7 13:40:51:968 2015 RTA  RIP/7/RIPDEBUG:  AFI 2, destination 192.168.1.0, cost 1
* Nov  7 13:40:51:968 2015 RTA  RIP/7/RIPDEBUG:  AFI 2, destination 192.168.2.0, cost 2
```

由以上输出可知,在水平分割功能关闭的情况下,RTA 在接口 Serial6/0 上发送的路由更新包含了路由________。也就是说,路由器把从接口 Serial6/0 学到的路由________又从该接口发送了出去。这样容易造成路由环路。

另外一种避免环路的方法是毒性逆转。在 RTA 的接口 Serial6/0 上启用毒性逆转,请在如下的空格中补充完整的配置命令。

```
[RTA-Serial6/0] ________
```

配置完成后,看到如下 debugging 信息。

```
* Nov  7 13:42:56:967 2015 RTA  RIP/7/RIPDEBUG: RIP 1 : Sending response on interface Serial6/0 from 192.168.1.1 to 255.255.255.255
* Nov  7 13:42:56:967 2015 RTA  RIP/7/RIPDEBUG:  Packet: version 1, cmd response, length 44
* Nov  7 13:42:56:967 2015 RTA  RIP/7/RIPDEBUG:  AFI 2, destination 192.168.0.0, cost 1
* Nov  7 13:42:56:967 2015 RTA  RIP/7/RIPDEBUG:  AFI 2, destination 192.168.2.0, cost 16
```

由以上输出信息可知,启用毒性逆转后,RTA 在接口 Serial6/0 上发送的路由更新包含了路由 192.168.2.0,但度量值为________。相当于显式地告诉 RTB,从 RTA 的接口 Serial6/0 上不能到达网络 192.168.2.0。

步骤 7:配置接口工作在抑制状态。

在前面实验中,路由器在所有接口都发送协议报文,包括连接 PC 的接口。实际上,PC 并不需要接收 RIP 协议报文。可以在________视图下配置________命令使接口只接收而不发送 RIP 协议报文。

配置 RTA 接口 GigabitEthernet0/0 工作在抑制状态,补充完整的配置命令。

____

配置 RTB 接口 GigabitEthernet0/0 工作在抑制状态,补充完整的配置命令。

____

配置完成后,用 debugging 命令来观察 RIP 收发协议报文的情况。可以发现,RIP 不再从接口 GigabitEthernet0/0 发送协议报文了。

这种方法的另外一个好处是防止路由泄漏而造成网络安全隐患。例如,公司某台运行 RIP 的路由器连接到公网,那就可以通过配置 silent-interface 而防止公司内网中的路由泄漏到公网上。

此步骤完成后,在路由器上关闭 debugging,以免影响后续实验。

```
<RTA> undo debugging all
<RTB> undo debugging all
```

实验任务 2 配置 RIPv2

本实验首先通过让 RIPv1 在划分子网的情况下不能正确学习路由,从而让学员了解到

RIPv1 的局限性；其次指导学员启用 RIPv2 协议。通过本实验，应该能够了解 RIPv1 的局限性，并掌握如何在路由器上配置 RIPv2。

步骤 1：建立物理连接并运行超级终端。

将 PC(或终端)的串口通过标准 Console 电缆与路由器的 Console 口连接。电缆的 RJ-45 头一端连接路由器的 Console 口；9 针 RS-232 接口一端连接计算机的串行口。

检查设备的软件版本及配置信息，确保各设备软件版本符合要求，所有配置为初始状态。如果配置不符合要求，在用户视图下擦除设备中的配置文件，然后重启设备以使系统采用默认的配置参数进行初始化。

步骤 2：在 PC 和路由器上配置 IP 地址。

按实验表 17-3 在路由器接口以及 PC 上配置 IP 地址。

实验表 17-3 IP 地址列表

设备名称	接 口	IP 地址	网 关
RTA	S6/0	192.168.1.1/24	—
	G0/0	192.168.0.1/24	—
RTB	S6/0	192.168.1.2/24	—
	G0/0	10.0.0.1/24	—
PCA	—	192.168.0.2/24	192.168.0.1
PCB	—	10.0.0.2/24	10.0.0.1

步骤 3：配置 RIPv1，观察路由表。

在 RTA 上创建 RIPv1 进程并在 RTA 的两个接口上使能 RIP，具体命令为

____

____

____

在 RTB 上创建 RIPv1 进程并在 RTA 的两个接口上使能 RIP，具体命令为

____

____

____

配置完成后，在 RTA 上通过________命令查看路由表，从路由表输出信息可以看到，RTA 路由表中通过 RIP 协议学习到的路由目的网段为________，该目的网段与实际 RTB 的网络________(一致/不一致)，导致这种结果的原因是____________________。要解决该问题可以______________________________。

步骤 4：配置 RIPv2。

在步骤 3 的基础上配置 RTA、RTB 的 RIP 版本为 Version 2，在正确视图下配置 RIPv2 的命令。

____

____

要使 RIPv2 能够向外发布子网路由和主机路由，而不是按照自然掩码发布网段路由，

还需要________,在正确视图下完成该配置的命令。

____

____

配置完成后,在 RTA 上查看路由表,可以看到,RTA 学习到的 RIP 路由的目的网段为________,此时如果路由表中仍然有路由 10.0.0.0/8,其原因可能是________________。

在 RTA 上通过命令 display rip 查看 RIP 运行状态,从其输出信息可知,当前 RIP 的运行版本是________。

步骤 5: 配置 RIPv2 认证。

在 RTA 上添加如下配置。

```
[RTA-Serial6/0]rip authentication-mode md5 rfc2453 plain aaaaa
```

如上配置命令的含义是在____。

配置 RTB 的 S6/0 启动 RFC2453 格式的 MD5 认证,密钥为 abcde,在如下空格中填写完整的配置命令。

____

因为原有的路由需要过一段时间才能老化,所以可以将接口关闭再启用,加快重新学习路由的过程。例如,关闭再启用 RTA 的接口 Serial6/0,命令如下:

```
[RTA-Serial6/0]shutdown
[RTA-Serial6/0]undo shutdown
```

配置完成后,在路由器上查看路由表,在 RTA 的路由表中没有 RIP 路由,在 RTB 的路由表中也没有 RIP 路由可以看到,因认证密码不一致,RTA 不能够学习到对端设备发来的路由。

修改 RTB 的 MD5 认证密钥,使其与 RTA 认证密钥一致,在如下空格中补充完整的配置命令。

```
[RTA-Serial6/0]rip authentication-mode md5 rfc2453 plain ________
```

配置完成后,等待一段时间,再查看 RTA 上的路由表,可以看到,RTA 路由表中有了正确的路由 10.0.0.0/24。在如下空格中说明为什么需要等待一段时间后才能看到正确的路由。____

17.5 实验中的命令列表

本实验命令列表如实验表 17-4 所示。

实验表 17-4 命令列表

命令	描述
rip [*process-id*]	创建 RIP 进程并进入 RIP 视图
network *network-address* [*wildcard-mask*]	在指定网段接口上使能 RIP
version {1 | 2 }	指定 RIP 版本
undo summary	取消路由自动聚合

续表

命　　令	描　　述
rip authentication-mode { **md5** { **rfc2082** { **cipher** *cipher-string* | **plain** *plain-string* } *key-id* | **rfc2453** { **cipher** *cipher-string* | **plain** *plain-string* } } | **simple** { **cipher** *cipher-string* | **plain** *plain-string* } }	指定 RIP 认证方式和认证字
rip poison-reverse	在接口使能毒性逆转功能
undo rip split-horizon	在接口取消水平分割功能
display rip [*process-id*]	显示指定 RIP 进程的当前运行状态及配置信息
terminal debugging	终端显示调试信息
debugging rip [*process-id*] **packet**	查看 RIP 协议收发报文的情况
terminal monitor	打开终端检视

17.6 思考题

1. 上述实验中，若路由器在一段时间之中不再收到路由更新，才能将此路由从 IP 路由表中撤销。能否将此时间缩短？

答：可以将老化定时器设置为一个较小的值，缩短路由的老化时间，加快网络收敛。例如，配置老化定时器到 60s。

```
[RTA-rip-1]timers timeout 60
```

2. 上述 RIP 认证实验中，RTA 上查看收发 RIP 协议报文时，看不到所配置的密码，为什么？

答：实验中所配置的认证为 MD5 密文认证。如果配置了明文认证，则可以在收发协议报文中看到密码。但明文认证的安全性不如 MD5 认证。

实验18

OSPF

18.1 实验内容与目标

完成本实验，应该能够达到以下目标。

(1) 掌握单区域 OSPF 配置方法。

(2) 掌握 OSPF 优先级的配置方法。

(3) 掌握 OSPF Cost 的配置方法。

(4) 掌握 OSPF 路由选择的方法。

(5) 掌握多区域 OSPF 的配置方法。

18.2 实验组网图

本实验按照实验图 18-1 进行组网。

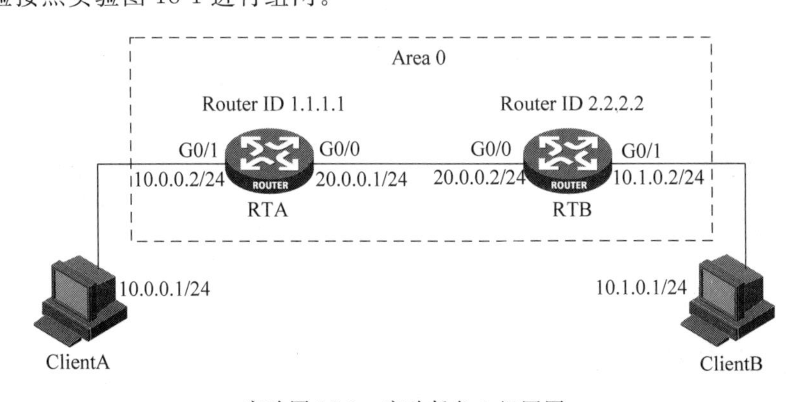

实验图 18-1　实验任务 1 组网图

实验任务 1 组网如实验图 18-1 所示。本组网模拟单区域 OSPF 的应用。RTA 和 RTB 分别是客户端 ClientA 和 ClientB 的网关。RTA 设置 loopback 口地址 1.1.1.1 为 RTA 的 Router ID，RTB 设置 loopback 口地址 2.2.2.2 为 RTB 的 Router ID，RTA 和 RTB 都属于同一个 OSPF 区域 0。RTA 和 RTB 之间的网络能互通，客户端 ClientA 和 ClientB 能互通。

实验任务 2 组网如实验图 18-2 所示，由两台 MSR36-20(RTA、RTB)路由器组成。本组网模拟实际组网中 OSPF 的路由选择。RTA 设置 loopback 口地址 1.1.1.1 为 RTA 的 Router ID，RTB 设置 loopback 口地址 2.2.2.2 为 RTB 的 Router ID，RTA 和 RTB 都属于

同一个 OSPF 区域 0。RTA 和 RTB 之间有两条链路连接。

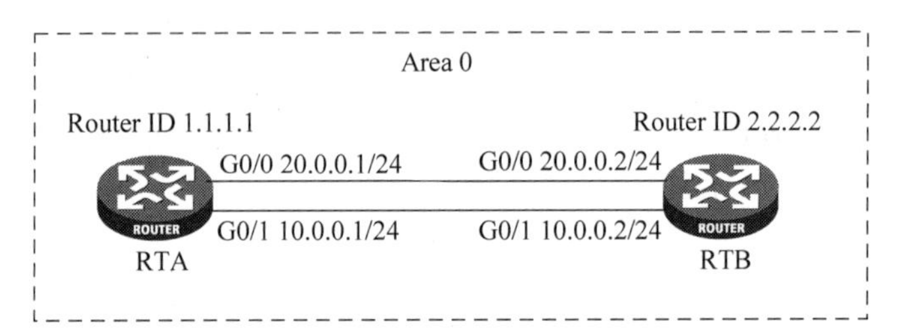

实验图 18-2 实验任务 2 组网图

实验任务 3 组网如实验图 18-3 所示，由 3 台路由器(RTA、RTB、RTC)、2 台 PC (ClientA、ClientB)组成。本组网模拟实际组网中多区域 OSPF 的应用。RTA 和 RTC 分别是客户端 ClientA 和 ClientB 的网关。RTA 设置 loopback 口地址 1.1.1.1 为 RTA 的 Router ID，RTB 设置 loopback 口地址 2.2.2.2 为 RTB 的 Router ID，RTB 设置 loopback 口地址 3.3.3.3 为 RTB 的 Router ID。RTA 和 RTB 的 G0/0 口属于同一个 OSPF 区域 0，RTB 的 G0/1 口和 RTC 属于同一个 OSPF 区域 1。RTA、RTB 和 RTC 之间的网络能互通，客户端 ClientA 和 ClientB 能互通。

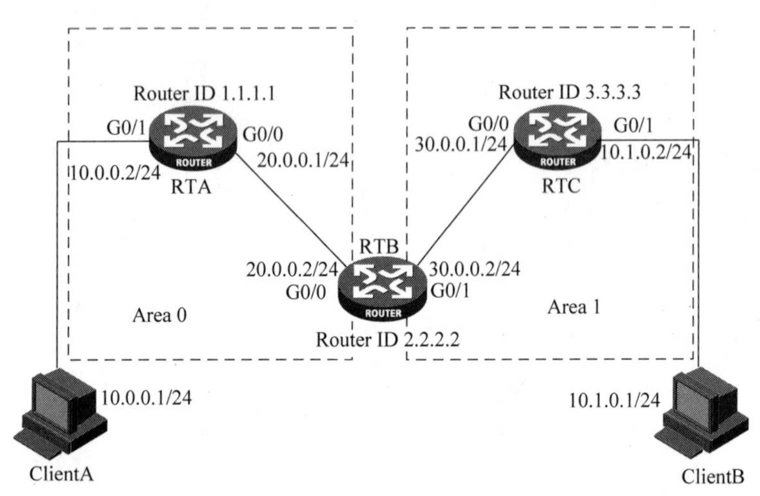

实验图 18-3 实验任务 3 组网图

18.3 实验设备与版本

本实验所需的主要设备器材如实验表 18-1 所示。

实验表 18-1 实验设备器材

名称和型号	版本	数量	描述
MSR36-20	Version 7.1.049，Release 0106P15	3	也可用交换机代替
PC	Windows XP SP2	2	
Console 串口线	—	1	
第 5 类 UTP 以太网连接线	—	4	

18.4 实验过程

实验任务1 单区域OSPF基本配置

步骤1：搭建实验环境并完成基本配置。

首先，依照实验图18-1搭建实验环境。

将PC(或终端)的串口通过标准Console电缆与路由器的Console口连接。电缆的RJ-45头一端连接路由器的Console口；9针RS-232接口一端连接计算机的串行口。

检查设备的软件版本及配置信息，确保各设备软件版本符合要求，所有配置为初始状态。如果配置不符合要求，在用户视图下擦除设备中的配置文件，然后重启设备以使系统采用默认的配置参数进行初始化。

依据实验图配置路由器以及Client的IP地址。

步骤2：检查网络连通性和路由器路由表。

在ClientA上ping ClientB(IP地址为10.1.0.1)，结果是________，导致这种结果的原因是____。

步骤3：配置OSPF。

配置OSPF的基本命令如下。

(1) 在________视图下配置Router ID。

(2) 再配置________，该配置需要在________视图下完成。

(3) 需要在________视图下配置OSPF区域。

(4) 在________视图下通过________命令在相关网段使能OSPF。

依据如上基本配置命令，分别在下面的空格中完成RTA、RTB的OSPF基本配置命令。

在RTA上完成OSPF如下配置。

```
[RTA]router id 1.1.1.1
[RTA]ospf 1      //其中数字1的含义是________
[RTA-ospf-1]area 0.0.0.0
[RTA-ospf-1-area-0.0.0.0]network 1.1.1.1 ________
[RTA-ospf-1-area-0.0.0.0]network 10.0.0.0 ________
[RTA-ospf-1-area-0.0.0.0]network 20.0.0.0 ________
```

在RTB上配置OSPF。

____

____

____

____

____

____

步骤4：检查路由器OSPF邻居状态及路由表。

在路由器上可以通过________________________命令查看路由器OSPF邻居

状态。

通过如上命令在 RTA 上查看路由器 OSPF 邻居状态,依据输出信息可以看到,RTA 与 Router ID 为________的路由器互为邻居,此时,邻居状态达到________,说明 RTA 和 RTB 之间的链路状态数据库________,RTA 具备到达 RTB 的路由信息。

在 RTA 上使用________命令查看路由器的 OSPF 路由表。

在 RTA 上使用____________________命令查看路由器全局路由表。依据此命令输出信息显示,可以看到,RTA 的路由表中有________条 OSPF 路由,其优先级分别为________,________,Cost 值分别为________,________。

在 RTB 上也执行以上操作,并完成如上信息的查看。

步骤 5:检查网络连通性。

在 ClientA 上 ping ClientB(IP 地址为 10.1.0.1),其结果是________。

在 ClientB 上 ping ClientA(IP 地址为 10.0.0.1),其结果是________。

实验任务 2 单区域 OSPF 增强配置

步骤 1:搭建实验环境并完成基本配置。

首先,依照实验图 18-2 所示搭建实验环境。

将 PC(或终端)的串口通过标准 Console 电缆与路由器的 Console 口连接。电缆的 RJ-45 头一端连接路由器的 Console 口;9 针 RS-232 接口一端连接计算机的串行口。

检查设备的软件版本及配置信息,确保各设备软件版本符合要求,所有配置为初始状态。如果配置不符合要求,在用户视图下擦除设备中的配置文件,然后重启设备以使系统采用默认的配置参数进行初始化。

依据实验图配置路由器以及 Client 的 IP 地址。

步骤 2:OSPF 基本配置。

在路由器上完成基本 OSPF 配置,并在相关网段使能 OSPF。

(1) 在 RTA 上配置 OSPF。

____
____
____
____
____
____

(2) 在 RTB 上配置 OSPF。

____
____
____
____
____
____

步骤3：检查路由器OSPF邻居状态及路由表。

在RTA上使用____________________命令查看路由器OSPF邻居状态，根据输出信息可以看到：RTA与Router ID为________（RTB）的路由器建立了两个邻居，RTA的G0/0接口与RTB配置IP地址为________的接口建立一个邻居，该邻居所在的网段为________；另外，RTA的G0/1接口与RTB配置的IP地址为________的接口建立一个邻居，该邻居所在的网段为________。

在RTA上使用________查看路由器OSPF路由表，根据输出信息可以看到____。

在RTA的OSPF路由表上有________条到达RTB的2.2.2.2/32网段的路由，分别是邻居____________________发布的，这几条路由的________相同。

在RTA上使用____________________查看路由器全局路由表，根据输出信息可以看到，在TA路由器全局路由表内，有________条到达RTB的2.2.2.2/32网段的等价OSPF路由。

在RTB上也执行以上的操作，查看相关信息。

步骤4：修改路由器OSPF接口开销。

配置修改路由器OSPF接口开销需要在________视图下通过________命令完成。

修改RTA的G0/0接口的OSPF开销为150，在如下空格中填写完整的配置命令。

____

____

步骤5：检查路由器路由表。

在RTA上使用命令________查看路由器OSPF路由表，并通过________命令查看路由器全局路由表，根据输出信息可以看到，在RTA的OSPF路由表上有________条到达RTB的2.2.2.2/32网段的路由，导致这种结果的原因是____________________________。

步骤6：修改路由器OSPF接口优先级。

修改路由器OSPF接口优先级需要在________视图下通过________命令完成。

修改RTA的G0/0接口的OSPF优先级为0，在如下空格中填写完整的配置命令。

____

____

步骤7：在路由器上重启OSPF进程。

在路由器上重启OSPF进程需要在________视图下通过________命令完成。

将RTA的OSPF进程重启，具体配置命令为________。

将RTB的OSPF进程重启，具体配置命令为________。

步骤8：查看路由器OSPF邻居状态。

OSPF进程重新启动后，在RTA、RTB上使用命令________查看路由器的OSPF邻居状态，依据输出信息可以看到，________成为网段20.0.0.0/24的DR，________成为网段20.0.0.0/24的DRother，这是因为____。

实验任务3　多区域OSPF基本配置

步骤1：搭建实验环境并完成基本配置。

首先，依照实验图18-3所示搭建实验环境。

将PC(或终端)的串口通过标准Console电缆与路由器的Console口连接。电缆的RJ-45头一端连接路由器的Console口；9针RS-232接口一端连接计算机的串行口。

检查设备的软件版本及配置信息，确保各设备软件版本符合要求，所有配置为初始状态。如果配置不符合要求，在用户视图下擦除设备中的配置文件，然后重启设备以使系统采用默认的配置参数进行初始化。

依据实验图配置路由器以及Client的IP地址。

步骤2：OSPF基本配置。

RTA的两个接口都属于OSPF区域________，RTB的两个接口分别属于OSPF区域________和区域________，RTC的两个接口都属于OSPF区域________。

在RTA上完成基本OSPF配置，并在相关网段使能OSPF，其完整命令为

____

____

____

____

____

____

在RTB上完成基本OSPF配置，并配置正确的区域以及在相关网段使能OSPF，其完整命令为

____

____

____

____

____

____

____

____

在RTC上完成基本OSPF配置，并在相关网段使能OSPF，其完整命令为

____

____

____

____

____

____

步骤3：检查路由器OSPF邻居状态及路由表。

在RTB上使用________查看路由器OSPF邻居状态，根据输出信息可以得知，在Area 0.0.0.0内，RTB的________接口与RTA配置IP地址为20.0.0.1的接口建立邻居关系，该邻居所在的网段为________，____________________接口为该网段的DR路由器；在Area 0.0.0.1内，RTB的________接口与RTC配置IP地址为30.0.0.1的接口建立邻居关系，该邻居所在的网段为________，________接口为该网段的DR路由器。

在 RTB 上使用________命令查看路由器 OSPF 路由表，使用________命令查看路由器全局路由表。

步骤 4：检查网络连通性。

在 ClientA 上 ping ClientB(IP 地址为 10.1.0.1)，其结果是________。

在 ClientB 上 ping ClientA(IP 地址为 10.0.0.1)，其结果是________。

18.5 实验中的命令列表

本实验命令列表如实验表 18-2 所示。

实验表 18-2 命令列表

命 令	描 述
router id *router-id*	配置 router id
ospf *process-id*	启动 OSPF 进程
area *area-id*	配置区域
network *network ip-address wildcard-mask*	指定网段接口上启动 OSPF
ospf dr-priority *priority*	配置 OSPF 接口优先级
ospf cost *value*	配置 OSPF 接口 cost

18.6 思考题

1. 在本实验 2 的步骤 4 里修改了 RTA 的 G0/0 接口 cost 值，那么在步骤 5 里，如果在 RTB 上查看路由表，会有几条到达 RTA 的 1.1.1.1/32 网段的路由？为什么？

答：2 条等价路由，修改 RTA 的 G0/0 接口 cost 值，只能影响 RTA 到 RTB 的路由计算，不能影响 RTB 到 RTA 的路由计算。

2. 在 OSPF 区域内指定网段接口上启动 OSPF 时，是否必须包含 Router ID 的地址？为什么配置时往往会将 Router ID 的地址包含在内？

答：不需要。在 OSPF 区域内指定网段接口上启动 OSPF 时，配置 Router ID 地址其实是发布路由器的 loopback 接口地址。

3. 如何通过配置 OSPF 接口 cost 来实现路由器路由备份？

答：将备份接口的接口 cost 通过命令 ospf cost 配置为较大值，只有当主接口失效的情况下，OSPF 路由才会选择备份接口。

实验19

ACL包过滤

19.1 实验内容与目标

完成本实验,应该能够达到以下目标。

(1) 理解访问控制列表的工作原理。

(2) 掌握访问控制列表的基本配置方法。

(3) 掌握访问控制列表的常用配置命令。

19.2 实验组网图

本实验按照实验图19-1进行组网。

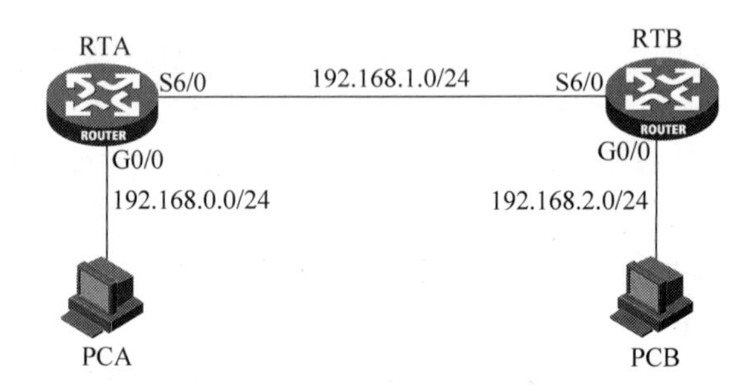

实验图19-1　实验组网图

19.3 实验设备与版本

本实验所需的主要设备器材如实验表19-1所示。

实验表19-1　实验设备器材

名称和型号	版　本	数　量	描　述
MSR36-20	CMW 7.1.049-R0106	2	每台带有一个以太口,一个串口
PC	Windows 7	2	一台PC安装有FTP服务器软件
V.35 DTE串口线	—	1	
V.35 DCE串口线	—	1	
Console串口线	—	1	
第5类UTP以太网连接线	—	2	交叉线,路由器与PC机连接用

19.4 实验过程

实验任务1 配置基本ACL

本实验任务通过在路由器上实施基本 ACL 来禁止 PCA 访问 PCB。

步骤 1：建立物理连接并初始化路由器配置。

按实验组网图进行物理连接并检查设备的软件版本及配置信息，确保各设备软件版本符合要求，所有配置为初始状态。如果配置不符合要求，在用户视图下擦除设备中的配置文件，然后重启设备以使系统采用默认的配置参数进行初始化。

步骤 2：配置 IP 地址及路由。

按实验表 19-2 所示在 PC 上配置 IP 地址和网关。配置完成后，在 Windows 操作系统的“开始”里选择“运行”命令，在弹出的窗口里输入 CMD，然后在“命令提示符”下用 ipconfig 命令来查看所配置的 IP 地址和网关是否正确。

实验表 19-2 IP 地址列表

设备名称	接 口	IP 地址	网 关
RTA	S6/0	192.168.1.1/24	—
	G0/0	192.168.0.1/24	—
RTB	S6/0	192.168.1.2/24	—
	G0/0	192.168.2.1/24	—
PCA	—	192.168.0.2/24	192.168.0.1
PCB	—	192.168.2.2/24	192.168.2.1

可在路由器上配置静态路由或任一种动态路由，来达到全网互通。

配置完成后，在 PCA 上通过 ping 命令来验证 PCA 与路由器、PCA 与 PCB 之间的可达性。其结果应该可达。如果不可达，可参考本教材相关章节来检查路由协议是否设置正确。

步骤 3：ACL 应用规划。

本实验的目的是使 PCA 不能访问 PCB，也就是 PC 之间不可达。考虑以下问题。

(1) 需要使用何种 ACL？

(2) ACL 规则的动作是 deny 还是 permit？

(3) ACL 规则中的反掩码应该是什么？

(4) ACL 包过滤应该应用在路由器的哪个接口的哪个方向上？

步骤 4：配置基本 ACL 并应用。

首先，要在 RTA 上配置包过滤功能，包过滤功能默认动作为________(permit or deny)。

其次，配置基本 ACL，基本 ACL 的编号范围是________，在下面的空格中补充完整的命令。

```
[RTA]acl number 2001
[RTA-acl-basic-2001]______________________________
```

最后，要在 RTA 的接口上应用 ACL 才能确保 ACL 生效。在下面的空格中写出完整的命令,在正确的接口正确的方向上应用该 ACL。

____

____

步骤 5: 验证包过滤作用及查看。

在 PCA 上使用 ping 命令来测试从 PCA 到 PCB 的可达性,结果是________。

同时在 RTA 上通过命令 display acl 2001 查看 ACL 的统计,从其输出信息中可以看到。

```
Rule 0 ________ times matched
```

根据该显示可以得知有数据包命中了 ACL 中定义的规则。

在 RTA 上通过________命令查看所有的包过滤的统计信息,依据该命令输出的信息可以看到。

```
[H3C-GigabitEthernet0/0]dis packet-filter statistics interface GigabitEthernet0
/0 inbound
Interface:________
 Inbound policy:
  IPv4 ACL 2001
   ____________________________
```

实验任务 2 配置高级 ACL

本实验任务通过在路由器上实施高级 ACL 来禁止从 PCA 到网络 192.168.2.0/24 的 FTP 数据流。

步骤 1: 建立物理连接并初始化路由器配置。

按实验组网图进行物理连接并检查设备的软件版本及配置信息,确保各设备软件版本符合要求,所有配置为初始状态。如果配置不符合要求,在用户视图下擦除设备中的配置文件,然后重启设备以使系统采用默认的配置参数进行初始化。

步骤 2: ACL 应用规划。

本实验的目的是禁止从 PCA 到网络 192.168.2.0/24 的 FTP 数据流,但允许其他数据流通过。考虑以下问题。

(1) 需要使用何种 ACL?

(2) ACL 规则的动作是 deny 还是 permit?

(3) ACL 规则中的反掩码应该是什么?

(4) ACL 包过滤应该应用在路由器的哪个接口的哪个方向上?

步骤 3: 配置高级 ACL 并应用。

首先,要在 RTA 上配置包过滤功能,包过滤功能默认动作为________(permit or deny)

其次,配置高级 ACL,高级 ACL 的编号范围是________,在下面的空格中补充完整的命令。

```
[RTA]acl number 3002
[RTA-acl-adv-3002]____________________________
[RTA-acl-adv-3002]____________________________
```

最后，要在 RTA 的接口上应用 ACL 才能确保 ACL 生效，在下面的空格中写出完整的命令，在正确的接口正确的方向上应用该 ACL。

____

____

步骤 4：验证包过滤作用及查看。

在 PCA 上使用 ping 命令来测试从 PCA 到 PCB 的可达性，结果是________。

在 PCB 上开启 FTP 服务，然后在 PCA 上使用 FTP 客户端软件连接到 PCB，结果应该是 FTP 请求被________。

同时在 RTA 上通过命令 display acl 3002 查看 ACL 的统计，由其输出信息可以看到

Rule 0 ________ times matched，Rule 5 ________ times matched，

根据该显示可以得知有数据包命中了 ACL 中定义的规则。

在 RTA 上通过________命令查看所有的包过滤统计信息，根据其输出信息可以看到数据报文被 permitted、denied 的百分比。

注意：实验过程中所显示的 times matched 可能都不相同，是正常现象。

19.5 实验中的命令列表

本实验命令列表如实验表 19-3 所示。

实验表 19-3 命令列表

命 令	描 述
Packet-filter default deny	配置默认过滤方式
packet-filter {*acl-number* | name *acl-name* } { inbound | outbound }	配置接口的 IPv4 报文过滤功能
acl number *acl-number* [**name** *acl-name*] [**match-order** { **auto** | **config** }]	创建 IPv4 ACL 并进入相应 IPv4 ACL 视图
rule [*rule-id*] { **deny** | **permit** } [**fragment** | **logging** | **source** { *sour-addr sour-wildcard* | **any** } | **time-range** *time-name* | **vpn-instance** *vpn-instance-name*] *	定义一个基本 IPv4 ACL 规则
rule [*rule-id*] { **deny** | **permit** } *protocol* [**destination** { *dest-addr dest-wildcard* | **any** } | **destination-port** *operator port1* [*port2*] | **dscp** *dscp* | **established** | **fragment** | **icmp-type** { *icmp-type icmp-code* | *icmp-message* } | **logging** | **precedence** *precedence* | **reflective** | **source** { *sour-addr sour-wildcard* | **any** } | **source-port** *operator port1* [*port2*] | **time-range** *time-name* | **tos** *tos* | **vpn-instance** *vpn-instance-name*]	定义一个高级 IPv4 ACL 规则
display acl {*acl-number* | all | name *acl-name* }	显示配置的 IPv4 ACL 的信息
display packet-filter statistics { **interface** *interface-type interface-number* { **inbound** | **outbound**} }	查看包过滤的统计信息

19.6 思考题

1. 在实验任务 1 中,在配置 ACL 的时候,最后是否需要配置如下这条允许其他所有报文的规则?为什么?

```
[RTA-acl-basic-2001]rule permit source any
```

答:不需要,因为包过滤的默认过滤方式是 Permit,也就意味着系统将转发没有命中 ACL 匹配规则的数据报文。

2. 在实验任务 2 中,可以把 ACL 应用在 RTB 上吗?

答:可以,起到的效果是一样的。但在 RTA 上应用可以减少不必要的流量处理与转发。

实验20

网络地址转换

20.1 实验内容与目标

完成本实验,应该能够达到以下目标。

(1) 掌握 Basic NAT 的配置方法。

(2) 掌握 NAPT 的配置方法。

(3) 掌握 Easy IP 的配置方法。

(4) 掌握 NAT Server 的配置方法。

20.2 实验组网图

本实验按照实验图 20-1 进行组网。

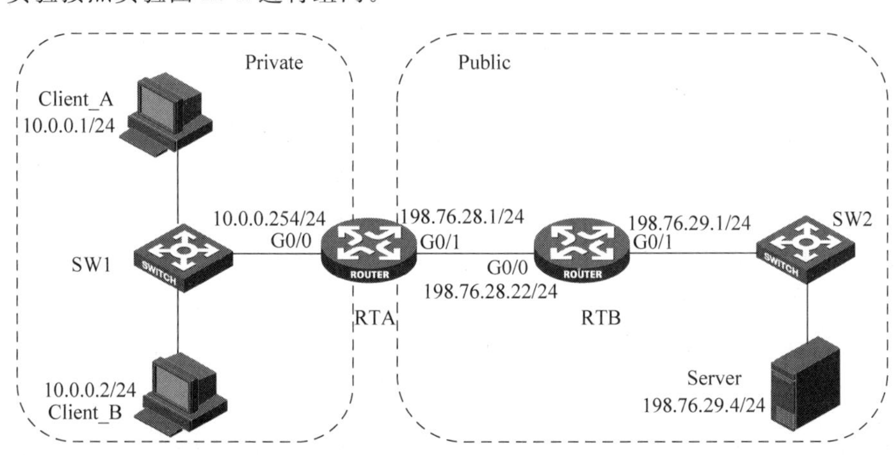

实验图 20-1　实验组网图

实验组网以及 IP 地址分配如实验图 20-1 所示,由 2 台路由器(RTA、RTB)、2 台交换机(SW1、SW2)、3 台 PC(Client_A、Client_B、Server)组成。

Client_A、Client_B 位于私网,网关为 RTA,RTA 同时为 NAT 设备,有 1 个私网接口(G0/0)和 1 个公网接口(G0/1),公网接口与公网路由器 RTB 互联。Server 位于公网,网关为 RTB。

本组网模拟了实际组网中涉及的几种 NAT 主要应用。Easy IP 配置最为简单,一般用于拨号接入互联网的场合；Basic NAT 不如 NAPT 普及；NAPT 可以提高公网 IP 的利用效率，适用于私网作为客户端访问公网服务器的场合；NAT Server 则用于私网需要对公网提供服务的场合。

20.3 实验设备与版本

本实验所需的主要设备器材如实验表 20-1 所示。

实验表 20-1 实验设备器材

名称和型号	版 本	数 量	描 述
MSR30-20	CMW 7.1.049-R0106	2	
S5820V2	CMW 7.1.045，R2311	2	
PC	Windows 7	3	
Console 串口线	—	1	
第 5 类 UTP 以太网连接线		6	

20.4 实验过程

实验任务 1 配置 Basic NAT

本实验中，私网客户端 Client_A、Client_B 需要访问公网服务器 Server，而 RTB 上不能保有私网路由，因此将在 RTA 上配置 Basic NAT，动态地为 Client_A、Client_B 分配公网地址。

步骤 1：建立物理连接并初始化路由器配置。

按实验组网图进行物理连接并检查设备的软件版本及配置信息，确保各设备软件版本符合要求，所有配置为初始状态。如果配置不符合要求，在用户视图下擦除设备中的配置文件，然后重启设备以使系统采用默认的配置参数进行初始化。

步骤 2：基本 IP 地址和路由配置。

依据实验组网图，完成路由器和 PC 接口 IP 地址的配置。

需要在 RTA 上配置默认路由去往公网路由器 RTB，在下面的空格中补充完整的路由配置。

```
[RTA]ip route-static 0.0.0.0 ________  ________
```

交换机采用出厂默认配置即可。

步骤 3：检查连通性。

分别在 Client_A 和 Client_B 上 ping Server(IP 地址为 198.76.29.4)，其结果为________。

产生这种结果的原因是____。

步骤 4：配置 Basic NAT。

在 RTA 上配置 Basic NAT。

首先，通过 ACL 定义允许源地址属于 10.0.0.0/24 网段的流做 NAT 转换，在如下的空格中填写完整的 ACL 配置命令。

```
[RTA]acl number 2000
[RTA-acl-basic-2000]______________________________
```

其次，配置 NAT 地址池，设置地址池中用于地址转换的地址范围为 198.76.28.1 到 198.76.28.20，在下面的空格中填写完整的 NAT 地址池配置命令。

```
[RTA]nat address-group 1
[RTA-address-group1]______________
```

在该命令中，数字 1 的含义是______________________________

____。

最后，将地址池与 ACL 关联，并在正确接口的正确方向上应用，在下面的空格中填写完整的命令。

```
[RTA] interface    ______________
[RTA-________]  ______________ no-pat
```

在该命令中，参数 no-pat 的含义是______________________________

____。

步骤 5：检查连通性。

从 Client_A、Client_B 分别 ping Server，其结果是________。

步骤 6：检查 NAT 表项。

完成步骤 5 后立即在 RTA 上通过________命令查看 NAT 会话信息，依据该信息输出，可以看到该 ICMP 报文的源地址 10.0.0.1 已经转换成公网地址________，目的端口号和源端口号均为________。源地址 10.0.0.2 已经转换成公网地址________，目的端口号和源端口号均为________。五分钟后再次通过该命令查看表项，发现________，产生这种现象的原因是______________________。

可以通过______________________命令查看路由器的 NAT 默认老化时间。

实验任务 2 NAPT 配置

私网客户端 Client_A、Client_B 需要访问公网服务器 Server，但由于公网地址有限，在 RTA 上配置的公网地址池范围为 198.76.28.11～198.76.28.11（即只有一个 IP 地址），因此配置 NAPT，动态地为 Client_A、Client_B 分配公网地址和协议端口。

步骤 1：建立物理连接并初始化路由器配置。

按实验组网图进行物理连接并检查设备的软件版本及配置信息，确保各设备软件版本符合要求，所有配置为初始状态。如果配置不符合要求，在用户视图下擦除设备中的配置文件，然后重启设备以使系统采用默认的配置参数进行初始化。

步骤 2：基本 IP 地址和路由配置。

与实验任务 1 同样，配置 RTA 和 RTB 相关接口的 IP 地址以及路由。

SW1 同样采用出厂默认配置即可。

步骤 3：检查连通性。

从 Client_A、Client_B ping Server（IP 地址为 198.76.29.4），其结果是________。

步骤 4：配置 NAPT。

在 RTA 上配置 NAPT。

首先，通过 ACL 定义允许源地址属于 10.0.0.0/24 网段的流做 NAT 转换，在如下的空格中填写完整的 ACL 配置命令。

```
[RTA]acl number 2000
[RTA-acl-basic-2000] ____________________________
```

其次，配置 NAT 地址池 1，设置地址池中用于地址转换的地址为 198.76.28.11。

```
[RTA-acl-basic-2000]____________________________
```

在________视图下将 NAT 地址池与 ACL 绑定并下发，在配置命令中________(需要/不需要)携带 no-pat 参数，意味着________，在下面的空格中填写完整的命令。

```
[RTA] interface _______
[RTA-_______] __________________
```

步骤 5：检查连通性。

从 Client_A、Client_B 上分别 ping Server，其结果是________。

步骤 6：检查 NAT 表项。

完成步骤 5 后立即在 RTA 上通过________命令查看 NAT 会话信息，依据该信息输出，可以看到源地址 10.0.0.1 和 10.0.0.2 转换成的公网地址分别为________和________，10.0.0.1 转换后的端口为________，10.0.0.2 转换后的端口为________。当 RTA 出接口收到目的地址为 198.76.28.11 的回程流量时，正是用当初转换时赋予的不同的端口来分辨该流量是转发给 10.0.0.1 还是 10.0.0.2。NAPT 正是靠这种方式，对数据包的 IP 层和传输层信息同时进行转换，显著地提高公有 IP 地址的利用效率。

实验任务 3 Easy IP 配置

私网客户端 Client_A、Client_B 需要访问公网服务器 Server，使用公网接口 IP 地址动态为 Client_A、Client_B 分配公网地址和协议端口。

步骤 1：建立物理连接并初始化路由器配置。

按实验组网图进行物理连接并检查设备的软件版本及配置信息，确保各设备软件版本符合要求，所有配置为初始状态。如果配置不符合要求，在用户视图下擦除设备中的配置文件，然后重启设备以使系统采用默认的配置参数进行初始化。

步骤 2：基本 IP 地址和路由配置。

与实验任务 1 同样，配置路由器和 PC 相关接口的 IP 地址以及路由。

交换机同样采用出厂默认配置即可。

步骤 3：检查连通性。

从 Client_A、Client_B ping Server(IP 地址为 198.76.29.4)，其结果是________。

步骤 4：配置 Easy IP。

在 RTA 上配置 Easy IP。

首先，通过 ACL 定义允许源地址属于 10.0.0.0/24 网段的流做 NAT 转换，请在如下的空格中填写完整的 ACL 配置命令。

```
[RTA]acl number 2000
[RTA-acl-basic-2000]____________________________
```

然后，在________视图下将 ACL 与接口关联并下发 NAT，在如下的空格中填写完整的配置命令。

```
[RTA] interface  ________
[RTA-________] ____________________________
```

步骤 5：检查连通性。

从 Client_A、Client_B 分别 ping Server，其结果是________。

步骤 6：检查 NAT 表项。

完成步骤 5 后立即在 RTA 上通过________命令查看 NAT 会话信息，依据该信息输出，可以看到源地址 10.0.0.1 和 10.0.0.2 转换成的公网地址分别为________和________。

思考一个问题：在步骤 5 中，从 Client_A 能够 ping 通 Server，但是如果从 Server 端 ping Client_A 呢？其结果是________。导致这种情况的原因是________________________

____

____

____

____

____。

实验任务 4 NAT Server 配置

想让 Server 端能够 ping 通 Client_A，以便 Client_A 对外提供 ICMP 服务，在 RTA 上为 Client_A 静态映射公网地址和协议端口，公网地址为 198.76.28.11。

在实验 3 的基础上继续如下实验。

步骤 1：检查连通性。

从 Server ping Client_A 的私网地址 10.0.0.1，其结果是________。

步骤 2：配置 NAT Server。

在 RTA 上完成 NAT Server 配置，允许 Client_A 对外提供 ICMP 服务。在如下空格中完成完整的配置命令。

```
[RTA] interface  ________
[RTA-________] ____________________________
```

步骤 3：检查连通性并查看 NAT 表项。

从 Server 主动 ping Client_A 的公网地址 198.76.28.11，其结果是________。

在 RTA 上通过 display nat server 命令查看 NAT Server 表项，表项信息中显示出地址________和地址________的一对一的映射关系。

20.5 实验中的命令列表

本实验命令列表如实验表 20-2 所示。

实验表 20-2 命令列表

命 令	描 述
nat address-group *group-number* **address** *start-addr end-addr*	配置地址池
nat outbound *acl-number* **address-group** *group-number* **no-pat**	配置地址转换
nat server protocol *pro-type* **global** *global-addr* [*global-port*] **inside** *host-addr* [*host-port*]	配置 NAT Server
display nat session [**source** { **global** *global-address* | **inside** *inside-address* }] [**destination** *dst-address*][verbose]	查看 NAT 会话信息

20.6 思考题

1. 在本实验中公网地址池使用公网接口地址段，如果使用其他地址段，需要在 RTB 上增加哪些配置？

答：需要在 RTB 上添加指向公网地址池的静态路由。

2. **nat server** 命令中的 global-address 一定是 Internet 地址吗？

答：不一定，其实 global、inside 是相对的，配置了 **nat server** 命令的接口所连接的网络就是 global。

实验21

AAA/SSH

21.1 实验内容与目标

完成本实验,应该能够达到以下目标。

(1) 掌握 AAA 的配置。

(2) 通过 RADIUS 服务器控制 Telnet 用户登录。

(3) 掌握 SSH 登录配置。

21.2 实验组网图

本实验按照实验图 21-1～实验图 21-3 进行组网。

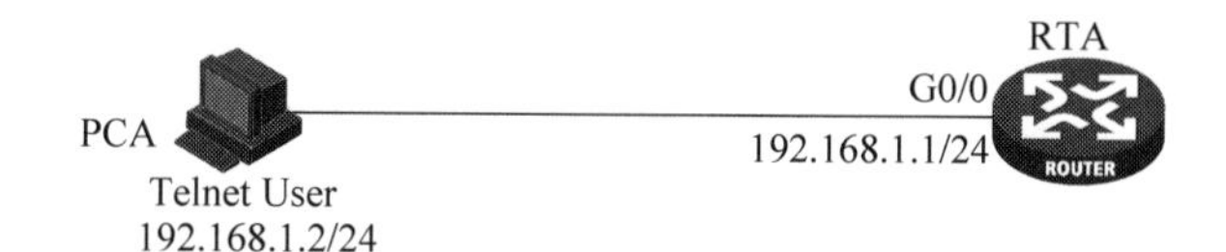

实验图 21-1 实验任务 1 组网图

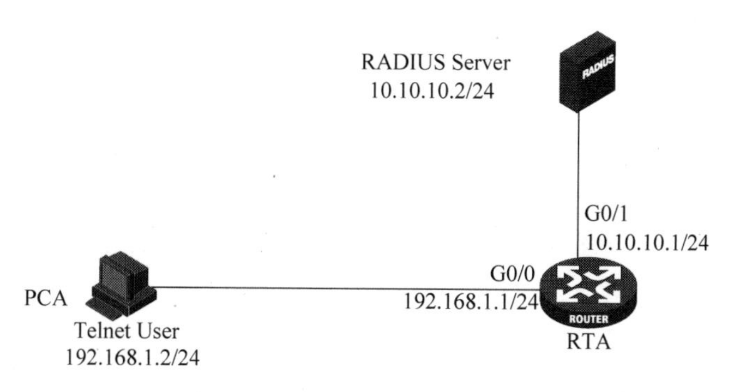

实验图 21-2 实验任务 2 组网图

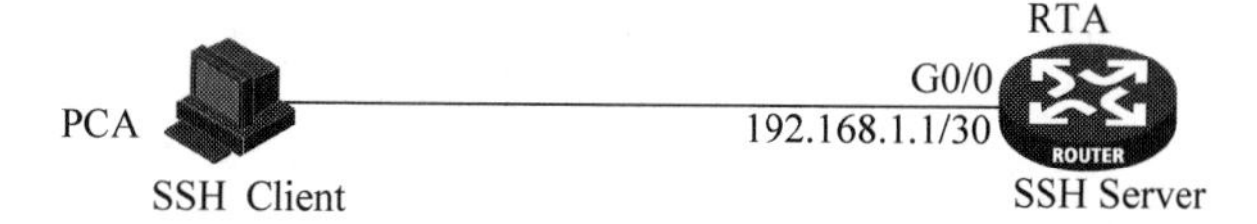

实验图 21-3 实验任务 3 组网图

21.3 实验设备与版本

本实验所需的主要设备器材如实验表 21-1 所示。

实验表 21-1 实验设备器材

名称和型号	版　本	数　量	描　述
MSR36-20	CMW 7.1.49-R0106	1	也可用交换机代替
PC	Windows 7	2	
Console 串口线	—	1	
第 5 类 UTP 以太网连接线	—	2	交叉线

21.4 实验过程

实验任务 1 Telnet 用户本地认证、授权、计费配置

本实验的主要任务是练习 Telnet 用户通过本地认证、授权、计费而登录路由器，从而实现对路由器的管理和操作。

步骤 1：建立物理连接并运行超级终端。

将 PC(或终端)的串口通过标准 Console 电缆与交换机的 Console 口连接。电缆的 RJ-45 头一端连接路由器的 Console 口；9 针 RS-232 接口一端连接计算机的串行口。

检查设备的软件版本及配置信息，确保各设备软件版本符合要求，所有配置为初始状态。如果配置不符合要求，在用户视图下擦除设备中的配置文件，然后重启设备以使系统采用默认的配置参数进行初始化。

步骤 2：配置相关 IP 地址并验证互通性。

按照实验图 21-1 配置 PC 以及路由器的 IP 地址，配置完成后在 PC 上 ping 路由器 G0/0 的接口地址，应当能 ping 通。

步骤 3：配置 Telnet。

首先，要在路由器上开启设备的 Telnet 服务器功能，在如下的空格中填写完整的配置命令。

____

其次，在路由器上完成如下配置。

```
[RTA] user-interface vty 0 4
[RTA-ui-vty0-4] authentication-mode scheme
```

如上配置命令的含义和作用是________。

最后，在路由器上创建本地 Telnet 用户，用户名为 telnet，明文密码为 aabbcc，并设置用户的服务类型。在如下的空格中填写完整的配置命令。

____

____

____

在配置 Telnet 用户时同时配置如下命令。

[RTA -luser- telnet] authorization-attribute user-role network-admin

该命令的含义是____。

步骤 4：配置 AAA。

在路由器上配置相关的 AAA 方案为本地认证、授权和计费，在如下空格中补充完整的配置命令。

[RTA] domain data

如上配置命令的含义是________________________。

[RTA -isp-data] ________________________
[RTA -isp-data] ________________________
[RTA -isp-data] ________________________

步骤 5：验证。

在 PCA 上使用 Telnet 登录时输入用户名为 telnet@data，其结果是________。

实验任务 2 Telnet 用户通过 RADIUS 服务器认证、授权、计费的应用配置

本实验的主要任务是练习以 Telnet 用户通过 RADIUS 服务器认证、授权、计费而登录路由器，从而实现对路由器的管理和操作。

步骤 1：建立物理连接并运行超级终端。

将 PC(或终端)的串口通过标准 Console 电缆与交换机的 Console 口连接。电缆的 RJ-45 头一端连接路由器的 Console 口；9 针 RS-232 接口一端连接计算机的串行口。

检查设备的软件版本及配置信息，确保各设备软件版本符合要求，所有配置为初始状态。如果配置不符合要求，在用户视图下擦除设备中的配置文件，然后重启设备以使系统采用默认的配置参数进行初始化。

步骤 2：配置相关 IP 地址并验证互通性。

按照实验图 21-2 配置 PC、RADIUS Server 以及路由器的 IP 地址，配置完成后在 PCA 应当能与 RADIUS Server 互相 ping 通。

步骤 3：配置 Telnet。

首先要在路由器上开启设备的 Telnet 服务器功能，在如下的空格中填写完整的配置命令。

____

接下来在路由器上配置 Telnet 用户登录采用 AAA 认证方式，在如下的空格中补充完整的配置命令。

[RTA] ________________________

步骤 4：配置 RADIUS 方案。

在 RTA 上完成如下配置。

[RTA] radius scheme rad

该配置命令的含义是________________________________。

接下来配置主 RADIUS 认证/授权和计费服务器，其端口号分别为 1812、1813，在如下空格中补充正确的完整的配置命令。

____

____

然后配置指定 RADIUS 认证/授权报文/计费报文的共享密钥均为 expert，在如下空格中补充正确的完整的配置命令。

____

____

由于通过 RADIUS 服务器对 MSR 路由器的 Telnet 用户进行验证、授权和计费要使用私有的 RADIUS 协议的规程和报文格式进行交互，因此需要配置指定 extended 类型的 RADIUS 服务器，在如下空格中补充正确的配置命令。

____

最后在路由器上配置了如下命令。

[RTA-radius-rad] user-name-format with-domain

如上配置命令的含义是________________________________。

在路由器上配置 NAS 的 IP 地址，也即指定发送 RADIUS 报文使用的源地址，在如下的空格中补充正确的配置命令。

[RTA-radius-rad] ____________________________

步骤 5：配置 ISP 域的 AAA 方案。

在 ISP 域 aaa 下为 login 用户配置认证、授权和计费方案为 RADIUS 的方案，方案名为 rad，在如下空格中补充完整的配置命令。

____

____

____

____

步骤 6：配置 RADIUS 服务器。

需要在 RADIUS 服务器上配置 Telnet 登录用户名，并设定其管理权限，同时还要设置与交换机交互 RADIUS 报文的共享密钥等，相关 RADIUS 服务器的配置请参考本书附录。

本实验中，设定 Telnet 用户名为 123，密码为 456，管理权限为 3，也即具有管理员权限。

步骤 7：验证。

在 Telnet 客户端按照提示输入用户名及密码，其结果是________。

实验任务 3 SSH password 认证配置

本实验通过将路由器作为 SSH 服务器，配置客户端采用 password 认证方式登录。

步骤 1：建立物理连接并初始化路由器配置。

按实验图 21-3 进行物理连接并检查设备的软件版本及配置信息，确保各设备软件版本符合要求，所有配置为初始状态。如果配置不符合要求，在用户视图下擦除设备中的配置文件，然后重启设备以使系统采用默认的配置参数进行初始化。

步骤 2：配置基本 IP 地址。

将路由器连接 PC 的接口 G0/0 配置 IP 地址 192.168.1.1/30，那么这种情况下，PC 的 IP 地址应该正确配置为______________________________。

步骤 3：创建本地 SSH 登录用户。

在路由器上创建本地用户 client，密码使用明文 pwdpwd，如果要确保该用户在通过 SSH 认证登录后具有管理员的权限，那么该用户的访问命令级别为________，在下面的空格中补充完整的本地用户配置命令。

____

____

____

____

步骤 4：配置登录用户界面的 AAA 认证方式。

配置 SSH 客户端登录用户界面的认证方式为 AAA 认证同时设置路由器上远程用户登录协议为 SSH，在下面的空格中补充完整的配置命令。

```
[RTB]user-interface vty 0 4
[RTB-ui-vty0-4]authentication-mode ________
[RTB-ui-vty0-4]______________________________
```

步骤 5：配置生成 DSA 或 RSA 密钥。

服务器端的 DSA 或 RSA 密钥对，用于在密钥和算法协商阶段生成会话 ID，以及客户端认证服务器，在正确的视图下配置服务器端生成 DSA 以及 RSA 密钥。

配置生成 RSA 密钥对。

____

配置生成 DSA 密钥对。

____

配置使能 SSH 服务器功能。

____

步骤 6：SSH 登录验证。

使用 SSH client 软件 PuTTY，打开 PuTTY.exe 程序，出现实验图 21-4 所示的客户端配置界面。在“Host Name(or IP address)”文本框中输入 SSH 服务器的 IP 地址为 192.168.1.1。然后单击 Open 按钮。按提示输入登录用户名及密码，其结果是________________________

____

____

____。

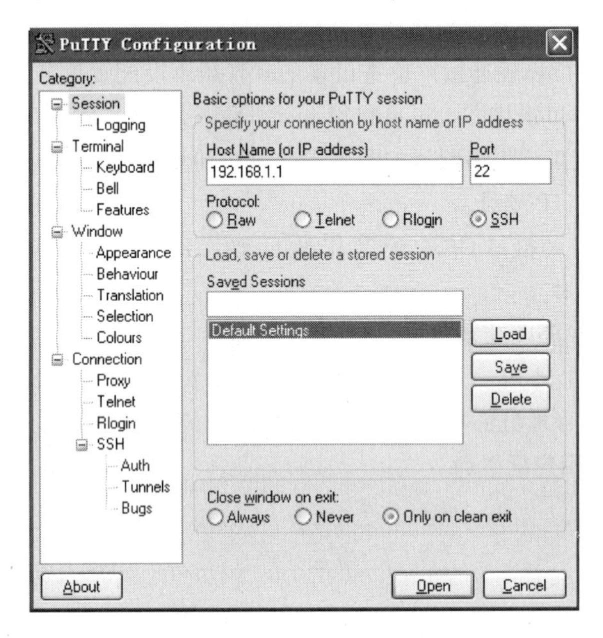

实验图 21-4 PuTTY 配置

21.5 实验中的命令列表

本实验命令列表如实验表 21-2 所示。

实验表 21-2 命令列表

命 令	描 述
radius scheme *radius-scheme-name*	创建 RADIUS 方案并进入其视图
primary accounting *ip-address* [*port-number*]	配置主 RADIUS 计费服务器
primary authentication *ip-address* [*port-number*]	配置主 RADIUS 认证/授权服务器
key { **accounting** | **authentication** } *string*	配置 RADIUS 认证/授权或计费报文的共享密钥
server-type { **extended** | **standard** }	设置支持何种类型的 RADIUS 服务器
user-name-format { **keep-original** | **with-domain** | **without-domain** }	设置发送给 RADIUS 服务器的用户名格式
nas-ip *ip-address*	设置设备发送 RADIUS 报文使用的源地址
domain *isp-name*	创建 ISP 域并进入其视图
authentication login { **hwtacacs-scheme** *hwtacacs-scheme-name* [**local**] | **ldap-scheme** *ldap-scheme-name* [**local**] | **local** | **none** | **radius-scheme** *radius-scheme-name* [**local**] }	为 login 用户配置认证方案
authorization login { **hwtacacs-scheme** *hwtacacs-scheme-name* [**local**] | **ldap-scheme** *ldap-scheme-name* [**local**] | **local** | **none** | **radius-scheme** *radius-scheme-name* [**local**] }	为 login 用户配置授权方案

续表

命　令	描　述
accounting login { **hwtacacs-scheme** *hwtacacs-scheme-name* [**local**] | **local** | **none** | **radius-scheme** *radius-scheme-name* [**local**] }	为 login 用户配置计费方案
public-key local create{ **dsa** | **rsa** }	生成本地 DSA 或 RSA 密钥对
ssh server enable	使能 SSH 服务器功能
authentication-mode scheme	设置登录用户界面的认证方式为 **scheme**
service-type { **ssh** | **telnet** | **terminal** }	设置用户可以使用的服务类型
protocol inbound{ **all** | **pad** | **ssh** | **telnet** }	设置所在用户界面支持的协议
display ssh server { **status** | **session** }	在 SSH 服务器端显示该服务器的状态信息或会话信息
display ssh server-info	在 SSH 客户端显示客户端保存的服务器端的主机公钥和服务器的对应关系
display ssh user-information [**username**]	在 SSH 服务器端显示 SSH 用户信息

21.6　思考题

在实验任务 1 中，如果 Telnet 用户输入的用户名 telnet 不带有域名，能否登录到路由器？为什么？

答：在 PCA 上通过用户名 telnet 密码 aabbcc 可以登录路由器，而且登录后具有管理员权限，这是因为路由器默认时启动了 domain system，而且该域的状态是 active 的。如果要不允许不带域名的 Telnet 用户登录路由器，那么需要将系统默认的 system 域的状态去激活，也即在 domain system 下配置 state block，那么在 PCA 上通过用户名 telnet 密码 aabbcc 就无法登录路由器了。

实验22

交换机端口安全技术

22.1 实验内容与目标

完成本实验，应该能够达到以下目标。

(1) 掌握 802.1x 的基本配置。

(2) 掌握端口隔离基本配置。

(3) 掌握端口绑定技术基本配置。

22.2 实验组网图

本实验按照实验图 22-1 进行组网。

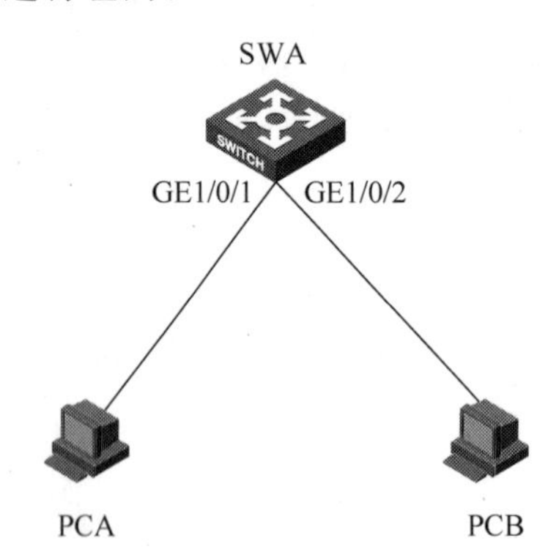

实验图 22-1 实验组网图

22.3 实验设备与版本

本实验所需的主要设备器材如实验表 22-1 所示。

实验表 22-1 实验设备器材

名称和型号	版 本	数 量	描 述
S5820V2	CMW 7.1.035-R2311	1	
PC	Windows XP SP2	2	
Console 串口线	—	1	
第 5 类 UTP 以太网连接线	—	2	

22.4 实验过程

实验任务1 配置802.1x

本实验通过在交换机上配置802.1x协议，使接入交换机的PC经过认证后才能访问网络资源。通过本实验，学员能够掌握802.1x认证的基本原理和802.1x本地认证的基本配置。

步骤1：建立物理连接并初始化交换机配置。

按实验组网图进行物理连接并检查设备的软件版本及配置信息，确保各设备软件版本符合要求，所有配置为初始状态。如果配置不符合要求，在用户视图下擦除设备中的配置文件，然后重启设备以使系统采用默认的配置参数进行初始化。

步骤2：检查互通性。

分别配置PCA、PCB的IP地址为172.16.0.1/24、172.16.0.2/24。配置完成后，在PCA上用ping命令来测试到PCB的互通性，其结果是________。

步骤3：配置802.1x协议。

实现在交换机SWA上启动802.1x协议。

首先，需要分别在________和________开启802.1x认证功能，在下面的空格中补充完整的命令。

```
[SWA]________
[SWA]dot1x ________________
```

其次，在SWA上创建本地802.1x用户，用户名为abcde，密码为明文格式的12345，该用户的服务类型service-type是________，在如下的空格中完成该本地用户的配置命令。

____

____

____

步骤4：802.1x验证。

配置完成后，再次在PCA上用ping命令来测试到PCB的互通性，其结果是________。

导致如上结果的原因是交换机上开启了802.1x认证，需要在客户端配置802.1x认证相关属性。

PC可以使用802.1x客户端软件或Windows系统自带客户端接入交换机。本实验以Windows系统自带客户端为例说明如何进行设置。

在Windows操作系统的“控制面板”中选择“网络和Internet连接”命令，选取“网络连接”中的“本地连接”，单击“属性”按钮，如实验图22-2所示。

再选择“验证”命令，并选择“启用此网络的IEEE 802.1x验证”复选框，如实验图22-3所示。然后单击“确定”按钮，保存退出。

等待几秒钟后，屏幕右下角会自动弹出要求认证的相应提示，如实验图22-4所示。

按提示要求单击，系统弹出对话框，要求输入用户名和密码，如实验图22-5所示。

在对话框中输入用户名abcde和密码12345后，单击“确定”按钮，系统提示通过验证。

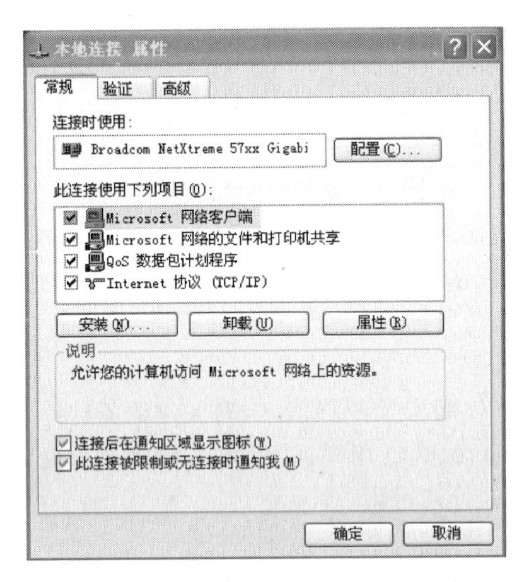

实验图 22-2 配置本地连接属性

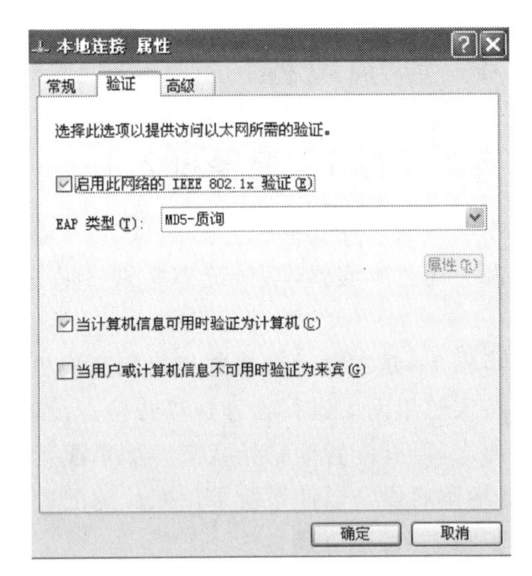

实验图 22-3 启用 802.1x 验证

实验图 22-4 802.1x 验证提示

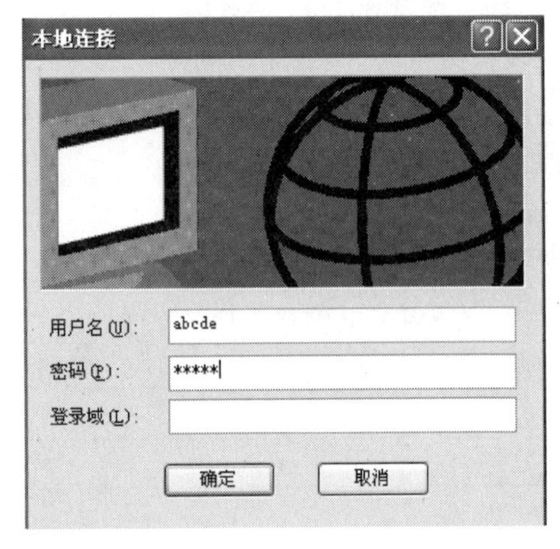

实验图 22-5 输入用户名和密码

在 PCA 与 PCB 都通过验证后，在 PCA 上用 ping 命令来测试到 PCB 的互通性。结果是____。

注意：如果 Windows 系统长时间没有自动弹出要求认证提示，或认证失败需要重新认证，可以将电缆断开再连接，以重新触发 802.1x 认证过程。

实验任务 2 配置端口隔离

本实验通过在交换机上配置端口隔离，使处于隔离组内的两台 PC 不能互相访问，但 PC 能够访问上行端口的 PC。通过本实验，学员能够掌握端口隔离的基本原理和配置。

步骤 1：建立物理连接并初始化交换机配置。

按实验组网图进行物理连接并检查设备的软件版本及配置信息，确保各设备软件版本符合要求，所有配置为初始状态。如果配置不符合要求，在用户视图下擦除设备中的配置文件,然后重启设备以使系统采用默认的配置参数进行初始化。

步骤 2:检查互通性。

分别配置 PCA、PCB 的 IP 地址为 172.16.0.1/24、172.16.0.2/24。配置完成后,在 PCA 上用 ping 命令来测试到 PCB 的互通性,其结果是________。

步骤 3:配置端口隔离。

在交换机上启用端口隔离,设置端口 GigabitEthernet1/0/1、GigabitEthernet1/0/2 为隔离组的普通端口,端口 GigabitEthernet1/0/24 为隔离组的上行端口。

配置 SWA 如下:

```
[SWA] ____________________
[SWA] interface GigabitEthernet1/0/1
[SWA-GigabitEthernet1/0/1] ____________________
[SWA] interface GigabitEthernet1/0/2
[SWA-GigabitEthernet1/0/2] ____________________
```

配置完成后,通过________命令查看隔离组的信息。

步骤 4:端口隔离验证。

在 PCA 上用 ping 命令测试到 PCB 得互通性,其结果是________。

然后将 PCB 从端口 GigabitEthernet1/0/2 断开,把 PCB 连接到隔离组的上行端口 GigabitEthernet1/0/24 上,再用 ping 命令测试,其结果是________。

22.5 实验中的命令列表

本实验命令列表如实验表 22-2 所示。

实验表 22-2 命令列表

命　　令	描　　述
dot1x	开启全局的 802.1x 特性
dot1x	开启端口的 802.1x 特性
port-isolate enable group	将指定端口加入隔离组中作为隔离组的普通端口
display port-isolate group	显示端口隔离组信息

22.6 思考题

在实验任务 1 中,使用交换机内置本地服务器对用户进行了本地认证。可不可以不在交换机上配置用户名、密码等信息,而对用户进行认证?

答:可以,但需要在网络中增加一台远程认证服务器。通过交换机与远程认证服务器协同工作,由交换机把用户名、密码等信息发送到远程服务器而完成认证过程。

实验23

IPSec

23.1 实验内容与目标

完成本实验，应该能够达到以下目标。

(1) 理解 IPSec 基本原理。

(2) 理解 IKE 基本原理。

(3) 掌握 IPSec 基本配置。

23.2 实验组网图

本实验按照实验图 23-1 进行组网。

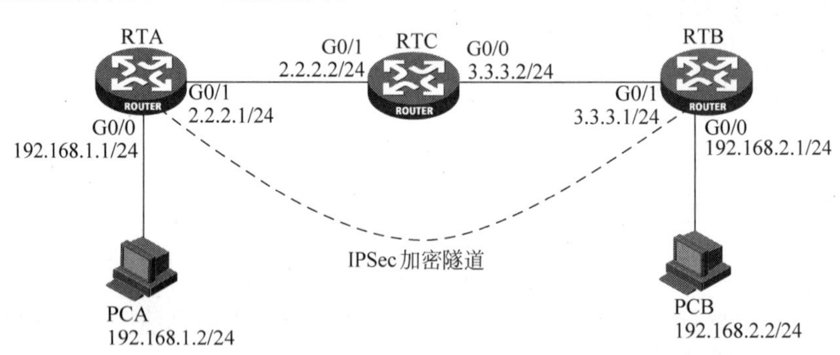

实验图 23-1　实验组网图

23.3 实验设备与版本

本实验所需的主要设备器材如实验表 23-1 所示。

实验表 23-1　实验设备器材

名称和型号	版　本	数　量	描　述
MSR36-20	CMW 7.1.49-R0106	3	
PC	Windows 7	2	
Console 串口线	—	1	
第 5 类 UTP 以太网连接线	—	4	交叉线

23.4 实验过程

实验任务 配置采用 IKE 方式建立 IPSec SA

在 RTA 和 RTB 之间采用 IKE 方式建立 IPSec SA 对 PCA 代表的子网与 PCB 代表的子网之间的数据流进行安全保护。

步骤 1：建立物理连接并初始化路由器配置。

按实验组网图进行物理连接并检查设备的软件版本及配置信息，确保各设备软件版本符合要求，所有配置为初始状态。如果配置不符合要求，在用户视图下擦除设备中的配置文件，然后重启设备以使系统采用默认的配置参数进行初始化。

步骤 2：基本 IP 地址和路由配置。

依据实验组网图完成 RTA、RTB、RTC、PCA、PCB 的 IP 地址配置。

在 RTA 上要配置去往 PCB 的静态路由，在下面的空格中补充完整的配置。

```
[RTA]ip route-static 0.0.0.0 0.0.0.0 ________
```

在 RTB 上要配置去往 PCA 的静态路由，在下面的空格中补充完整的配置。

```
[RTB]ip route-static 0.0.0.0 0.0.0.0 ________
```

在 RTC 上需要配置两条静态路由才能确保网络互通，在下面的空格中补充完整的配置。

```
[RTC] ip route-static ______________________________
[RTC] ip route-static ______________________________
```

配置完成后，在 PCA 和 PCB 上使用 ping 测试他们之间的互通性，其结果是________。

步骤 3：定义访问控制列表。

要对 PCA 代表的子网与 PCB 代表的子网之间的数据流进行安全保护，那么需要定义访问控制列表识别 PCA 与 PCB 之间的数据流。

在 RTA 和 RTB 上配置________(基本/高级)访问控制列表，定义子网 192.168.1.0/24 与 192.168.2.0/24 子网之间的数据流。

配置 RTA 访问控制列表，在下面空格补充完整配置。

```
[RTA] acl number 3101
[RTA-acl-adv-3101] ______________________________
```

配置 RTB 访问控制列表，在下面空格补充完整配置。

```
[RTB] acl number 3101
[RTB-acl-adv-3101] ______________________________
```

步骤 4：定义安全提议。

安全提议保存 IPSec 需要使用的特定安全协议、加密/认证算法以及封装模式，为 IPSec 协商 SA 提供各种安全参数。

在 RTA 上配置定义安全提议，在空格处补充完整的配置命令。

```
#创建名为 tran1 的安全提议
[RTA] ____________________________
#定义报文封装形式采用隧道模式
[RTA-ipsec-transform-set-tran1] ____________________________
#定义安全协议采用 ESP 协议
[RTA-ipsec-transform-set-tran1] ____________________________
#定义加密算法采用 DES,认证算法采用 SHA1-HMAC-96
[RTA-ipsec-transform-set-tran1] ____________________________
[RTA-ipsec-transform-set-tran1] ____________________________
```

在 RTB 上完成如上同样的安全参数配置，除________配置可以不同，其他参数配置均应和 RTA 配置一致。

步骤 5：配置 IKE 对等体。

(1) 在 RTA 上创建名为 test 的 keychain。

```
[RTA] ____________________________
```

指定对端网关设备的 IP 地址并配置预共享密钥为 abcde。

```
[RTA-ike-keychain-test] ____________________________
```

(2) 在 RTB 上创建名为 test 的 ike profile。

```
[RTB] ____________________________
```

引用 keychain test。

```
[RTB-ike-profile-test] ____________________________
```

匹配对端网关设备的 IP 地址。

```
[RTB-ike-profile-test] ____________________________
```

步骤 6：创建安全策略。

安全策略规定了对什么样的数据流采用什么样的安全提议。

(1) 在 RTA 上创建安全策略。

```
[RTA] ipsec policy RT 10 isakmp
```

如上配置命令中 RT、10、isakmp 的含义分别为____________________________________。

定义安全策略引用访问控制列表。

```
[RTA-ipsec-policy-isakmp-RT-10] ____________________
```

定义安全策略引用安全提议，在空格处补充完整配置。

```
[RTA-ipsec-policy-isakmp-RT-10] transform-set ________
```

定义安全策略引用 IKE 对等体，在空格处补充完整配置。

```
[RTA-ipsec-policy-isakmp-RT-10] ike-profile ________
[RTA-ipsec-policy-isakmp-RT-10] remote-address ________
```

(2) 在 RTB 上完成同样如上配置。

步骤 7：在接口上引用安全策略组。

在 RTA 的________接口上引用安全策略组才能使 IPSec 配置生效，在下面的空格中补充完整的配置。

```
[RTA] interface ________
[RTA-GigabitEthernet]____________________
```

在 RTB 的相应接口上引用安全策略组。

```
[RTB] interface ________
[RTB-GigabitEthernet]____________________
```

步骤 8：验证 IPSec 加密。

在 RTB 上执行 ping -a 192.168.2.1 192.168.1.1，其结果是________。

然后在 RTB 上使用________命令查看安全联盟的相关信息，根据输出信息补充如下空格。

```
IPSec policy name:________
sequence number: 10
mode:________
-----------------------------
  connection id: 3
  encapsulation mode:________
  perfect forward secrecy: None
  tunnel:
      local   address:________
      remote address:________
  Flow :
      sour addr: ________   port: 0   protocol: IP
      dest addr: ________   port: 0   protocol: IP
```

可以在 RTB 上通过命令________查看 IKE SA 的详细信息，根据该命令的输出信息可以看到：peer 的 IP 地址为________，结果显示中 phase 1 和 phase 2 的 flag 标志为________。通过如上命令输出信息表明数据流已经匹配 IPSEC 安全隧道。

可以在 RTB 上执行________来查看 IPSec 处理报文的统计信息，执行该命令后，记录下输出信息中的 input/output security packets、input/output security bytes 项目数值，然后再次在 RTB 上执行 ping -a 192.168.2.1 192.168.1.1，待该 ping 操作结束后，再次查看输出信息中的 input/output security packets、input/output security bytes 项目数值，发现数值________。说明已经匹配 IPSEC 安全隧道。

可以通过执行____________________命令来查看 IPSec 隧道的信息。

23.5 实验中的命令列表

本实验命令列表如实验表 23-2 所示。

实验表 23-2 命令列表

命 令	描 述
ipsec transform-set *transform-set-name*	创建安全提议,并进入安全提议视图
protocol { **ah** | **ah-esp** | **esp** }	配置安全提议采用的安全协议
esp encryption-algorithm { **3des** | | **aes** [*key-length*] | **des** }	配置 ESP 协议采用的加密算法
esp authentication-algorithm { **md5** | **sha1** }	配置 ESP 协议采用的认证算法
ah authentication-algorithm { **md5** | **sha1** }	配置 AH 协议采用的认证算法
encapsulation-mode { **transport** | **tunnel** }	配置安全协议对 IP 报文的封装形式
ipsec policy *policy-name seq-number* **isakmp**	创建一条安全策略,并进入安全策略视图
security acl *acl-number*	配置安全策略引用的访问控制列表
transform-set *transform-set-name* & < 1-6 >	配置安全策略所引用的安全提议
Ike keychain *keychain-name*	在安全策略中引用 IKE 对等体
pre-shared-key address *address* **key simple** *password*	配置采用预共享密钥认证时,所使用的预共享密钥
ike profile *profile-name*	配置 ike profile
match remote identity address *address*	配置 ike profile 中匹配对端的地址
ipsec policy *policy-name*	应用指定的安全策略组
display ipsec policy [**brief** | **name** *policy-name* [*seq-number*]]	显示安全策略的信息
display ipsec proposal [*proposal-name*]	显示安全提议的信息
display ipsec sa [**brief** | **duration** | **policy** *policy-name* [*seq-number*] | **remote** *ip-address*]	显示安全联盟的相关信息
display ike sa [**verbose** [**connection-id** *connection-id* | **remote-address** *remote-address*]]	显示当前 IKE SA 的信息
display ipsec statistics	显示 IPSec 处理报文的统计信息
display ipsec tunnel	显示 IPSec 隧道的信息

23.6 思考题

在步骤 8 中,为何要在 RTB 上执行 ping -a 192.168.2.1 192.168.1.1 而不是 ping 192.168.1.1?

答:执行 ping -a 192.168.2.1 192.168.1.1,那么 ICMP 数据包的源地址是 192.168.2.1,目的地址是 192.168.1.1,该数据包符合定义的 IPSec 保护的数据流。而如果执行 ping 192.168.1.1,那么该 ICMP 数据包的源地址是 3.3.3.1,该数据包就不会匹配所定义的 ACL,那么也就不会被 IPSec 加密保护。

实验24

VRRP

24.1 实验内容与目标

完成本实验,应该能够达到以下目标。

(1) 掌握配置 VRRP 的基本命令。

(2) 掌握 VRRP 协议基本原理。

24.2 实验组网图

本实验按照实验图 24-1 进行组网。

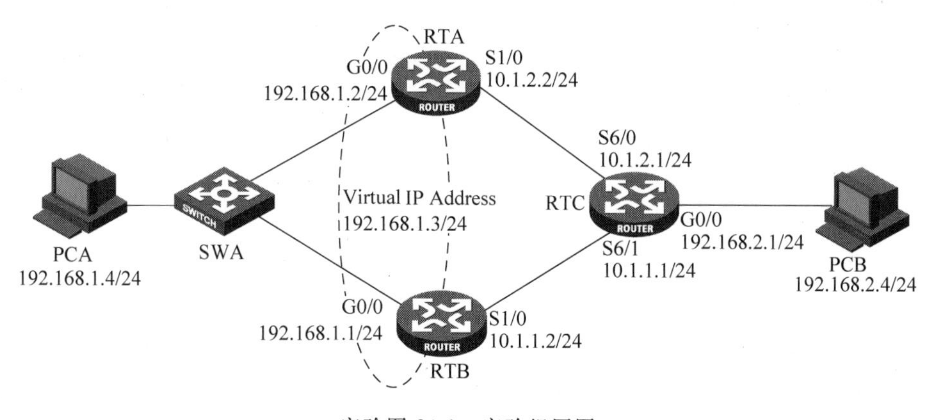

实验图 24-1 实验组网图

24.3 实验设备与版本

本实验所需的主要设备器材如实验表 24-1 所示。

实验表 24-1 实验设备器材

名称和型号	版 本	数 量	描 述
MSR36-20	CMW 7.1.49-R0106	3	
S5820V2		1	任意一台二层交换机均可
PC	Windows XP SP2	2	

续表

名称和型号	版　本	数　量	描　述
Console 串口线	—	1	
V.35 DTE 串口线	—	2	
V.35 DCE 串口线	—	2	
第 5 类 UTP 以太网连接线	—	4	

24.4 实验过程

实验任务 1 VRRP 单备份组配置

本实验的主要任务是通过在 RTA 和 RTB 上配置 VRRP 单备份组，实现初始情况下业务转发任务仅由 Master 路由器 RTA 承担，当 RTA 路由器出现故障时，备份组内处于 Backup 状态的 RTB 成为新的 Master 路由器继续为网络内的主机提供转发任务。

步骤 1：建立物理连接并初始化路由器与交换机配置。

按实验组网图进行物理连接并检查设备的软件版本及配置信息，确保各设备软件版本符合要求，所有配置为初始状态。如果配置不符合要求，在用户视图下擦除设备中的配置文件，然后重启设备以使系统采用默认的配置参数进行初始化。

步骤 2：基本 IP 地址和路由配置。

依据实验组网图的标识完成 RTA、RTB、RTC、PCA、PCB 的 IP 地址配置，其中 PCA 的网关地址应设置为________，PCB 的网关地址应设置为________。

为了配置简单，在 RTA、RTB、RTC 上运行 OSPF，所有接口网段都在 OSPF area 0 中发布。

SWA 采取出厂默认配置。

完成如上配置后，用 ping 命令检查互通性。

PCA ping RTA 上 G0/0 接口 IP 地址，其结果是________。

PCA ping RTB 上 G0/0 接口 IP 地址，其结果是________。

步骤 3：配置 VRRP。

创建 VRRP 备份组的同时，需要在________视图下配置备份组的虚拟 IP 地址，并且保证配置的虚拟 IP 地址与 RTA 和 RTB ________接口的 IP 地址________(在/不在)同一网段，在如下空格中补充完整的配置虚拟 IP 地址的命令。

配置 RTA 虚拟 IP 地址。

____

配置 RTB 虚拟 IP 地址。

____

PCA ping 自己的网关地址，其结果是________________，产生这种结果的原因是________________，要改变这种结果，需要在 RTA、RTB 上增加配置命令，在下面的空格中填写完整的配置命令。

____

____

接下来配置备份组优先级以确保在初始情况下，RTA 为 Master 路由器承担业务转发，在 MSR 路由器上 VRRP 备份组的默认优先级是________，要确保 RTA 为 VRRP 备份组 Master 路由器，那么 RTA 在该备份组中的优先级应该________（大于/小于）RTB 在该备份组中的优先级，在如下空格中补充完整的命令配置路由器备份组优先级。

配置 RTA 备份组优先级为 120。

____

配置 RTB 备份组优先级为 100。

____

步骤 4：验证 VRRP。

在 PCA 上用 ping 检测到 PCB 得可达性，其结果是________。

在 RTA 上通过命令________查看 VRRP 备份组的状态摘要，通过命令 display vrrp verbose 可以查看________，根据该命令输出，可以看出 RTA 的 VRRP 状态是________。

在 RTB 上执行同样的命令，可以看到 RTB 的 VRRP 状态是________。

此时将 RTA 关机，再次在 PCA 上用 ping 检测到 PCB 得可达性，其结果是________，此时在 RTB 上查看 VRRP 状态，可以看到 RTB 的 VRRP 状态是________。

实验任务 2 VRRP 监视接口配置

实验的主要任务是通过在 RTA 和 RTB 上配置 VRRP 单备份组监视其上行连接 RTC 的接口，实现初始情况下业务转发任务仅由 Master 路由器 RTA 承担，当 RTA 连接 RTC 的端口 S1/0 不可用时，备份组内处于 Backup 状态的 RTB 成为新的 Master 路由器继续为网络内的主机提供转发任务。

本实验可以在实验任务 1 的基础上直接完成，如下的实验步骤 1～步骤 3 与实验任务 1 一致。

步骤 1：建立物理连接并初始化路由器与交换机配置。

按实验组网图进行物理连接并检查设备的软件版本及配置信息，确保各设备软件版本符合要求，所有配置为初始状态。如果配置不符合要求，在用户视图下擦除设备中的配置文件，然后重启设备以使系统采用默认的配置参数进行初始化。

步骤 2：基本 IP 地址和路由配置。

依据实验组网图的标识完成 RTA、RTB、RTC、PCA、PCB 的 IP 地址配置，其中 PCA 的网关地址应设置为________，PCB 的网关地址应设置为________。

为了配置简单，在 RTA、RTB、RTC 上运行 OSPF，所有接口网段都在 OSPF area 0 中发布。

SWA 采取出厂默认配置。

完成如上配置后，用 ping 命令检查互通性。

PCB ping RTA 上 G0/0 接口 IP 地址，其结果是________。

PCB ping RTB 上 G0/0 接口 IP 地址，其结果是________。

步骤 3：配置 VRRP。

创建 VRRP 备份组的同时，需要在________视图下配置备份组的虚拟 IP 地址，并且保证配置的虚拟 IP 地址与 RTA 和 RTB ________接口的 IP 地址________（在/不在）同一网段，在如下空格中补充完整的配置虚拟 IP 地址的命令。

配置 RTA 虚拟 IP 地址。

____

配置 RTB 虚拟 IP 地址。

____

PCA ping 自己的网关地址，其结果是__________，产生这种结果的原因是__________，要改变这种结果，需要在 RTA、RTB 上增加配置命令，在下面的空格中填写完整的配置命令。

____

____

接下来配置备份组优先级确保在初始情况下，RTA 为 Master 路由器承担业务转发，在 MSR 路由器上 VRRP 备份组的默认优先级时________，要确保 RTA 为 VRRP 备份组 Master 路由器，那么 RTA 在该备份组中的优先级应该________(大于/小于)默认优先级，在如下空格中补充完整的命令配置路由器备份组优先级。

配置 RTA 备份组优先级为 120。

____

配置 RTB 备份组优先级为 100。

____

步骤 4：配置 VRRP 指定被监视的接口。

在 RTA 和 RTB 上的________接口下配置 VRRP 监视上行出口 Serial1/0，当上行出口 Serail1/0 出现故障时，路由器的优先级自动降低 30，以低于处于备份组的路由器优先级，从而实现主备倒换。在下面的空格中补充完整的命令。

配置 RTA 过程如下。

____

配置 RTB 过程如下。

____

然后在 RTA、RTB 上做如下的配置。

```
[RTA-GigabitEthernet0/0] vrrp vrid 1 timer advertise 5
[RTB-GigabitEthernet0/0] vrrp vrid 1 timer advertise 5
```

该配置命令的含义是____。

```
[RTA-GigabitEthernet0/0] vrrp vrid 1 preempt-mode timer delay 5
[RTB-GigabitEthernet0/0] vrrp vrid 1 preempt-mode timer delay 5
```

该配置命令的含义是____。

步骤 5：验证 VRRP。

在 PCA 上用 ping 检测到 PCB 得可达性，其结果是________。

在 RTA 上通过命令________查看 VRRP 备份组的状态摘要信息，通过命令 display vrrp verbose 可以查看________，根据该命令输出，可以看出 RTA 的 VRRP 状态是________，路由器优先级是________。

在 RTB 上执行同样的命令，可以看到 RTB 的 VRRP 状态是________，路由器优先级是________。

此时将 RTA 连接 RTC 的接口 Serail1/0 的线缆断开，再次在 PCA 上用 ping 检测到 PCB 的可达性，其结果是________。在 RTA 上查看 VRRP 状态，可以看到 RTA 的 VRRP 状态是________，路由器优先级是________；在 RTB 上查看 VRRP 状态，可以看到 RTB 的 VRRP 状态是________，路由器优先级是________。

从如上显示信息可以看出，由于上行接口 Serail1/0 出现故障，VRRP 备份组进行了主备倒换。

24.5 实验中的命令列表

本实验命令列表如实验表 24-2 所示。

实验表 24-2 命令列表

命令	描述
vrrp vrid *virtual-router-id* **virtual-ip** *virtual-address*	创建备份组，并配置备份组的虚拟 IP 地址
vrrp vrid *virtual-router-id* **priority** *priority-value*	配置路由器在备份组中的优先级
vrrp vrid *virtual-router-id* **timer advertise** *adver-interval*	设置备份组中的 Master 路由器发送 VRRP 通告报文的时间间隔
vrrp vrid *virtual-router-id* **preempt-mode** [**timer delay** *delay-value*]	配置备份组中的路由器工作在抢占方式，并配置抢占延迟时间
vrrp vrid *virtual-router-id* **track interface** *interface-type interface-number* [**reduced** *priority-reduced*]	配置监视指定接口
display vrrp	显示 VRRP 备份组的状态摘要信息
display vrrp verbose	显示 VRRP 备份组的状态详细信息

24.6 思考题

在实验任务 2 的步骤 4 中，在路由器上配置 VRRP 抢占延迟时间的作用是什么？

答：性能不够稳定的网络中，Backup 路由器可能因为网络堵塞而无法正常收到 Master 路由器的报文，导致备份组内的成员频繁的进行主备状态转换。设置了延迟时间后，Backup 路由器没有按时收到来自 Master 路由器的报文，会等待一段时间，如果在这段时间内 Backup 路由器还没有收到来自 Master 路由器的报文，Backup 路由器才会转换为 Master 路由器，从而避免因网络的瞬时故障而导致备份组内路由器的状态频繁转换。

实验25

链路备份和路由备份

25.1 实验内容与目标

完成本实验,应该能够达到以下目标。

(1) 掌握链路备份的配置。

(2) 掌握路由备份的配置。

25.2 实验组网图

本实验按照实验图 25-1、实验图 25-2 进行组网。

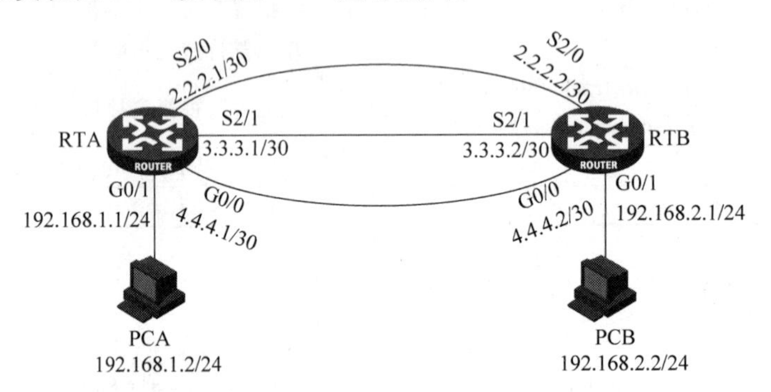

实验图 25-1　链路备份实验组网图

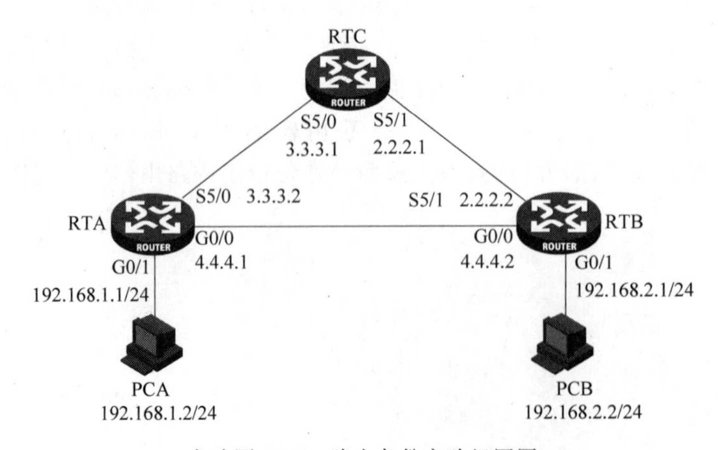

实验图 25-2　路由备份实验组网图

25.3 实验设备与版本

本实验所需的主要设备器材如实验表 25-1 所示。

实验表 25-1 实验设备器材

名称和型号	版　本	数　量	描　述
MSR36-20	CMW 7.1.49-R0106	3	
PC	Windows XP SP2	2	
Console 串口线	—	1	
V.35 DTE 串口线		2	
V.35 DCE 串口线		2	
第 5 类 UTP 以太网连接线	—	3	

25.4 实验过程

实验任务 1 配置链路备份

本实验主要任务是实现 PCA 与 PCB 通过 RTA 和 RTB 互通，同时把 RTA 的接口 Serial2/1 和 G0/0 配置为主接口 Serial2/0 的备份接口，并优先使用备份接口 Serial2/1。而且设置主接口与备份接口相互切换的延时。

步骤 1：建立物理连接并初始化路由器配置。

按实验图 25-1 进行物理连接，并检查设备的软件版本及配置信息，确保各设备软件版本符合要求，所有配置为初始状态。如果配置不符合要求，在用户视图下擦除设备中的配置文件，然后重启设备以使系统采用默认的配置参数进行初始化。

步骤 2：基本 IP 地址和路由配置。

依据实验组网图的标识完成 RTA、RTB、PCA、PCB 的 IP 地址配置，其中 PCA 的网关地址应设置为________，PCB 的网关地址应设置为________。

配置 RTA 和 RTB 的路由，依据组网图，在 RTA 和 RTB 上需要配置________条下一跳________（相同/不相同）的静态路由，在如下空格中补充完整的 RTA 和 RTB 的静态路由配置。

配置 RTA 静态路由。

____

____

____

____

配置 RTB 静态路由。

____

____

____

____

配置完成后,在 PCA 上 ping PCB,其结果应该是可达。

步骤 3:配置链路备份。

要在 RTA 上实现链路备份配置,需要在________视图下通过________命令完成;而要实现优先使用备份接口 Serial2/1,那么在配置如上命令时需要加入________参数。在如下空格中补充完整的配置命令实现 RTA 的接口 Serial2/1 和 G0/0 配置为主接口 Serial2/0 的备份接口,并优先使用备份接口 Serial2/1。

[RTA]______________________________

____

____

同时在 RTA 上做了如下配置。

```
[RTA-Serial2/0] backup timer delay 10 10
```

如上配置命令的含义是。

____。

步骤 4:验证链路备份。

完成步骤 3 后,在 PCA 上 ping PCB,其结果是________。

在 PCA 上可以通过____________命令查看主接口与备份接口的状态,根据该命令的输出信息补充实验表 25-2 空格中的信息。

实验表 25-2 状态表 1

Interface	Interfacestate	Standbystate	Pri
Serial2/0			
Serial2/1			
GigabitEthernet0/0			

此时,在 RTA 上通过________命令将端口 Serial2/0 手工关闭,然后 10 秒后,继续查看主接口与备份接口的状态,根据该命令的输出信息补充实验表 25-3 空格中的信息。

实验表 25-3 状态表 2

Interface	Interfacestate	Standbystate	Pri
Serial2/0			
Serial2/1			
GigabitEthernet0/0			

此时,在 PCA 上 ping PCB,其结果是________。

然后在保持端口 Serial2/0 关闭,将端口 Serial2/1 手动关闭,然后 10 秒后,继续查看主接口与备份接口的状态,根据该命令的输出信息补充实验表 25-4 空格中的信息。

实验表 25-4　状态表 3

Interface	Interfacestate	Standbystate	Pri
Serial2/0			
Serial2/1			
GigabitEthernet0/0			

此时，在 PCA 上 ping PCB，其结果是________。

实验任务 2　配置路由备份

本实验主要任务是通过适当地配置 RIP 路由协议和静态路由协议，使 PCA 访问 PCB 优先选择静态路由路径，其次选择 RIP 路由路径。

步骤 1：建立物理连接并初始化路由器配置。

按实验图 25-2 进行物理连接并检查设备的软件版本及配置信息，确保各设备软件版本符合要求，所有配置为初始状态。如果配置不符合要求，在用户视图下擦除设备中的配置文件，然后重启设备以使系统采用默认的配置参数进行初始化。

步骤 2：基本 IP 地址配置。

依据实验组网图的标识完成各设备的 IP 地址配置，其中 PCA 的网关地址应设置为________，PCB 的网关地址应设置为________。

配置完成后，在 PCA 上通过 ping 检测到 PCB 的可达性，其结果是________。

步骤 3：配置 RIP。

在 RTA-RTC-RTB 的串口以及 RTA 和 RTB 的 G0/1 接口上运行 RIPv2。在如下的空格中完成 RTA 上 RIPv2 的配置。

____

____

____

____

在如下的空格中完成 RTB 上 RIPv2 的配置。

____

____

____

____

在如下的空格中完成 RTC 上 RIPv2 的配置。

____

____

____

____

配置完成后，在 RTA 上查看全局路由表，可以看到 RTA 的路由表中，有目的网段为 192.168.2.0/24 的路由，其协议优先级为________，Cost 值为________。在 RTB 上查看全局路由表，可以看到目的网段为 192.168.1.0/24 的 RIP 路由。

PCA 通过 ping 命令检测与 PCB 的互通，其结果是可以 ping 通。

步骤 4：配置静态路由。

RTA 与 RTB 之间通过 G0/0 互联，在 RTA 与 RTB 上配置静态路由。

要实现 PCA 访问 PCB 优先选择该静态路由，那么应当配置同一目的网段的静态路由的优先级数值________ RIP 路由协议的优先级值。MSR 上静态路由的优先级默认是________，因此默认值即可满足要求。

```
[RTA]ip route-static 192.168.2.0 24 ________
[RTB]ip route-static 192.168.1.0 24 ________
```

配置完成后在 RTA 上查看全局路由表，可以看到目的网段为 192.168.2.0/24 的路由有________条，是________路由，其优先级是________；在 RTB 上查看全局路由表，可以看到目的网段为 192.168.1.0/24 的路由有________条，是________路由，其优先级是________。

PCA 通过 ping 命令检测与 PCB 的互通，其结果是可以 ping 通。

步骤 5：路由备份验证。

在步骤 4 中，PCA 可以 ping 通 PCB 是通过静态路由实现的，因为________________。

断开 PCA 与 PCB 之间的 G0/0 的链路，然后在 RTA 上查看全局路由表，可以看到目的网段为 192.168.2.0/24 的路由是一条________路由，在 RTB 上查看全局路由表，可以看到目的网段为 192.168.1.0/24 的路由也是一条________路由。然后 PCA 通过 ping 命令检测与 PCB 的可达性，其结果是________。

然后再次连接 RTA 与 RTB 之间的 G0/0 链路，然后在 RTA 上查看全局路由表，可以看到目的网段为 192.168.2.0/24 的路由是一条________路由，在 RTB 上查看全局路由表，可以看到目的网段为 192.168.1.0/24 的路由也是一条________路由。然后 PCA 通过 ping 命令检测与 PCB 的可达性，其结果是________。

25.5 实验中的命令列表

本实验命令列表如实验表 25-5 所示。

实验表 25-5 命令列表

命 令	描 述
backup interface *interface-type interface-number* [*priority*]	配置主接口的备份接口
backup timer delay *enable-delay disable-delay*	配置主备接口切换的延时
display interface-backup state	查看主接口与备份接口的状态

25.6 思考题

1. 在实验任务 1 的步骤 2 中，PCA 与 PCB 实现互通，这种情况下 PCA 与 PCB 之间的数据流如何选择三条链路？

答：此时三条链路是以负载分担的方式来分配数据流。

2. 在实验任务 2 中，如果 RTA 和 RTB 上运行的都是 RIP 协议，那么如何实现 RIP 协议的备份？

答：可以修改不同链路的 RIP COST 值来实现 RIP 路由备份。

3. 在实验任务 2 的步骤 4 中，为什么配置了静态路由后，路由表中看不到步骤 3 中学习到的 PCA、PCB 所在网段的 RIP 路由？

答：对于同一目的网段不同路由协议学习到的路由，路由器会比较这两条路由的优先级，把优先级数值小(也即优先级高)的路由写入自己的全局路由表。

实验26

网 络 管 理

26.1 实验内容与目标

完成本实验,应该能够达到以下目标。

(1) 使用 iMC 添加设备。

(2) 使用 iMC 查看设备告警。

(3) 使用 iMC 对设备的 CPU 和内存性能进行监控。

(4) 使用 iMC 查看网络拓扑结构。

26.2 实验组网图

本实验按照实验图 26-1 进行组网。

实验图 26-1 实验组网图

26.3 实验设备与版本

本实验所需的主要设备器材如实验表 26-1 所示。

实验表 26-1 实验设备器材

名称和型号	版 本	数 量	描 述
iMC 服务器	iMC-PLAT-3.20-R2602 或更高版本	1	使用 Windows Server 2003 SP2 服务器
MSR3620	CMW 7.1.49-R0106	1	也可用交换机代替
PC	Windows XP SP2	1	
Console 串口线	—	1	
第 5 类 UTP 以太网连接线	—	1	交叉线

26.4 实验过程

实验任务1 通过 iMC 添加设备

步骤1：配置设备的 SNMP 命令。

将 PC(或终端)的串口通过标准 Console 电缆与路由器的 Console 口连接。电缆的 RJ-45 头一端连接路由器的 Console 口；9 针 RS-232 接口一端连接计算机的串行口。实验中 iMC 服务器的 IP 地址为 172.16.100.121，路由器的 IP 地址为 172.16.100.1。

设备的 SNMP 命令如下：

```
[H3C]snmp-agent
[H3C]snmp-agent community read public
[H3C]snmp-agent community write private
[H3C]snmp-agent sys-info version all
[H3C]snmp-agent target-host trap address udp-domain 172.16.100.121 params securityname public
```

步骤2：进入 iMC 服务器 Web 界面，添加设备。

在 iMC Web 界面上运行“资源”→“资源管理”→“增加设备”命令。输入要添加设备的 IP 地址，设置 SNMP 参数，并单击“确定”按钮。

添加成功后，在 iMC“设备视图”中该设备被归类为路由器，看图回答。

设备标签显示为______________________________。

设备型号显示为______________________________。

实验任务2 使用 iMC 查看设备告警

步骤1：将设备和 iMC 服务器之间的网线拔掉。

不到1分钟，在 iMC 的“告警”→“告警浏览”→“实时告警”列表中会看到一条来自路由器的告警信息。

告警信息为________。

单击该告警信息，进入“告警详细信息”界面，看图回答。

告警级别为______________________________。

告警原因为______________________________。

修复建议为______________________________。

步骤2：将拔掉的网线重新连接好。结束实验任务2。

实验任务3 使用 iMC 查看设备的 CPU 和内存性能数据

步骤1：15分钟以后，选择 Web 界面的“资源”命令。

实验图 26-2 所示，在界面的最后会列出设备的性能监视数据。如“CPU 利用率”“内存利用率”“设备响应时间”等。看图回答。

该设备 CPU 利用率最新数据为________________。

单击“内存利用率”命令，进入内存利用率界面，看图回答。

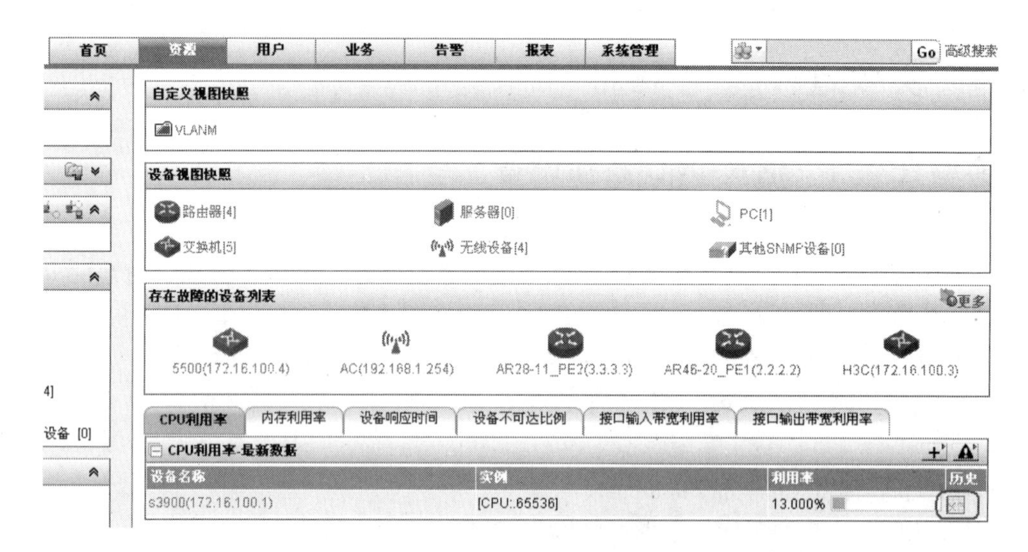

实验图 26-2　资源界面

该设备内存利用率最新数据为________________。

步骤 2：查看设备性能数据。

在内存利用率界面，单击图 26-2 所示“历史”旁边的图标。

PC 会重新弹出一个“性能历史数据”窗口。在“查询条件”里，将时间范围设置为“最近一小时”后查询。看图回答。

该设备内存利用率最小值为________，最小值时间为________。

该设备内存利用率最大值为________，最大值时间为________。

同时在页面会看到，该报表数据可以导出为各种格式，依次选择“另存为 excel”“另存为 pdf”，“导出为 html”和“导出为 txt”命令查看其效果。

实验任务 4　使用 iMC 查看网络拓扑

步骤 1：将 iMC 服务器地址加入 iMC。

按照实验任务 1 的步骤 2 的方式，将 172.16.100.121(即 iMC 服务器)自身加入 iMC 服务器中(无须配置 SNMP 参数，只需填入 IP 地址即可)。

步骤 2：进入“资源”，单击“网络拓扑”命令，进入网络拓扑界面。

当单击“资源”里的 网络拓扑 后，选择“IP 拓扑”，将看到的拓扑通过截图方式获取。

步骤 3：重复实验任务 2，将设备和 iMC 服务器之间的网线拔掉。

此时观察拓扑中该设备的颜色状态变化，设备图标颜色变为________。

插上网线，一分钟后，刷新拓扑重新观察，此时设备图标颜色变为________。

步骤 4：从拓扑中观察设备的运行状态。

在拓扑上，右键点击路由器，选择“浏览告警”和“性能数据一览”命令。以此学会从拓扑中观察设备的运行状态。

26.5 实验中的命令列表

本实验命令列表如实验表 26-2 所示。

实验表 26-2 命令列表

命 令	描 述
snmp-agent	使能设备 SNMP
snmp-agent community read *XXX*	设置 SNMP 读团体字
snmp-agent community write *XXX*	设置 SNMP 写团体字
snmp-agent sys-info version	设置 SNMP 版本
snmp-agent target-host trap address udp-domain *X. X. X. X* params securityname *XXX*	设置设备 Trap 告警发送的主机

26.6 思考题

1. 在实验任务 1 的步骤 1 中,如果在设备 SNMP 配置里设置同样的 read 团字体和 write 团体字,例如都设置为 public,则在命令行下执行 display current-configuration,关于 SNMP 的配置中为什么只显示 snmp-agent community write public,却不显示 read 部分的配置?

答:设备 SNMP 的 read 参数和 write 参数一致时,只显示 write 参数。因为 write 参数的含义实际是读写团体字,包含了 read。

2. 在实验任务 3 步骤 2 中,请比较性能数据导出为 excel、pdf、html 和 txt 四种类型文件的不同点。

答:四种方式都可以将当前性能监控显示的历史数据明细保存成文件,但是只有 excel 和 pdf 格式的文件可以将性能数据的报表图也导出,html 和 txt 则不会保留报表图。

实验27

综合组网

27.1 实验内容与目标

本实验通过模拟一个真实的网络工程，使学员加强对网络技术的理解，提高对网络技术的实际应用能力，建立对网络工程的初步认识。

完成本实验，应该能够达到以下目标。

(1) 了解企业网络建设流程。

(2) 掌握中小企业网络的各种技术。

(3) 独立部署中小企业网络。

27.2 项目背景

××公司是一个高新技术企业，以研发、销售汽车零部件为主，其生产环节采用 OEM (Original Equipment Manufacture，定牌生产合作，俗称"代工")方式。公司总部设在北京，在深圳设有一个办事处，在上海设有研究所。总部负责公司运营管理，深圳办事处主要负责珠三角、港澳地区的产品销售及渠道拓展，上海研究所负责公司产品市场调研、产品研发等工作。

该公司在 2003 年的时候组建了网络，如实验图 27-1 所示。北京总部、深圳办事处、上海研究所都各自组建了办公网络，都采用 ADSL 方式直接将内部网络同 Internet 连接起来，通过 Internet 将总部和异地办事处连接起来；各 PC 机及内部的服务器用 HUB 连接。

在网络建设初期，网络的速度还可以满足需要。随着公司的发展，人员越来越多，网络速度越来越低。除此以外，还有下列一些问题。

(1) 网络故障不断，时常出现网络瘫痪现象

这一点深圳办事处表现得最为突出，一到夏季雷雨季节，往往下一次雨，ADSL 路由器和 HUB 就会被雷电击坏一次。一旦故障，短者几小时、长者几天都无法正常办公。

(2) 病毒泛滥，攻击不断

特别是从 2006 年 ARP 病毒爆发以来，总部及分支机构的网络就没有消停过。不仅仅是病毒，各种木马也很猖狂，一些账号密码常被盗取，使研发的服务器基本不敢连接内网。

(3) 总部同办事处发送信息不安全

总部同分支机构之间发送的信息不够安全，时常出现机密信息被窃取的现象。为此，总

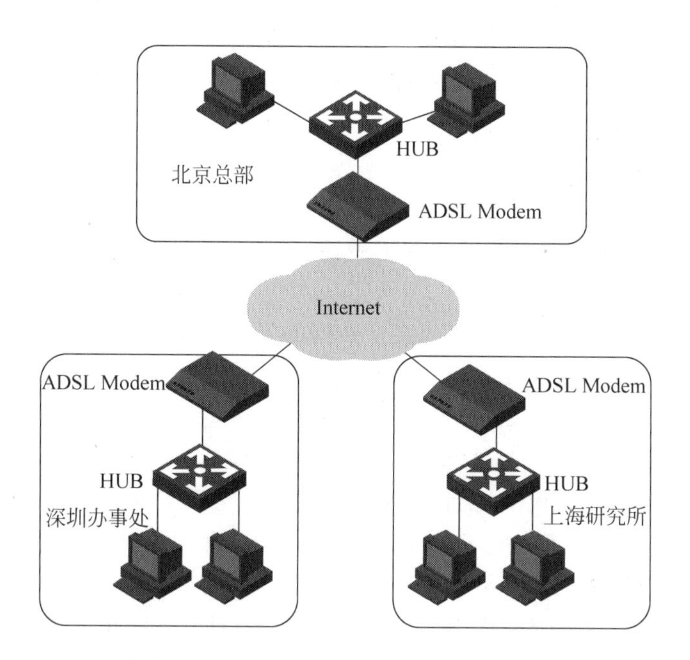

实验图 27-1 ××公司总部及办事处组网图

部和分支机构之间的机密信息全部使用 EMS 方式快递，不但费用高，而且速度也慢。

(4) 一些员工使用 P2P 工具，不能监管

自从有了 P2P 应用以后，采用 P2P 应用的多媒体资源越来越多，内部员工使用 BT、迅雷等工具下载文件的事情时有发生，一旦有人下载，原本就速度缓慢的网络变得更慢，基本无法使用。

(5) 公司的一些服务器只能托管，不能放在公司内部

公司有自己的 OA 及 WWW 服务器，但因为内网存在安全隐患，且无固定 IP 地址，这些服务器只能托管在运营商的 IDC 机房，不能放在公司内部，给管理和维护带来极大不便。

以上是××公司网络目前出现的一些问题。对这些问题及网络的重要性，公司的领导层也是深有认识。为了提高工作效率，降低公司运营成本，公司领导层决定对目前公司的网络进行升级改造。

27.3 网络规划设计

1. 网络建设目标

××公司决定对当前的总部及办事处的办公网络进行升级改造，彻底解决当前网络存在的种种问题，提高公司的办公效率，降低公司的运营成本。为此公司召开了各部门负责人会议，讨论网络的建设目标及其他一些细节。经过深入的讨论，得出了以下的建设目标。

(1) 网络带宽升级，达到千兆骨干，百兆到桌面

目前内部网络采用的是 100Mbps 共享 HUB，内部各 PC 之间共享带宽，升级之后变为 100Mbps 独享到桌面，总部网络骨干升级为 1000Mbps。

(2) 增强网络的可靠性及可用性

升级之后的整个网络要具备高可用性。网络不会因为单点故障而导致全网瘫痪;设备、拓扑等要有可靠性保障,不会因雷击而出现故障。

(3) 网络要易于管理、升级和扩展

升级之后的网络要易于管理,要提供图形化的管理界面和故障自动告警措施。另外考虑到公司以后的发展,网络要易于升级和扩展,要满足3～5年内因人员增加、机构增加而扩展网络的需求。

(4) 确保内网安全及同办事处之间交互数据的安全

升级之后的网络要确保总部和分支机构的内网安全,能够彻底解决ARP欺骗问题,防止外部对内网的攻击,同时要保证总部和办事处之间传递数据的安全性和可靠性。另外,要能监控和过滤员工发往外部的邮件及员工访问的网站等。

(5) 服务器管理及访问权限控制,并能监管网络中的P2P应用

网络升级之后,要将托管在运营商IDC机房的OA及WWW服务器搬回公司,自行管理和维护。深圳办事处及上海研究所只能访问总部,深圳办事处和上海研究所之间不能互相访问。应能监控网络中的P2P应用,应能对P2P应用进行限制,防止网络带宽资源的占用。

2. 网络规划

(1) 拓扑规划

根据现有网络拓扑结构,结合建设目标及实际需求,新规划的拓扑结构如实验图27-2所示。

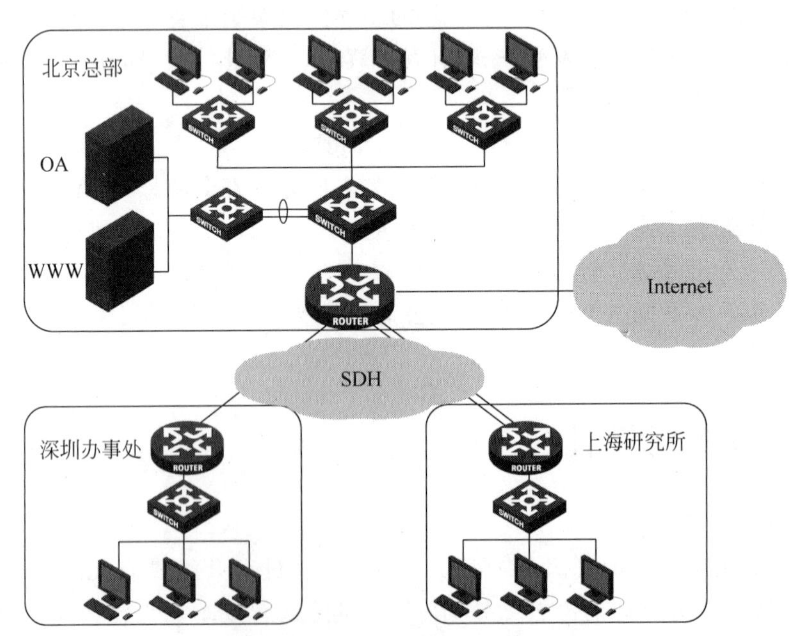

实验图27-2 ××公司新网络拓扑图

在此拓扑结构中,总部的一台核心交换连接3台接入层交换机和一台服务器区交换机,构成了总部内部LAN;总部一台路由器通过租用ISP的SDH线路将深圳办事处、上海研究所连接起来;总部的出口通过互连路由器连接到Internet。

在办事处的路由器下挂一台 48 口的交换机构成办事处的内部网络。

(2) 设备选型

根据网络建设目标,结合前述的拓扑结构以及 H3C 目前的设备型号,总部、深圳办事处及上海研究所具体设备明细如实验表 27-1 所示。

实验表 27-1 总部及分支机构设备明细表

办事处	设备型号	描述	数量
北京总部	H3C MSR3620	2GE 端口/4SIC 槽位/2MIM 槽位	1
	RT-MIM-4E1-F	4 端口非通道化 E1 端口模块	1
	S5600-26C	24GE 端口/4GE 复用端口	1
	CAB E1-F	75W E1-F 线缆	3
	S5100-16P-SI	16GE 端口/4GE 复用端口	1
	S3100-52TP-SI	48FE 端口/2GE 端口/2 SFP 端口	3
深圳办事处	H3C MSR3620	2FE 端口/2SIC 槽位	1
	RT-SIC-1E1-F	1 端口非通道化 E1 接口模块	1
	CAB E1-F	75W E1-F 线缆	1
	S3100-52TP-SI	48FE 端口/2GE 端口/2 SFP 端口	1
上海研究所	H3C MSR3620	2FE 端口/2SIC 槽位	1
	RT-SIC-2E1-F	2 端口非通道化 E1 接口模块	1
	CAB E1-F	75W E1-F 线缆	2
	S3100-52TP-SI	48FE 端口/2GE 端口/2 SFP 端口	1

(3) 设备命名及端口描述

为了方便统一管理,需要对所有设备进行统一命名。本次项目设备命名采用如下格式。

AA-BB-CC

其中,AA 表示设备所处的地点,如北京简写为 BJ,上海简写为 SH;BB 表示设备的型号,如 MSR 30-20 表示为 MSR3020,S3100-52P-SI 表示为 S3152P;CC 表示同型号设备的数量,如第一台设备表示为 0,第二台设备表示为 1。

根据上述规则,总部的第一台路由器命名为 BJ-0,其余依次类推。所有设备的命名明细如实验表 27-2 所示。

实验表 27-2 设备命名明细表

办事处	设备型号	设备名称
北京总部	H3C MSR3620	BJ-MSR3620-0
	S5600-26C	BJ-S5626C-0
	S5100-16P-SI	BJ-S5116P-0
	S3100-52TP-SI	BJ-S3152TP-0
	S3100-52TP-SI	BJ-S3152TP-1
	S3100-52TP-SI	BJ-S3152TP-2
深圳办事处	H3C MSR3620	SZ-MSR3620-0
	S3100-52TP-SI	SZ-S3152TP-0
上海研究所	H3C MSR3620	SH-MSR3620-0
	S3100-52TP-SI	SH-S3152TP-0

为了方便在配置文件中能清晰地看明白设备的实际连接关系，需要对设备的连接端口添加描述。本次项目的端口描述格式如下：

```
Link-To-AAA-BBB
```

其中，AAA 表示为对端设备的名称，采用统一名称格式表示；BBB 表示为对端设备的端口，如 E1/0/1 口。

例如，若总部的接入交换机连接到核心交换机的 G1/0/1 口，则端口描述如下：

```
Link-To-BJS5626-0-G1/0/1
```

(4) WAN 规划

根据前面的需求分析，在总部及分支机构之间使用专线连接，并选用中国电信公司提供的基于 SDH 传输网络的 E1 线路。

考虑到上海研究所的业务数据相对较多，对带宽需求较高，总部与上海研究所之间采用两条 E1 线路，总部与深圳办事处之间采用 1 条 E1 线路，如实验图 27-3 所示。

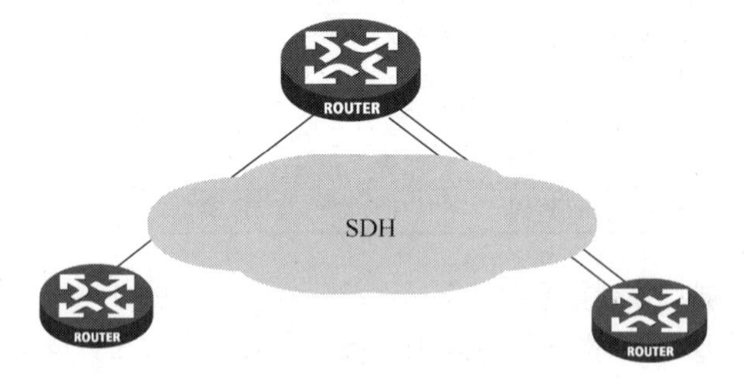

实验图 27-3 总部及分支机构互连图

所以在选用设备的广域网接口模块时，总部选用 4E1-F，深圳办事处选用 1E1-F，而上海研究所选用 2E1-F 模块。

如果办事处继续增加，而目前或扩展后的 E1 模块无法满足要求，可以将 E1 模块换为 CPOS 模块。因为一个 155Mbps 的 CPOS 模块可以通过传输设备进行时隙划分，分为 63 个 E1 接口。

(5) VLAN 规划

局域网规划包含 VLAN 规划、端口聚合规划以及端口隔离、地址捆绑规划几个部分。

深圳办事处及上海研究所因员工数量较少，不会出现广播风暴现象，所以不划分 VLAN。北京总部员工数量多，而且部门之间需要访问控制，所以要进行 VLAN 划分。

人事行政部、财务商务部人数相对较少，而且业务比较密切，划分在 1 个 VLAN 内即可。产品研发部和技术支持部在业务上相对独立，而且产品研发部还有访问控制要求，故将两个部门各自划分一个 VLAN。为了便于服务器区的管理，也将服务器区划分为一个 VLAN。部门、VLAN 号、交换机端口之间的关系如实验表 27-3 所示。

另外，在研发部的服务器区使用端口隔离技术，严格控制外部的访问，并针对内网中出现的 ARP 病毒现象，在核心交换机上进行端口捆绑。

实验表 27-3 VLAN 规划明细表

部　　门	VLAN 号	所 在 设 备	端 口 明 细
人事行政部	VLAN 10	BJ-S3152TP-0	GE1/0/1-GE1/0/10
财务商务部	VLAN 10	BJ-S3152TP-0	GE1/0/11-GE1/0/30
产品研发部	VLAN 20	BJ-S3152TP-0 BJ-S3152TP-1	GE1/0/31-GE1/0/48 GE1/0/1-GE1/0/20
技术支持部	VLAN 30	BJ-S3152TP-1 BJ-S3152TP-2	GE1/0/21-GE1/0/40 E1/0/1-E1/0/48
服务器区	VLAN 40	BJ-S5116TP-0	G1/0/3-G1/0/16
互连 VLAN	VLAN 50	BJ-0 与 BJ-S5626C-0 之间互连	
管理 VLAN	VLAN 1	交换机的管理 VLAN,用于 Telnet 及 SNMP	

为了便于 IP 地址分配和管理,采用 DHCP 地址分配方式。使用核心交换机 S5600-26C 作为 DHCP 服务器。

(6) IP 地址规划

在××公司的原有网络中,每个地方都使用的都是 192.168.0.0/24 网段,在新的网络中需要对 IP 地址重新进行规划。

在新的网络中需要如下三类 IP 地址——业务地址、设备互连地址和设备管理地址。根据因特网的相关规定,决定使用 C 类私有地址,在总部和分支机构使用多个 C 类地址段。其中总部每个 VLAN 使用一个 C 网段。深圳办事处使用 192.168.5.0/24,上海研究所使用 192.168.6.0/24 网段。设备的互连地址及管理地址用 192.168.0.0/24 网段。具体规划如下。

① 业务地址:根据实际需要,并结合未来的需求数量,规划业务地址如实验表 27-4 所示。

实验表 27-4 业务地址分配表

地　点	VLAN 号	网　络　号	IP 地址范围	网 关 地 址
北京总部	VLAN 10	192.168.1.0/24	192.168.1.1 to 192.168.1.254	192.168.1.254
	VLAN 20	192.168.2.0/24	192.168.2.1 to 192.168.2.254	192.168.2.254
	VLAN 30	192.168.3.0/24	192.168.3.1 to 192.168.3.254	192.168.3.254
	VLAN 40	192.168.4.0/24	192.168.4.1 to 192.168.4.254	192.168.4.254
深圳办事处	—	192.168.5.0/24	192.168.5.1 to 192.168.5.254	192.168.5.254
上海研究所	—	192.168.6.0/24	192.168.6.1 to 192.168.6.254	192.168.6.254

② 互连地址:互连地址主要用于设备的互连,在××公司网络中设备的互连地址主要有总部核心交换机与路由器互连、总部路由器与分支路由器互连等。共需要 3 对互连地址,如实验表 27-5 所示。

实验表 27-5 设备的互连地址

本 端 设 备	本端 IP 地址	对 端 设 备	对端 IP 地址
BJ-S5626C-0	192.168.0.1/30	BJ-0	192.168.0.2/30
BJ-MSR3620-0	192.168.0.5/30	SZ-MSR3620-0	192.168.0.6/30
BJ-MSR3620-0	192.168.0.9/30	SH-MSR3620-0	192.168.0.10/30

③ 管理地址：用于设备的管理，各设备管理地址如实验表 27-6 所示。

实验表 27-6 设备的管理地址

办 事 处	设 备 名 称	管理 VLAN/loopback	管 理 地 址
北京总部	BJ-MSR3620-0	Loopback 0	192.168.0.17/32
	BJ-S5626C-0	VLAN 1	192.168.0.25/29
	BJ-S5116P-0	VLAN 1	192.168.0.26/29
	BJ-S3152TP-0	VLAN 1	192.168.0.27/29
	BJ-S3152TP-1	VLAN 1	192.168.0.28/29
深圳办事处	SZ-MSR3620-0	Loopback 0	192.168.0.18/32
	SZ-S3152TP-0	VLAN 1	192.168.5.250/24
上海研究所	SH-MSR3620-0	Loopback 0	192.168.0.19/32
	SH-S3152TP-0	VLAN 1	192.168.6.250/24

(7) 路由规划

××公司的网络架构比较简单，目前只有一个总部和两个异地分支机构。如果只考虑现状，在这样的网络里，只需要部署静态路由就可使全网互通。但××公司的网络并不会止于现状，随着公司业务的发展，公司的规模也会逐渐壮大，发展出更多的办事处。如果使用静态路由，当公司扩大到一定规模的时候，就必须要将静态路由更改为动态路由，需要对网络重新进行规划，不利于扩展。而如果现在采用动态路由协议，在网络规模扩展时就不会出现这种现象。所以建议使用动态路由协议。

在动态路由协议里，用得最多的莫过于 OSPF 协议。在××公司的网络里就使用 OSPF。考虑到以后网络的扩展，对 OSPF 做如下规划，如实验图 27-4 所示。

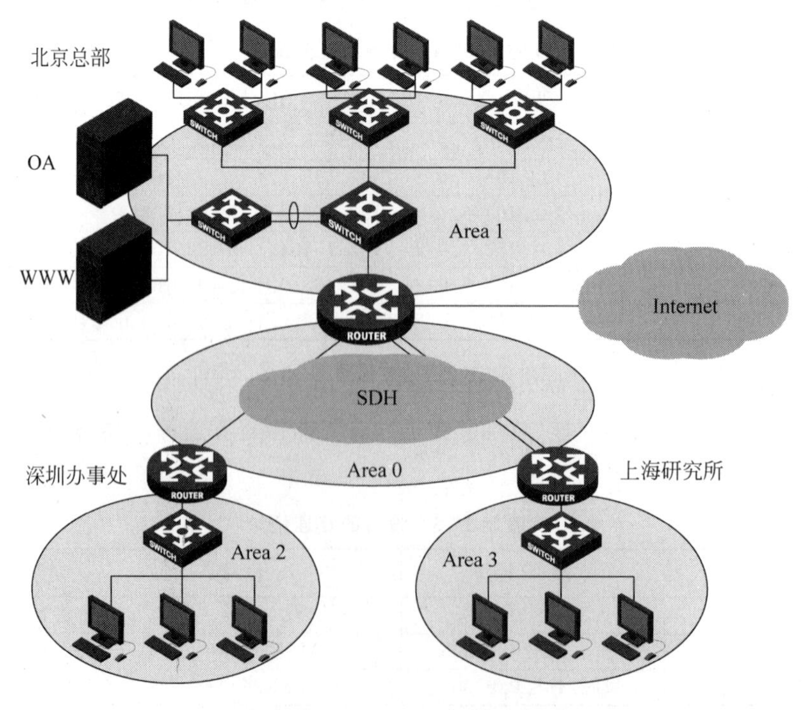

实验图 27-4 OSPF 规划示意图

将总部路由器的下行接口和分支路由器的上行接口规划为 Area 0，总部的局域网规划为 Area 1，深圳办事处规划为 Area 2，上海研究所规划为 Area 3；如果再增加分支机构，则可规划为 Area 4、Area 5、…、Area N。如果分支机构本身的规模增加，不用更改区域。

在网络的出口配置默认路由，以便访问外网，该路由下一跳为运营商路由器的接口地址。

(8) 安全规划

安全规划主要包含有访问控制、攻击防范和 P2P 监控 3 块内容。访问控制可以在路由器上通过 ACL 来实现。攻击防范可以通过在出口路由器上启动攻击防范功能来实现，这样就可以有效地阻止外部对内网的各种攻击。P2P 监控可以通过启用路由器上的 ASPF 功能来实现，发现问题可以及时阻止。

通过在出口路由器上部署 NAT，可以允许总部及分支机构访问 Internet。通过部署 NAT Server，可以允许总部的服务器对外提供服务。

(9) 网管规划

在网络中部署网管服务器，通过图形化的管理平台来管理和监控全网设备。网管服务器的地址为 192.168.4.1，全网使用 SNMPv2c，读团体名为 CD-public，写团体名为 CD-private。

27.4 网络配置实施

实验任务 1 内网部署

步骤 1：总部内网部署。

总部网络的拓扑结构及端口连接如实验图 27-5 所示。在内部部署中主要涉及设备的命名、端口连接描述、核心交换机与服务器区交换机的链路聚合、VLAN 配置、VLAN 路由以及交换机管理地址的配置等。

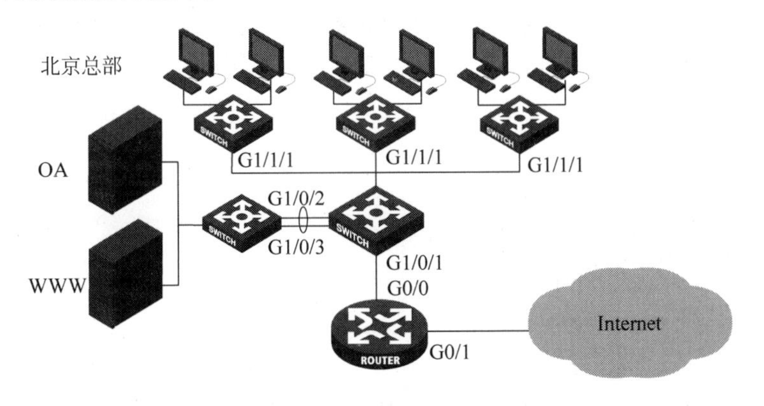

实验图 27-5 总部拓扑结构

第 1 步： 按照前期的命名规划及端口描述给每台设备命名并添加端口描述，以 MSR3620 为例，在下面的空格中填写为设备命名及添加端口描述的命令。

```
[H3C] ______________________________
[BJ-MSR3620-0] interface GigabitEthernet0/0
[BJ-MSR3620-0-GigabitEthernet0/0] ______________________________
```

第 2 步：配置核心交换机与服务器区交换机的端口聚合，参与聚合的端口为 G1/0/2 与 G1/0/3，使用基于手工方式的链路聚合。在下面的空格中填写端口聚合的命令。

核心交换机 BJ-S5626C-0 配置。

```
[BJ-S5626C-0] ______________________________
[BJ-S5626C-0] interface GigabitEthernet1/0/2
[BJ-S5626C-0-GigabitEthernet1/0/2] ______________________________
[BJ-S5626C-0-GigabitEthernet1/0/2] interface GigabitEthernet1/0/3
[BJ-S5626C-0-GigabitEthernet1/0/3] ______________________________
```

服务器区交换机 BJ-S5116P-0 配置。

```
[BJ-S5116P-0] ______________________________
[BJ-S5116P-0] interface GigabitEthernet1/0/1
[BJ-S5116P-0-GigabitEthernet1/0/1] ______________________________
[BJ-S5116P-0-GigabitEthernet1/0/1] interface GigabitEthernet1/02
[BJ-S5116P-0-GigabitEthernet1/0/2] ______________________________
```

为了验证聚合是否成功，可以在交换机上执行一条命令来查看，在下面的空格中填写出所使用的命令(通过此命令可以得出如下的结果)。

```
<BJ-S5116P-0>______________________________
Aggregation Group Type:D -- Dynamic, S -- Static , M -- Manual
Loadsharing Type: Shar -- Loadsharing, NonS -- Non-Loadsharing
Actor ID: 0x8000, 000f-e254-49d5
AL   AL     Partner ID              Select Unselect Share Master
ID   Type                           Ports  Ports    Type  Port
------------------------------------------------------------------------------------------
------------------------------
 1    M     none                     2       0      Shar  GigabitEthernet1/0/1
```

第 3 步：根据前期的 VLAN 及端口分配规划，在各接入交换机上配置 VLAN，并将上行接口配置为 Trunk 链路，允许相关 VLAN 通过。以 BJ-S3152TP-0 为例在如下的空格中填写如何配置 VLAN。

```
[BJ-S3152TP-0] ______________________________
[BJ-S3152TP-0-vlan 10] ______________________________
[BJ-S3152TP-0] ______________________________
[BJ-S3152TP-0-vlan 20] ______________________________
[BJ-S3152TP-0]interface g1/1/1
[BJ-S3152TP-0-GigabitEthernet1/1/1] ______________________________
[BJ-S3152TP-0-GigabitEthernet1/1/1] ______________________________
```

第 4 步：为了让 VLAN 之间能够通信，在核心交换机 BJ-S5626C-0 上为每个 VLAN 配置 IP 地址，启动 VLAN 间路由功能，具体 IP 地址见前期规划。在如下的空格中填写 VLAN 间路由的相关命令。

```
[BJ-S5626C-0] ______________________________
```

[BJ-S5626C-0-Vlan-interface10] ________________________
[BJ-S5626C-0] ____________________
[BJ-S5626C-0-Vlan-interface20] ________________________
[BJ-S5626C-0] ____________________
[BJ-S5626C-0-Vlan-interface30] ________________________
[BJ-S5626C-0] ____________________
[BJ-S5626C-0-Vlan-interface40] ________________________
[BJ-S5626C-0] ____________________
[BJ-S5626C-0-Vlan-interface50] ________________________

以上配置完成之后，可以通过 ping 命令验证前期的配置是否正确，验证的方法是将 PC 机接入任意一个 VLAN，将 PC 机的 IP 地址修改为所在 VLAN 的 IP 地址。

第 5 步：根据前期的规划，要在核心交换机上配置 DHCP 协议，为各 PC 机分配 IP 地址，在下面的空格中填写 DHCP 的配置命令，并在设备上实现。

____
____
____
____
____
____
____
____
____
____
____
____
____
____
____
____

如果要在 PC 上测试 DHCP 配置是否成功，需在 PC 机的“开始”→“运行”处输入________命令进入命令行模式，在此模式下输入________命令可以查看本机 IP 地址的详细情况。

第 6 步：配置交换机的管理地址，在本例中使用 VLAN 1 作为管理 VLAN，接入交换机以 BJ-S5116P-0 为例，其他交换机本部分配置与此相同。写出在 BJ-S5116P-0 和 BJ-S5626C-0 上分别要做什么配置，在如下空格中填写。

BJ-S5626C-0 交换机。

[BJ-S5626C-0] ____________________
[BJ-S5626C-0-Vlan-interface1] ________________________

BJ-S5116P-0 交换机。

[BJ-S5116P-0] ____________________

```
[BJ-S5116P-0-Vlan-interface1] ________________________
[BJ-S5116P-0-Vlan-interface1]quit
[BJ-S5116P-0] ____________________
```

步骤 2：深圳办事处内网部署。

深圳办事处的网络结构如实验图 27-6 所示，此部分内网的部署主要由设备命名、DHCP 配置、管理地址配置三部分组成。

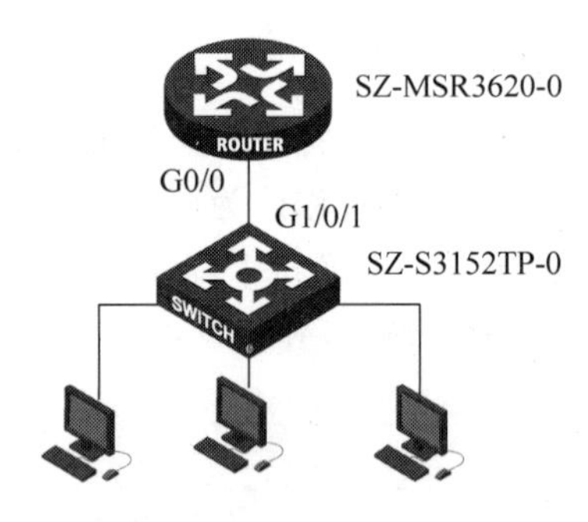

实验图 27-6 深圳办事处网络结构

第 1 步：按照前期的规划，在下列的空格中填写为设备命名并添加端口描述的详细命令。

SZ-MSR3620-0 路由器。

```
[H3C] ____________________
[SZ-MSR3620-0] interface GigabitEthernet0/0
[SZ-MSR3620-0-GigabitEthernet0/0] ____________________
```

SZ-S3152TP-0 交换机。

```
[H3C] ____________________
[SZ-S3152TP-0] interface GigabitEthernet1/0/1
[SZ-S3152TP-0-GigabitEthernet1/0/1] ____________________
```

第 2 步：DHCP 配置。

在深圳办事处，也使用 DHCP 方式为接入 PC 机分配 IP 地址，DHCP 服务器为 MSR2020 路由器，具体 DHCP 的配置在如下空格中填出。

```
[SZ-GigabitEthernet0/0]ip add 192.168.5.254 24
```

____

____

____

____

____

____

____

____

第 3 步：为了方便交换机的管理，此时需要为交换机配置管理地址，在下面的空格中填写出为交换机配置管理地址的具体命令以及此地址发布的路由。

____

____

____

____

____

步骤 3：上海研究所内网部署。

上海研究所的网络结构同深圳办事处，如实验图 27-7 所示，此部分内网的部署主要由设备命名、DHCP 配置、管理地址配置三部分组成。

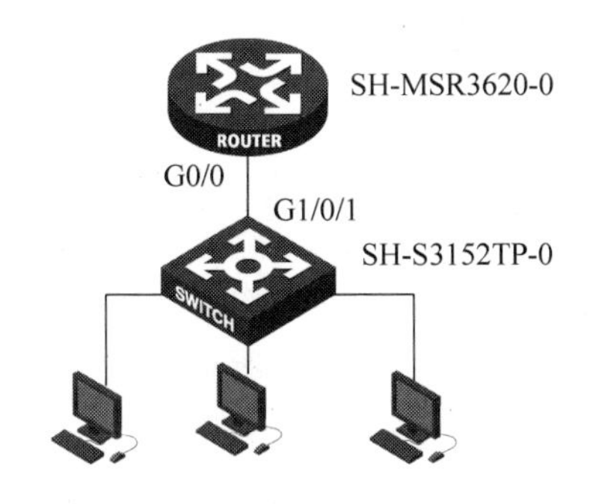

实验图 27-7 上海研究所网络结构

第 1 步：按照前期的规划，在下列的空格中填写为设备命名并添加端口描述的详细命令。

SH-MSR3620-0 路由器。

```
[H3C] ______________________________
[SH-MSR3620-0] interface GigabitEthernet0/0
[SH-MSR3620-0-GigabitEthernet0/0] ______________________________
```

SH-S3152TP-0 交换机。

```
[H3C] ______________________________
[SH-S3152TP-0] interface GigabitEthernet1/0/1
[SH-S3152TP-0-GigabitEthernet1/0/1] ______________________________
```

第 2 步：DHCP 配置。

在上海研究所，也使用 DHCP 方式为接入 PC 机分配 IP 地址，DHCP 服务器为 MSR2020 路由器，具体 DHCP 的配置在如下空格中填出。

```
[SH-MSR3620-0-GigabitEthernet0/0]ip add 192.168.6.254 24
```

____

____

____

____

____

____

____

____

第 3 步：为了方便交换机的管理，此时需要为交换机配置管理地址，在下面的空格中填写出为交换机配置管理地址的具体命令以及此地址发布的路由。

____

____

____

____

____

实验任务 2 广域网部署

为了保障总部与分支机构之间传输数据的安全，在总部与分支机构之间采用专线连接，因为专线是一种与其他网络物理隔离的网络，在数据传输上有很高的安全性；并且选用中国电信公司提供的基于 SDH 传输网络的 E1 线路。

考虑到上海研究所生产数据量较大，故在上海研究所与总部之间采用两条 E1 线路；深圳与总部之间采用 1 条 E1 线路，如实验图 27-8 所示。

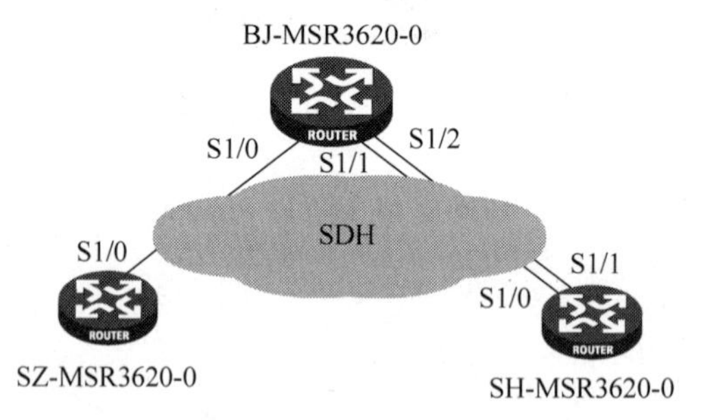

实验图 27-8 总部与办事处广域网连接示意图

在 SDH 线路上，采用点到点的 PPP 协议作为广域网协议；总部和上海研究所之间采用 MP-group 的方式将两条 E1 线路捆绑起来使用。

注意：若不具备 SDH 连接环境，可以用同步串口背靠背连接模拟 E1 线路。

第 1 步：在如下空格中填写出 BJ-MSR3620-0 有关 PPP 的配置。

```
[BJ-MSR3620-0]int s1/0
[BJ-MSR3620-0 Serial1/0]description Link-To-SZ-MSR3620-0-S1/0
[BJ-MSR3620-0-Serial1/0]ip add 192.168.0.5 30
[BJ-MSR3620-0]int s1/1
[BJ-MSR3620-0 Serial1/1]description Link-To-SH-MSR3620-0-S1/0
[BJ-MSR3620-0-Serial1/1]int s1/2
[BJ-MSR3620-0 Serial1/2]description Link-To-SH-MSR3620-0-S1/1
[BJ-MSR3620-0 Serial1/2]quit
[BJ-MSR3620-0] ________________________
[BJ-MSR3620-0-Mp-group0]ip add 192.168.0.9 30
[BJ-MSR3620-0-Mp-group0]int s1/1
[BJ-MSR3620-0-Serial1/1] ________________________
[BJ-MSR3620-0-Serial1/1] int s1/2
[BJ-MSR3620-0-Serial1/2] ________________________
```

第 2 步：配置 SZ-MSR3620-0。

```
[SZ-MSR3620-0]int s1/0
```

```
[SZ-MSR3620-0 Serial1/0]description Link-To-BJ-MSR3620-0-S1/0
[SZ-MSR3620-0-Serial1/0] ______________________________
```

第3步：配置 SH-MSR3620-0。

```
[SH-MSR3620-0]int s1/0
[SH-MSR3620-0 Serial1/0]description Link-To-BJ-MSR3620-0-S1/1
[SH-MSR3620-0-Serial1/0]int s1/1
[SH-MSR3620-0 Serial1/1]description Link-To-BJ-MSR3620-0-S1/2
[SH-MSR3620-0 Serial1/1]quit
[SH-MSR3620-0] ______________________________
[SH-MSR3620-0-Mp-group0] ip add 192.168.0.10 30
[SH-MSR3620-0-Mp-group0]int s1/0
[SH-MSR3620-0-Serial1/0] ______________________________
[SH-MSR3620-0-Serial1/0] int s1/1
[SH-MSR3620-0-Serial1/1] ______________________________
```

广域网配置完毕之后，使用______________________命令可以查看 MP 捆绑的有关情况，使用______________________命令可以查看接口的详细状态。

实验任务3　路由部署

考虑到××公司未来的发展战略规划，在部署路由时，全网采用动态的 OSPF 协议，并规划每个办事处为一个 Area，这样如果网络规模扩大，也不需要对整网重新规划，而只需增加 Area 即可；为了方便对各办事处访问外网的控制，规划这个网络的公网出口设在总部，由总部统一出口访问外网，在总部和外网之间使用默认路由。

具体网络规划如实验图 27-9 所示。

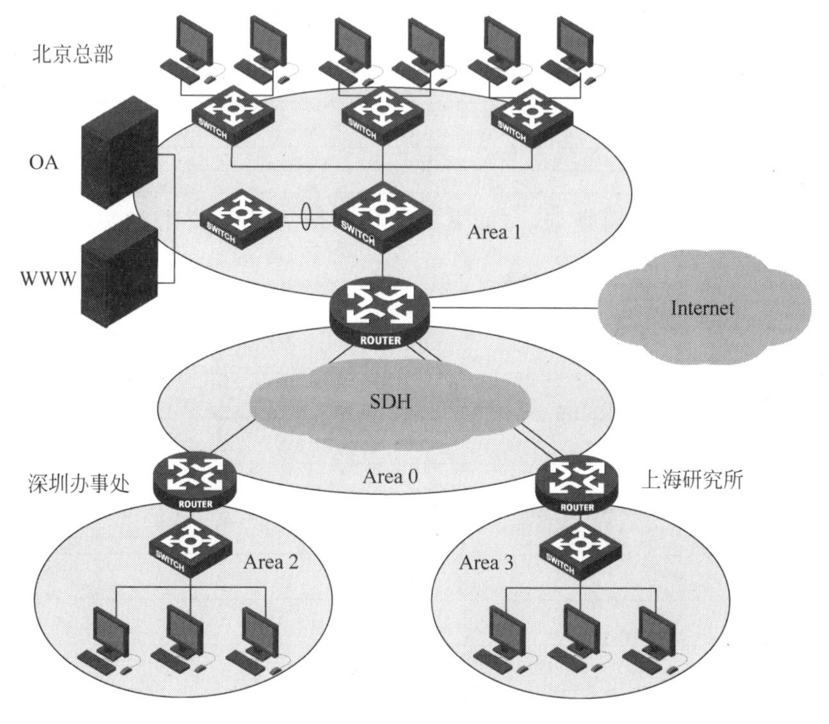

实验图 27-9　路由规划

第 1 步：根据前期的路由规划，在如下的空格中填写 BJ-S5626C-0 交换机的 OSPF 路由协议该如何配置。

第 2 步：根据前期的路由规划，在如下的空格中填写 BJ-MSR3620-0 交换机的 OSPF 路由协议该如何配置。

第 3 步：根据前期的路由规划，在如下的空格中填写 SZ-MSR3620-0 交换机的 OSPF 路由协议该如何配置。

第 4 步：根据前期的路由规划，在如下的空格中填写 SH-MSR3620-0 交换机的 OSPF 路由协议该如何配置。

____

____

____

____

____

____

____

____

____

第 5 步：为了让总部及分支机构能访问 Internet，需要在出口路由器上配置访问 Internet 的路由，在如下的空格中填写访问 Internet 路由的具体命令。

```
[BJ-MSR3620-0-GigabitEthernet0/1]ip add 202.38.160.2 30
[BJ-MSR3620-0] ________________________________
```

在此路由并不会发布到 OSPF 协议中，为了让 OSPF 协议能学习到此路由需要在 OSPF 中执行一条特殊的命令，将此命令在如下的空格中填出。

```
[BJ-MSR3620-0-ospf-1] ________________________________
```

实验任务 4　网络安全部署

第 1 步：内网全部使用的是私有地址，如需访问 Internet 还需要进行地址转换，同时可以将内网中的服务器发布到 Internet，在如下的空格中填写 NAT 的具体命令。

```
[BJ-MSR3620-0]acl number 2000 match-order auto
[BJ-MSR3620-0-acl-basic-2000]rule 0 permit
```

____

____

在公司总部有 WWW 及 OA 服务器需要发布，WWW 服务器地址为 192.168.4.131，OA 服务器地址为 192.168.4.130，端口号为 8080，在如下空格中填写发布这两台服务器的具体命令。

____

____

____

____

第 2 步：攻击防范配置。

常见的病毒及攻击端口，如 ACL 3001 所示。

```
acl advanced 3001
 rule 0 deny tcp source-port eq 3127
```

```
rule 1 deny tcp source-port eq 1025
rule 2 deny tcp source-port eq 5554
rule 3 deny tcp source-port eq 9996
rule 4 deny tcp source-port eq 1068
rule 5 deny tcp source-port eq 135
rule 6 deny udp source-port eq 135
rule 7 deny tcp source-port eq 137
rule 8 deny udp source-port eq netbios-ns
rule 9 deny tcp source-port eq 138
rule 10 deny udp source-port eq netbios-dgm
rule 11 deny tcp source-port eq 139
rule 12 deny udp source-port eq netbios-ssn
rule 13 deny tcp source-port eq 593
rule 14 deny tcp source-port eq 4444
rule 15 deny tcp source-port eq 5800
rule 16 deny tcp source-port eq 5900
rule 18 deny tcp source-port eq 8998
rule 19 deny tcp source-port eq 445
rule 20 deny udp source-port eq 445
rule 21 deny udp source-port eq 1434
rule 30 deny tcp destination-port eq 3127
rule 31 deny tcp  destination-port eq 1025
rule 32 deny tcp destination-port eq 5554
rule 33 deny tcp destination-port eq 9996
rule 34 deny tcp destination-port eq 1068
rule 35 deny tcp destination-port eq 135
rule 36 deny udp destination-port eq 135
rule 37 deny tcp destination-port eq 137
rule 38 deny udp destination-port eq netbios-ns
rule 39 deny tcp destination-port eq 138
rule 40 deny udp destination-port eq netbios-dgm
rule 41 deny tcp destination-port eq 139
rule 42 deny udp destination-port eq netbios-ssn
rule 43 deny tcp destination-port eq 593
rule 44 deny tcp destination-port eq 4444
rule 45 deny tcp destination-port eq 5800
rule 46 deny tcp destination-port eq 5900
rule 48 deny tcp destination-port eq 8998
rule 49 deny tcp destination-port eq 445
rule 50 deny udp destination-port eq 445
rule 51 deny udp destination-port eq 1434
```

如果要想阻止外网的入侵，需要将 ACL 3001 应用与连接外网接口的________方向，具体命令为________________________________。

实验任务 5 网管部署

SNMP 是一个国际标准的网络管理协议，采用的是管理者代理模型，管理者也就是网络管理服务器，简称为 NMS；代理则为各设备上运行的 SNMP 程序。需要在每台设备上都配置 SNMP 代理。以总部的 BJ-S5626C-0 为例，在下面的空格中填写 SNMP 的相关配置命令。

____

____

____

____

____

____

____

____

参 考 资 料

[1] 新华三,http://www.h3c.com/cn/
[2] 新华三大学,http://www.h3c.com/cn/Training/
[3] 新华三服务,http://www.h3c.com/cn/Service/